잠자는 숲속의 소녀들

잠자는 숲속의 소녀들

신경학자가 쓴 불가사의한 질병들에 관한 이야기

수잰 오설리번
서진희 옮김

한겨레출판

차례

다른 사람의 경험을 이해하려면
자신의 눈으로 바라보는 세상을 해체하고
그 사람의 눈으로 바라보는 세상으로
재조립해야 한다.

— 존 버거, 《제7의 인간》(1975)

서문: 불가사의한 병

불가사의

비밀스럽고 설명하기 어려우며 알 수 없는 것

2017년이 끝날 무렵 뉴스 웹사이트를 통해 처음 그 일에 관해 알게 되었다. 〈스웨덴의 불가사의한 병〉이라는 제목의 기사에는 소피 Sophie라는 아홉 살 소녀의 이야기가 실려 있었다. 소피는 1년 넘게 죽은 듯한 무반응 상태에 빠져 있었다. 소피는 움직이거나 대화를 할 수도 없었다. 심지어 눈도 뜨지 못했다. 사실 아주 오랫동안 소피가 한 일이라곤 침대에 가만히 누워 있는 것뿐이었고, 낮과 밤도 구분하지 못하는 듯했다.

기사에는 분홍색 담요를 두른 채 누워 있는 소피의 사진이 함께 실려 있었다. 뒤쪽에 있는 노란 줄무늬 벽지에는 아이 그림이 하나 걸려 있었다. 아마도 예전에 소피가 그린 그림일 것이다. 소피는 병원에 있지 않았다. 사진 속 장소는 소피의 침실 안에 있는 침대였다. 소피는 반응도 하지 못하는 상태였지만, 의료 검사에서는 뇌가 건강하다고 나왔다. 뇌 영상을 분석해보니 소피가 혼수상태에 빠지기는 커녕 오히려 아무런 문제도 없다는 결과가 나왔다. 실질적으로 치료할 게 전혀 없었기 때문에 의사들은 소피를 집으로 돌려보냈다. 그리고 여러 달이 지나도록 소피는 더 좋아지지도 나빠지지도 않는 상태로 그렇게 계속 누워 있었다.

기사 제목만 보면 소피의 병이 완전히 수수께끼인 것 같지만, 본문을 보면 병의 원인이 조금도 알려지지 않은 것은 아니었다. 소피는 망명 신청자 신분으로 스웨덴에 입국했다. 고향인 러시아에서 소피의 가족은 지역 마피아에게 시달렸다. 소피는 어머니가 구타당하는 모습을 보았고, 아버지가 경찰에 붙잡히는 장면도 목격했다. 소피의 병은 그녀가 가족들과 함께 러시아에서 탈출해 스웨덴에 도착한 뒤바로 시작되었다. 충분한 이유가 있다고 판단한 소피의 의사들은 병의 원인을 심리적인 것으로 추정했다.

신경과 전문의인 나는 정신이 몸에 얼마나 큰 영향을 미치는지 알고 있다. 아마 대부분의 의사들보다 더 잘 알 것이다. 나는 어떤 병 때문이라기보다 심리적인 기제로 인해 의식을 잃는 모습을 꾸준히 본다. 그리고 이런 일을 아주 드물거나 독특한 현상으로 여기지 않는다. 나를 찾아오는 환자 중 적어도 4분의 1이 발작 증세를 보인다. 그 중 많은 수가 자신이 간질이라고 생각하지만, 결국 해리성 혹은 심인성 발작임이 밝혀진다. 이런 높은 숫자도 내 임상 실무에서는 그리 특별한 일이 아니다. 신경학적 증상을 호소하는 환자의 3분의 1에게 나타나는 것은 사실 심인성 증상이다. 즉 '실제로' 장애가 있는 신체적 증상은 보이지만, 질병이 아닌 심리적 혹은 행동주의적 원인에서 증상이 기인했다는 것이다. 마비, 시력 상실, 두통, 현기증, 혼수상태, 떨림, 혹은 흔히 떠올리는 다른 증상이나 장애 역시 심인성 질환일 수 있다. 그리고 물론 이것은 신경학적 현상에만 국한되지 않는다. 몸의 모든 기관은 심리적인 영향을 받을 수 있다. 피부 발진, 숨 가쁨, 가슴 통증, 맥박, 방광 문제, 설사, 위경련 등 거의 모든 증상이 이런 식으로 발현될 수 있다.

이렇게 흔한 장애인데도 여전히 많은 이가 이를 의심하며, 다른 의학적 문제들에 비해 조금은 '진짜' 병 같지 않다고 생각한다. 인정한다. 나 역시 이 같은 과소평가의 이유를 알기 위해 애쓰고 있다. 나는 종종 뜻하지 않게 내 몸에서 하는 말이 전적으로 의식될 때가 있다. 내가 앉거나 서 있는 자세는 기분에 따라 달라진다. 표정을 숨기지 못해 의도치 않게 다른 사람들에게 내 생각을 드러내곤 한다. 따라서 내면세계의 신체화가 병으로 이어질 가능성이 있다는 말이 그리 무리는 아닐 것이다. 몸이 우리 정신의 대변자라는 표현도 사실 너무 자명해 보인다. 하지만 모든 이가 신체 변화와 생각의 연관성을 나처럼 생생하게 느끼는 게 아니라는 것을 나도 알고 있다. 어떤 아이가 가장 극심한 스트레스 상황에서 긴장증이 생겼을 때 사람들이 그렇게 놀라고 당황하는 것도 그 때문이다.

얼마나 오랫동안 의사와 과학자가 심인성 장애psychosomatic disorder(심리적인 스트레스가 신체 증상으로 나타나는 질환—옮긴이)를 소홀히 여겼는지 생각하면, 대중이 이를 저평가하는 것도 당연할 것이다. 20세기 대부분의 기간 동안 '심인성 신경장애neurological psychosomatic disorders는 '히스테리hysteria'와 '전환장애conversion disorder'라는 이름으로 여전히 지그문트 프로이트Sigmund Freud의 렌즈를 통해 이해되었다. 프로이트는 이 주제를 다룬 《히스테리 연구Studien über Hysterie》라는 저서에서 발작, 마비, 히스테리의 여러 장애가 숨겨진 심리적 트라우마로 발전하고, 이것이 신체 증상으로 전환된다고 보았다. 예를 들어 어떤 여성이 자기 자신을 표현하는 일이 너무 두려워서 두려움의 원천을 억누르게 되고, 그러면서 말하는 힘을 잃어버린다는 것이다. 프로이트의 공식에서는 모든 증상이 심리적으로 힘들었던 특정 순간으로 거슬러 올라갈 수 있다. 이 시각은 너무나 매력적이어서, 오늘날까지도 의사를 포함한 많은 이가 모든 심인성 장애를 억압된 트라우마와 학대 경험의 부인으로 완전히 해석할 수 있다고 여긴다. 그리고 이로 인해 수십 년간 계속된 의사와 환자 간의 역기능적인 관계가 생겨난 것이다. 즉 의사는, 환자가 해결하지 못한 갈등을 부인한다고 주장하고, 환자가 그 주장을 받아들이지 않으면 그 역시 의사의 의견을 입증하는 것으로 보는 것이다.

심인성 장애 분야에 대한 연구에 진척이 없다 보니 불가사의한 서사가 많이 등장하게 되었다. 어떻게 뇌가 완전히 건강하다고 밝혀진 사람이 혼수상태에 빠질 수 있을까? 신경 경로가 온전한데 어떻게 심인성 장애로 다리가 마비될 수 있을까? 어떻게 '마음'이라는 형체도 없는 존재가 발작을 일으킬까? 사실 21세기에는 이런 종류의 질문에 답하기 위한 연구가 상당히 많이 이루어지고 있다. 심인성 장애는 신경학 분야에서 상당히 많은 관심을 받고 있으며, 이 주제에 관한 연구 역시 빠르게 성장하고 있다. 과학계에서는 적어도 스트레스가 신체 증상으로 전환된다는 일차원적인 개념이 틀렸음이 밝혀짐에 따라 좀더 세련된 해석이 등장하였다. 문제는 이런 진전이 전문의와 환자 집단 너머 더 넓은 공론의 장으로까지 나아가지는 못했다는 것이다.

한때 '히스테리'라 불렸던 병이 지금은 전환장애로, 또 더 최근에는 기능성 신경장애functional neurological disorder, FND라는 더 적합한 표현으로 불리고 있다. 대부분의 의학 전문 분야에서 '심인성psychosomatic'이라는 용어는 여전히 심리적인 원인에 기인해 신체 증상이 나타난다고 여기는 의료 문제를 가리키는 데 사용된다. 신경학에서는 '기능성functional'이라는 단어가 점차 '심인성'을 대체하고 있다. 이 표현이 신경 체계의 기능에 문제가 있음을 나타내기 때문이다. 반면, 정신, 마음이라는 뜻의 접두사인 'psych'는 너무도 빈번하게 정신적인 유약함 혹은 심지어 정신 이상madness으로 잘못 해석되곤 한다.

'기능성'이라는 말은 생물학적으로 문제가 있음을 나타내지만, 이런 장애들에 대해 기존의 모든 해석이 활용한 스트레스라는 존재를 상정하지 않는다. 심리적인 과정이 뇌 기능에 영향을 미쳐 장애가 생기는 이유가 정서적인 트라우마 때문만은 아니기 때문이다.

일반의학 영역에서 심인성 장애와 신경학에서 기능성 신경장애는 모두 믿을 수 없을 만큼 흔하며, 매우 심각한 질병으로 발전할 수도 있다. 하지만 사람들은 늘 이런 사실을 잘 모른다. 왜냐하면 공적인 영역에서 잘 드러나지 않으며 완곡한 표현이나 상투적인 문구, 오해 뒤에 숨겨지기 때문이다. 이는 기능성 신경장애를 공통적으로 의학적인 '불가사의'라고 하는 언론의 묘사에 잘 드러난다.

2019년에는 일간지 《미러Mirror》가 〈불가사의한 병이 한 소녀에게 발작과 유아적 행동을 일으키다Mysterious illness causes girl to have seizures and wake acting like a toddler〉라는 제목의 기사를 실었다. 영국 링컨셔에 사는 알레샤Alethia라는 열 살 소녀에 관한 기사였다. 알레샤는 사지가 쇠약해지고 발작까지 했다. 문제는 발에 통증을 느끼고 빛과 소음에 민감해지면서 시작되었다. 곧 근육도 약해졌고 건강이 심하게 안 좋아져 베개에서 머리를 들어 올리지도 못하는 정도가 되었다. 알레샤는 주기적으로 발작을 했고, 그런 뒤에는 아기 같은 이상한 행동을 했다. 알레샤는 포크와 나이프를 쓰는 법도 잊어버렸다. 아기처럼 음식을 먹여주어야 했다. '불가사의'라는 기사 제목에도 불구하고 알레시아는 전에 신경학자를 만난 적이 있었고, 비간질 발작(심인성 발작의 여러 이름 중 하나)과 기능성 신경장애라는 확실한 진단도 받았다. 이 기사를 쓴 기자는 이 진단명이 합법적인 질병임을 알지 못했음이 틀림없다. 진단명 옆에 "의학적인 검사는 어떤 답도 제공해주지 못했다"라고 써놓은 것이다.

소피와 알레샤에 관한 글을 읽고 난 후 나는 왜 '불가사의한 병'

이라는 문구가 심인성 장애와 기능성 장애를 다룬 언론 기사들에서 그렇게 중요한 요소가 되었는지 의아해졌다. 심인성 증상들을 일으키는 원인을 충분히 알지 못해 생물학적인 기제를 바탕으로 경험적인 추측만 할 수 있어서는 아니다. 원인을 모르는 수많은 신경병이 존재하기 때문이다. 다발성경화증, 운동신경원질환, 알츠하이머병 중 어떤 것도 완전히 설명할 수 없고 치료할 수 없으며, 발생하는 이유도 알 수 없다. 하지만 이 병들은 수수께끼 같은 식으로 묘사하지 않는다. 그저 그 병의 이름으로 부를 뿐이다.

　기능성 신경장애가 있는 사람들, 심지어 장애가 심각한 사람들도 객관적인 의료 검진을 받으면 정상으로 나온다. 기능성 신경장애로 마비가 온 사람들 역시 영상 검사 결과는 정상이다. 혼수상태에 있는 사람도 뇌파 검사electoencephalography, EEG 결과는 정상이다. 다발성경화증의 경우 그 원인을 몰라도 적어도 환자의 뇌나 척수에 MRI를 통해 비정상적인 부분이 나타나므로, 그 고통을 설명하고 입증할 수 있다. 하지만 검사 증거가 부족해서 기능성 신경장애를 불가사의하다고 하는 것은 아니다. 편두통 역시 영상으로는 확인되지 않지만 보통 불가사의한 병이라고 하지는 않는다. 기능성 신경장애는 임상 진단이지만, 이 병 하나만 그런 것은 아니다. 아주 최근까지도 파킨슨병을 진단할 때 어떤 검사도 활용할 수 없었다. 의사들은 전적으로 환자의 병력과 임상적인 검사 결과에 따라 진단을 내렸다. 하지만 누구도 파킨슨병을 불가사의하다고 여기지 않았다. 사람들이 진단을 거부하지 않은 이유가 그저 병을 입증할 객관적인 검사 결과가 없기 때문은 아니었다. 그렇다면 심인성 장애와 기능성 신경장애는 다른 기준에 따라서 보아야 하는 걸까?

　질병에 '불가사의'라는 딱지가 붙는 경우는 '정신'이라는 개념과 연결될 때다. 사람들은 대부분 정서와 눈물, 얼굴 붉힘 같은 신체적 변화가 감정과 연결되어 있음을 알고 있지만, 인지 과정과 신체적인 행복 간의 더 극적인 상호작용까지는 추론하지 못한다. 우리는 뇌를 훈련해 체스 같은 정신적 과제를 해결할 수 있으며, 축구 같은 복잡한 신체 활동에도 능숙해질 수 있음을 알고 있다. 하지만 뇌에서 그런 것들을 배우지 않은 상태로 되돌릴 수 있다는 생각을 하려 하면 만만치 않으리라는 느낌을 받는다. 하지만 일련의 행동으로 새로운 기술을 익힐 수 있다면, 당연히 또 다른 행동을 반복해 그 기술을 잊을 수도 있지 않을까? 이것이 바로 심인성 장애와 기능성 장애가 발달하는 기본적인 과정이다.

심인성 의학 분야에 답을 알 수 없는 수많은 의문이 남아 있긴 하지만, 다른 수백 개의 신경학적 문제 또한 마찬가지다. 그래도 정식 질병으로 보이기 위해 여전히 수백 년 묵은 공식을 떨쳐내야 하는 건 대개 기능성 신경장애와 심인성 질환이다.

기사를 읽은 나는 소피가 트라우마를 겪은 뒤 세상에 대한 생리학적 문을 닫아버렸을 것이란 생각이 강하게 들었다. 뇌에 병이 없는데도 의식을 잃는 것은 해리dissociation라는 생리적·심리적 과정으로 설명할 수 있다. 해리는 기억, 인식, 정체성이 각각 분리되어 현기증, 혼절, 기억상실, 심지어 해리성(심인성) 발작과 같은 다양한 경험으로 이어진다. 프로이트라면 그랬겠지만 정말로 순전히 심리적인 기제로 소피의 혼수상태를 설명할 수 있을까? 심각한 상태여도 그저 생리적인 스트레스 반응인 것일까?

나는 소피처럼 해리 현상으로 몇 시간 혹은 심지어 며칠씩 의식 불명 상태에 빠진 사람들을 여럿 보았다. 하지만 내가 보기에 소피의 사연에 불가사의한 면이 '전혀' 없는 것은 아니었다. 그녀에게 일어난 일 중 몇 가지 특징은 나도 본 적이 없었다. 소피는 1년 넘게 전혀 움직이지 못했다. 눈도 한번 뜨지 않았다고 한다. 해리 현상으로 인한 의식 불명이 소피처럼 심한 경우는 처음이었다. 훨씬 더 신기하고 우려스러운 점은 소피만 그런 게 아니라는 사실이었다. 소피 같은 아이가 많이 있었고, 스웨덴 안에만 있었다. 2015년과 2016년 사이에 169명의 아이가 스웨덴의 여러 도시에서 잠자리에 든 후 다시 깨어나지 못했다. 아이들에게만, 또 한 나라에만 집중해서 발생하는 질병이었다. 만약 소피의 문제가 심리적인 고통과 머릿속의 생리적인 과정에서 발생한 것이라면, 이렇게 기이할 정도로 지리적으로 집중된 현상은 어떻게 설명할 것인가?

서구 의학을 전공한 의사들은 증상을 문자 그대로 해석하고 병의 치료를 개인적으로 접근하도록 훈련받는다. 만약 어떤 사람이 가슴에 통증을 느끼면, 의사들은 원인을 찾기 위해 심장과 폐부터 검사한 다음 다른 가능성을 고려한다. 문제가 심리적인 것으로 판단되면 그때부터 개인의 정서적 생활을 살펴본다. 어떤 의사도 순진하게 환자의 모든 외부 요소가 병에 영향을 미친다고 생각하진 않지만, 의사가 개인의 환경을 통제할 수는 없기 때문에 가능한 한 당장 진료실에 함께 있는 환자에 주의를 집중한다. 원래 의사와 환자의 관계는 친밀했지만, 이 관계는 의료 체계와 전문가라는 한계 속에 제한된다. 소피와 스웨덴의 또 다른 어린이 168명의 이야기를 들은 나는 그동안 내가 얼마나 환자들의 (경험을 형성하는) 외부 요소에 소홀했는지 깨달았다. 기능성 신경장애가 있는 사람들에게서 수많은 이야기를 들어왔지만, 어쩌면 아직도 시각을 더 넓혀야 한다는 생각이 들었다.

1977년 미국의 정신과 의사인 조지 엥겔George Engel은 의사들이 무조건 혹은 주로 생물학적인 측면에서만 병을 보는 추세를 비판했다. 그리고 《사이언스Science》에 논문을 발표해 행동은 맥락 속에서 하는 것이므로 절대 맥락에서 벗어난 상태에서 사람을 평가하면 안 된다며 의사로서의 직업의식을 일깨워주었다. 그는 새로운 의료의 모델을 제시했고, 그것을 '생물심리사회적biopsychosocial 의료'라 불렀다.

모든 질병은 생물학적·심리적·사회적 요소들의 조합이다. 달라지는 것은 각 요소의 비중일 뿐이다. 생물학적인 질병인 암은 심리적인 타격을 주며, 사회적으로도 어떤 계기가 영향을 미칠 수 있다. 어떤 암들은 환경적인 원인에서 발생한다. 그 모든 요소가 한 개인에게 영향을 미친다. 모든 것이 생물학적으로 큰 혼란을 야기할 수 있고 심각한 정신적 고통을 가져다줄 수 있다. 스트레스로 인해 생기는 반응성 우울증reactive depression과 암을 비교해보자. 반응성 우울증은 주로 심리적인 질환이지만 이 또한 생물학적·사회적으로 영향을 미칠 수 있다. 체중 감소 혹은 증가, 고혈압, 불면증, 탈모, 그밖에 많은 신체 변화가 생길 수 있다. 기분이 가라앉는 것은 뇌 속의 화학적 변화로 인해 발생하지만, 사회적인 요소로 인해 생기기도 하며 사회적인 측면에 반드시 연결된다. 사회적인 요인은 개인과 세상의 상호작용에 영향을 미치며, 이를 회복하려면 다른 사람들의 반응에 의존해야 한다. 암과 우울증은 모두 생물심리사회적 장애지만, 각 요소의 비율이 서로 다르다. 엥겔은 의사들에게 병의 사회적인 차원을 잊지 말라고 당부했다.

심인성 장애는 정신, 마음을 가리키는 'psyche'와 몸을 뜻하는 'soma'와 관련 있다. 정신은 뇌의 기능이며 생물학적으로 형성된다. 르네 데카르트René Descartes가 사람이 죽을 때 몸에서 떨어져 나와 떠다닐 것이라 상상한 포착할 수 없는 독립적인 개체가 아니다. 기억, 인지, 인식, 의식은 모두 정신을 구성하는 요소다. 우리가 완전히 이해하지 못한다 해도 이를 각 요소에는 어떤 측량 가능한 신경과의 상관관계가 존재한다. 그러나 정신에 관한 설명에서 환경을 빠뜨린다면 많은 이가 건강에 미치는 사회의 영향을 소홀히 하는 것만큼이나 어리석은 짓이라 할 수 있다. 철학자인 데이비드 찰머스David Chalmers

는 정신이 환경으로 확장됨을 보여주는 사고 실험을 소개했다. 거기서 찰머스는 오토와 잉가라는 두 가상 인물의 이야기를 들려주었다. 오토는 치매여서 어딘가로 가려면 노트북에 저장된 방향 설정을 따라야 한다. 잉가는 건강하므로 방향 설정이 기억 속에 저장되어 있다. 결과적으로, 오토의 정신은 그의 노트북까지 확장되고, 노트북이 오토의 잃어버린 인지 과정을 대신하게 된다. 오토의 노트북과 잉가의 기억은 같은 기능을 수행한다.

질병의 생물심리사회적 개념에 동의하지 않는 의사가 거의 없고 그들 대부분이 정신의 제한적인 개념은 이미 뛰어넘은 지 오래지만, 현대 의학 체계를 감안하면 의사들이 임상에 그런 생각을 적용할 여지는 많지 않다. 종합병원 의사들은 지나치게 전문화되어 몸의 한 기관만 치료할 수 있고, 전문 분야를 벗어날 생각은 전혀 하지 못한다. 그래도 일부 의사, 특히 일반 개업의는 더 전체론적인 치료를 하기도 한다. 하지만 그들도 생물학적인 측면에 주안점을 둘 수밖에 없다. 내 경우 심인성(기능성) 장애에서 외부 요소를 소홀히 한 이유는 그런 측면까지 고려하자니 고려 대상이 너무 방대하게 느껴질 때가 많아서였다. 가족과 또래 집단의 영향은 접근하기가 비교적 쉬웠다. 하지만 교육, 종교적 믿음, 문화적 전통, 의료보험과 복지 혜택, 주류 언론과 소셜 미디어, 정부 같은 다른 모든 요소는 어떤가? 스웨덴에 거주하는 아이들의 사연을 읽고 그 구체화된 극단적 사례를 접한 나는 사회와 문화가 질병을 형성하는 데 정말 얼마나 중요하며, 그 영향을 관찰함으로써 얼마나 많은 것을 배울 수 있는지 깨달았다. 심인성 장애와 기능성 신경장애에 대한 답이 꼭 한 사람의 머릿속에 있는 것은 아니다.

지리적으로 작고 단일한 영역에서 169명의 아이가 심리적으로 보이는 이유로 혼수상태에 빠졌다. 이것은 169개의 뇌가 모두 한 가지 특이한 행동을 하도록 이끌리거나 압박을 받거나 그렇게 하도록 만들어졌다는 것을 의미한다. 모든 희생자가 지리적으로 그렇게 제한되어 있는 것을 보면 사회적인 환경 안에 그런 가능성을 만든 무언가가 틀림없이 존재한다고 할 수밖에 없다.

2018년 나는 스웨덴으로 가서 소피와 같은 아이들의 집을 방문했다. 그리고 작은 공동체들에서 일어나는 집단 질병을 보며 사회적·문화적 요소가 어떻게 심인성 장애와 기능성 장애의 발생에 생물적·심리적 영향을 미치는지 이야기할 거리가 정말 많다는 사실을 깨달았다. 이런 집단 발병들은 건강에 영향을 미치는 사회적 요소에 확대경을 갖다 댄다. 그 첫 번째 여정에서 나는 마찬가지로 흥미로운 다른 사례들을 접했다. 그 한 예로, 텍사스에 있는 니카라과 공동체에서는 예로부터 전해오는 서사를 통해 세대를 거쳐 발작이 이어지고 있었다. 카자흐스탄의 한 소도시에서는 100명이 넘는 주민이 '설명할 수 없는' 잠에 며칠씩 빠져들었다. 콜롬비아에선 젊은 여성 수백 명의 삶이 발작으로 어지럽혀졌고, 뉴욕주 북부에서는 언론의 과도한 관심으로 고등학생 열여섯 명의 건강이 치명적인 영향을 받았다. 나는 세계 이곳저곳을 여행하고 여러 신문 기사를 접하면서 매우 다양한 사람들의 설명을 통해 반복되는 주제를 발견했고, 심지어 가장 기이한 이야기에서도 내 환자들이 자주 생각났다. 스웨덴에 있는 어린이들이 특별한 시간과 장소에서 건강의 위기에 빠졌다는 사실은 결코 그들만의 사례라 할 수 없다. 집단심인성질환mass psychogenic illness, MPI은 전 세계에서 일어나고 한 해에도 몇 번씩 일어나며, 서로 그렇게 아무 관련 없는 공동체들에도 영향을 준다. 따라서 어떤 집단도 또 다른 집단에게서 학습할 기회를 얻지 못하는 경우는 없다. 소피는 한 집단의 일원이며, 그 집단이 공유하는 게 무엇이든 그 집단적 혼수상태를 형성하는 데 일조했을 것이다. 알레시아 역시 스스로 의식하지 못한다 해도 어떤 집단에 속해 있다. 그녀와 같은 수백, 수천 명의 사람이 있고, 그중 일부는 진단을 받을 만큼 운이 좋다. 많은 이가 '불가사의한 병'이라는 꼬리표를 달고 체념한 채 살아간다. 하지만 의학은 발전했고, 병에 대한 설명도 가능하며, 더 중요하게는 원한다면 바로 도움도 받을 수 있다.

1

잠자는 숲속의 공주들

스웨덴 난민 아이들에게 나타난 체념증후군

환원론

인간의 행동이 그 행동의 더 작은 구성요소들로
설명 가능하다고 보는 생각.

나는 방에 들어서면서부터 이미 폐소공포를 느꼈다. 돌아나가고 싶은 심정이었다. 내 앞에선 사람들이 방 안으로 주저 없이 들어갔고, 내 뒤로는 누군가가 조금은 지나치리만큼 가까이 서 있었다. 빠져나가긴 힘들 것 같았다.

오른쪽에 있던 침대에 놀라Nola가 누워 있었다. 열 살쯤으로 보였다. 이곳이 놀라의 침실이었다. 알고 왔는데도 나는 여전히 마음의 준비가 되어 있지 않았다. 방금 다섯 명의 사람과 개 한 마리가 방으로 들어왔는데도 아이는 미동조차 없었다. 그저 그대로 가만히 눈을 감은 채 누워 있었고 어쨌든 겉으로는 평온해 보였다.

"이 상태로 1년 반을 넘겼어요." 올센Olssen 박사가 허리를 굽혀 놀라의 뺨을 부드럽게 어루만지며 말했다.

나는 스톡홀름에서 북쪽으로 160킬로미터 떨어진 스웨덴의 혼달이라는 소도시에 있었다. 올센 박사는 짙은 색으로 태닝한 날씬한 60대 여성으로, 밝은 갈색 머리에 눈에 띄는 흰색 삼각 두건을 두르고 있었다. 놀라가 처음 잠에 빠졌을 때부터 담당한 박사는 그 가족들과도 잘 아는 사이였다. 올센 박사의 남편인 샘과 그들이 기르는 개도 오늘 우리와 함께 왔다. 놀라의 집을 자주 방문하는지 이들 셋은 익숙하게 행동했다. 그들은 나를 데리고 현관에서부터 놀라의 방으로 직행했다. 나에게는 사실 너무 갑작스러운 일이었다. 한낮의 햇빛 아래 있다 별안간 잠자는 아이의 어둑한 방에 있게 된 것이다. 커튼을 열어젖히고 싶다는 충동을 느꼈다. 올센 박사도 확실히 같은 생각을 했는지 창가로 가 빛이 들어오도록 커튼을 한쪽으로 걷어냈다. 그리고 놀라의 부모를 향해 돌아보며 말했다. "아이들도 지금이 낮이라는 걸 알아야 합니다. 햇빛을 좀 쐬어야 하죠."

"애들도 낮이라는 것은 알아요." 놀라의 어머니가 방어하듯 대답했다. "아침이면 애들을 바깥에 앉혀 놓거든요. 지금은 선생님이 오시니까 다시 침대로 옮겨 놓은 거고요."

이곳은 놀라 혼자 쓰는 방이 아니었다. 그녀보다 한 살쯤 많아 보이는 언니 헬란Helan이 내 왼편에 있는 이층침대의 아래층에 가만히 누워 있었다. 침대 위층은 자매의 남동생 자리로 지금은 비어 있었다. 이 소년은 건강했다. 내가 이 방에 들어올 때 한쪽 구석에서 우리를 훔쳐보던 아이다.

올센 박사가 돌아보며 큰 소리로 나를 찾았다. "수잰, 어딨나요? 와서 인사라도 해야죠. 그러려고 온 거잖아요?"

박사는 놀라의 침대 옆에 쭈그리고 앉아 손가락으로 아이의 검은 머리를 한쪽으로 쓸어 넘겼다. 나는 문 가까이 서서 주저하며 긴 여정의 얼마 남지 않은 마지막 몇 걸음을 떼기 위해 안간힘을 썼다. 틀림없이 당장이라도 눈물이 쏟아질 것 같았지만 다른 이들에게 그런 모습을 보이고 싶진 않았다. 부끄러웠던 건 아니다. 나도 인간인데 감당하기 힘든 장면 앞에서 멀쩡하긴 쉽지 않다. 아픈 아이를 보면 특히 더 버거워진다. 하지만 그동안 그토록 힘겨운 시간을 보내

왔을 이 가족들에게 나를 위로해달라 할 수도 없는 노릇이었다. 나는 가까스로 미소를 지으며 놀라의 침대로 다가갔다. 그런데 그 순간 내 어깨가 헬란의 몸을 스쳤고 놀랍게도 그녀가 눈을 뜨고 나를 잠시 바라보다 다시 눈을 감았다.

"헬란이 깼어요." 내가 올센 박사에게 말했다.

"그저 수면 초기 단계라서 그런 겁니다."

동생인 놀라는 깨어 있다는 어떤 기색도 없이 침대에 누워 있었다. 나만 아이 곁으로 가면 되었다. 놀라는 분홍색 원피스에 흑백의 다이아몬드 문양 레깅스를 입고 있었다. 모발은 굵고 윤이 났으나 피부는 창백했고, 입술은 색이 거의 없는 연분홍빛이었으며, 두 손은 배 위에 포개져 있었다. 마치 독이 든 사과를 삼킨 공주처럼 고요한 모습이었다. 코에 꽂아 뺨에 테이프로 고정해놓은 영양관만이 놀라가 아프다는 사실을 나타내고 있었고, 부드럽게 오르내리는 흉부만이 그녀가 살아 있음을 확인해주었다.

나는 놀라의 침대 옆에 쭈그리고 앉아 내 소개를 했다. 아이가 내 말을 듣는다 해도 이해하지 못하리란 건 나도 알고 있었다. 놀라는 영어를 거의 알지 못했고, 나는 스웨덴어나 그녀의 모국어인 쿠르드어를 할 수 없었다. 그래도 나는 놀라가 내 목소리를 들으며 힘을 얻길 바랐다. 나는 놀라에게 이야기하면서 헬란 쪽을 돌아보았다. 헬란은 눈을 완전히 뜨고 있었고, 나와 두 눈이 마주쳤다. 나를 바라보고 있던 것이다. 내가 미소를 지어 보였지만 헬란의 표정은 변하지 않았다. 두 아이의 어머니는 놀라의 침대 발치에서 벽에 기대 서 있었다. 그녀는 올센 박사에게 모든 것을 맡긴 채 찬찬히 나를 지켜보았다. 차분하고 품위 있는 모습이었다. 이 여성의 남편이자 아이들의 아버지는 문가에 서서 방 안으로 들어왔다 나갔다를 반복하고 있었다.

신문 기사로 전체 사연을 접할 수 있던 소피라는 소녀처럼 놀라와 헬란 또한 스웨덴에서 20년간 산발적으로 등장한 수백 명의 잠자는 아이들에 속했다. 이 유행병에 대해 처음으로 공식적인 의학 보고가 이루어진 것은 2000년대 초반이었다. 일반적으로 수면병은 눈에 띄지 않는 형태로 서서히 시작된다. 처음에는 아이들이 불안과 우울 증세를 보인다. 행동도 달라져 다른 아이들과 어울려 놀지 않다가 점차 아예 노는 일을 그만두게 된다. 천천히 자기 안으로 침잠해 들어가 곧이어 학교에도 다니지 못한다. 말수도 점점 줄다가 아예 말을 하지 않게 된다. 그리고 결국 잠드는 상태에 이르는 것이다. 여기서 더 심해지면 더는 먹지도 눈을 뜨지도 못하게 될 수 있다. 그러면 몸도 전혀 가누지 못하고 가족이나 친구들의 격려에도 반응하지 못한다. 세상에 대한 모든 능동적인 참여가 중단되는 것이다.

맨 처음 증상을 보인 아이들은 병원에서 입원 치료를 받았다. 그리고 컴퓨터단층촬영, 혈액 검사, 뇌파 검사, 척수액 관찰을 위한 요추천자 등 광범위한 의학적 검사를 받았다. 결과는 모두 정상이었고 뇌파 기록 또한 외관상의 무의식 상태와는 다르게 나타났다. 겉으로는 심각할 정도로 아무런 반응도 하지 못하는 아이들조차 뇌파 검사에서는 건강한 사람들의 수면 각성 주기를 보였다. 가장 증세가 심한 몇몇 아이들은 중환자실에서 철저한 관리를 받았으나 잠에서 깨어나지는 못했다. 사실 어떤 병도 발견하지 못한 상태에서는 의사와 간호사가 줄 수 있는 도움에 한계가 있었다. 이들은 급식 튜브를 통해 환자들에게 영양을 공급했고, 물리치료사들은 아이들의 관절 움직임과 깨끗한 폐 상태를 유지하도록 했다. 간호사들은 활동하지 못하는 환자들에게 욕창이 생기지 않도록 신경 썼다. 하지만 결국 입원 치료에도 별다른 차도를 보이지 않자 많은 아이가 집으로 돌아가 부모의 간호를 받았다. 증세를 보인 아이들의 연령대는 7~19세였다. 운이 좋으면 몇 달 만에 일어나기도 했지만 많은 아이가 수년간 잠에서 깨어나지 못했으며, 그중 일부는 아직도 눈을 뜨지 못하고 있다.

이런 현상이 처음 발생했을 때, 이는 전례 없는 일이었다. 그래서 누구도 이 상황을 어떤 이름으로 불러야 할지 알지 못했다. 혼수상태라고 해야 할까? 이 용어도 아주 적절하지는 않아 보였다. 혼수상태라면 깊은 무의식 상태를 의미할 텐데 몇몇 아이들은 주변을 인식하는 것 같았다. 검사 결과를 보면 뇌가 외부 자극에 반응함을 알수 있다. 확실히 수면 또한 맞는 용어가 아니었다. 수면은 자연스럽게 이루어져야 하는데 이 아이들은 그렇지 않았다. 이해하기 힘든 사례였다. 스웨덴 의사들은 결국 '무감동apathy'이라는 어휘를 받아들였다. 스위스의 정신과 의사인 카를 야스퍼스Karl Jaspers는 이 단어를 설명하면서 어떤 감정도 느끼지 못하고 어떤 행동에 대한 욕구도 없는 상태라고 했다. 이런 설명은 의사들이 환자들에게서 발견하는 증상과 일치했다. 그러나 몇 년 후 이 무감동이라는 말은 '업기븐헷신드롬Uppgivenhetssyndrom'(말 그대로 '포기하다'라는 뜻의 스웨덴어)이라는 공식 의학 용어로 대체되었다. 영어로는 'resignation syndrome'이라 부른다(우리나라에서는 체념증후군으로 부른다–옮긴이).

옆에서 보니 놀라의 옷에 상표가 삐져나와 있었다. 올센 박사가 아이의 원피스를 배 위까지 올리니 바지 안에 기저귀가 채워져 있었다. 박사의 이런 행동에도 놀라는 거부반응을 보이지 않았다. 아이의 손이 침대 옆으로 늘어져 있었는데, 개가 코로 그 손을 건드리는데도 아무 반응이 없었다. 올센 박사가 청진기로 아이의 배와 심장, 폐를 진찰했다. 올센 박사가 검진하며 다정한 말을 건네도, 방 안에 낯선 사람이 들어와도, 개가 서성거려도, 놀라는 아무런 반응을 보이지 않았다.

올센 박사는 주기적으로 내 쪽을 돌아보며 진찰한 내용을 알려주었다.

"심박동수가 92에요. 높지요."

나는 박사의 얘기를 들으며 견디기 힘든 만큼 버거움을 느꼈다. 92는 내가 봐도 높은 수치였다. 1년 넘게 전혀 움직이지도 않고 감정도 느끼지 못하는 아이의 심장박동수로는 보이지 않았다. 이 정도면 정서적 각성 상태, 즉 무감동과 정반대의 상황이라 할 정도였다. 자율신경계는 심장박동수를 무의식적으로 조정한다. 부교감 신경이 우리가 휴식 상태일 때 모든 몸의 속도를 늦추는 반면, 교감 신경계는 투쟁-도피 반응 기제(위협이 되는 스트레스 상황에서 교감 신경을 통해 나타나는 생리적인 각성 반응-옮긴이)를 작동시키고 행동을 준비하기 위해 심박동수를 끌어올린다. 놀라의 몸은 무엇을 준비한 걸까?

올센 박사가 놀라의 소매를 걷어 올리고 혈압을 쟀다. 아이는 꿈쩍도 하지 않았다. "100에 71이네요." 박사가 내게 말했다. 편안한 상태에 있는 아이에게 정상적으로 나오는 수치였다. 올센 박사가 아이의 팔을 들어 올려 얼마나 힘이 없는지를 보여주었다. 손을 놓자 팔이 바로 침대 위로 떨어졌다. 나는 올센 박사가 환자인 아이들의 맨살에 얼음주머니를 대고 반응이 있는지 살폈다는 기사 몇 개를 읽은 적 있었고, 체념증후군을 앓는 아이들의 드러난 배 위에 얼린 채소 한 묶음이 놓여 있는 사진을 본 적도 있었다. 내가 의과대학에 다닐 때 배운 의식 없는 환자의 진료법에는 '고통스러운 자극 가하기'도 있었다. 하지만 나는 더는 그렇게 하지 않는다. 이런 잔인한 방법은 불필요하다는 사실을 점차 깨달았기 때문이다. 그래서 올센 박사가 나를 위한다며 내게 그런 방식으로 놀라를 테스트해보라고 하지 않아 다행이라 생각했다. 대신 박사는 나를 돌아보며 아이를 한번 진찰해보라고 했다.

나는 주저했다. 나도 의사지만 놀라의 담당의는 아니었다. 나는 여전히 침대 발치에 서 있는 어머니를 바라보았다. 우리 둘 사이에 공통 언어는 없었다. 간단하게 나눈 대화도 올센 박사를 통해서 한 것이었다. 놀라의 어머니는 내가 그곳에 있어 기쁜 것 같았지만 나는 중간에 다른 사람 없이 직접 그녀와 이야기해보고 싶었다. 놀라의 침대 주위로 너무 많은 언어와 다양한 역학 관계가 존재하다 보니 분위기를 파악하는 게 쉽지 않았다.

올센 박사가 눈썹을 치켜올리며 내 대답을 기다렸다. "그러려고 오신 거잖아요?"

맞는 말이었다. 하지만 갑자기 나는 내가 여기 왜 와 있는지 알 수가 없었다. 평소 이런 여아 환자들을 자주 접했다. 그런데 지금은 이 아이들의 어떤 특별한 점 때문에 방문해야겠다고 생각했고, 여기서 무엇을 얻고 싶었던 걸까?

올센 박사가 엄지손가락으로 놀라의 눈꺼풀을 조심스럽게 들어 올렸다. 아이의 눈꺼풀이 말려 올라가 눈의 흰자위만 보였다. "벨현상이에요." 박사가 말했다.

우리가 눈을 감으면 눈꺼풀이 내려가면서 눈알이 위로 말려 올라간다. 벨현상Bell's phenomenon은 이처럼 정상적인 안구의 반사작용이다. 하지만 올센 박사는 놀라의 눈을 감기지 않은 채 계속 열고 있었다. 이윽고 내 눈에 나타난 것은 놀라가 눈 뜨기를 거부하고 있다는 증거였다. 아이의 안구는 말려 올라갔는데, 이는 아이가 계속 눈을 감고 있으려고 안간힘을 쓰기 때문이었다. 이것은 무의식적인 반사작용일까, 아니면 놀라가 소통에 능동적으로 저항하는 것일까?

"이리 와보세요." 올센 박사가 부추겼다. "신경학자시잖아요, 그렇죠?"

나는 내가 그곳에 온 이유를 떠올렸다. 올센 박사는 아이들과 그 가족들에게 어떻게든 도움을 주려 애쓰는 은퇴한 이비인후과 의사였다. 그녀가 나를 반긴 건 내가 신경과 의사이기 때문이었다. 박사는 그때까지 밝혀지지 않은 현상들에 대해 내가 어떤 설명을 해주기를 바랐다. 아이들의 임상적인 증상들을 해석하여 그 고통을 정당화함으로써 사람들에게서 도움을 이끌어내주길 원했다. 놀라가 1년 반 동안 먹지도 움직이지도 않고 누워만 있다는 사실은 필요한 도움을 받기에 충분히 인상적이지 못했다. 올센 박사는 신경학자이며 뇌 질환 전문의라면 진단에 무게를 더해줄 수 있으리라 기대했다.

이것이 현대 의학이 작동하는 방식이다. 병은 사람들에게 깊은 인상을 주어야 한다. 입증되지 못한 병은 그럴 수 없다. 심리적 원인으로 생기는 질병과 기능적인 증상들은 의료 문제에서 가장 등한시된다.

"놀라를 진찰해보세요." 올센 박사가 다시 한번 말했다.

내키지 않았지만 나는 손으로 아이의 다리를 잡고 근육의 부피를 살펴보았다. 그리고 다리를 움직이며 운동성과 탄력이 어떤지 보았다. 놀라의 근육은 쇠약해지지 않고 건강한 것 같았다. 반사작용도 정상이었다. 외부에 반응하지 않는다는 점만 빼면 모두 정상이었다.

그러나 올센 박사처럼 놀라의 눈꺼풀을 들어 올리려 하자 아이가 저항하는 느낌이 들었다. 박사가 내게 뺨의 근육을 만져보라고 했다. 작은 몸의 다른 모든 근육과 달리 뺨 근육은 뻣뻣했다. 아이는 이도 악물고 있었다. 이 역시 아이가 수동적이며 무감동한 휴식 상태에 있는 게 아니라는 증거라 할 수 있었다.

나는 헬란 쪽을 돌아보았다. 개가 그녀를 쳐다보고 있었고, 올센 박사의 남편인 샘이 목줄로 개를 잡고 있었다. 헬란은 개 너머로 나를 바라보고 있었다. 내가 다시 미소를 지어 보였지만 헬란은 그저 멍하니 나를 바라볼 뿐이었다.

올센 박사가 내 시선을 알아차리고 말했다. "놀라가 먼저 병에 걸렸어요. 헬렌의 증상은 온 가족이 세 번째로 망명 신청이 거부당해 스웨덴을 떠나야 하는 상황이 된 뒤에 시작됐죠."

올센 박사가 놀라와 헬란의 무감동을 설명하기 위해 그들의 뇌 기제를 밝히려 했지만, 사실 가족, 의사, 공무원 모두 왜 이 자매가 아픈지를 알고 있었다. 그리고 그 병이 나으려면 무엇이 필요한지도 알았다.

체념증후군은 아무에게나 생기는 증상이 아니다. 유독 망명을 원하는 가족의 자녀들이 이 병에 걸린다. 그리고 이 아이들은 병에 걸리기 훨씬 전부터 정신적인 외상을 입는다. 그중 일부는 스웨덴에 도착할 때부터 아주 이른 시기에 증상을 보이기도 하지만 환자들 대부분은 그 가족이 망명 신청의 긴 과정을 겪는 동안 자기 자신 속으로 침잠해 들어간다.

놀라는 스웨덴에 도착했을 당시 두 살 반이었다. 적어도 생전 처음 보는 어떤 남자가 스웨덴 입국과 함께 공식적으로 기록한 그녀의 나이는 그러했다. 놀라의 가족들은 그녀가 아직 유아일 때 터키와 시리아의 접경 지대에서 도망쳤고, 그렇게 떠난 스웨덴으로 가는 길은 그저 미지의 세계였다. 그 여정의 어느 곳에선가 그들의 증명 서류가 파기되었다. 그리고 스웨덴 국경에 도착했을 때는 놀라의 가족이 어떤 사람들이고 어느 곳에서 왔는지 입증할 만한 것이 아무것도 없었다. 그래서 스웨덴 당국에서 그들의 나이를 추정한 것이다. 그렇게 놀라는 두 살 반, 헬란은 세 살 반, 그리고 막내 남동생은 한 살 반이 되었다.

놀라의 가족은 이라크와 시리아, 터키가 본고장인 야지디Yazidi 라는 소수 민족이다. 야지디인은 세계적으로 그 수가 70만 명에 조금 못 미친다. 나는 놀라의 방까지 오면서 꽁지깃을 활짝 펼친 짙은 청색의 공작새 사진 하나가 벽에 걸려 있는 것을 보았다. 놀라 아버지의 팔뚝에도 공작 문신이 새겨져 있었다. 공작새 천사는 야지디인의 종교에서 중심이 되는 존재다. 이들은 최고의 신이 창조한 공작새가 세상을 지배한다고 믿는다.

공작새 천사에 얽힌 이야기는 다른 종교와도 관련 있다. 야지디 인들은 공작새 천사가 아담과 이브를 가르쳤다고 믿는다. 한편 이 공작새 때문에 야지디인들은 사탄 숭배자라는 오해를 받기도 한다. 야지디인들이 수 세기 동안 박해를 받은 것도 그들의 믿음에 대한 이 같은 해석에서 기인한다. 야지디인은 19~20세기에만 72차례나 대량 학살을 당했으며, 21세기에도 여러 번의 피비린내 나는 공격을 당했다. 처음에는 이라크에서, 그리고 가장 최근에는 시리아에서 유혈사태가 일어났다. 여성과 아이들이 윤간을 당하고 성노예로 잡혀갔다. 해당 지역에서 약 7만 명의 야지디인이 유럽에 망명을 신청했다고 한다.

아무튼, 놀라의 가족이 스웨덴에 오기 전까지 어떤 고통을 겪었는지 입증해줄 수 있는 사람은 아무도 없었다. 나는 그저 내가 들은 내용을 전달할 뿐이었다. 이 가족은 시리아에 있을 때 터키와의 국경선 근처에 있는 낙후된 시골 마을에서 살았다고 한다. 대부분 가정에 수도가 없었지만 마을 사람들이 공동으로 사용하는 우물이 있었고, 놀라의 어머니도 그곳에 매일 물을 길으러 다녔다. 어느 날 아침에도 물을 뜨러 갔는데 그녀가 네 명의 남자에게 붙잡혔고 숲으로 끌려가 성폭행을 당했다. 그러나 집으로 돌아간 그녀에게 놀라의 외할아버지는 가족에게 수치가 되었다며 도리어 역정을 냈다. 그리고 이어지는 몇 주 동안 놀라의 외할아버지와 부모 사이에 큰 말다툼이 벌어졌다. 한번은 놀라 남매가 방에 다 같이 있을 때 할아버지가 아이들의 어머니를 죽이겠다고 협박했다. 그때 놀라의 어머니는 넷째를 임신한 상태였지만 얼마 안 가 유산했다.

집 안팎에서 위협이 이어지자 놀라 가족은 시리아에 계속 머물기 어려워졌고, 도망칠 수밖에 없었다. 어떤 서류 하나 없이 스웨덴에 도착한 데다 스웨덴어도 알지 못하고 로마자도 읽을 수 없어 소통에 어려움을 겪었고, 자신들이 어디서 온 누구인지 입증할 방법도 없었다. 곧바로 망명 신청을 했지만 망명하려면 본국에서 얼마나 박해를 받았는지 증명해야 하고, 다시 고향으로 돌아가면 얼마나 위험한 상황에 처하게 되는지를 스웨덴 당국에 이해시켜야만 했다.

당시 스웨덴이 망명 신청자들에게 너그러운 편이었으므로 놀라의 가족들도 일시적으로는 체류 허가를 받을 수 있었다. 그러나 이어진 영구적인 망명 신청 과정은 상당히 느리게 진행되었다. 놀라와 헬란 자매는 제대로 신청 과정이 시작되기도 전에 학교를 다니게 되었다. 몇 년 후 망명 신청 절차가 진행되었고, 한 번도 아닌 두 번의 항소가 가능하긴 했지만 신청 자체는 거부당했다. 그 무렵 시리아에서 전쟁이 발발하여 본국으로 돌아가기도 훨씬 위험해진 상태였다. 놀라가 자신 속에 틀어박히는 증상을 처음 드러낸 것도 이때였다.

이제 아이들에게는 다른 어느 곳보다 스웨덴에서 지낸 기간이 길었다. 친구들은 모두 이곳에 있었고, 놀라와 헬란 모두 스웨덴어를 유창하게 했으며, 헬란은 영어도 곧잘 했다. 나는 이 자매가 자신들이 태어난 곳에 대해 얼마나 아는지는 모른다. 하지만 아무리 고국에 대해 한번도 제대로 들은 적이 없어도 그곳에 돌아가는 일에 대해서는 틀림없이 불안을 느꼈을 것이다. 사람들이 믿든 말든, 이 가족은 굉장한 위험을 감수한 채 마땅한 이유로 시리아를 탈출했다.

"제가 아이들 아버지한테 놀라를 침대 밖으로 나오게 하면 아이가 어떻게 반응하는지 선생님한테 보여달라고 할게요." 올센 박사가 말했다. 박사의 지시에 따라 놀라 아버지가 아이를 일으켜 앉히고 다리를 침대 옆으로 돌렸다. 아이의 몸은 꼭 봉제 인형 같았다. 고개는 가슴 쪽으로 떨구어져 있었다. 아버지가 아이의 겨드랑이를 뒤에서

잡고 서 있는 바람에 어깨가 올라갔고 양손은 몸 옆에서 흐느적거렸다. 놀라의 아버지가 올센 박사의 격려를 받으면서 아이를 마치 꼭두각시처럼 방을 가로질러 가도록 했다. 놀라의 두 발이 몸 뒤로 끌리면서 발끝으로 카펫에 자국을 남겼다. 나는 내가 왜 이런 기이한 장면을 보아야 하는지 알고 있었다. 때로는 아파 보이는 사람에게 평범하지 않은 그러나 객관적인 의료 테스트를 시행하여 그 사람이 진짜 아프다는 사실을 입증해야 하는 것이다. 놀라의 경우 검사 결과는 모두 정상이었다. 하지만 올센 박사와 아이의 가족은 놀라의 상황이 얼마나 안 좋은지 내가 알기를 바랐고, 그래서 그런 장면을 보여준 것이다.

"편지를 열어본 게 아이들이었어요." 올센 박사가 말했다. 놀라의 아버지는 딸을 다시 침대에 눕혔고, 어머니는 아이의 자리를 편하게 만들어주었다.

"네?"

"부모님이 스웨덴어를 못 하니까요. 그러니 이민국에서 편지가 오면 보통 아이들이 편지를 부모한테 읽어줍니다. 아이들이 내용도 통역해줬죠."

"그건 좀 문제가 있네요."

"부모님한테는 아이들이 세상의 연결고리였던 겁니다."

"뭔가 더 나은 방법이 있지 않았을까요?"

올센 박사가 웃었다. "잘 몰라서 그래요. 어차피 아이들도 상황을 알게 돼 있고요."

"그렇긴 하겠죠." 나는 천진하게 걱정 없이 사는 우리 아이들을 떠올렸다. 그리고 헬란을 보았다. 이 아이는 어린 나이에 너무 많은 일을 겪었다. "헬란이 몇 살이죠?" 내가 물었다.

"열한 살이요. 하지만 그 나이가 아닐 거라고들 하죠." 올센 박사가 얼굴을 찌푸렸다. "학교에서는 헬란이 말하는 게 어른 같다고 해요. 가족들이 주장하는 나이라면 그럴 수 없다면서요."

망명을 신청하는 이들의 나이는 세계 곳곳에서 문제가 되고 있다. 실제보다 더 나이 들어 보이는 아이들이 실수로 어른 시설에 배치되기도 한다. 성인인데도 좀더 관대한 처우를 받기 위해 아이인 척한다는 불만도 제기된다. 하지만 의학적으로 나이를 평가하는 데는 오류가 많을 수밖에 없다. 얼마나 다양하게 만성적인 결핍과 학대, 영양 부족을 겪었는지 알아낼 믿을 만한 방법은 없다. 하물며 본국에서 도망쳐 망명을 신청하는 과정에서 영향을 받게 되는 외모, 뼈 나이, 근육 부피, 성 발달, 행동, 언어의 문제는 말할 것도 없을 것이다.

공식 나이에 논란이 있다 해도 헬란은 명백한 어린아이였다. 사춘기가 되기 전의 나이였다. 자기 어머니나 놀라처럼 헬란의 머리칼도 숱이 많고 긴 흑색이었다. 야지디 여성들은 머리를 자르지 않는다. 나는 헬란을 관찰하면서 아이의 눈꺼풀이 파닥이며 감겼다 떠지기를 반복한다는 걸 알 수 있었다. 아이가 영어를 할 줄 안다고 들은 나는 헬란 옆에 무릎 꿇고 앉아 내 이름을 얘기해주었다. 그런데 놀랍게도 헬란이 작은 소리로 속삭이듯 답해주었다. 잘 들리지 않아서 내가 한 번 더 말해달라고 부탁했고, 잘 듣기 위해 아이 곁으로 몸을 기울였다. 아이가 자기 이름을 말해주었다. "헬란이에요."

헬란이 병에 걸린 것은 몇 개월이 채 되지 않은 일이었다. 가족의 세 번째이자 마지막 망명 신청이 거부된 때였다.

"세 번째 거부 편지가 왔을 때 헬란이 그랬어요. '그럼 동생은 어떻게 되나요?'라고요. 그리고 말이 없어지더니 병에 걸리더군요. 저는 아이들 부모님한테 헬란이 침대에 못 있게 하라고 했어요. 뭐라도 먹고 학교에 계속 다니게 하라고요. 하지만 그럴 수 없었죠."

올센 박사의 말로는 당국에서 이 가족을 터키인들로 생각했다고 한다. 그래서 전쟁 통인 시리아로 돌아갈 수는 없어도 터키로는 갈 수 있을 거라 여긴 것이다. 아이들이 지금 사는 집을 떠나 오직 끔찍한 이야기로만 존재하는 곳으로 가야 한다는 말을 들었을 때 대체 어떤 기분이 들었을지 나로서는 상상도 할 수 없었다. 자동차를 타고 넓은 가로수길을 따라 이 아파트 단지 안으로 들어오면서 나는 이곳이 얼마나 아름다운지 깨달았다. 세 아이가 한 방을 나눠 쓰고 있었지만, 아파트는 널찍했고 나무가 우거진 놀이터가 내려다보였다. 아이들 방에는 벽에 그림들이 걸려 있었고, 다양한 책과 보드게임이 한쪽 구석에 쌓여 있었다. 게임은 자주 가지고 노는 것 같아 보였다. 물론 이 소녀들은 아니겠지만.

"학교 친구들이 아직도 헬란을 만나러 오지요. 한 여자아이는 매주 와서 책을 읽어준답니다." 올센 박사가 그 말을 하고 헬란 쪽을 바라보았다. "책 읽어줄까?"

소녀가 고개를 끄덕였다.

올센 박사가 쌓여 있던 책 중에서 그림책을 하나 꺼내 읽기 시작했다. 자매의 남동생은 문가에서 수줍어하며 안을 훔쳐보았다. 처음에는 소년이 이야기를 듣고 있는지 알았는데 알고 보니 아이 관심을 끈 건 개였다. 샘도 그 사실을 눈치채고 소년에게 개 산책을 시켜보겠냐고 물었다. 소년은 개를 데리고 신나게 밖으로 나갔다.

샘도 자기 부인만큼 체념증후군을 앓는 아이들의 가족들을 잘 알고 있었다. 그는 흰 턱수염이 난 친절한 노인으로, 원래는 미국인이다. 심리학을 전공했으나 스웨덴에서는 IT 분야에서 일했다. 이 부부는 일곱 가정의 아이들 열네 명에게 도움을 주었고, 이 아이들은 제각기 체념증후군의 다른 단계에 있었다. 전날 밤 나는 이 부부 집에서 묵었다. 책과 화초, 가족사진이 가득한 오래된 목조주택이었다. 정원에서 스콘과 페퍼민트 차를 마시는 동안 샘이 내게 말해준 바로는 거주 허가를 받게 되면 비록 하룻밤 사이는 아니어도 아이들이 보통 깨어난다고 했다. 회복되는 과정은 무감동이 시작되었을 때만큼 완만하고 더뎠다. 몇 달 혹은 그보다 더 오래 걸릴 수도 있는데, 이는 아이가 그동안 얼마나 오랫동안 아팠는가에 달려 있었다.

비록 기적적으로 깨어나는 일은 없었지만, 일단 회복되고 나서는 아이들이 새로운 삶을 꽃피울 수 있다고 했다. 이들 부부가 돌보고 있는 알리야Aliya라는 여자아이는 구소련에서 소수 민족으로 박해받다 도망친 사연이 있었다. 1년 넘게 체념증후군을 앓은 알리야는 자발적으로 행동할 기미를 전혀 보이지 않았다. 그러나 스웨덴 영주권을 얻었다는 말을 듣게 된 다음 날 아이가 얼마간 눈을 뜨고 있었다. 그리고 이어지는 몇 주 사이 완전히 잠에서 깨어났고, 몇 달 지나지 않아 학교도 다시 다니게 되었다. 스웨덴 학교 시스템에 늦게 들어가 교육차가 많이 났지만, 결국 우수한 성적을 거두었고 지금은 법을 전공하고 있다.

"체념증후군을 앓으면 어떤 기분인지 알리야가 이야기해주던가요?" 내가 물었다.

이 병에 대해 처음 알게 되었을 때부터 나는 이 점이 궁금했다. 신문 기사에서는 이 질병에 걸리면 완전히 수동적인 상태가 되는 것처럼 쓰여 있었다. 하지만 나는 '무감동'과 '체념'이라는 단어가 이 증상을 앓는 환자들의 경험을 조금도 정확하게 나타내지 못한다는 생각이 들었다.

"본인이 그런 얘기를 좋아하지 않아서요." 샘이 내게 답했다. "모든 아이가 똑같이 그런답니다. 일단 병에서 벗어나고 나면 그저 과거일로 묻어두고 싶어 하거든요."

하지만 나는 정말 알아야 했기 때문에 다시 한번 물어보았다. "'알리야가 주변 상황은 인식했다고 하던가요? 아니면 그 기간이 그저 잃어버린 시간 같은 걸까요? 잠들어 있기만 했던 것처럼요."

"알리야 말로는 마치 깨어나고 싶지 않은 꿈을 꾸는 느낌이었답니다."

나는 그 표현이 마음에 들었다. 이해가 갔고 아이들 상태가 조금은 덜 두렵게 여겨졌다. 전에 잡지에서 접한 어느 어린 소년의 사연은 이보다 훨씬 불편했다. "소년은 깊은 바닷속에서 깨지기 쉬운 유리 상자 안에 들어가 있는 느낌이었다고 한다. 말하거나 움직이면 진동이 생겨 유리가 산산 조각날 것 같았다고 했다. '물이 쏟아져 들어와서 저를 집어삼킬 것 같았죠.' 소년의 말이다."

알리야는 올센 박사 부부의 집에서 종종 함께 지낸다고 한다. 아이들이 병에서 회복되고 난 후에도 이 너그러운 부부는 환자와 그 가족들에 대한 지원을 멈추지 않았다. 일이 필요한 사람들에게 일자리를 찾아주기도 하고, 학교와 대학에 지원하는 과정을 돕기도 했다. 심지어 갈 곳이 없는 가족을 집에 묵게 해주기도 했다.

나는 올센 박사가 헬란의 침대 옆에 앉아 내가 모르는 언어로 이야기를 읽어주는 모습을 보고 있었다. 박사는 종종 읽고 있던 페이지를 펼치며 아이에게 그림을 보여주었다. 그동안 아이들 어머니는 놀라의 침대 발치에 앉아 솔빗으로 아이의 드러난 팔과 다리를 부드럽게 쓸어주고 있었다. 이는 매일 반복되는 일과로, 감각 체험이라 할 수 있었다. 이어서 놀라의 관절을 움직이며 무릎과 팔꿈치를 굽혔다 폈다 한 다음 엉덩이와 어깨, 손목을 차례로 돌려주었다. 물리치료사에게서 배운 이 운동은 아이들이 움직이지 않아 힘줄이 뻣뻣해지고 짧아지는 구축contracture을 방지하기 위한 것이다.

나는 소녀들을 차례로 바라보았다. 놀라는 창백했지만, 그 외에는 아주 건강해 보였다. 헬란은 입술과 피부에 좀더 핏기가 도는 걸로 보아 놀라보다는 좀더 움직였고, 병에 걸린 지도 얼마 안 되었음을 알 수 있었다. 가족들은 아이들을 매일 씻기고 새로운 옷으로 갈아입혔다. 이 과정을 하나의 일과로 삼아 자매가 아침, 오후, 저녁을 느끼게 하려 애썼다. 침대에서도 자세를 바꿔주어 욕창이 생기지 않게 했다. 저녁 식사 자리에서 아이들을 휠체어에 앉혀 자신들이 가족의 일원임을 잊지 않도록 했으며, 혹여 먹고 싶은 마음이 들기를 바라며 소량의 음식을 혀에 얹어주었고, 입술은 물로 적셔주었다. 또 아이들 모두 빨대로 음료를 마시게 하려 했는데 헬란은 이를 간신히 해냈고, 놀라는 반응도 하지 않았다.

일상의 이런 관리와 뒷이야기가 따뜻하고 사랑스러운 장면을 만들고 있었다. 올센 박사가 책을 읽어주는 동안 헬란이 이따금 입으로 웅얼거렸고, 나는 그녀가 자신이 알고 있는 이야기를 외우고 있음을 깨달았다. 박사는 책을 다 읽은 후 다음에 올 때는 새로운 이야기를 들려주겠다고 헬란에게 약속했다. 다시 방을 나설 때는 두 아이 모두 처음 우리가 이 방에 들어올 때 본 모습 그대로 누워 있었다.

체념증후군이 맨 처음 공식적으로 보고된 것은 2005년이었다. 1990년대부터 시작되었다는 소문도 있지만, 병에 걸린 아이의 숫자가 많아진 것은 세기가 바뀌는 시점이었다. 2003~2005년 사이에 424건의 사례가 보고되었다. 그리고 이후 수백 건이 더 추가되었다. 남자아이, 여자아이 모두 이 증후군을 앓았으나 여자아이가 약간 더 많았다.

증후군이 처음 퍼지기 시작한 시기에 병에 걸린 아이들은 보통 병원에 입원해 검사와 치료를 받았다. 하지만 일단 검사 결과가 정상으로 나오면 어쩔 수 없이 꾀병이라는 비난이 아이들에게 돌아갔다. 신체 장애의 원인을 측정 가능한 생화학 혹은 구조적·해부학적 이상에 의한 어떤 기질성 질환으로 설명할 수 없을 때는 이런 공격을 피하기 힘들었다. 그러나 이런 비난은 제쳐두고라도 문제는 일곱 살 어린아이가 장기간 입원 치료를 받아도 완전히 무반응 상태라는 데 있었다. 많은 아이가 다양한 전문가들의 감독 아래 의료 검사와 입원 치료를 받아야 했다. 초기의 환자들 일부는 부모와 떨어져 중환자실에 입원한 상태에서 정밀 진단을 받았으나 여전히 깨어나지 못했다. 사실 어떤 아이도 자발적으로 그렇게 오랫동안 반응 없는 상태를 유지할 순 없을 것이다.

한편 관심을 부모에게 돌리는 이들도 있었다. 아이에게 진정제를 투여한 건 아닐까? 심지어 독극물을 주입한 게 아닌지 의심하기도 했다. 한 언론에서는 부모가 아이에게 물약을 주는 장면을 본 의사가 있다고 보도했다. 하지만 이런 일은 간단하게 확인할 수 있는데, 혈액이나 소변 검사 결과 아이들이 약물에 취해 있다는 어떠한 증거도 찾지 못했다. 그래도 여전히 대리 뮌하우젠증후군Munchausen's syndrome by proxy(일종의 아동학대로, 부모나 보호자가 병을 꾸며내 아이에게 불필요한 치료를 받게 하는 것)이라고 말하는 사람들도 있었다. 어느 의사는 가족들이 마치 트로이의 목마처럼 아이들을 이용해 새로운 나라에 입국 허가를 받으려 하는 것이라고 했다. 몇몇 간호사들은 반응이 없으리라 생각한 아이들이 비위 영양관을 거부했다고 주장했다.

놀라는 커튼이 닫혀 있으면 집 안을 돌아다닐 수 있는 걸까? 어린 두 소녀가 부모의 지시에 따라 집에 누군가 올 때마다 침대로 들어간 것일까? 내가 스웨덴에 간 2018년 당시 이 같은 소문을 다룬 신문 기사들 외에는 이런 시각을 뒷받침할 어떤 근거도 없었다. 그러나 2019년 10월 성인 한 명이 나서서 말하길, 자신이 어렸을 때 부모로부터 '무감동한' 상태로 있으라는 강요를 받았다고 증언했다. 그리고 이 말로 인해 잠시 비난의 소용돌이가 일었다. 괜히 모든 가족이 죄인 취급당할 위험이 있었다. 하지만 사실 장애 수당이나 보험금을 받기 위해 속임수를 쓰고 이용하려는 이들은 어디에나 존재하기 마련이며, 그렇다고 같은 무리에 있는 구성원 모두에게 그 책임이 있다고 보면 안 될 것이다. 아동학대에 해당하는 그 안타까운 사례 외에는 어떠한 공식적인 조사에서도 체념증후군 환자나 그 부모가 기만적인 행동을 했다는 기록은 없었다. 심지어 정신과 병동에 장기 입원한 아이들도 대리 뮌하우젠증후군이라는 비난의 근거가 될 만한 행동은 전혀 보이지 않았다. 일단 망명이 받아들여지고 삶에 다시 희망이 보이게 되면 바로 병에서 회복되기는 했지만, 다른 심각한 만성 질환과 마찬가지로 회복 과정 또한 병을 앓은 기간과 현재의 장애 정도에 따라 서서히 이루어졌다.

심리적인 영향으로 신체 증상을 겪는 이들은 늘 꾀병이라는 말을 들을까 봐 걱정한다. 올센 박사가 나에게 환자 상태에 대해 뇌와 관련된 설명을 해주길 간절히 바라는 이유 또한 아이들을 이런 비난에서 벗어나게 해주기 위해서였다. 박사는 뇌장애가 심리 질환보다 더 제대로 인정받는다는 사실을 알고 있었다. 체념증후군이 스트레스로 인한 질병이라고 하면 사람들이 아이들의 상태를 덜 심각하게 여길 것이다. 어떤 이가 얼마나 오랫동안 움직이지도 반응하지도 못하는 상태로 지냈든, 뇌 정밀 검사에서 그에 상응하는 변화가 나타나지 않는다면 다른 이들에게 그리 깊은 인상을 주지 못하는 법이다.

생물학적인 상관관계는 심인성 장애의 증상을 신뢰할 수 있게 해주곤 한다. 혈액 검사나 정밀 검사를 통해서 병이 얼마나 고통스러운지 사람들이 믿게 되는 것이다. 따라서 체념증후군의 생체 역학을 이해하려는 그 많은 시도 또한 어쩌면 당연한 것이다. 과학적인 흥미나 치료 지침 때문만이 아니라, 생체 역학을 밝혀내면 아이들의 장애 정도를 입증할 수 있다는 점이 무엇보다 중요한 것이다.

이 질환의 생물학적 측면을 밝히려 한 여러 불완전한 이론들이 있었다. 어떤 의사들은 몇몇 아이들에게 나타난 빠른 심장박동수와 높은 체온에 주목했고, 호르몬이나 자율신경계의 영향으로 생긴 스트레스 반응이 병을 일으키는 원인 가운데 하나일 거란 생각도 했다. 그러나 네 아이를 관찰한 한 소규모 연구에서 스트레스 호르몬인 코르티솔cortisol 수치의 일일 평균치에 변화가 없음이 밝혀져 결국 스트레스 가설의 신빙성도 떨어지게 되었다. 같은 맥락으로 어느 과학자 집단에서는 임신 기간 동안의 스트레스 호르몬이 뇌 발달에 영향을 주어 후에 아이들 삶에서 스트레스 대처 능력을 떨어뜨린 것으로 보았다. 그러나 이러한 견해와 이론의 문제점은 스트레스 호르몬과 자율신경계뿐 아니라 부족한 두뇌 발달로도 특이하게 지속되는 병의 심각한 신체 징후들이나 희한한 지리적 분포를 제대로 설명할 수 없다는 것이다. 망명 신청 가족은 전 세계에 퍼져 있지만, 그들 누구도 스웨덴에 있는 아이들과 같은 반응을 보인 적은 없었다. 스트레스는 보편적이지만 체념증후군은 그렇지 않다.

체념증후군을 긴장증catatonia과 비교한 과학자들도 있었다. 긴장증에 걸리면 몸을 움직이지 못하고 신체 반응도 거의 또는 전혀 하지 못하지만, 의식은 깨어 있는 상태가 된다. 뇌 질환이 원인일 수도 있고, 정신질환 때문에 발병할 수도 있다. 아직 제대로 밝혀진 것은 없지만 긴장증은 다양한 신경전달물질 및 뇌 검사에서 밝혀진 이상 징후와 관련 있다.

긴장증 환자들의 전문적인 뇌 정밀 검사 결과를 보면 전두엽 부분에 대사 변화가 있음을 알 수 있다. 스웨덴 의사들은 체념증후군을 앓는 아이들에게도 같은 변화가 있는지 살펴보기 위해 더 세밀한 뇌 영상을 촬영하는 데 열중했다. 긴장증의 특성 중에 놀라와 헬란의 증상과 비슷한 부분이 있긴 하지만, 체념증후군에서는 긴장증 특유의 자세나 뻣뻣함이 보이지 않는다. 긴장증 환자들이 마치 동물을 박제

해놓은 느낌이라면 놀라는 봉제 인형 같았다.

아직도 불확실한 것 한 가지는 아이들이 자기 주변 상황을 의식하는가인데, 특히 아이들 자신이 이 불가사의한 상태를 해결할 의지나 능력이 없어 보이기 때문이다. 아이들이 혼수상태에 빠진 거라는 말도 있지만, 운다거나 다른 이들과 이따금 눈을 마주치는 모습이 자주 목격됐다는 걸 보면 혼수상태는 아닐 것이다. 계속해서 식물인간 상태에 있는 환자들은 기능적 자기공명영상functional MRI, fMRI을 통해 의식이 있는지 알아보는 검진을 받아왔다. 과학자들은 체념증후군의 '의식'이라는 딜레마를 해결하기 위해서도 이 같은 방식의 검사를 제안했다.

이 질환에 대한 모든 의학적인 관심이 혈액 검사와 뇌 검사에만 집중되어 있는 것은 아니다. 심리적인 측면에 더 초점을 둔 해석들은 어린아이나 10대들에게 나타나는 정신질환으로 먹고 이야기하고 걷고 주변 상황에 관여하는 행위를 단호하게 거부하는 전반거부증후군pervasive refusal syndrome, 전반각성철회증후군pervasive arousal withdrawal syndrome, PAWS을 체념증후군과 비교하였다. PAWS의 원인은 아직 밝혀지지 않았지만, 스트레스나 정신적 외상인 트라우마와 관련 있다. PAWS에서의 철회는 '거부'라는 단어에서 알 수 있듯 능동적인 것이며, 무감동한 상태와는 구별된다. 그래도 절망스러운 상황과 관련된다는 면에서 다른 가설들보다는 체념증후군과의 공통점이 더 많아 보인다.

체념증후군을 앓는 아이들은 스웨덴에서 병에 걸린 것이지만 각자의 출생국에서 정신적 외상을 경험한 경우가 대부분이다. 따라서 이 과거의 트라우마가 질병에 중요한 역할을 하는 것으로 보인다. 어쩌면 외상후스트레스장애post-traumatic stress disorder, PTSD의 한 형태인 걸까? 아니면 시련을 겪은 부모들이 역할을 제대로 수행하지 못해 결국 자녀의 정서 발달에까지 지장을 준 걸까? 정신 역동과 관련된 이론에서는 정신적 외상을 입은 어머니들이 자신의 숙명적인 고통을 자녀에게 투사한다고 말하며, 한 의사는 이를 '치명적인 어머니 역할' 행동이라 표현했다.

확실히 체념증후군에 대한 심리적·생물학적 해석을 모두 검토하는 편이 훨씬 가치 있을 것이다. 하지만 이 둘을 통합한다 해도 여전히 부족하다. 심리적인 해석은 스트레스 요인과 그 영향을 받은 개인의 정신 상태에 지나치게 집중한 나머지, 더 큰 그림을 보지 못한다는 문제가 있다. 또한, 불가피하게 아이와 그 가족에게 책임을 묻거나 비판할 우려가 있다. 타인의 시각으로 가족들이 겪는 어려움을 폄하할 소지도 있다. 육체적 고통만큼 심리적 고통에도 긴급한 도움이 필요하다는 사실을 다른 이들로부터 이해받기는 정말 쉽지 않다.

그러나 생물의학으로 설명하려는 이론에는 훨씬 많은 문제가 있다. 생물학적 기제에 대한 조사는 어느 정도 아이들의 상태를 진지하게 받아들이려는 시도였으나 이 또한 아이가 만성적인 장애에 걸리도록 한 모든 외부 요소를 무시할 위험이 있다. 체념증후군의 뇌 기제를 밝히기 위한 MRI 촬영은 유용한 연구 수단이며, 뇌가 의식과 동기를 어떻게 통제하는지 전반적으로 이해하는 데도 도움이 될 수 있다. 하지만 그렇다고 각 개인의 뇌 영상으로 이와 같은 집단적 현상을 설명하거나 그 문제를 해결하고자 하기엔 사실 무리가 있다.

사람들은 신경학자인 내가 체념증후군을 일으킨 뇌 기제에 특별한 관심이 있을 것으로 기대한다. 그러나 놀라와 헬란이 함께 쓰는 방 안에 서 있다 보니 이 어린아이들을 침대에만 있게 하는 혼란스러운 신경망은 그저 종착점에 불과하며, 적어도 이 상황에 이르게 한 가장 덜 중요한 요소라는 생각이 들었다. 결국 놀라와 헬렌이 살아온 전체 삶이 이 지점까지, 즉 화창한 날 커튼을 쳐놓은 스웨덴식 침실 안 침대에 누워 있는 상태에까지 이르게 한 것이다.

체념증후군에 대한 생물학적·심리적 가설들은 조지 엥겔이 생물심리사회 이론(정신질환의 원인을 생물학적·심리적·사회적인 요인을 토대로 통합적으로 고려해야 한다고 보는 이론―옮긴이)에서 정확하게 지적했듯이 환원주의가 되어버린다. 이 가설들은 환자의 내부에 집중하는 탓에 외부에 존재하는 요인들(예컨대 이상하리만치 발병이 지리적으로 집중되어 나타나는 현상)과는 조화를 이루지 못한다. 사실 지나치게 개인적인 접근법이 얼마나 무의미한 시도인지를 입증하는 사례는 훨씬 많다. 체념증후군은 스웨덴에 망명하려는 아이들에 국한되어 있을 뿐 아니라 그것도 아주 특정한 집단에서만 제한적으로 나타난다. 모든 망명 신청자가 영향을 받는 게 아니라 구소련과 발칸 반도 출신의 아이들이 더 많이 병에 걸린다. 최근에 많은 박해를 받은 야지디와 위구르 민족 또한 지나칠 만큼 많은 아이가 이 병에 걸렸다. 반면, 아프리카에서 온 난민에서는 이 질병에 대한 보고가 없었으며, 이외 다른 국가나 민족 집단에서도 드물게만 발생했다.

만약 심인성 이론과 생체의학 이론으로 체념증후군의 원인을 충분히 설명할 수 있다면, 왜 이 증상이 전 세계에서 발생하지 않겠는가? 또 다양한 연령과 환경에 있는 사람들이 질병에 걸리지 않겠는가? 심리적인 외상과 고통은 어느 사회에서나 존재하며, 모든 사람의 뇌는 생물학적으로 동일하다. 이 질환에 걸리는 이들이 그렇게 선택적이라는 사실은 이 병을 그저 호르몬이나 신경전달물질과 관련된 생물학적인 문제로만, 혹은 개인의 성격과 연결되는 심리적인 문제로만 바라보는 관점이 잘못되었음을 보여준다.

나는 이 소녀들의 이야기를 접했을 때 문화적인 특수성을 살펴봐야 한다고 확신했다. 즉 체념증후군이 어쩌면 서구적인 의미에서의 생물학적·심리적 질병이 아니라 사실은 사회·문화적인 현상일 수 있다고 말이다. 만약 그렇다면 뇌 검사와 코르티솔 수치 확인은 그야말로 무의미한 접근일 것이다.

놀라와 헬란의 집을 방문한 이후 나는 올센 박사와 샘의 집에서 하룻밤 신세를 졌다. 테라스에 앉아 연어와 샐러드로 저녁 식사를 하다 보니 완만한 경사를 이루는 녹색 경관 사이로 빨간색 작은 목조 주택과 곳간 몇 채가 간간이 눈에 띄었다. 우리는 저녁을 먹으며 아이들에 관해 이야기했고, 나는 이 소외된 소수 민족에게 신기할 정도로 체념증후군이 집중해서 나타나는 문제를 언급했다. 올센 박사는 내 말이 마음에 들지 않은 것 같았다. 약간은 실망한 듯했다. 내가 체념증후군에 대해 생물학적으로 완벽한 설명을 제공하고, 그 내용을 스웨덴의 이주 기관에 편지로 보내 필요한 모든 아이에게 망명을 보장해줄 만큼 훌륭한 신경학자가 아니라고 본 것이다.

"그들이 야지디족이어서 질병에 걸린 게 아니에요." 내가 꺼낸 얘기에 올센 박사가 답했다.

하지만 내가 말한 건 문화가 아니었다. 박사 자신의 문화이며 이제는 아이들과도 공유하게 된 스웨덴 문화 역시 아이들의 출생 국가와 민족만큼 내 관심사였다. 같은 야지디족이나 위구르족 그리고 발칸반도나 구소련 출신 망명 신청자라 해도 스웨덴이 아닌 곳으로 피신한 이들은 체념증후군에 걸리지 않는다. 이 질환이 사회적인 영향으로 인해 생긴 것이라면 아이들의 본국이 아니라 어떤 환경의 조합으로부터 병이 시작되었다 할 수 있다. 아이들의 과거 경험으로 생긴 취약성도 물론 간과할 수 없지만, 스웨덴으로의 여정과 스웨덴에서의 삶 또한 중요하다. 어쨌든 놀라와 헬란은 삶의 대부분을 스웨덴에서 보냈다.

놀라 가족이 입국했을 때 스웨덴에서는 그들을 기꺼이 맞아주었다. 가족은 임시 거주를 허가받았으며, 망명 신청이 진행되는 동안 거주할 집도 제공받았다. 망명 신청 과정이 본격적으로 시작되는 데는 3년이 걸렸고, 그동안 두 소녀 모두 학교에 다니게 되었다. 자매 모두 스웨덴어를 유창하게 하게 되었고, 친구도 생겼다. 과연 놀라와 헬란은 사람들이 그들을 자신들과 다르다고 생각한다는 것을, 또 지금 머무는 집이 그저 임시로 사는 곳임을 알고 있었을까? 망명 신청은 진행이 시작되고 난 후에도 몇 년의 시간이 더 걸렸다. 그리고 가족들이 재판을 받는 건 아니었지만 신청 과정에서 취조당하는 기분이 들었다. 이는 신청자의 이야기를 듣기보다는 오류를 찾아내는 데더 중점을 두는 망명 시스템 때문이다.

망명 신청 과정은 전 세계적으로 이와 유사한 문제점을 안고 있다. 망명을 신청하는 가족들은 보통 인권이 열악한 지역에서 온 경우가 많으며, 그곳의 정부 기관 또한 그리 신뢰받지 못한다. 망명하려는 가족들은 자신들의 이야기가 사실인지 묻는 심사위원들 앞에서 답해야 한다. 질문은 불쾌하거나 공격적일 수 있으며, 신청자들이 어떤 어려움을 겪었는지는 거의 고려되지 않는다. 가족들은 위협적인 분위기에서 자신들의 이야기가 사실임을 방어적으로 주장해야 하며, 이후 소수의 사람이 신청자들의 이야기가 믿을 만한지를 결정한다. 어린 자녀들도 대개는 이 자리에 함께 참석해야 한다.

스웨덴은 다른 많은 나라보다 인종차별이나 이민자들에 대한 적대감이 덜한 자유로운 나라로 알려져 있다. 아주 최근까지는 자녀가 체념증후군을 앓을 경우 자동으로 망명을 허가해주기도 했다. 2014년에는 스웨덴의 수상이 "망명 신청자들을 향해 마음을 열어달라"고 국민에게 요청했고, 이듬해에는 기록적인 수치의 외국인이 스웨덴으로 입국했다. 하지만 곧 분위기가 바뀌었다. 세계적인 추세를 따라 스웨덴에서도 우파 정치와 이민자들에 반대하는 발언이 늘어나고 있으며, 그에 따라 새로운 망명자가 크게 줄었다. 이민자들에 대한 적대감과 높아진 긴장감으로 인해 체념증후군이 확산했을 수 있지만, 사실 망명 신청자들에 대한 여론이 안 좋아지기 전에도 무감동 반응을 보이는 아이들은 수십 명 있었다. 체념증후군이 절망적인 상황 때문에 걸리는 병이며 그러므로 희망이 생기면 치유될 거라 여기는 사람이 많은 만큼, 세 번의 심사 단계를 거치는 기나긴 망명 신청 과정이 질환 발달의 한 요인이 될 수 있다고 보는 것도 무리는 아닐 것이다. 놀라와 헬란은 인생의 대부분을 기대와 실망의 반복 속에 살아왔고, 그로 인해 신체적인 결과가 뒤따라온 것이다.

아이들이 스트레스에 대처하는 내면의 방식은 다른 이들과 같으며, 다른 점이라면 아이들의 삶뿐이다. 그러므로 심리적인 고통에 그렇게 독특하고 특수한 방식으로 신체 반응을 나타내는 것은 그들의 환경 속 무언가인 것이다. 모든 행동이 그렇듯 장애도 뇌에서 시작하지만, 체념증후군의 발달에서 가장 핵심이 되는 것은 외부 요인들이 아이들 뇌에 영향을 준 방식이지 내부적인 생리 작용이 아니다.

강제 추방을 앞둔 아이들은 스트레스를 받게 된다. 그러면 생리적으로 스트레스 반응을 자극해 신체적인 증상이 생기게 된다. 이 지점까지는 망명하고자 하는 아이들의 신체 경험이 스트레스나 정신적 외상을 겪는 모든 이의 경우와 일치한다. 놀라와 헬란 같은 아이들에게 나타나는 결과가 다른 사람들과 다른 이유는 그 이후에 발생하는 일들이며, 이 단계는 삶의 경험에 따라 크게 달라진다.

체념증후군을 일으키는 일련의 사건은 한 명의 아이 혹은 한 가족에만 관련된 일일 수 없다. 핵심은 이 문제가 아이의 머릿속에서만 일어나는 게 아니므로 훨씬 더 커다란 시각으로 바라봐야 한다는 것이다. 이 질환에 걸린 아이들은 결핍과 스트레스를 경험한 과거로 인해 취약한 상태에 놓인다. 망명 신청 과정에서 아이들이 보이는 반응은 단순히 생물학적인 현상이라기보다는 그들 마음에 내재한 어떤 기대감에서 비롯된 것이며, 아이들 주변의 모든 사람, 특히 본국보다 유럽에서 만난 이들의 영향을 훨씬 많이 받는다. 체념증후군을 앓는 아이들은 하나의 사회·문화적인 현상을 만들어간다. 이들의 이야기가 여러 나라에서 글로 쓰이고 있으며, 그 종합적인 내용이 아이들을 특수한 존재로 만들어왔다. 열악한 사회 환경과 좋지 못한 영양 상태, 후성유전학(DNA의 염기 서열 변화 없이도 염색질 구조가 변경되어 다음 세대로 유전되는 현상을 연구하는 학문—옮긴이), 그리고 이들을 비난하는 사람들이나 여러 당국 관계자, 정치인, 부모, 의사나 대중매체가 아이들의 이야기에 영향을 미쳤다. 사실 바로 이런 이야기들이 없었다면 체념증후군도 발생하지 않았을 것이다.

체념증후군뿐 아니라 모든 심인성 장애와 기능성 질환에는 두 가지 이상의 측면이 존재한다. 체념증후군의 문화적 특수성을 지켜보며 다른 유사한 질병에서도 사회적인 요소들을 과소평가하면 안 된다는 점을 되새겼다. 대부분의 의사가 일상적인 진료를 볼 때 병을 일으키는 사회적인 요소를 아주 잘 인식하고 있지만, 그 점을 언급하는 것이 늘 쉽지만은 않다. 의사 개인의 범위를 넘어서는 더 크고 위협적인 문제이기 때문이다. 하지만 그런 만큼 우리가 무언가를 놓치고 있다는 뜻이기도 하다. 심리적·생물학적 요소들이 심인성 장애와 기능성 질환에서 기본이 되는 이유는 그로 인해 증상이 생겨나기 때문이다. 하지만 사회·문화적인 요소들이 그보다 훨씬 중요할 수도 있다. 이를 통해 병의 진행 방향이 좌우되고 증상이 만들어지며 그 경중과 결과가 결정될 수 있다. 또한, 사회적·문화적 요소들을 살펴봄으로써 환자가 어디에서 도움을 받을 수 있을지도 알 수 있고 심지어 치료를 할 수도 있다. 체념증후군을 앓는 아이들은 망명 신청이 받아들여질 때까지 깨어나지 않는다는 말이 있는데, 실제로 그러하다. 아이들이 자신들의 작은 공동체에서 떠도는 이야기인 아픈 역할을 '무의식적으로' 수행하는 것이다.

이 아이들은 소수 집단이지만, 우리는 이들이 처한 상황에서 많은 점을 배울 수 있다. 사회적 환경은 병의 발달과 관련해 심리적·생물학적 관점에 비해 너무나 오랫동안 등한시되어왔다. 하지만 실용주의자인 나는 그런 통찰이 이러한 장애를 가진 사람들에게 충분히 도움이 되지 못한다는 것을 잘 알고 있다. 올센 박사 또한 체념증후군을 사회·문화적 원인에서 비롯된 장애라고 말하면 사람들에게 이해받기보단 비판받기 쉬울 거라며 우려했다. 내가 만일 아이들의 부모와 통역 없이 직접 대화할 수 있었다 해도 부모들은 여전히 내게 자녀의 생물학적인 요소들을 물어보았을 것이다. 결국, 그게 모든 이가 알고 싶어 하는 것이기 때문이다.

우리가 우선 밝혀내야 할 것은, 외부 요소들이 생물학적 변화를 일으켜 체념증후군의 임상적인 증상들을 만들어내는 정확한 방식이다. 놀라와 헬란을 만나면서 나는 말 그대로, 또 상징적으로 장애를 일으키는 사회적인 요소들에 대한 내 시각을 재정비하는 일에 착수하게 되었다. 나도 심인성 장애를 일으키는 심리적인 요소들에 대한 내 집착부터 극복하고 방에 있는 사회적 코끼리(모두가 알고 있지만 함구하고 있는 문제—옮긴이)를 더 면밀히 살펴봐야 한다는 걸 알고 있다. 물론 병의 원인을 찾겠다며 어떤 공동체를 조사한다고 하면 책임 전가를 하려는 것으로 보이기 쉽고, 그만큼 저항도 마주치게 될 것이다. 나는 내가 사회적·생물학적 요인들을 함께 끌어와 이들이 상호 의존적으로 관련되어 있음을 통합적으로 보여줘야 함을 알고 있다. 체념증후군을 향한 나의 이러한 사회·문화적인 견해에 대해 올센 박사가 보인 반응은 매우 명확했다. 뇌에서 어떤 일이 벌어지고 있는지 설명할 수 없다면 아무도 관심을 보이지 않으리라는 것이었다.

의사 진료실은 환자의 사회적인 측면에 대해서만 조용히 이야기할 수 있도록 허용된 절제된 공적 장소다. 내가 목표를 이루고자 한다면 적어도 이번 한번이라도 내 진료실에서 나가야 하며, '야생에서' 뇌를 관찰하기 위해 서구 의학 전통은 잠시 접어두어야 할 것이다. 의사들은 소독된 병원에서 스캐너와 현미경으로 환자들을 진찰하지만, 사람들은 정작 복잡한 사회에서 살아가고 있다. 만약 정치와 대중매체, 전통문화, 사회적 환경, 의료 복지 그리고 삶의 경험이 체념증후군을 일으키는 요소라면, 그것들이 정확히 어떻게 내 환자들의 장애를 만들어내는 것일까?

이 글을 쓰고 있는 지금은 놀라와 헬란을 만난 지도 1년이 지났으며, 그동안 나는 의학적으로 이 자매와 비슷한 문제를 지닌 사람들의 이야기를 듣는 데 많은 시간을 보냈다. 나는 환자들이 스스로 깨닫지도 못하는 사이에 환경으로부터 질병을 얻을 수 있는 다양한 방식을 더 제대로 파악하고 싶었다. 하지만 그 시간 동안 놀라나 헬렌 누구도 회복되지 못했다. 그들의 망명 신청도 아직 허가되지 않은 상태이며, 자매 역시 여전히 침대 신세를 지고 있다. 내가 그 아이들을 만나러 간 건 신경학자로서였지만, 두 아이에 대해 더 생각하고 알게 될수록 그들의 문제가 신경학적이거나 심지어 의학적인 문제라는 견해마저 든다. 내가 놀라와 헬란의 침실에 서서 그렇게 무기력함을 느꼈던 것도 틀림없이 그래서였을 것이다. 체념증후군은 내가 아직 배우지 못한 언어다. 이 언어가 있으면 자매가 자신들의 이야기를 할 수 있을 것이다. 그리고 그 언어 없는 두 사람이 목소리를 내지 못할 것이다.

2

정신 이상

니카라과 미스키토인의 그리지시크니스

문화

특정한 사람들이나 사회의
생각, 관습, 사회적 행동

다시 날이 밝았다. 텍사스주 포트아서에서 맞은 1월의 어느 포근한 날이었다. 모텔 직원이 추울 거라 했지만, 아일랜드 사람인 나에게는 여름을 앞둔 늦봄 같았다. 나는 조용한 거리를 거닐며 아침 시간을 보냈다. 보도도 거의 없는 동네에서 나는 유일한 보행자였다. 식사할 만한 장소를 찾았지만 주택들만 보였다. 집은 대부분 서로 떨어져 있고, 집마다 정원이 딸려 있었지만, 담장은 따로 없었다. 주거 지역이 끝나는 지점엔 넓은 고속도로가 있었다. 맞은편에 자동차를 탄 채 이용하는 패스트푸드 매장이 보였다. 무단 횡단해 달려가고 싶은 마음이 들었지만, 앞에서 쌩쌩 달리는 픽업트럭들 때문에 그럴 수도 없었다. 횡단보도를 찾지 못한 나는 결국 휴게소에서 간식거리와 커피만 샀다. 그런데 계산대 직원이 내 런던브로그 신발이 마음에 든다며 어디에서 샀는지 물었다. 지금 자신이 신혼인데 신부한테 똑같은 신발을 사주고 싶다고 했다. 직원은 물건값을 계산하는 그 짧은 시간 동안 자기 인생 이야기라도 들려주려고 하는 것 같았다. 그가 다시 내 신발 얘기를 꺼냈을 때는 내가 신발을 벗어주길 바라는 걸까 잠시 궁금해지기까지 했다. 하지만 곧 이곳이 내가 살던 곳보다 모든 사람이 더 친절한 텍사스임이 떠올랐다. 계산대 직원은 그저 소소하게 이야기를 나눈 것뿐이다. 내가 이곳에 도착했을 때부터 만나는 모든 사람이 내게 말을 걸었고, 그 사람들은 나이가 많든 적든 다들 나를 '부인'이라 불렀다.

공항에서도 출입국 관리 직원이 내게 계속 말을 걸었다. 사실 미국 출입국관리소를 통과하는 게 늘 그리 유쾌한 일은 아니었는데, 텍사스에서는 내가 환영받는다는 느낌이 들었다. 그 직원이 내게 방문 목적을 물었고 나는 니카라과에서 온 미스키토인Miskitos들을 인터뷰하러 왔다고 했다. 그가 무슨 말인지 알아듣지 못하는 것 같아서 내가 설명을 덧붙였다. 미스키토인들이 원래는 니카라과공화국에 살지만 지금 그 나라가 정치적으로 매우 혼란스럽고, 그래서 내가 안전 문제로 그곳에는 갈 수 없어 안전하고 친절한 텍사스로 대신 온 것이라고 했다.

"니카라과공화국 말고 미스키토인이 가장 많이 사는 곳이 포트아서거든요." 직원에게 말했다.

"많은 건 알고 있었지만 그 정도로 심각한 줄은 몰랐습니다." 그가 미소 지으며 내게 여권을 돌려주었다.

나는 그곳에서 걸어 나오면서야 직원이 내가 모기(영어 발음이 '모스키토'로 '미스키토'와 비슷하다—옮긴이) 이야기를 하고 있다고 오해했음을 깨달았다.

미스키토인은 니카라과공화국 동쪽에 위아래로 길게 뻗어 온두라스까지 이어지는 모스키토 해안에 거주하는 부족이다. 나는 〈중앙아메리카에서 발생한 집단 히스테리〉라는 제목의 신문 기사를 보고 미스키토족에 관해 알게 되었다. 세 군데 공동체에서 43명이 몸을 떨고 호흡 곤란을 일으키며 실신한 듯한 상태에서 경련을 일으켰다. 이런 증상은 그리지시크니스grisi siknis로 알려진 병 때문이었다. 미국정신의학회에서 정신질환을 분류하기 위해 사용한《정신질환의 진단 및 통계 편람Diagnostic and Statistical Manual》(DSM)에서는 그리지시크니스를 "고통에 대한 문화적 개념"이라고 설명하고 있다. 즉 특정 문화나 사회에서만 나타나는 심인성 장애라는 뜻이다. 때로는 민족질병folk illness이라 불리기도 한다. 민족질병이 발생하는 공동체에서는 보통 병에 대한 자신들만의 설명이 있으며, 특수한 치료법을 활용한다. 미스키토인에게는 그리지시크니스 이야기가 있다.

1970년대에 그리지시크니스를 알게 된 인류학자 필립 데니스 Philip Dennis는 이 질병을 최초로 자세히 언급한 사람이다. 데니스에 의하면 이 병에 걸린 사람들은 "이성을 잃게" 된다. 처음에는 두통, 피로감, 현기증 등 증상이 그다지 해롭지 않지만, 심해지면 확실히 비합리적인 행동과 경련, 그리고 이 병의 특징인 환각 증세를 보였다. 그러면 환자들은 불안해하며 공격적인 상태에 빠졌다. 칼을 휘두르며 다른 사람들을 해치겠다고 위협하기도 했지만, 보통은 스스로 다치는 경우가 많았다. 환자 중 일부는 그리지시크니스를 앓는 과정에서 생긴 흉터를 평생 안고 살아야 했다.

이 질환의 가장 주요한 증상은 환시였다. 환자들은 섬뜩한 낯선 이(어두운 형체에 보통 모자를 쓰고 있는)가 찾아와 자신을 데려가려 한다고 했다. 그들은 데니스에게 이 형체가 악마라고 했다. 악마의 모습은 환자마다 다르게 나타났다. 개인에 따라 환시가 다르게 나타난 것이다. 여성들은 주로 남성을 보았고, 남성은 여성의 모습을 보았다고 했다. 환시의 내용은 당시 지역 주민들의 삶과 관련된 경우가 많았다. 역사적 기록 하나를 예시로 살펴보면 어떤 여자 환자는 흑인 한 명이 배를 타고 자신에게 오는 장면을 보았다고 했다. 당시에는 카리브해에서 배를 타고 온 흑인 무역상을 쉽게 볼 수 있었다. 또 다른 기록을 보면 어느 남자 환자는 백인 여성 한 명이 택시를 타고 왔다고 말했다. 악마가 말을 타고 나타났다는 경우도 있었다. 데니스가 특별히 이 질병에 대한 사전 정보 없이 환자들의 이야기를 들은 바에 의하면 그들이 보았다는 형체 자체가 특별히 무섭게 들리진 않았다고 한다. 하지만 환자들에게는 충분히 위협적으로 느껴지므로 그 존재에게서 벗어나려 한다는 것이다. 그리고 그 과정에서 환자들이 대체로 정글이나 맹그로브 습지로 뛰어들기 때문에 안전을 위해 그들을 감금할 수밖에 없었다고 한다.

그리지시크니스에 대한 데니스의 설명은 성적인 표현으로 가득했다. 악마는 환각을 경험하는 이들과 성관계를 원할 때가 많다고 했다. 어린 여성들이 그리지시크니스에 더 걸리기 쉬운 것도 악마가 그들을 더 선호하기 때문이라 했다. 데니스에 의하면 어떤 소녀들은 자신에게 일어난 일을 이야기할 때 종종 피식피식 웃으며 성적으로 흥분된 모습을 보였다고 한다. 한편 병에 걸리지 않은 마을의 남성들 역시 소녀들의 이런 극적인 이야기에 밀접하게 관련되어 있었다. 이들은 신이 나서 여성 환자들을 쫓아다녔는데, 그러다 물가에 이르면 소녀들이 거기 빠져 죽을까 두려워했고, 그럴 경우 자신들에게 소녀들을 구해야 할 책임이 있다고 여겼다. 마을 남성들에게 잡힌 여성들이 윤간을 당할 수 있다는 더 어두운 이야기도 있었다. 가족들이 자기 딸들을 집 밖으로 나가지 못하게 하는 것도 어느 정도 그런 가능성을 막기 위해서였다.

그리지시크니스에 관한 글을 처음 읽었을 때는 마법 같은 요소들과 민담, 영웅, 악당으로 가득한 귀신 이야기처럼 느껴졌다. 데니스의 설명이 50년 전 것인 만큼 나는 이 질병의 새로운 출현이 오래전 일이 반복된 유일한 사례인지 궁금했다. 급히 인터넷을 검색해보니 그렇지 않았다. 그리지시크니스는 소멸되지 않은 채 21세기에도 계속되고 있었다.

2003년 ─ 정신질환에 시달리는 니카라과공화국의 한 마을
2009년 ─ 니카라과에 퍼지는 초자연적인 유행병
2019년 ─ 니카라과 소녀들이 불가사의한 정신질환에 시달리고 있다.

이것은 영국의 신문 기사 제목들이다. 스페인의 기사는 수십 개
가 더 있었다. 고통을 표현하는 방식에 대한 문화의 역할을 더 잘 이
해하기 위해 나는 그리지시크니스에 관해 많은 글을 쓴 과학자 한 명
에게 연락을 했고, 그녀가 내게 미스키토 부족의 일원이자 현재는 미
국에 거주하는 토마스라는 사람을 소개해주었다. 그리고 여섯 달 뒤
나는 본의 아니게 텍사스의 출입국관리소 직원이 텍사스가 세상에
서 가장 모기가 많은 곳 중 하나라고 생각하게 만들어버렸다.

나는 이틀 전 오스틴에서 토마스를 만나 차로 포트아서까지 함
께 갔다. 30대인 토마스는 니카라과에서 태어났지만 오랫동안 텍사
스에서 살았다. 그는 포트아서 미스키토 공동체에 깊이 몸담고 있었
고, 내게 공동체 사람들을 소개해주기로 했다. 토마스는 미스키토어
와 스페인어, 영어에 모두 유창해 내 가이드도 되고 통역도 해줄 수
있었다. 도시 사이를 장시간 차로 이동해 함께 있는 시간이 길어지다
보니 고향에 대한 그의 자부심이 얼마나 대단한지도 알 수 있었다.
토마스는 미국에서의 삶도 좋아했지만 언젠가 나무가 우거진 니카
라과의 숲속 집으로 돌아가기를 꿈꾸고 있었다. 영국에 정착해 사는
아일랜드인인 나는 그의 마음이 어떤 것인지 알 것 같았다. 나는 뼛
속 깊이 아일랜드인이지만 런던 사람의 정체성 또한 지니고 있었다.
때에 따라 둘 중 어떤 것이든 우선이 될 수 있었다. 다른 곳으로 떠나

야 하는 상황에 놓여보지 못한 사람은 자신이 더는 살지 않는 장소가 어떻게 여전히 집처럼 느껴지는지 이해하기 어려울 것이다.

휴게소에서 아침 식사를 마치고 난 뒤 토마스가 모텔 앞으로 나를 데리러 왔다. 토마스는 깔끔한 평상복 차림에 야구모자를 쓰고 있었다. 그는 트럭을 몰고 도시를 가로질러 가면서 곧 있을 만남에 대해 미리 설명을 해주었다. 석유 도시인 포트아서에는 정유공장이 마치 괴이한 금속 트리피드triffid(SF 소설에 나오는 머리 셋 달린 독을 뿜는 거대한 식물─옮긴이)처럼 바다를 뒤로 한 채 곳곳에 서 있었다. 심지어 주거 지역의 정겨운 목조주택들 사이에도 작은 공장들이 있었다. 토마스는 내게 그가 소개해줄 사람들 대부분이 정유공장에서 기술자로 일하기 위해 포트아서로 이주한 거라 했다. 도시에 있는 커다란 미스키토 공동체가 그들이 이민이라는 결단을 내리는 데 도움이 되었으리란 생각이 들었다.

"그리지시크니스에 걸린 사람을 직접 보신 적이 있나요?" 내가 물었다.

"네." 토마스가 고개를 끄덕였다. "아직 학교에 다닐 때였어요. 저도 아는 아이들 몇 명한테 증상이 나타났죠. 학교는 문을 닫았고 저희는 다 집으로 보내졌어요. 그리고 병에 걸린 학생들은 교실에 갇혔죠."

"안에 갇혔다고요?"

"네, 그럴 수밖에 없었죠. 안 그러면 그 아이들이 정글로 뛰어 들어갔을 테니까요. 오늘 만나는 분들이 들려드릴 겁니다." 토마스가 이렇게 말하며 어떤 집 앞에 트럭을 세웠다. 집 앞에는 이미 여섯 대의 차가 있었다. 차분한 색의 평범한 단층집이었지만 앞에 주차된 차들 때문에 곧 파티라도 열릴 것처럼 보였다. 열린 창을 통해 음악도 흘러나오고 있었다.

땅딸막한 체구에 40대인 이그나시오가 현관에 나타났다. 우리는 환대를 받으며 안으로 들어가 커다란 사각 테이블 앞에 앉았다. 나는 본능적으로 구석 자리로 가서 벽을 등지고 앉았다. 모든 광경을 보면서 분위기를 파악하려 한 것도 있지만, 무언가 숨어야 할 것 같은 느낌도 들었다. 자리에 앉자 사람들이 나를 주시하고 있음을 알 수 있었다. 몇 명은 이미 테이블 앞에 앉아 있었고, 다른 이들은 주방과 거실에서 서성대고 있었다. 이들에 관한 짧고 헷갈리는 소개가 있었다. 한쪽 구석에 놓인 크리스마스트리 덕분에 새해가 막 시작되었다는 사실을 떠올릴 수 있었다. 음식 냄새가 집안을 가득 채웠고, 커다란 음향 장치에서는 강한 북소리가 울려퍼지고 있었다.

"니카라과 음악이에요. 마음에 드세요?" 이그나시오가 내게 물었다.

이 집은 이그나시오와 마리아의 집이었다. 이들은 미국에서 30년 넘게 살았다. 토마스의 부탁을 받고 이렇게 사람들을 불러모은 것이다. 테이블에 둘러앉은 사람들을 둘러보며 곧바로 확실히 알 수 있었던 건 미스키토인이라는 게 인종의 문제가 아니라는 사실이었다. 미스키토인은 피부색이나 옷 입는 스타일, 전반적인 외모로는 구별할 수 없었다. 이 방 안의 모든 사람이 다른 모습이었다.

대부분 40대나 그 이상이었다. 시간을 함께 보내면서 나는 이 사람들이 모두 모스키토 해안에서 태어나 어린 시절을 보냈지만, 이들에게 출생지란 그저 문화적인 정체성을 부여해준 곳 중 하나일 뿐임을 알게 되었다. 이 중 일부는 토마스처럼 미스키토인이라는 강한 정체성을 지니고 있었고, 다른 이들은 스스로 미국인이라 여겼다.

니카라과공화국 인구의 대부분이 그렇듯 미스키토인들 또한 주로 혼혈인으로 대체로 유럽 백인과 아메리카 원주민 혈통이며, 또 다른 많은 인종이 섞여 있었다. 가장 많은 유럽 혈통은 스페인 사람이다. 카리브해까지 노예로 끌려온 아프리카 북서부 사람들의 영향도 매우 컸다. 영국, 독일, 이탈리아, 중국, 그밖의 많은 나라에서 온 사람들 또한 미스키토인의 인종을 다양하게 만들었다. 토착 원주민들은 전체 인구의 5퍼센트밖에 되지 않는다. 미스키토인들이 남아메리카 원주민 부족의 후손이긴 하지만 현재 이들에게는 다른 여러 문화의 영향이 녹아들어 있다. 지금도 나는 부엌에 앉아 마리아가 쌀과 완두콩으로 요리하는 모습을 지켜보면서 니카라과 음악을 듣고 크리스마스 용품들에 둘러싸여 있던 기억이 뚜렷이 난다.

"순수 미스키토인이 더는 없다고 하는 이들도 있죠." 토마스가 내게 말했다. "그래도 더 외진 마을들에는 조금 있을 겁니다."

토마스는 독일인, 영국인, 카리브 흑인, 그리고 원주민의 혈통을 모두 지니고 있었다. 그 식탁을 둘러싸고 앉은 모든 이에게 유럽 백인, 아프리카 흑인, 아메리카 원주민의 피가 다양하게 섞여 있었다. 내가 그곳을 방문한 게 2019년 1월이었고, 수천 명의 아메리카인이 미국 망명을 희망하며 중앙아메리카를 통해 북쪽으로 이동한 것도 바로 그 시기였다. 모든 뉴스 방송에서 도널드 트럼프가 멕시코 국경에 장벽을 세우려 한다는 특집 기사를 냈다. 이런 시점에 미스키토인들과 함께 있다는 게 신기했다. 이 민족의 토착 문화는 수 세기 전 다른 문화에 흡수되었고, 종교적인 믿음과 민족 언어 또한 돌이킬 수 없을 만큼 달라졌다. 미스키토인들은 자신들의 정체성을 매우 중요하게 여겼지만 그래도 새로운 문화를 받아들였고, 그것을 그다지 씁쓸해하는 것 같지는 않았다. 시간이 흘러 사는 장소도 바뀌었고 사람들은 그에 적응했다. 이후 나는 여기 모인 이들의 자녀이며 미국에서 태어난 미스키토인의 다음 세대를 만났는데, 이 새로운 세대가 인생을 살아가며 어떻게 자기 신념을 만들어가는지를 볼 수 있었다.

마리아도 남편과 마찬가지로 40대였다. 그녀는 커다란 솥 안에

든 양념한 닭고기와 팬 안의 노란 쌀을 번갈아 저어주며 열정적으로 음식을 만들었다. 마리아의 어머니도 옆에 서서 채소를 썰고, 튀김을 만들기 위해 신기한 기계로 플랜테인(바나나와 유사하지만, 요리해서 먹어야 하는 열대산 과일 – 옮긴이)을 가늘고 길게 조각냈다. 간간이 누군가 현관문을 두드렸지만, 문을 열어주길 기다리는 사람은 없었다. 그저 1~2초 있다 알아서 문을 열고 들어왔다. 곧바로 식탁으로 와 앉는 이들도 있었고, 요리가 우선이라는 듯 곧장 부엌으로 가 그릇에 음식을 담는 이들도 있었다. 마리아가 요리를 잘하는 것으로 유명해서 온 마을의 토요일 점심식사를 준비하는 것 같았다.

부엌과 거실은 두 개의 다른 공간이었으나 이를 구분하는 벽이 따로 있지는 않았다. 마루는 목재로 되어 있었다. 새로 깐 것 같았는데 다용도실 입구에서만 마루가 끊겨 있었고, 대신 버클이 달린 얼룩진 리놀륨으로 마무리되어 있었다.

"폭풍이 몰아친 뒤로 지금까지 보수 중이랍니다." 이그나시오가 다용도실 바닥을 바라보고 있는 내게 말해주었다. "물이 여기까지 찼었죠." 그가 무릎 바로 위를 가리켰다.

2년 전 허리케인 하비로 마을의 모든 집에 물난리가 났다고 한다. 이그나시오와 마리아가 포트아서에서 30년간 살면서 처음 겪은 홍수였다. 조금 전 마을을 둘러보면서 나는 이 동네가 유난히 지면이 낮고 평평해 단층집 옥상보다 높은 곳이 거의 없음을 알게 되었다.

해안도로를 따라 포트아서로 차를 타고 오면서 본 집은 대부분 콘크리트 기둥 위에 세워져 있었다. 기둥이 믿을 수 없을 정도로 높아 잘 보려고 차를 잠시 멈춰달라고까지 했다. 기둥 대부분에는 집이 시작되기도 전에 3층으로 된 가파른 콘크리트 계단이 설치되어 있었다. 하지만 그런 광경을 보니 포트아서가 아직 지구 온난화를 막는 일과는 거리가 멀다는 생각이 들었다.

여기 모인 이 공동체 사람들의 고향인 모스키토 해안에서는 열대성 호우에 잠기지 않으려고 오랫동안 집을 기둥 위에 세워왔다. 기후 변화가 텍사스에 위협으로 느껴지기 훨씬 전부터 모스키토에는 열대성 호우가 있었다. 여러 해 전 내가 그리지시크니스라는 게 있는 지도 몰랐을 때 모스키토 해안에 배낭여행을 간 적 있었다. 내 기억에 미스키토의 집들은 금방이라도 무너질 것만 같았다. 텍사스의 집들과는 완전히 달랐다. 나무와 적색토로 둘러싸인 집들은 현지의 목재로 지어졌는데, 벽에 난 틈새와 땜질한 물결무늬 지붕에서는 계속 곤충이 윙윙거리는 소리가 났다.

마리아와 이그나시오의 집은 현대적이며 완전 미국식이었고, 크리스마스 시즌에 맞게 꾸며져 있었다. 나는 마리아가 점심 준비를 마치고 모두 식사를 끝낼 때까지 기다린 다음, 식탁에 둘러앉은 이들에게 혹시 그리지시크니스에 걸린 사람을 직접 본 적이 있는지 물어보았다. 나도 병에 관한 이야기는 몇 가지 알고 있었지만, 아직 그저 지어낸 이야기거나 언론에서 부풀린 것이리라 생각했다.

"네, 저는 본 적이 있습니다." 맞은편에 앉은 남성이 대답했다. "사실 다들 봤죠."

테이블에 있는 사람들이 모두 고개를 끄덕였다. 이들 모두 이 병에 걸린 환자들을 본 것이다. 가족이 걸린 경우도 있었다. 이 병은 뉴스 보도로 과장한 신화에 불과한 것이 아니었다. 이 사람들의 일상에서 실제로 일어난 일이었다.

40대 남성인 앤서니가 이쑤시개를 입에 문 채 먼저 말을 꺼냈다.

"저는 여러 번 봤습니다. 아주 많이요." 그가 진지한 표정으로 말했다. "저는 1970년대에 푸에르토카베자스에서 태어났지만 아홉 살때 아와스타라라는 작은 마을로 이사했죠. 그곳에서 제가 알던 사람들이 그 병을 앓는 걸 봤습니다. 환자들은 자신들을 병에 걸리게 만든 레프러콘leprechaun(아일랜드 민담에 등장하는 나이 든 소인의 모습을 한 요정-옮긴이)을 보았다고 했어요."

"레프러콘이요?" 내가 웃었고 다른 이들도 모두 따라 웃었다. 나에게 레프러콘은 거의 20년 전에나 관심 가지던 그런 존재였다. "그런데 레프러콘은 아일랜드 사람 아닌가요?" 내가 물었다.

"레프러콘은 소인을 말합니다." 앤서니가 내가 잘못 알고 있음을 알려주었다. 다른 몇 명도 앤서니 말이 맞다며 고개를 끄덕였다. "소들을 데리고 사는 소인들이지요. 소 떼가 아주 많이 모여 있으면 레프러콘이 있다고 봐도 되죠. 레프러콘은 사람을 미치게 만들 수 있어요. 코코넛 나무 위로 기어 올라가게 되는 그런 정신 이상이에요."

"맞아요, 정말 그랬어요." 이그나시오도 응수했다. "멀쩡할 땐 나무에 오르지 못하던 사람도 병에 걸리고 나면 마치 원숭이처럼 나무 위로 기어오르곤 했죠. 소인이 그런 병에 걸리게 한 겁니다."

"다른 행동도 하게 했어요." 앤서니가 덧붙여 말했다. "환자들이 유리를 깨서 그 조각들을 먹곤 했죠."

"맞아요." 마리아가 말했다. "어떤 소녀가 아무렇지도 않게 유리를 먹더라고요."

다시 한번 식탁에 있던 사람들 모두 의견이 일치했다. 그들은 모두 그런 기이한 일들을 보고 들은 적이 있었다. 하지만 이야기가 다 제각각이라 연결성을 찾을 수 없었다. 나만 해도 다시 레프러콘 생각을 하고 있었다. 이야기는 이미 내가 기대하던 방향에서 벗어나 있었다. 그래서 나는 단지 얼마나 여러 문화의 영향으로 그리지시크니스가 생긴 것인지 궁금해졌다. 나는 아와스타라에 아일랜드 선교사들이 온 적이 있는지 물었다. "모라비아 교회가 있었습니다." 앤서니가 말해주었다.

유럽에서 처음 만들어진 모라비아 교회는 가장 오래된 개신교

교파 중 하나였다. 아일랜드에도 한 군데 있었지만 내가 직접 본 적은 없었다. 이그나시오와 마리아의 집에 모인 사람들은 모두 독실한 기독교인이었고 포트아서에 자신들만의 모라비아 교회를 직접 세우기도 했다.

"항상 소인이 나타나는 건 아니에요." 토마스는 자기 때문에 내 말이 끊어졌음을 알았을 것이다.

"그래요. 죽은 사람일 때도 있어요." 앤서니도 토마스 말에 동의했다. "아마 전에 알던 사람이 사후에 나타난 걸 거예요. 영들은 여러 종류가 있었어요. 환자들을 여기저기 뛰어다니게 했죠. 어떤 영이든 다들 환자의 몸 안에 들어가 미친 행동을 하게 한 겁니다. 그러고선 젊은 여자들 이 사람 저 사람한테 옮겨 다녔죠. 옆에 있다가는 같이 병에 걸리는 겁니다."

"그게 소녀들만 걸렸던 건 아니죠?"

"네. 소년들도 있었어요. 나이 든 사람도 있었고요."

"아니, 노인들은 걸리지 않았지." 이그나시오가 반박했다. "젊은 사람들만, 특히 소녀들이 병에 걸렸어요. 선생님은 나이가 많으셔서 그 병엔 안 걸립니다." 이그나시오가 나를 가리키며 말했다.

나는 다시 웃었고 식탁에서는 미스키토어로 어떤 사람이 병에 걸릴 수 있는지를 놓고 작은 설전이 벌어졌다. 나는 병에 안전할 만큼 나이가 많은 게 좋은 건지 병에 걸리더라도 충분히 어린 게 좋은 건지 헷갈렸다. 결국, 여기 모인 미스키토인들은 주로 젊은이가 병에 걸리긴 하지만, 나이 든 환자를 본 사람도 몇 명 있다고 했다. 문헌이나 대중매체 역시 대개 10대 소녀들이 이 병에 걸리지만, 10대 소년이나 더 나이 많은 환자들도 있는 게 확실하다고 말한다. 일단 여성이 결혼해서 아이를 낳게 되면 병에 잘 걸리지 않는다고 했다.

"그리지시크니스는 '크레이지 시크니스crazy sickness', 그러니까 정신병이란 뜻입니다." 이그나시오가 말했다.

나는 글을 통해 이 병에 대해 처음 알게 되었을 때 곧장 이런 뜻을 알아차리지 못했다는 게 신기했다. 미스키토어는 그 나라 토착어겠지만 세월이 흐르면서 영어로 인해 변질되었고, 영어로 된 외래어도 많이 생겼다. 문자는 발음 나는 대로 쓰는 방식이어서 읽기도 쉽고 미스키토어를 모르는 이들도 단어의 철자를 보고 그 뜻을 추측하기도 좋다. 내가 이 이름에 그렇게 무감각했다는 게 이상했다.

'크레이지', 즉 '정신 이상'이라는 단어가 좋은 뜻일 경우는 많지 않다. 하지만 지금 이 식탁에 있는 사람들이 질병을 설명하며 바로 이 단어를 반복적으로 사용하는데도 어떤 비판적인 느낌은 들지 않았다. 그리지시크니스에 걸리면 이상 행동을 하게 되는데, 그 이유는 어떤 영이 그 사람 몸 안에 들어가기도 하고 타락시키거나 겁을 주기 때문이었다. 여기 모인 사람들에게 환자들의 행동은 관심사가 아니었다. 정신 이상 같은 행동을 보여도 그들 잘못은 아니라고 여겼다.

"검은 책black book을 읽어서 병에 걸리는 경우도 많습니다."

"검은 책이요?" 내가 물었다.

"악마를 숭배하는 책이죠." 한 사람이 답해주었다. 식탁에 있던 사람들이 부두교에서도 이 책을 사용한다고 했다. 이들은 검은 책을 읽고 병에 걸리는 과정에 대해 다시 한번 의견이 일치했다.

"누가 이 책을 저한테 주더라도 저는 읽지 않을 겁니다. 아니, 아예 만지지도 않을 거예요." 토마스가 내게 말했다. "때로 그저 궁금하다는 이유로 검은 책을 읽는 사람들이 있지요. 그리고 병에 걸리는 겁니다."

"여자들을 유혹할 때 검은 책을 사용하는 남자들도 있어요." 마리아가 말했다.

이들의 이야기에는 어떤 일상적인 면이 있었다. 미스키토인들이 지금까지 해준 그리니지시크니스에 대한 묘사는 필립 데니스의 연구에서 읽은 설명과는 몹시 달랐다. 마리아의 언급으로 이 병이 성욕이나 에로티시즘과 관련 있다는 대화가 오갔다.

"푸에르토카베자스에서 어떤 택시 기사가 자기는 검은 책으로 어떤 젊은 여자라도 손에 넣을 수 있다고 하더군요." 앤서니가 말했다.

"어떤 남자가 제 여동생한테 실제로 그렇게 했어요." 매력적인 50대 여성으로 지금까지 조용히 듣기만 하던 루치아가 불쑥 말했다. "그래서 제가 그곳을 떠나게 된 거고요. 저한테까지 그럴까 봐 겁났거든요."

루치아의 여동생이 병에 걸렸을 때는 고작 열여섯 살이었다고 한다. 처음에는 어지럽다고만 하더니 행동이 점점 이상해졌고 나중에는 아주 포악한 상태가 됐다고 했다.

"동생은 그저 어린아이였는데 힘이 너무 세져서 남자 일곱 명이 제압해야 했어요. 바닥 나뭇장을 손가락만으로 들어올리더라고요!"

환자들의 힘이 엄청나게 세진다는 얘기는 반복되는 주제였고, 모든 이야기에서 공통되게 언급되었다. 주로 소인인 누군가가 나타나 병을 전해준다고 했다. 검은 책도 자주 거론됐다. 내가 검은 책은 어디서 볼 수 있냐고 물었지만, 그 장소를 안다고 말하고 싶어 하는 사람은 없었다. 그저 계속 그리지시크니스가 어떤 사람이 다른 누군가에게 걸리게 하는 병이라는 점만 반복하며 강조했다. 보통 나이 많은 남성이 젊은 여성에게 어떤 행동을 해 병에 걸리게 만드는 것 같았다. 경련이 나고, 입에 거품을 물며, '정신 나간' 행동을 하고, 자기옷을 찢고, 미친 듯이 달려가고. 호흡이 가빠지며 유리를 깨서 그 조각을 먹는 등의 행동이 가장 일관적으로 얘기되는 이 병의 증상이자 신호였다.

나는 나이 든 남성들이 젊은 여성들에게 사납게 횡포를 부리며 그리지시크니스에 걸리게 한 게 아닌지 궁금했다.

"그 남자가 여동생에게 육체적으로 뭔가 해를 가했나요?" 내가 루치아에게 물었다.

이처럼 우려스러운 부분에 대해 의학적 해석을 하고 싶어 참기 힘들었다. 소녀는 얼마나 현실적인 혹은 허구적인 위협을 마주한 것일까? 루치아는 그 남자가 무엇을 했든 멀리 떨어진 곳에서 한 것임을 확인해주었다. 그가 육체적으로 자기 동생에게 해를 가하긴 했지만 단지 마법을 부려서였다는 것이다.

소녀의 경련과 발작이 심해졌고 가족들은 그녀를 감금하고 밧줄로 묶어 움직이지 못하게 했다. 가족들은 자신들이 그렇게 하지 않았다면 소녀가 자해했을 것이라 확신했다. 루치아의 여동생은 자기 배 속에 뭔가가 있다며 자꾸 그것을 밖으로 끄집어내려 했다.

"동생은 앓아누웠고, 위胃에서 머리카락 뭉텅이가 나왔어요." 루치아는 이 말을 하면서 아직도 당시의 기억 때문에 괴로운 것 같았다.

가족들이 겁이 나서 소녀를 의사와 전통 치료사에게 모두 데리고 갔다. 의사는 아무것도 해주지 못했고 치료사는 허브를 건네주며 그것으로 몸을 씻기라고 했다. 한편 마을 사람들은 가족 주위로 모여 해를 끼친 남성에 맞섰다.

"그 남자는 사람들의 비난을 받자 자기 손이 유리 손이라고 하더군요."

"유리 손이요?"

"깨끗하다고요, 투명해서 속이 비친다는 거죠."

즉 자신은 결백하다는 뜻이었다. 물론 그 말을 믿지 않은 마을 사람들은 그를 마을에서 내쫓으며 다시는 나타나지 말라고 경고했다. 하지만 멀리서도 여전히 그가 마음만 먹으면 누구라도 해칠 수 있었고, 그래서 루치아가 자신이 다음 순서가 될까 두려워 미국으로 온 것이다. 그리지시크니스는 모스키토 해안에서만 발병하기 때문이다. 니카라과의 더 큰 도시나 다른 나라에서는 이 병에 걸리지 않는다. 그리고 대개는 작은 마을에서 발생한다. 루치아는 그 지역을 떠났고 여동생은 결국 회복되었다. 자매는 시간이 많이 흐른 후 마을에서 쫓겨나 자메이카로 간 그 남성이 사망했다는 소식을 들었다고 한다. 아무도 그의 사망 원인은 알지 못했다.

나는 계속 궁금했던 내용을 물어보았다. "이 병이 어떤 식으로든 심리적인 문제일 수도 있다고 생각하시나요? 사실 솔직히 말씀드리면 여러분이 말씀하신 그런 행동을 영국에서 한다면 정신과 치료를 받게 할 겁니다. 이런 식의 해석이 이해가 가시나요?"

다들 확실히 그건 아니라는 표시로 고개를 내저었다. 웃는 이들도 있었다.

이그나시오가 대신 설명해주었다. "그리지시크니스는 다른 일반적인 병하고는 다릅니다. 어딘가 사로잡힌 거지요. 힘도 정말 세지는데 어느 정도인지 아마 상상하지도 못하실 겁니다. 남자 다섯이 작은 소녀 한 명을 감당하지 못할 정도니까요. 물고 꼬집기도 하고요. 한번 누굴 붙잡고 늘어지면 도망갈 수도 없죠."

"저도 학교에서 그런 광경을 본 적 있어요." 제일린이 말했다. 그녀는 30대 여성으로 그동안 조용히 앉아 줄곧 인자하게 웃으며 듣고만 있었다.

제일린은 니카라과에서 경찰로 근무했다고 한다. 하루는 학교로 와달라는 연락을 받았다. 단 하루 만에 거의 온 학급 학생에게 나타난 그리지시크니스 발병 상황을 진압해달라는 것이었다. 선생님들은 부모님들과 치료사들이 도착할 때까지 아이들이 도망가지 못하게 막아달라고 했다. 유행병은 급속히 퍼졌다. 접촉으로도 전염됐지만 한 아이가 다른 아이의 이름을 부르기만 해도 불린 아이가 다음 희생자가 되었다. 그리지시크니스 발병이 꽤 흔한 일이었음을 알 수 있었다.

"그래서 어떻게 했어요?"

"사람들이 아이들을 묶고 감금했어요. 치료사들이 준 허브로 아이들을 씻겼고요."

"그리지시크니스가 간질 같은 걸까요? 뇌 질환으로 여겨지나요?" 내가 물었다. 나는 미스키토인들이 그리지시크니스를 어느 질병에 속한다고 보는지 궁금했다.

"간질은 아닙니다. 그렇게 보여도 아니지요. 치료사들이 고칠 수 있어요. 의학적인 병이지만 사악한 목적으로 생기는 흑마술 때문이기도 하니 다른 겁니다."

서구 의학은 질병 분류에 예외를 인정하지 않기 때문에 나 역시 자꾸 그리지시크니스를 이해 가능한 질환의 하나로 규정하려 했다. 나도 의사 생활을 하면서 이들이 말하는 발작 환자들을 많이 보았다. 그 가족들 또한 환자가 해리성(심인성의) 발작으로 힘이 너무 세져 격리해야만 한다는 이야기를 많이 한다. 나는 내가 받은 교육의 영향 때문에 미스키토인들이 설명하는 병을 계속 내가 아는 의학용어집에 걸맞게 한 단어로 바꾸려 했다. 그러나 그런 단어는 존재하지 않았고, 내가 그 질병을 분류해달라고 했을 때 이들은 쉽게 답하지 못했다. 결국 제일린이 설명해준 바로는, 이 병은 다른 병처럼 단순한 게 아니었다. 의학적인 문제이긴 하지만 천식이나 암 혹은 당뇨병 같은 게 아니라는 것이다. 그래도 명백해진 건 그들이 그리지시크니스 환자를 병원에 데려가면 심지어 니카라과에 있는 의사라도 심리적인 문제라며 어떤 치료도 해주지 않는다는 사실이었다. 식탁에 둘러앉은 사람들은 이런 경험 때문에 의사의 의견을 쓸모없다고 생각했다. 그러나 지역 치료사가 해주는 처방은 효과가 있었으므로 누군가 그리지시크니스에 걸리면 그 가족들이 보통 치료사나 목사를 부른 다고 했다.

마리아가 갑자기 찬장으로 가더니 투명한 액체가 든 작은 플라스틱 병을 들고 왔다. 그녀가 뚜껑을 열자 푹 익은 과일 향이 났다.

"플로리다수florida water예요. 치료법 중 하나죠." 플로리다수에는 영혼을 정화하는 기능이 있다는 향이 난다.

마리아는 다시 다용도실로 가서 파란 가루로 가득 찬 비닐봉지를 들고 왔다. 그녀는 이 파란 가루로 환자를 씻긴다고 했다. 마리아는 성수가 가득 든 성녀 마리아 형상으로 된 용기도 함께 가져왔다. 내가 어렸을 땐 내가 아는 아일랜드의 모든 가정에 이런 용기가 있었다. 우리 집에도 성모 마리아가 나타났다는 루르드로 순례를 다녀온 분이 선물로 준 게 하나 있었다. 마리아가 내게 이 성수는 플로리다수와 파란 가루와 레몬, 마늘, 여러 허브를 섞어 만든 것이며 그리지시크니스 환자들에게 이 혼합액을 붓는다고 했다. 그러면 많은 환자가 아주 빠르게 증상이 나아지며, 병이 몇 달씩 가는 경우도 있지만 대부분 완전히 회복된다고 한다.

"악마가 따뜻함을 기대하고 소녀들의 몸에 들어가는 겁니다." 앤서니가 설명해주었다.

제일린의 남편인 마리오가 나를 바라보며 물었다. "악마의 존재를 믿으시나요?"

나는 잠시 생각한 뒤 대답했다. "저는 어떤 한 사람이나 존재가 악마라고 믿진 않습니다." 그리고 물었다. "당신은 악마가 있다고 생각하시나요?"

그가 고개를 저었다. "악마는 한번도 보지 못했죠. 그러니 악마가 있다는 증거도 없는 겁니다."

"하지만 하나님은 본 적이 없어도 믿으시잖아요."

나는 마리오가 모라비아 교회의 독실한 신자임을 알고 있었다.

"네, 하나님을 뵌 적은 없죠. 하지만 느낄 수는 있습니다." 마리
오는 너무 당연하다는 듯 미소 지었다. 어쩌면 어느 정도는 측은한
마음이었던 것 같다. 그는 내가 하나님을 믿지 않는 걸 알고 있었다.

"혹시 왜 어린 소녀들이 그리지시크니스에 더 잘 걸리는지 생각
해보셨나요?" 내가 물었다.

"글쎄요, 그건 잘 모르겠군요. 아마 소녀들은 약하지만 그리지
시크니스에 걸리면 강해져서가 아닐까요?"

나도 그런 생각을 했다.

"모스키토 해안의 젊은이들은 어떻게 살고 있나요?" 내가 물었다.

"여기 같지는 않죠." 그가 방 안의 모든 사람과 모든 것을 가리
키며 말했다. "그곳에서 소녀들은 학교에 갔다 집으로 돌아옵니다.
다른 외출은 하지 않지요. 자유가 없어요. 여기선 누구나 원하는 곳
에 가지만요."

"그럼 소녀들이 다른 식으로는 얻을 수 없는 관심을 받게 된다
고 보시나요?" 내가 다시 물었다.

"그건 그럴 수도 있고 아닐 수도 있다고 생각합니다."

대화가 진행될수록 더 분명해진 건 미스키토인들이 생각하는
그리지시크니스의 중심에 영적 믿음이 있다는 사실이었다. 이들 대
부분은 니카라과보다 미국에서 더 오랜 세월을 보냈다. 하지만 어린
시절에 받은 언어, 음악, 종교적인 영향은 견고히 유지되고 있었다.
역시 필연적이었던 부분은 그리지시크니스 공동체의 대응에 힘이
생겼다는 사실이었다. 유럽이나 북미 사회에서는 잔인하거나 기이
해 보일 수 있는 치료법이었지만, 실제로 미스키토인들에게는 매우
효과적이었다. 이들은 10대 아이들을 꽁꽁 묶어 움직이지 못하게 했
다. 환자들에게 치료라며 물약을 들이붓고 그들을 위해 기도했다.

각 사람이 들려주는 그리지시크니스에 걸린 자매나 친구의 이야기를 듣다 보니, 적어도 이 집단에서는 이 병에 대해 거의 부끄러워하는 마음이 없음을 알 수 있었다. 다들 정말 자유롭게 이야기했다. 내가 이상하게 생각하기 쉽다는 점을 알면서도 여전히 이 병에 걸린 환자들이 미치거나 비논리적이고 특별히 미신적이지 않다는 것을 이해시키려 했다. 이들은 모두 교육받은 숙련된 노동자들이었다. 건강 관리를 위해 정통 의학에도 나만큼 의존했다. 미스키토인들에게 그리지시크니스는 일상이었고, 그래서 서구화된 자신들의 모습에도 쉽게 공존할 수 있었다.

"이거 혹시 필요하세요?" 마리아가 파란 가루가 든 비닐봉지를 내게 내밀었다.

"아, 글쎄요." 나는 망설여졌다. 정체를 알 수 없는 가루가 든 봉지를 들고 비행기에 탑승하려 하면 어떤 일이 생길까 생각해보았다.

마리아가 내 표정을 보고 웃으며 말했다. "괜찮아요, 그리지시크니스 때문에 필요한 게 아니면 그냥 옷을 빨아도 되니까요!"

그날 저녁 미스키토인들이 나를 교회로 데려가 연단에서 내 일에 관해 이야기해달라고 했다. 영광되고 놀라운 일이었다. 이렇게 사람들 앞에서 이야기하게 되리라곤 생각지 못했었다. 친절하고 수용적인 청중이었고 나는 내가 무신론자라는 것을 가능한 한 내비치지 않으려 했다.

미스키토인들과 작별인사를 한 후 나는 길가에 있는 패스트푸드점으로 갔다. 그리고 자리에 앉아 텍사스의 풍경을 바라보며 미스키토인들이 내게 해준 말들을 되새겨보았다. 커피를 마시고 필기를 하면서 나는 파란 가루 생각이 났고, 가져오지 않은 게 후회됐다. 그 기회를 잃어버린 대신 인터넷에 접속해 플로리다수를 구매했고, 영국에 돌아갔을 땐 이미 배달되어 있었다. 아직 이 플로리다수를 사용하진 않았다. 판매 사이트에서 약속한 대로 행운이 필요하다고 느낄 때까지 잘 갖고 있으려 한다.

포트아서로 가는 길에 마리오가 내게 해준 말이 있다. "미스키토인들은 자신들에게 네 가지 이야기가 있으면, 그중 세 가지만 해줄 겁니다." 심리적 원인으로 발생하는 신체 증상이 있는 상황도 이와 유사하다. 증상 자체로 설명이 필요 없는 경우도 있지만, 육체적 증상이 분명하다 해도 그 상태에 이르게 한 복잡한 원인은 그리 쉽게 알아낼 수 없다. 미스키토인들은 나를 따뜻하게 맞아주었으며 어떤 질문이든 기꺼이 받아주고 답도 해주었다. 하지만 이 병을 좀더 학술적인 방식으로 이해하기 위해 그리지시크니스를 연구하고 그에 대한 논문을 쓴 인류학 박사 한 명을 만났다. 그녀는 한때 니카라과 마을에서 산 적이 있었으나, 원래는 이탈리아 태생이며 지금은 파리에서 일하고 있다. 내가 그녀를 만난 곳도 파리였다.

파리는 물론 히스테리와 깊은 관련이 있는 곳이다. 19세기의 신경학자인 장 마르탱 샤르코Jean-Martin Charcot와 그의 '히스테릭한 서커스'가 탄생한 곳이 파리다. 샤르코는 수십 년 동안 심인성 장애(이후에는 히스테리라 불린다)를 이해하려 애썼고, 살페트리에르Salpêtrière 병원에서 매주 강연도 했다. 이 강연회에서 환자들이 히스테리의 특징인 발작과 기이한 행동에 관해 설명하는 내용을 경청하기도 했다. 그의 강연을 듣는 청중은 의사와 예술가, 일반인들이었고 이 중에는 프로이트도 있었다.

아름답지만 너무 짧게 머문 파리에 다시 갈 구실이 생겨 무척 기뻤다. 나는 살페트리에르 병원에서 그리 멀지 않은 커피숍에서 마달레나 카나Maddalena Canna 박사를 만나기로 했다. 컵들이 부딪치는 쨍그랑 소리와 일요일의 자동차 소음 가운데서 카나 박사는 자신이 모스키토 해안에서 그리지시크니스를 연구하며 보낸 경험을 들려주었다. 그곳에서 그녀는 한 가정에 머물면서 미스키토어로 말하고 쓰는 법을 배웠다고 했다.

카나 박사는 그곳 공동체에 흠뻑 빠져들었고, 현지 사람들과도 친밀한 관계를 유지했다. 박사와 함께 살던 가족들은 그녀의 그리지 시크니스 연구 내용을 1년간 듣더니 새로 이 병에 걸린 환자가 있는 현장으로 박사를 데리고 갔다. 카나 박사는 자신의 경험을 내게 들려 줘서 내가 그 병에 대해 좀더 객관적인 시각을 지니게 해주겠다고 했다. 하지만 그녀의 설명은 객관적이기보다 마음이 담긴 설명이었다. 니카라과에서 함께 지낸 사람들이 그녀에게 제2의 가족과 같은 존재가 되었기 때문이다. 심지어 카나 박사는 그 공동체에서 아이 한 명을 입양하기까지 했다.

"미스키토인들이 이 병을 분류하는 방식은 아주 복잡합니다." 박사는 처음부터 내게 이렇게 말했다. "유럽인들은 악마와 영에 관해 이야기하는 사람들을 보면 너무 순진하다고 생각하죠. 그건 실상을 전혀 모르고 하는 말입니다. 사실 통찰력이 있을 때도 많거든요. 어느 정도는 병을 통제하기도 하죠, 그리지시크니스가 갈등을 표면화하는 방식이 되기도 합니다."

카나 박사가 악마 이야기에 대한 외부인 반응을 언급한 것은 사실 내 경우에도 적용되는 것이었다. 내가 처음 그리지시크니스 이야기를 들었을 때 나 역시 악마에 대한 미스키토인들의 믿음이 미신적이라고 생각했다. 나는 아일랜드의 가톨릭 가정에서 성장했다. 어린 시절 내내 그리고 20대 초반까지 매주 일요일 성당에 갔다. 저녁에는 계속 집중하진 못했어도 엄마가 시키는 대로 무릎을 꿇고 가정 예배를 드렸다. 우리 가족은 금요일이면 왜 늘 생선을 먹었을까? 가톨릭적인 이유에서였겠지만 지금은 기억도 나지 않는다. 나는 어른이 되고 신앙을 잃게 되었어도, 그동안 교육받은 영적인 믿음을 미신이라 여긴 적은 한번도 없었다.

나는 박사에게 공동체에서 이 장애를 어떻게 분류하는지부터 물어보았다. 질병인지, 심리적 장애인지 아니면 완전히 다른 어떤 것인지. 전통 서구 의학에서는 병이 어떤 카테고리에 속하는지가 상당히 중요한 문제다. 카테고리에 따라 어떤 의사의 진료를 받아야 하는지도 결정된다. 치료 방침을 정하고, 연구를 진행하고 환자를 담당하기 위해서도 카테고리가 우선 정해져야 한다. 나는 여전히 그리지시크니스를 내가 아는 이런 틀 안에 끼워 맞추려 했다.

"그에 대한 의견 일치가 이루어진 건 없다고 알고 있습니다." 박사가 말했다. "대부분은 병이라고 합니다. 하지만 영적인 이유로 생긴 병이라 생각하죠. 많은 이가 이 영을 '악마'라 부르고요. 병의 증상처럼 그에 대한 해석도 아주 다양합니다. 그래도 전반적으로는 어떤 영적인 이유로 생물학적 장애가 생겼다고 생각하죠. 그렇다고 심리적인 병으로 보는 이들이 없는 건 아닙니다. 물론 그런 사람들도 있습니다. 이 병은 가변적이고 상당히 역설적이기도 하죠. 자기를 병에 걸리게 만든 악한 영 자체가 심리학자였다고 말하는 사람도 있었답니다."

증상이 처음 나타나는 평균 나이는 열여섯 살이라고 박사가 말해주었다. 전형적으로 10대에서 성인기로 넘어가는 시점에 병에 걸린다고 했다. 이를 처음 언급한 것은 1981년 필립 데니스였다. 하지만 17세기로 거슬러 올라가보면 비록 병의 이름이나 속성은 달라도 유사한 증상을 묘사한 책들이 있다. 나는 카나 박사에게 그리지시크니스에 걸린 환자들이 성적으로 흥분한다는 데니스의 설명에 동의하는지 물었다.

"성적인 증상이 있는 건 확실합니다." 박사는 그렇게 말하면서도 환자들이 쫓기던 이들에게 강간당한다는 기록은 사람들 사이에 떠돌던 이야기라고 생각했다. "성적인 이야기가 되는 거죠. 사람들을 공격한 악한 영이 유혹자가 되고요. 하지만 이건 실제로 있었던 일이라기보다는 장애로 나타나는 환시의 하나입니다."

개인마다 다르게 나타나는 환시는 그리지시크니스의 가장 핵심적인 증상이다. 유혹이라는 주제를 놓고 보면 여성들은 매력적인 남성을 보는 경우가 많으며, 남성들은 이상적인 여성의 모습을 한 악마를 보곤 한다.

"예를 들면 어떤 여성이 잘생긴 남자가 칼을 들고 자신에게 다가왔다고 얘기하는 겁니다." 카나 박사가 설명을 덧붙였다. "이 장애는 공동체의 도덕적 기준과 성욕 발달 사이의 갈등과 관련이 있죠. 욕망을 악마의 공격으로 받아들이는 겁니다."

미스키토 공동체에서 어린 소녀들은 남성들에게 큰 관심의 대상이 된다. 이때 보통 남성들의 나이가 더 많다. 한 10대 소녀에게 여러 명의 남성이 관계를 갖자며 강요할 수도 있다. 종종 남성들에게 받는 이런 관심이 소녀들에게 기쁘고 즐거울 수도 있다. 하지만 보수적인 기독교 종파들의 영향을 많이 받은 공동체의 도덕 규범과는 완전히 부딪힌다. 소녀들은 남성들의 관심을 위협으로 느낄 수도 있고, 흥미를 느낄 수도 있다. 하지만 어느 쪽이든 스스로 어떤 대응을 하지는 못한다.

그리지시크니스를 이용하는 남성들도 있었다. 그들은 소녀들에게 만약 자신과 성관계를 갖지 않으면 저주하겠다고 했다. 이런 경우 소녀들에게 환각으로 보이는 형상은 주로 마법을 사용했던 남성의 모습이었다. 물론 이런 일이 여성에게만 일어나는 것은 아니다. 소년들도 가끔 그들을 유혹하는 이들의 희생자가 될 때가 있고, 이런 경우 환시로는 여성을 보곤 한다.

"그리지시크니스에 걸린다는 건 매력적이라는 뜻이기도 합니다." 카나 박사가 말했다. "그러니 당황스러우면서도 기분 좋은 일이기도 하지요. 그렇다고 성적인 측면만 있는 건 아닙니다. 이 병은 보통 갈등과 관련 있어요. 내가 만난 한 소녀는 자신에게 나타난 영이 아기의 모습이었다고 했어요. 이 소녀는 불법 낙태 수술을 도와준 적 있었다고 하더군요. 그리지시크니스에 걸리면서 낙태에 대한 자신의 의견을 표현할 기회를 얻은 겁니다. 과정이 상당히 복잡하죠."

"병에 걸리면 낙인이 찍히나요? 병에 걸리는 게 부끄러운 일인가요?" 내가 물었다.

"부끄러운 일이요?" 박사가 잠시 말을 멈췄다. "뭐, 약간은요. 아무래도 약해서 악마에게 굴복했다는 의미니까요. 악마와 성관계를 가졌다는 뜻일 수도 있고요. 하지만 낙인이요? 그건 아닙니다. 악마가 존재해서 병에 걸린 것이니 환자가 낙인 찍히거나 하지는 않아요. 어떤 영 때문에 증상이 나타나는 것이라 미친 것도 아니고요."

유럽이나 북아메리카에서 누군가 악마를 보았다고 하면 정신건강 문제라고 보는 것과는 완전 반대라 할 수 있다. 텍사스에서 만난 미스키토인들도 틀림없이 이 병을 심리적인 문제라고 보진 않았다. 그들이 해준 설명은 내가 책에서 읽은 내용과도 어느 정도 차이가 있었다.

"증상은 아주 다양하게 나타납니다." 카나 박사가 말했다. "개인마다 병으로 투사되어 나타나는 증상의 차이가 크죠."

그리지시크니스는 전염성이 강해서 암시나 예상만으로도 걸릴 수 있다. 또 일단 한번 시작되면 들불처럼 번져나갈 수 있다. 학교에 다니는 아이들이 특히 피해자가 되기 쉽다. 전형적으로 한 학생이 병에 걸리면 이어 한 명씩 옮기다 거의 학급 전체에 전염된다. 박사도 그런 광경을 직접 본 적이 있다고 했다.

"마치 공황 발작 같았죠." 카나 박사가 말했다. "처음에는 심장박동이 빨라집니다. 이어서 숨도 거칠어지고요. 그러고선 쓰러지는 겁니다. 악몽에 빠지는 기분이라더군요."

"그런 일이 생기면 학교에선 어떻게 하나요?"

"보통 교장이 학교 문을 닫습니다. 그리고 아이들을 감금하죠."

카나 박사는 현장이 얼마나 흥분의 도가니였는지 다시 한번 말해주었다. 환자의 경련에선 성적인 분위기가 풍겼고, 마을 사람들이 와서 소녀들을 구경할 때가 많아 그리지시크니스가 마치 공동체의 행사라도 되는 것 같았다고 했다. 환자인 아이들은 그 친척들이 돌봤다. 보통은 주술사를 불렀으나 몇몇 학교에서는 의사나 목사를 부르기도 했다.

어떤 도움이 필요한지는 대부분 어떤 것이 가능한지에 달려 있었다. 미스키토인들이 사는 마을은 대부분 아주 외진 곳에 있으며, 그런 경우는 현지 주술사가 유일한 선택지가 된다. 내가 마리오에게 그가 성장한 마을에 관해 물었을 때 그는 내게 자신이 자란 마을에는 전기도 없었다고 했다. 전기는 몇 년 전에야 들어왔는데, 사실 거기에도 장단점이 있음을 알게 되었다고 했다. 마리오는 간결하게 말했다. "사람들은 전기의 경이로운 면은 설명해도 전기요금 같은 얘긴 해주지 않죠." 마찬가지로 현대 의학을 도입할 때도 혜택과 문제점이 함께 있었고, 결국 옛 방식과 새로운 방식 간의 주도권 싸움으로 이어졌다. 일반적으로 서구 의학이 세계적으로, 또 미스키토 공동체 내에서도 전통 방식보다 더 우수하다고 여겨지기 때문에 그리지시크니스 환자 중 일부는 가급적 주술사가 아닌 의사에게 진료를 받으려 하기도 한다. 그러나 정작 병원은 이들에게 신경 안정제의 일종인 벤조디아제핀benzodiazepin을, 때로는 심지어 간질에 쓰이는 약을 처방하기도 한다. 문제는 그리지시크니스의 경우 무속신앙으로는 병세에 큰 호전을 보이지만, 의사들의 치료 방식으로는 효과가 없다는 것이다.

"만약 병원에서 주사라도 맞으면 발작이 더 심해질 수 있어요." 박사가 내게 말했다. "주사는 침투로 여겨지고, 성행위와도 관련되죠. 또 미스키토인들은 악마로부터 자신을 보호하기 위해 부적을 사용하는데, 바늘로 주사를 맞으면 부적이 힘을 잃어서 자칫 죽음에 이를 수 있다고 믿어요."

반면 전통적인 치료 방법은 그리지시크니스에 매우 성공적이었다. 환자들 대부분은 증상이 나아졌다. 병이 만성이 되거나 증상이 반복적으로 나타나는 경우도 있지만, 매우 드물었다. 사람들이 계속 전통적인 치료 방식을 신뢰하기 때문에 현지 병원들은 옛 치료법과 현대 의학을 융합하는 방법을 찾아야 했다. 사실 니카라과 법에서도 질병에 대한 문화적인 개념들을 섞어 건강 관리의 모델로 삼도록 하고, 치료사들과 의사들의 협업을 권하고 있다. 미스키토인들은 무속 신앙을 신뢰하고 그들의 개입이 효과가 있다는 것도 믿는다. 카나 박사 또한 이렇게 말했다. "주술사들의 치료는 상징적인 것입니다. 실제로 심리적 개입이고, 벤조디아제핀보다 효과적이죠."

그리지시크니스는 이 병에 대한 사람들의 이야기에 영향을 받는다. 카나 박사가 미스키토인 공동체에 머물 당시 그녀 또한 이 같은 이야기의 일부가 되었다. 박사는 병의 증상에 대해 사람들과 인터뷰를 하던 초반에 몇몇 사람이 자신의 경험을 세밀하게 설명해주길 꺼린다는 걸 알게 되었다. 그래서 경험한 내용을 그림으로 그려달라고 부탁하게 되었다고 한다. 처음에는 사람들이 거절했는데, '악마'의 그림에 마술적인 면이 있다는 말이 있어서였다. 그래도 동의해주는 사람들도 있었다. 그리고 어느 날 한 어머니가 박사에게 그 그림 덕분에 자기 자녀에게서 악마를 끄집어낼 수 있었다고 했다. 이런 발견으로 카나 박사의 역할이 민족지학자(다양한 민족의 사회와 문화를 현장에서 조사하고 연구하는 학자 - 옮긴이)에서 주술사로 바뀌게 되었다. 당연히 처음에는 그녀도 받아들이려 하지 않았다.

"저는 제가 의료 교육을 받은 적이 없다고 했어요. 책임질 수 없는 일이었으니까요."

하지만 환자 몇 명이 그림 그리기로 회복되는 모습을 보면서 카나 박사는 이 일을 계속해나갔다. 그녀가 내게 그림을 몇 개 보여주었다. 대부분 기이했고 막대기처럼 마른 데다 얼굴이 없으며 모두 모자를 쓰고 있었다. 이상한 형체거나 엄지손가락이 없는 경우도 있었다. '악마'는 모자를 쓰고 있었고 손가락이 네 개밖에 없었다. 악마의 얼굴이 보이면 안 되는데, 이유는 그 얼굴을 보는 사람이 그리지시크니스에 걸린다는 믿음 때문이었다. 악마와 관련이 있다는 아르마딜로를 표현한 그림도 있었다. 또 다른 그림에는 배가 피로 가득 차 부풀어 오른 영혼이 그려져 있었다. 배에 서식하는 기생충은 니카라과에선 흔한 일인데, 복통을 호소하는 것이 그리지시크니스에 걸리는 계기가 될 수 있다고 한다. 환자가 기생충에 감염된 것을 그리지시크니스에 걸린 것으로 잘못 안 것일 수 있다. 그렇게 그리지시크니스에 걸렸다는 생각 때문에 자신이 발작을 일으킬 거라 여기게 되면서 정신적으로 해리 증상이 나타나 어지러움을 느끼다 결국은 자신이 그렇게 예상한 증상들을 실제로 겪기도 한다. 이처럼 심리적 고통이나 갈등 없이도 내과적 질환이 그리지시크니스 증상을 유발하는 경우도 있다.

"영상을 보시겠어요?" 카나 박사가 이렇게 물으며 가방에서 노트북을 꺼내더니 커피숍의 다른 손님들 눈에 띄지 않게 화면을 내 쪽으로 향하게 해주었다.

처음에는 영상의 내용을 알아보기 힘들었다. 화면이 어둡고 많은 사람이 돌아다니고 있었다. 파리 카페의 웅성웅성한 소음이 그나마 컴퓨터에서 새어 나오는 앓는 소리와 우는 소리를 가려주었다. 눈이 화면에 익숙해지면서 많은 사람이 젊은 여인을 옮기는 모습이 보였다. 그녀의 모습은 진정시키려는 다른 모든 사람 사이로 아주 살짝만 화면에 비쳤다. 젊은 여인은 고개를 뒤로 젖힌 채 몸부림치고 있었다. 사람들이 그녀를 어디론가 데려가려는 듯 몸을 띄워 받쳐 들고 있었다. 한 여성이 그녀의 셔츠를 아래로 당겨 그 끝을 묶으려 했다. 아마도 몸을 가려주려는 것 같았다. 환자의 머리가 좌우로 요동쳤다. 여성을 받치고 가는 이들이 그녀의 팔다리를 붙들려고 애쓰고 있었다.

"이런 광경을 보신 적 있나요?" 카나 박사가 내게 물었다.

나는 이 영상과 같은 장면을 천 번 아니 어쩌면 그보다 더 많이 보았다. 내가 매일 진료하며 보는 해리성 발작(심리적인 원인으로 발생하는)과 증상이 매우 유사하다. 내 환자들에게 발작이 왔을 때 가족들이 찍은 영상을 내게 보내주곤 한다. 그 영상들에서도 환자들은 사랑하는 사람들에 의해 똑같이 제지된다. 깜짝 놀라 외치는 비명과 울음소리, 때로는 기도 소리도 담겨 있다.

물론 내가 보는 영상들은 배경이 도시이고 차 안이나 현대식 거실에서 촬영되었다. 하지만 이런 표면적인 차이 말고는 카나 박사가 내게 보여준 영상과 상당히 비슷하다. 내가 맡은 환자들의 발작은 몇 분간 계속되는데, 그동안에도 계속 잠시 멈추었다 다시 시작하길 반복한다. 동영상에 나온 소녀도 똑같았다. 발작이 멈춘 동안 그녀는 긴장증 환자와 같은 자세로 몸이 완전히 굳은 모습이었다.

"제가 이 영상을 찍었을 때 사람들이 저도 곧 이 영상 때문에 그리지시크니스에 걸릴 거라고 했어요." 박사가 말했다. "전에 어떤 예술가가 '악마'의 모습을 그림으로 그린 적이 있었는데 공동체에서 항의가 들어오는 바람에 그림을 더 알아보기 어렵게 수정해야 했죠. 형상이나 이야기가 병에 걸리게 만드는 중요한 요소인 겁니다. 그래서 미스키토인들은 그림 때문에 저도 병에 걸릴 거라고 했고요. 지금은 인터넷에 이 병에 관한 신문 기사나 이미지들이 아주 많이 있죠. 그러니 이제 이런 점이 공동체에서 감내해야 할 또 다른 모순과 충돌하기 시작한 겁니다."

"병에 걸릴 거라고 보셨나요?" 내가 물었다.

"저는 정말 걸리고 싶었답니다." 박사가 웃었다. "그게 어떤 기분인지 알고 싶었거든요. 한번은 제가 그곳에 있을 때 복부에 기생충이 있는 걸 알게 됐는데 사람들이 이제 그리지시크니스가 시작될 거라고 했어요!"

"그런데 그런 일이 일어나지 않은 건가요?"

"저는 늘 이 병에 걸리길 바랐어요. 그런데 걸리지 않았죠. 사람들은 여전히 제가 병을 원하지 않으면 걸릴 거라고 말한답니다."

"그럼 아직 시간이 있네요."

하지만 병에 걸리려면 모스키토 해안에 있어야 한다. 이 질병은 오래된 전통과 깊게 관련되어 있고, 미스키토인들은 그렇지 않지만 병을 일으키는 영혼들은 그 지역과 결부되어 있기 때문이다.

체념증후군 덕에 사람들은 고통을 오로지 심리학적으로만 표현할 때는 불가능했던 방식으로 놀라와 헬란에게 주목하게 되었다. 이렇듯 심리적 고통과 갈등을 신체적인 증상으로 경험하고 외면화하는 편이 더 효과적이고 생산적일 때가 많다. 하지만 왜 니카라과에서는 그리지시크니스이고, 스웨덴에서는 체념증후군이며, 영국에서는 다른 병인 것일까? 질병은 사람들이 인식하는 것보다 훨씬 더 많이 사회적으로 패턴화되는 행동이다. 어떤 사람이 몸의 변화를 어떻게 해석하고 그에 어떤 반응을 하는지는 사회적인 분위기, 자신의 지식,

교육, 질병에 대한 정보 접근성, 과거 경험에 따라서 달라진다. 건강한 상태와 건강하지 못한 상태에 대한 기대는 개인적·사회적 역할 모델들을 보는 과정에서 형성되며, 이런 기대는 신경학적 기질로 부호화된다. 우리 뇌에는 경험을 통해 특정 자극에 대한 반응의 방식이 내재화되는데, 이 과정은 무의식적으로 진행된다.

우리가 태어날 때 뇌는 가능성으로 가득 찬 빈 캔버스와 같다. 신생아에게는 성인보다 더 많은 뇌세포가 있다. 그러나 신생아의 대뇌피질인 회백질은 거의 기능하지 못한다. 이 작동은 경험을 통해 가능해진다. 출생 이후 신경 주위로 형성되는 절연층인 미엘린은 축삭돌기를 따라 성장하며, 그를 통해 뇌의 다양한 부위 간의 메시지 전파를 촉진한다. 학습은 신경세포망 사이의 연결이 발달하면서 이루어지며, 그에 따라 대뇌피질의 다양한 부위에 있는 세포 클러스터들이 서로 소통하며 정보를 저장하기 시작한다. 그리고 이 과정은 환경자극에 크게 좌우된다. 감각 피질은 우선 촉각에 대한 반응으로 작동한다. 아기 침대 위에 걸려 있는 알록달록한 모빌은 시각 피질을 자극하는 데 도움이 된다. 이처럼 어린아이의 사회 환경은 태어난 순간부터, 아니면 그 이전부터 뇌를 형성한다.

언어는 뇌 발달이 어떻게 사회적인 영향을 받는지를 보여주는 완벽한 예다. 우리는 모두 어떤 언어든 이해하고 말할 수 있는 능력을 지니고 태어난다. 단어들에 노출되자마자 우리 뇌가 양육자의 언어를 구성하는 소리 단위를 이해하는 데 필요한 연결을 강화한다. 한가지 언어를 습득하면 다른 것은 잃게 된다. 우리 뇌가 더욱 효율적으로 기능하기 위해 연결 역시 끊기는 것이다. 정기적으로 사용하는 연결은 강화되며, 그렇지 않은 연결은 사라진다. 이렇게 노출되지 않은 언어의 구성요소를 듣고 발음하는 능력은 시간이 흐르면서 줄어든다. 이것 때문에 내가 프랑스어의 반모음과 스페인어의 굴린 'r' 자음을 완벽하게 발음하지 못하는 것이다. 두 언어는 모두 10대가 된 뒤에야 접했다.

뇌는 문화의 영향을 받는 기관이다. 그러므로 학습할 수 있는 환경에 얼마나 노출되느냐에 따라 그 기능이 결정된다. 학습의 작은 부분만이 의식적으로 이루어진다. 우리 뇌는 우리가 매일 만나는 모든 사람, 나누는 모든 대화, 듣게 되는 모든 음악을 환경 자극으로 처리하며, 그 자극에 적응하기 위해 뇌 또한 변화한다. 단 한 번만 발생한 일이나 감정적으로 별로 의미 있지 않은 경험은 그다지 깊은 인상을 남기지 못하지만, 반복적이거나 정서적으로 강렬했던 경험은 지울 수 없는 흔적을 남긴다.

마찬가지로 질병과 건강에 대한 생각 역시 우리 뇌에 내재화된다. 신체 변화에 대한 태도, 증상에 대한 해석과 대응, 도움을 구하는 사람, 병에 대한 설명 방식, 치료 방법 등은 모두 학습된다. 물론 이것은 가변적인 체계다. 그러므로 뇌는 새로운 영향을 받으면 다시 그에 맞추기 위해 적응한다. 어떤 의식적인 수준에 미치지 않는 경우라면, 신체의 내적인 느낌을 문화 규범에 따라 해석하게 된다. 만약 어떤 사람이 영국에 있고 계절이 겨울인데 이상하게 피곤함을 느끼면, 독감이 걸렸다는 생각에 비타민 C와 해열 진통제인 파라세타몰을 먹고 누울 것이다. 그러나 이와 완전히 동떨어진 곳에 사는 또 다른 누군가는 똑같이 피곤하다는 느낌이 들어도 완전히 다른 원인과 해결책을 따를 수 있다. 카나 박사는 이를 "우리가 질병의 문화 모형을 신체화하는 겁니다"라고 표현했다.

신체화는 심인성 장애의 발달에서 핵심이라 할 수 있다. 사람들은 때로 생각이 주로 우리 머릿속에 존재하며 몸은 거의 또는 아예 어떤 기능도 하지 않는다고 오해한다. 그러나 사실 몸은 인식에 깊이 관여한다. 만약 어떤 감정을 끄집어내라는 요청을 받는다면 나는 곧

바로 가슴과 팔다리, 피부의 신체적인 경험을 느끼려 할 것이다. 추억을 떠올리면 심장박동수와 근육 긴장도, 모낭에 변화가 생긴다. 체화된 인지 이론theory of embodied cognition에 따르면 마음과 몸의 상호작용은 흔히 생각하는 것과는 반대로 작동하기도 한다. 신체적인 증상이 먼저 나타난 후 어떤 느낌이 드는지도 달라지는 것이다. 자율적 각성으로 인해 긴장하게 되면, 살면서 걱정했던 일들이 떠오른다. 생각과 감정이 내면으로도 느껴지고 몸으로도 드러나는 것이다. 그렇다고 우리가 신체 변화를 늘 정확하게 해석한다는 말은 아니다. 긴장한 것처럼 보이는 상태여도 사실은 흥분하거나 두려워하는 상황일 수 있다.

우리는 분위기나 정서적인 행복, 심지어 성격까지 신체화한다. 자신감 있는 사람은 확신에 찬 자세로 선다. 부끄러움을 많이 타는 사람은 외향적인 사람과는 다르게 행동한다. 같은 사람이라도 기분이 저조할 때와 행복할 때 앉는 자세가 완전히 달라질 수 있다. 우리는 타인의 몸짓을 보고 그들의 의견과 태도, 분위기를 예측한다. 소통할 때도 의식적, 무의식적으로 몸짓을 사용한다. 기쁨을 나타내기 위해 미소 짓고 동의한다는 뜻으로 고개를 끄덕인다. 그러나 여기서 주의해야 할 점이 있다. 몸짓은 문화의 영향을 크게 받는다는 사실이다.

인도에서 고개를 가로젓거나 흔드는 행동은 몸짓이 문화에 따라 결정되는 예에 속한다. 인종과 상관있는 것이 아니다. 단지 특별한 문화 환경, 즉 인도 반도에서 인격 형성기를 보낸 이들만 사용하는 몸짓이다. 그 문화의 언어를 아는 사람들에게만 의미 있고 외부 사람들은 이해하기 힘든 몸짓이다. 모든 사회에는 표정이든 몸짓이든, 그저 어떤 자세로든 자신을 신체적으로 표현하는 고유의 방식이 있다. 어떤 나라들에서는 하급자들이 사무실에 들어올 때 마치 자기 방인 것처럼 씩씩하게 들어오지만 다른 곳에서는 공손하게 어물쩍거린다. 음성언어처럼 몸짓도 곳곳에서 다르게 나타난다.

우리는 질병에 대해 문화적으로 형성된 개념 역시 신체화할 수 있다. 마치 언어를 배울 때처럼 질병의 본보기들을 내면화한다. 즉 뇌 속에 질병들을 코드화한 후 기회가 있을 때 이를 신체적으로 표현한다. 예상치 못한 신체 감각을 경험할 때 우리가 가장 먼저 하는 일은 알고 있는 틀 안에 그 감각을 맞춰보는 것이다. 신체 증상을 설명하는 원형들은 우리 뇌 안에 새겨져 있다. 인후통은 바이러스에 감염됐음을 의미한다. 두통은 편두통 가족력이 있는 사람에게는 편두통을 뜻할 수 있지만, 아버지에게 뇌종양이 있던 사람에게는 뇌종양을 뜻할 수도 있다. 이런 식이다. 질병의 원인과 증상, 경과 등에 관한 이론인 병리pathology는 어떤 병의 관찰자와는 별개로 사실이지만, 누군가가 증상에 반응하는 방식은 그 사람의 지식과 경험에서 비롯된다. 심지어 실제로 병의 원인이 없는 상태에서도 단지 그렇게 되리란 생각만으로도 한 가지 신체 증상이 줄줄이 다른 증상들로 이어질 수 있다. 또 그리지시크니스처럼 맨 처음 누군가에게 증상이 생긴 후, 다들 알고 있는 병에 대한 익숙한 이야기 탓에 다른 이들에게까지 증상이 나타난다.

뇌에서 형성되는 병에 대한 원형은 문화적으로 결정된다. 영국에서는 반복적으로 배탈이 나면 과민성대장증후군에 걸린 게 아닐까 생각하지만, 같은 증상도 모스키토 해안에서는 기생충에 감염되거나 어쩌면 그리지시크니스가 시작되는 것일 수 있다고 여긴다. 이는 모두 신체 변화에 대한 조건화된 해석이며, 뒤따르는 질병 행동(증상이 나타났으나 아직 진단은 받지 않은 상태에서 하는 행동—옮긴이)에 영향을 줄 수 있다. 이 같은 병의 본보기들이 신체화되면 기능성 증상들(신체 기관의 특별한 이상 없이 나타나는 증상—옮긴이)이 나타나는 행동 패턴으로 이어질 수 있다.

문화는 정상적 혹은 비정상적 신체 변화에 대한 반응을 결정할 뿐 아니라 고통을 표현하고 도움을 요청할 가장 좋은 방식 역시 결정한다. 어떤 문제들은 분명하게 표현하기 쉽지 않으며, 이런 경우에는 신체 증상을 통한 호소가 지지와 위안을 구하기에 더 나을 수 있다. 신체적인 질병은 자신에게 도움이 필요하다는 사실을 가까운 이들에게 알릴 수 있도록 사회적으로 만들어진 방식일 수 있다. 가장 효과적인 증상은 문화에 따라 달라진다. 영국에서는 독감 같은 증상이 있다고 하는 편이 감당하기 버겁다고 인정하는 것보다 사랑하는 이의 관심을 받거나 일을 잠시 쉴 수 있는 더 쉬운 방법일 것이다. 마찬가지로 스웨덴 망명을 원하는 어린아이 역시 체념증후군을 통해 말보다 훨씬 더 강력한 언어로 본인에게 필요한 것이 무엇인지를 사람들에게 알린다. 그리지시크니스 또한 노골적으로 진술할 필요 없이 특별한 종류의 사회적 갈등을 보여준다. 이런 구조 신호를 보내는 과정이 반드시 의식적이지는 않다. 도움이 필요하다는 사실을 신체화를 통해 육체적으로 느끼는 것이다. 심리적인 증상보다 신체적인 증상을 통한 표현이 더 선호되는 이유는 신체 증상이 문화적으로 인식되는 암호화된 메시지이기 때문이다.

우리는 뇌 안에 있는 질병에 대한 본보기들을 통해 신체에 변화를 가져오고, 고통을 경험하는 모형을 만들며 누구에게 도움을 받을지 결정한다. 영국에서 위경련이 난 사람은 혼자 알아서 견디거나 건강식품 가게에 가거나 의사 혹은 대체의학 전문가를 만나 도움을 청할 것이다. 서구 사회가 약에 심하게 의존하는 경향이 있음을 고려하면, 사람들이 의사에게 약을 처방해달라고 할 수도 있다. 아니면 위장병 전문의를 만나 내시경 등의 검사를 받기 위해 진료 의뢰서까지 받을지 모른다. 반면 모스키토 해안의 외딴 지역에서는 보통 현대식 의료에 접근하기가 더 어렵고 치료 방식도 더 적어서 의료화가 잘 이루어져 있지 않다. 따라서 영적인 해석이 더 실용적일 수 있다.

서구 의학은 증거에 기반을 두며 과학적인 방식에 의존하기 때문에 대개 다른 전통 의학보다 더 우월하다고 여겨진다. 그래서 현대 의학을 가장 쉽게 접할 수 있고 그중에서도 최고의 선택을 할 수 있는 사람이 제일 운 좋은 사람으로 보일지 모르지만, 사실 꼭 그렇지만은 않다. 서구 의학에서는 몸의 모든 변화를 병리학적으로 해석할 것을 권한다. 예컨대 어떤 사람이 어떤 장기에 문제가 있다는 진단을 받으면, 그저 진료 기록에만 그 사항이 들어가는 게 아니라 그 사람의 무의식에까지 이런 진단 내용이 새겨져 장기적으로 자신의 건강을 바라보는 시각, 또 외부로부터 받는 시각에 영향을 미칠 수 있다. 서구적인 체계에서는 의학적인 질환이 만성화되는 경향이 있다. 완벽하게 바뀌는 건 절대 불가능하다는 꼬리표가 되는 것이다. 반면 그리지시크니스의 경우는 어딘가 아름다운 면이 있다. 악마의 존재를 인정한다고 해서 그에 대한 확신과 믿음을 가져야 하는 건 아니다. 이 질병은 치유로 가는 일련의 과정이다. 극적인 병이라 가볍게 여길 수는 없지만, 환자들이 대개 전통 치료법으로 회복된다는 점은 주목할 만하다. 그리지시크니스라는 질병의 본보기에는 처음과 중간과 끝이 있다.

고통에 대한 문화적인 모형을 무의식적으로 신체화하면 갈등을 표현하고 도움을 요청하는 수단을 얻을 수 있다. 그리고 이때의 도움은 비판 및 낙인과는 무관한, 제대로 된 지원이 된다.

아마도 그리지시크니스에서 가장 멋지고 유용하게 눈길을 끄는 것은 공동체의 반응을 끌어내는 방식일 것이다. 카나 박사가 강조했듯이 이것은 갈등을 다루는 상당히 정교하고 효과적인 방법이다. 이와는 완전히 대조적으로 영국과 미국에서 심인성 장애나 기능성 질환을 앓는 사람들은 흔히 공동체로부터 버림받고 소외되며 배척당한다고 느낀다.

서구 사회에 사는 우리가 질병에 대해 영적인 해석을 덜 한다고 해서 미스키토인들의 반응이 덜 논리적이거나 우리 것보다 더 대단하다고 생각해선 안 될 것이다. 우리에게도 민족 고유의 질병에 대한 믿음과 전통 치료법이 여럿 있지만, 우리 것이라 특별히 이상하게 느껴지지 않을 뿐이다. 바이러스에 감염됐을 때 먹는 닭고기 수프는 우리의 파란 가루와 플로리다수다. 젖은 머리로 밖에 나가도 감기에 걸리지 않는다든가, 최근 음식에 대한 과민증이 급격히 늘어났다든가 하는 말은 대부분 현대의 민속에서 나온 것이다. 그리지시크니스를 여기서 소개한 것은 기이해서가 아니다. 문제를 다루려면 환자가 증상에 부여한 의미를 이해해야 하며, 이는 미스키토인 공동체에서나 서구 문화에서나 다르지 않다는 점을 상기하고자 한 것이다.

물론 내가 심인성 장애의 해결책으로 그 원인이 '영적인' 것이며 의식으로 없앨 수 있다고 제안하는 것은 아니다. 내가 말하고자 하는 것은 미스키토인들이 질병에 반응하고 신체 변화를 해석하며 효과적인 방법을 요청하는, 사회적으로 구조화된 방식을 살펴보면, 서구 문화에서도 배울 점이 있으리라는 것이다. 신체 변화를 의학적으로 해석해서 만성적인 증상과 제약 산업에 대한 의존만 생겼다면, 특별히 질병을 일으키는 인지 메커니즘을 더 큰 시야로 바라보는 것만으로도 병의 추이를 바꿀 수 있다는 사실은 주목할 만할 것이다.

나는 카나 박사 및 포트아서에 사는 이들과 이야기를 나누며 그리지시크니스에서 감탄할 만한 점을 수없이 발견했다. 이 병은 문화적으로 용인되는 범위에서 고통을 표현하는 매우 효과적인 수단이다. 그리고 개인적·사회적 갈등을 외부화하고 다루는 수용 가능한 방식이다. 이것이 유용한 또 다른 이유는 비난이 함께 따라오지 않기 때문이다. 악마의 개입은 개인에게 초점이 쏠리지 않게 해줄 외부 요인이 되어준다. 또 치료에서 목표로 할 대상을 제공하기도 한다. 의학적인 표현을 따르는 서구 사람들 역시 심리적 원인으로 발생하는 증상들이 생기면 건강이 좋지 못한 느낌을 설명하기 위해 이런 방법을 사용한다. 신체 증상을 바이러스나 음식 알레르기 탓으로 돌리는 것도 '악마' 때문이라고 말하는 것과 같은 효과를 가져온다. 다만 서구식 표현 방법으로는 병이 치유되지 못한다는 문제가 있다.

나는 많은 서양 의료 기관이 집착하는 병명과 질병 분류 체계에 미스키토인들이 보이는 관용적인 태도에도 감탄했다. 심리적 원인이 있는 발작은 히스테리, 가성발작pseudoseizures, 비간질성 발작non-epileptic attacks, 심인성 비간질 발작psychogenic non-epileptic seizures, 해리성 발작, 기능성 발작functional seizures 등 그 명칭이 수없이 바뀌어왔다. '심인성'이라는 단어는 신경학계에서 선호도가 떨어졌으며, 그 자리를 '기능성'이라는 용어가 대신하고 있다. '기능성 신경장애'라는 말은 뇌가 기능하지 못한다는 뜻이다. 따라서 (상당히 섣불렀다고 본다) 심인성 장애의 원인을 확실하게 생물학적인 뇌의 영역에 두는 것이다. 어떤 면에서 보면 이 '기능성'이라는 단어는 심인성 장애를 실질적인 신경 질환이라 여기는 회의론자들을 연상시킨다. 그리고 이를 위해 병명에서 모든 심리적·사회적 측면이 배제되다 보니 결국 질병 이름 자체보다 그를 설명하는 기술적인 이름이 그나마 덜 생소하게 느껴질 정도다. 또 기능성 신경장애라는 이름은 이것이 순전히 생물학적인 병이라는 인상을 주기까지 하며, 이는 물론 또 하나의 이원주의일 수밖에 없다. 사실 증상이 나타나려면 생물학적인 변화가 있어야 하지만, 행동 및 심리와 관련된 요소들 역시 장애 발달에 필수적인 계기 혹은 원동력이다.

사람들은 어떤 이름이 가장 알맞은 용어인지를 매우 중요하게 생각한다. 하지만 그런 완벽한 병명이란 존재할 수 없기 때문에 이글에서는 계속 '심인성'과 '기능성'이라는 용어를 사용할 것이며, 부디 실제 인물들의 이야기를 통해 이러한 불완전함이 극복되길 바란다. 그리지시크니스만 보더라도 질병 이름이 꼭 완벽해야 하는 건 아니라고 생각한다. 이 병명은 어느 정도 부정적이지만('정신 이상'이라는 뜻이므로), 병의 원인을 환자 개인에게 돌리지 않으므로 그 안 좋은 느낌이 중화되었고, 공동체에서도 받아들여질 수 있었다. 더 알맞은 용어를 찾기 위한 노력이 많이 있었지만 아무래도 서구 의학은 이런 면에서 미스키토인들에게서 배울 점이 많은 것 같다. 심인성 장애로 인해 낙인찍히지 않도록 하는 것, 이것이 사회에서 이 병을 더 잘 이해하도록 하는 길이다. 병의 이름만 바꾸는 것은 브랜드 이름만 바꾸는 것과 똑같다. 사람들이 질병 자체를 계속 개인 때문에 발생하는 것으로 안다면, 그들이 병을 더 잘 받아들이기를 기대하긴 힘들 것이다.

나는 포트아서에 사는 젊은 미스키토인 세대를 스타벅스에서 만났다. 그들은 대부분 미국에서 태어났거나 어릴 때 미국으로 이주했다. 모두 니카라과에도 가족과 휴가차 다녀온 적이 있지만, 그곳에서 실제로 어느 정도 거주해본 적은 없었다. 남성 두 명은 구슬 목걸이와 귀걸이를 하고 있었고, 그 모습은 어떤 부족 같은 느낌이었다. 사리어라는 여성은 히잡을 쓰고 있었다. 사리어 그리고 미국에서 태어난 미스키토인인 그녀의 남편 엘라시오는 최근 이슬람교로 개종했다.

나는 이들에게 자신을 미국 사람, 니카라과 사람, 미스키토인 중 누구라고 생각하는지부터 물어보았다. 이들 중 가장 많은 구슬과 문신이 눈에 띄는 알프레도는 "그냥 그 모든 곳의 경계에 있는 거죠, 부인. 그게 그렇게 중요하다고 생각하지는 않아요. 그래도 그런 질문에 답해야 한다면 카리브해 출신의 아메리카 원주민이라고 할 겁니다."

알프레도는 니카라과에서 태어나 세 살 때 미국으로 이주했다.

"모스키토 해안에는 얼마나 자주 갔나요?" 내가 물었다.

"한 번"부터 "여러 번"까지의 대답이 여기저기서 나왔다.

"그리지시크니스에 대해서는 들어보셨나요?" 내가 물었다.

"네. 2009년 제 남동생이 그 병에 걸렸어요." 엘라시오가 답했다.

"남동생이 미국에 있을 때 걸린 건가요?"

"아니오, 저희 가족은 그때 빌위에 있었어요."

"동생이 혹시 그곳에서 태어났나요?"

"아니요, 걔도 저처럼 여기서 태어났어요. 동생이나 저나 그곳에는 처음 가본 거였어요. 그 일은 택시에서 일어났죠. 저희는 그곳에 일주일째 머물고 있었어요. 그런데 갑자기 동생이 막 소리를 지르기 시작한 거예요. 그 아이 손이 안쪽으로 휘어지더군요. 눈에는 흰자가 보이고 경련이 일어났죠."

빌위는 니카라과에 있는 마을이다. 엘라시오 가족은 그곳에서 한 달간 휴가를 보내던 중이었다. 나는 엘라시오에게 남동생이 병에 걸리기 전에도 형제가 그 질병의 증상에 대해 잘 알고 있었는지 물었다.

"네, 둘 다 알고 있었어요." 엘라시오는 당연하다는 듯 답했다. "부모님은 전통 믿음 같은 건 저희한테 숨기려 하셨어요. 미국에서도 저희가 악마 같은 건 모르길 바라셨죠. 하지만 저는 제 고향에 대해 항상 관심 있었기 때문에 관련된 글들을 읽어봤어요."

나는 이 젊은이들이 포트아서에 있는 전형적인 2세대 미스키토인들과는 다르다는 것을 깨달았다. 그들은 집에서 미스키토어로 대화하지만 대부분의 또래 미스키토인들은 그렇게 하지 않는다. 알프레도와 엘라시오는 미스키토 문화에 대한 책도 많이 읽었고 이중엔 19세기까지 거슬러 올라가는 책도 있었다.

"동생이 그리지시크니스에 걸렸을 때 당신도 놀랐나요?" 내가 물었다.

"놀랐죠. 사실 저는 직접 보기 전까진 그리지시크니스를 믿지 않았어요. 마법 같은 건 믿지 않았었거든요. 하지만 제 눈으로 봤으니 이제 사실이라는 걸 압니다."

"동생은 왜 그리지시크니스에 걸린 것 같아요?"

"빌위에 처음 온 사람이라서요. 숲속 정령들은 외부인을 의심하거든요." 엘라시오의 답은 확신에 차 있었다.

"실수로 '푸에손 바이칸pueson bikan'을 밟았을 수도 있어요." 알프레도가 말했다.

알프레도가 '푸에손 바이칸'라는 단어를 내 노트에 휘갈겨 써주며 그것이 땅에 숨겨둔 독이라고 했다. 어떤 사람을 표적으로 삼아 독이 거기 있게 되었을 수도 있고, 혹은 누군가가 마법을 실험 중이었는데 엘라시오의 남동생이 자기도 모르게 희생자가 되었을 수도 있다. (나중에 나는 카나 박사에게 혹시 이런 얘기 들어본 적 있는지 물었고 그녀는 원래의 철자가 'puisin'이라고 알려주며, 보통은 마법에 쓰이는 도구이지만 특별히 독이 되진 않는다고 했다.) 나는 두 사람에게 더 윗세대 미스키토인들을 만났을 때 반복해서 얘기가 나왔던 검은 책에 관해 물었다. 그들은 검은 책에 대해서는 들어본 적이 없다고 했다. 이들은 그리지시크니스의 원인을 니카라과에서 '라사lasa'로 알려진 존재, 즉 두 사람 설명으로는 자기네 문화에서 악마도 되고 신도 될 수 있는 존재 때문이라고 했다. 내가 후에 어디선가 읽은 바로는 고대 이탈리아의 에트루리아Etruscan 문화에서도 라사가 신이었다고 한다. 엘라시오는 라사가 정말 사람 같은 모습이었다는 얘기만 빼면, 인류의 여러 왕국에서 라사가 실제로 있었을 거라 믿는다고 했다. 그는 라사를 '자연 속 보이지 않는 생명체'라고 불렀다. 엘라시오의 말로는 라사가 악마일 수도 있고 숲이나 물의 정령일 수도 있다고 했다.

나는 그리지시크니스에 다른 원인이 있는지 물었고 같이 있던 젊은이들은 바로 다 같이 내가 전에도 들은 것과 똑같은 이야기를 했다. 나이든 남성들이 어린 소녀들을 쫓다가 병에 걸리게 할 수 있다는 것이다. 최음제를 만드는 남자들도 있다고 했다.

"남동생은 오래 앓았나요?" 내가 엘라시오에게 물었다.

"저희도 동생을 주술사한테 데려갔어요. 주술사가 그 지역 식물로 동생을 치료했고, 상태가 금세 좋아졌어요. 하루 만에 다 나았죠."

"미국인 친구들한테 미스키토인들의 전통적인 믿음에 관한 이야기를 하나요?"

"거의 안 합니다. 만약 누군가 관심을 갖고 존중하는 느낌이 든다면 할 거예요. 찰스 네이피어 벨Charles Napier Bell(영국의 해군으로 나폴레옹 전쟁 등에 참전했다─옮긴이)이 말한 것처럼 걔네도 책으로만 배워서 제대로 된 건 하나도 모르거든요."

찰스 네이피어 벨은 스코틀랜드에서 태어났지만 어린 시절 대부분을 모스키토 해안에서 보냈다. 1899년에는 그곳에서의 삶을 그린 《탱위러Tangweera》라는 책도 썼다. 엘라시오 역시 확실히 미스키토 문화에 끌렸고 그에 관한 책도 많이 읽었지만, 그는 이슬람교로 개종했다. 그게 나는 좀 이상해 보였다.

그래서 엘라시오에게 어떻게 개종하게 되었는지 물었다.

"기독교인들이 우리 민족한테 한 행동이 마음에 안 들거든요. 그들은 토착 문화를 파괴했고 언어도 없애버렸어요. 단어들도 많이 사라졌죠. 그 사람들은 위선자예요. 우리 믿음은 비웃으면서 동시에 성경에서 불타는 가시덤불(성경의 《출애굽기》에서 모세가 본, 불이 붙지만 타서 없어지지는 않는 가시덤불로, 이를 통해 모세가 하나님의 음성을 듣게 된다─옮긴이)은 어떤 문제도 없다고 하죠. 라사도 기독교인들한테는 그저 부정적인 악마지만 기독교인들이 나타나기 전에는 라사가 긍정적인 존재이기도 했어요."

알프레도가 끼어들었다. "어른들은 식민주의자인 미스키토인들이에요. 기독교를 더 좋아하죠. 평범한 미스키토인들이 아닌 겁니다. 자신들 옆에 일반 미스키토인들이 서 있으면 아마 부끄러워할 거예요. 오래전에는 원주민들이 달걀로 자기 귀를 늘렸어요. 어른들은 그런 건 알지도 못하죠. 저는 보통의 미스키토인들과 더 가까운 느낌이 듭니다.

알프레도는 귀에 귓불을 늘려주는 장신구를 달고 있었다.

나는 앉아서 가만히 듣고 있는 아마라를 바라보았다. 다른 이들보다 조금 더 나이가 있는 그녀는 모스키토 해안에서 태어나 지금은 니카라과의 수도인 마나과에서 회계사로 일하고 있으며, 이곳에는 여행차 와 있다고 했다. 부족의 구슬 장식을 단 북미 친구들과는 대조적으로 아마라는 좀더 최신 유행을 따른 옷차림을 하고 있었다. 트렌디한 런던이나 뉴욕 모임에 가도 어울릴 차림이었다. 아마라는 내가 만난 이들 중 니카라과에 여전히 살고 있는 유일한 사람이었다. 그래서 나는 그녀의 의견을 듣기 위해 기다리고 있었다.

"그리지시크니스는 내면을 씻겨주는 꿈같은 것이에요." 그녀가 말했다.

나는 아름답다고 생각했다.

"당신도 걸렸었나요?" 내가 물었다.

"거의 그럴 뻔했죠." 아마라가 답했다.

아마라가 10대였을 때 그녀의 언니와 사촌이 그리지시크니스에 걸렸다고 했다. 두 사람 다 힘이 대단히 세지고 자꾸 달아나려 했기 때문에 감금해야 했다. 가족은 모두 함께 살고 있었지만, 이웃 사람들이 아마라는 다른 곳에 가 있어야 한다고 조언했다고 한다.

"저는 병에 걸리지 않을 거라는 확신이 있어서 안 가겠다고 했어요." 그녀가 말했다.

하지만 아마라의 생각이 틀렸다는 게 밝혀졌다. 그리지시크니스가 자신에게 다가오는 걸 느낄 수 있었고, 내면의 모든 힘을 그러모아 병과 싸워야 했다.

"다시 병에 걸릴까 봐 걱정되나요?"

"아뇨. 이젠 나이가 너무 많은걸요." 그녀가 웃었다.

그곳에 있던 젊은이들이 한 사람씩 자기 생각을 이야기해주었다. 그들에게 정령과 악마, 마법은 과학과 같은 선상에 놓여 있었다. 엘라시오의 여동생은 뇌성마비와 간질이 있으며, 환자가 최대한 잘 치료받도록 가족들이 신경학 용어까지 배웠다고 했다. 엘라시오는 간질약(환각성 약초인 아야와스카와 함께)을 니카라과에 가져가 그리지시크니스에 효과가 있는지 시험해보고 싶어 했다.

그리지시크니스에 대한 다양한 설명에는 모종의 문화적 유동성이 담겨 있었다. 호감 가면서도 늘 변화하는 이야기인 것이다. 아직 니카라과에 거주하는 사람들과 대화한다면 무언가 또 다른 내용(아마도 더 으스스한)을 듣게 될 것이다. 포트아서에 사는 더 윗세대의 미스키토인들은 국외 거주자로서 느끼는 향수에 젖어 있었다. 그들은 여전히 정글에서 카리브해를 바라보며 살고 싶은 열망을 간직하고 있었다. 반면 엘라시오와 그 친구들은 모든 곳에서 정보를 구해 신중하게 알아낸 자기 조상의 역사와 자신들이 받은 미국식 교육을 결합한 21세기 이야기를 들려주었다. 심인성 증상에는 시간과 함께 달라지는 사회적인 삶이 반영된다. 이 젊은이들과 더 나이든 미스키토인들이 그랬듯이 말이다. 니카라과에 있는 어린 소녀들은 그리지시크니스를 통해 자신들에게 주어진 보수적이며 강제적인 역할에서 벗어나는 순간을 경험했다. 포트아서에 사는 젊은이들의 관심은 이와는 완전히 다른 것에 있었다. 이들은 병이 아닌 문신과 장신구, 종교적인 표현으로 자신을 드러냈다. 엘라시오, 알프레도, 그리고 그들의 친구들은 자신들의 문화유산에 강한 자부심을 느끼고 있었다. 사실 자세히 들여다보면 그들의 반항은 북미식 저항이라 할 수 있었다.

　인간의 행동 패턴은 자신에게 가능한 길을 따르게 되어 있다. 모스키토 해안의 마을 뒤편에 사는 사람들은 앞에서 설명한 현실을 경험하고 있었고, 이민 간 다른 가족들의 삶보다 훨씬 궁핍한 환경 속에서 그런 행동을 하게 된 것이다. 미스키토인 마을 대부분에는 현대식 의료 서비스가 없거나 있다 해도 규모가 작고 제한적이다. 반면 교회와 목사, 주술사는 늘 그들 곁에 있다. 도움을 구하는 사람은 어떤 도움이 자기 주위에 있는지 참고할 수밖에 없다.

3

잃어버린 낙원

사랑하는 '나의 도시' 크라스노고르스크의 수면병

기대

어떤 일이 일어날 가능성의 정도

류보프Lyubov를 만나기 몇 해 전 나는 그녀의 사진을 어느 온라인 뉴스 기사로 본 적 있었다. 그녀는 작고 통통하며 갈색으로 염색한 머리에 연푸른 눈을 가진 중년기 후반의 여인이었다. 사진에서 류보프는 침대에 앉아 있었고 선명한 무늬가 들어간 실내복 차림이었다. 뒤쪽으로는 벽에 커다란 보라색 꽃으로 장식한 녹색 드레스 한 벌이 걸려 있었으며, 침대보에도 꽃무늬가 있었다. 주변의 화려한 색과는 대조적으로 류보프는 침통한 표정으로 카메라를 피해 먼 곳을 응시하고 있었다. 나는 사진이 실린 기사를 통해 그녀가 5년간 알 수 없는 병으로 여덟 차례나 입원을 반복했음을 알 수 있었다. 류보프 혼자만 겪는 일이 아니었다. 그녀의 이웃 130명 역시 똑같은 증상에 시달렸다. 모든 환자가 카자흐스탄의 크라스노고르스크와 칼라치라는 작은 마을에 거주하는 이들이었다.

스웨덴의 잠자는 아이들에 관한 글을 읽었을 때도 류보프의 사례가 떠올랐다. 수천 킬로미터나 떨어져 있고 삶 또한 상당히 다르지만, 이 두 집단 간에는 공통점이 꽤 있어 보인다. 놀라와 헬란보다는 훨씬 짧은 시간이라 해도 류보프 역시 설명이 불가능할 만큼 잠에 빠져들었다. 나는 당시 류보프에 관한 기사를 쓴 기자에게 이메일을 보냈다. 그리고 1년 후 나는 카자흐스탄 스텝 지대 한가운데 있는 버려진 도시를 향해 가고 있었다.

크라스노고르스크와 칼라치는 카자흐스탄의 수도인 누르술탄에서 북서쪽으로 약 500킬로미터 떨어진 곳에 있었다. 1991년 카자흐스탄이 구소련으로부터 독립한 이후 처음으로 민주주의식 선거가 치러지기 하루 전인 2019년 6월 8일 나는 누르술탄에 갔다. 내가 거의 아는 것이 없는 곳에, 그리고 곧 그렇게 커다란 변화를 겪게 될 장소에 그 순간 있을 수 있었다는 게 참 신기했다. 2019년 3월 카자흐스탄 독립 이후 유일한 대통령이었던 누르술탄 나자르바예프Nursultan Nazarbayev가 사임했다. 그는 구소련이 임명한 대통령이었으며, 이번에는 그가 카심 조마르트 토카예프Kassym-Jomart Tokayev를 자신의 후계자로 지목했다. 이번 선거는 카자흐스탄 국민이 처음으로 자신들의 지도자를 선출하는 선거였다. 나자르바예프가 토카예프를 지명한 것을 국민이 인정해줄 수도 있고, 그렇지 않을 수도 있었다.

누르술탄은 1997년에야 카자흐스탄의 수도가 되었다. 그전까지의 수도는 무분별하게 확장되어가던 남부의 국제 도시 알마티였다. 만년설로 뒤덮인 산맥을 옆에 끼고 있는 녹색 도시인 알마티는 공원과 가로수길이 곳곳에 있는 살기 쾌적한 곳이다. 알마티가 수도의 기능을 상실한 것은 나자르바예프 대통령이 수도를 알마티 북쪽으로 1200킬로미터 떨어져 있으며, 내륙의 지리적 중심지인 아크몰라로 이전한다는 대통령령을 발표하면서였다. '하얀 무덤'이라는 뜻의 아크몰라는 구소련 제국의 외진 전초기지에 지나지 않았으며, 특기할 만한 사항도 스탈린의 강제노동 수용소가 있던 곳이라는 점뿐이었다. 이곳은 인구밀도가 낮은 수백 킬로미터에 달하는 스텝 지대로 둘러싸여 있었으며, 겨울에는 혹독하게 춥고 여름에는 몇 주의 짧은 기간 동안 모기가 극성을 부리는 지역이었다. 나라에서는 푸릇푸릇한 남부에서 거친 북부로의 수도 이전을 나라의 거대한 미개발 지역에 대한 투자의 기회라며 선전했다. 하지만 냉소적인 사람들이라면 그 지역에 사는 다수의 러시아인 밀집도를 낮추기 위해 카자흐스탄인들을 북부로 끌어들이려는 것이라 할 것이다.

아크몰라는 수도가 된 이후 아스타나로 이름이 바뀌었고(좀 믿기 어렵겠지만 아스타나는 카자흐스탄어로 '수도'라는 뜻이다), 그와 함께 급하게 올린 빌딩의 시대가 시작되었다. 수도로 세워진 후 20년 동안 아스타나는 건축가들의 놀이터 같은 곳이 되었고, 세상에서 가장 초현실적인 스카이라인이 있는 도시 중 하나가 되었다. 빌딩들은 피라미드와 첨탑, 구球, 텐트 모양이었고, 건물의 가능한 한 많은 정면이 금으로 덮였다. 많은 국제회의가 열리는 지구본 모양의 누르알렘 파빌리온에 도시의 비현실적인 느낌에 따라 붙여진 별명은 '죽음의 별'이었다.

수도의 이름이 아스타나에서 누르술탄으로 다시 바뀐 것은 2019년 3월 토카예프 대통령이 자신을 후계자로 선택해준 누르술탄 나자르바예프 전임 대통령을 기리려는 목적에 따른 것이었다. 그로부터 석 달 후인 2019년 6월 내가 런던에서 누르술탄으로 왔을 때는 아스타나라는 이름은 모든 건물과 표지판, 공문서에서 마치 원래 그런 이름은 없었다는 듯이 모조리 지워져 있었다. 나는 카자흐스탄이 이제 민주주의로 들어서는, 아니면 적어도 이제 곧 그렇게 되는 마침 그 시간에 내가 이곳에 왔다는 생각 때문에 긴장되고 흥분한 상태였다. 그때 내가 떠나온 런던은 항의와 시위로 가득 차 있었고, 나는 그와 똑같은 모습을 누르술탄에서 보게 되리라 기대했다.

선거 당일 나는 분위기를 느껴보기 위해 시내 중심지로 갔다. 하지만 뭔가 이상하게 조용하다고 생각했다. 투표소는 열려 있었고 가게들은 문이 닫혀 있었다. 사람들은 전혀 특별한 날이 아니라는 듯 돌아다녔다. 미국이나 영국에서 선거 때마다 등장하는 플래카드나 확성기 같은 건 조금도 보이지 않았다. 어떤 열기도 없었다. 그러다 마침내 중앙광장에 사람들이 모여 있는 모습이 보였다. 하지만 그곳의 광경 역시 질서 정연한 모습이었고, 그 모임의 목적을 나타내는 어떤 뚜렷한 표시도 없었다. 그렇게 잠시 지켜보던 나는 그제야 많은 군중이 안내에 따라 마치 단체 여행객처럼 한 명씩 버스 안으로 들어가는 것을 보게 되었다. 다만 이곳에서는 여행 가이드가 아닌 경찰의 안내를 받고 있다는 점만 달랐다.

가장 충격적이었던 것은 새로운 장소에서 그곳 언어를 몰라 숨막히듯 갑갑했던 일이다. 카자흐스탄에서 나는 심지어 도로 이름도 읽을 수 없었다. 키릴 문자를 모르기 때문이었고, 그래서 신문 또한 이해할 수 없었다. 어느 곳에서든 문화적으로 숨겨진 의미는 해독하기 어려운 법이지만, 누르술탄에서는 사람들이 이런 정치적인 날 어떤 감정을 느끼는지 피상적으로도 알 길이 없었다. 휴대전화로 사용하는 인터넷은 세상을 아주 가깝게 느껴지게 해주므로 나도 휴대전화로 선거에 관한 뉴스를 찾아보기로 했다. 하지만 영어로 된 주요 뉴스 사이트들은 내가 열려 할 때마다 모두 작동을 멈추었다. 다음에는 소셜 미디어를 살펴보려 했지만, 이 역시 모든 사이트에 접근이 불가능했다. 나는 몇 분이 지나고 나서야 내가 들어가려던 웹사이트들이 모두 차단되어 있음을 알게 되었다. 그리고 지금 내가 처음으로 인터넷 검열을 받고 있다는 사실도 깨달았다. 사람들이 소통할 수 없다면 모일 수도 없겠다는 생각이 들었다.

그래도 이런 정지 상태는 24시간만 계속되었다. 이튿날 아침 소셜 미디어와 뉴스 매체가 모두 다시 작동됐다. 그러나 민주적인 시위가 일어날 수 있는 위태로운 시점이 모두 지나고 나서야, 나자르바예프가 지명한 후계자 토카예프가 선거에 이기고 나서야 그런 매체들을 이용할 수 있게 되었다.

구소련 붕괴 후 이어진 30년 동안, '하얀 무덤'이 누르술탄으로 바뀌는 시절 동안, 크라스노고르스크에는 그와 반대되는 일이 일어났다. 국가의 정치는 크라스노고르스크 지역 사람들이 살아가는 뿌리였고, 그 정치가 바뀌자 도시는 와해되고 말았다. 1960년대에 크라스노고르스크에는 약 6500명의 주민이 있었다. 2010년 그 인구가 거의 300명까지 내려갔고, 2019년에는 단 30명만 남았다. 이 작은 도시와 옆 도시인 칼라치가 서서히 몰락한 과정에 관한 이야기는 그곳에 살던 이들의 개인적인 설명을 통해 듣는 편이 가장 좋을 것이다. 이 사람들이 알 수 없는 병 때문에 어떻게 자기 집을 떠나야 했고, 그로 인해 두 도시가 어떻게 거의 유령 도시가 되었는지, 그 비참한 이야기는 그들에게 들을 수 있다.

디나라Dinara라는 현지 기자를 만나러 가면서 나는 이 나라가 내가 사는 곳과는 무척 다르다는 사실을 깨달았다. 디나라는 나와 이메일을 몇 번 주고받으며 크라스노고르스크 사람들과의 만남을 주선해주고 그들을 만나러 가는 길에 동행해주기로 했다. 디나라와 크라스노고르스크에 가기로 한 날이 오기 전까지 나는 카자흐스탄에서 여행객으로 며칠을 보냈다. 그리고 그동안 디나라와 딱 한 번 통화했다. 나는 잘못된 표를 갖고 있던 바람에 기차에서 내려야 했기 때문에 몹시 당황한 상태에서 그녀에게 전화했다. 철도청 직원이 내 여권을 가지고 가버려서 나는 디나라가 급할 때 연락하라고 준 그녀의 번호로 급하게 전화했다. 영어가 가능한 사람과 대화하자 마음이 놓였다. 디나라와 짧은 통화를 마친 직원은 내 여권을 돌려주었다. 우리 둘 사이에 한 연락은 그때까지도 이게 다였지만, 기차역에 도착해 디나라가 만나기로 한 장소에 미리 와서 기다리고 있는 모습을 봤을 때 나는 다시 한번 안도감을 느꼈다.

카자흐스탄인 대부분이 그렇듯 디나라도 투르크어족과 몽골족의 후예인 카자흐족이다. 카자흐스탄 인구의 67퍼센트를 카자흐족이 차지하고 있으며, 러시아계가 두 번째인 20퍼센트를 차지한다. 디나라는 키가 컸으며 활짝 웃는 미소로 편하게 나를 맞아주었다. 우리는 크라스노고르스크와 칼라치에서 가장 가깝고 어느 정도 규모가 큰 도시인 에실Esil로 가는 기차의 식당칸에 앉아 서로를 알아갔다. 한 주를 혼자 보내고 길도 잃어보고 읽을 수 없는 메뉴로 주문하며 지낸 뒤라 디나라가 알아서 다 해주는 상황이 참 편했다. 네 시간 동안 기차를 타고 가면서 우리 둘은 각자 자신의 인생을 간략하게 들려주었다.

디나라는 몇 주 동안 여기저기 전화하며 수면병이 도는 두 도시에서 나와 인터뷰해줄 사람들을 섭외했다. 디나라는 나와 편안하게 대화할 뿐 아니라 기차에서 우리 자리 옆을 지나가는 모든 이에게도 똑같이 행동했다. 그녀는 자신 있고 친절했다. 나는 디나라의 이런 면이 인터뷰 상대를 성공적으로 찾는 데 결정적인 역할을 했으리라 확신한다. 기자들을 조심하라는 충고를 받으며 성장했고 병을 앓으면서 자신들에게 몰려들었던 기자들을 조심하며 지냈을 사람들과의 인터뷰를 잡는 일이었기 때문이다. 디나라는 대도시인 알마티에 살고 있었고, 그곳은 내가 가려는 곳에서 수천 킬로미터 떨어진 곳이었다. 나는 크라스노고르스크와 칼라치가 디나라에게도 나만큼 낯선 장소임을 알게 되었다. 카자흐스탄은 큰 나라이고, 우리가 향하는 곳은 사람들이 즐겁게 놀러 가듯 방문하는 그런 장소가 아니었다.

인터뷰는 대부분 에실에서 진행할 예정이었다. 마침내 도착한 에실은 여행의 출발지였던 곳과는 완전히 달랐다. 에실은 허름한 잿

빛의 밋밋하고 매력 없는 도시였다. 디나라와 나는 기차에서 뛰어내렸다. 그리고 디나라가 손을 흔들어 택시를 잡았다. 첫 인터뷰는 타마라Tamara라는 여인과 하기로 되어 있었다. 타마라는 크라스노고르스크에 살다가 병에 걸린 후 에실로 이사했다고 한다.

택시는 낡은 오렌지색 라다(러시아산 소형 자동차-옮긴이)였다. 디나라가 아니었다면 나는 이 차가 택시라고는 결코 생각하지 못했을 것이다. 좌석은 뜯겨 있었고 안쪽 문 손잡이도 간신히 매달려 있었다. 디나라가 앞에 앉아 기사에게 목적지를 설명했고, 나는 뒤에 앉아 좌석 벨트 대신 손잡이를 꽉 잡고 긴장한 채 문 쪽에 붙어 있었다. 창문으로 에실을 바라보니 이곳이 기능적인 장소라는 생각이 들었다. 여가용이 아닌 어떤 용도를 위해 만들어진 콘크리트 건물이 많이 있었다. 한낮이었는데도 거리는 황량하다 싶을 정도로 인적이 드물었다.

타마라의 아파트도 도시와 마찬가지로 별 특징이 없는 잿빛 건물이었다. 우리는 좁은 콘크리트 계단을 따라 2층으로 올라가 문을 두드렸다. 타마라가 문을 열어주었고, 그녀를 처음 본 나는 정말 깜짝 놀랐다. 아파트 건물은 평면적이고 소박한 인상이었는데 그런 이미지와 타마라는 전혀 어울리지 않아 보였다.

그녀는 70세였지만 마치 이제는 잊힌 영화배우처럼 아직도 어떤 확실한 매력을 지니고 있었다. 길고 굴곡진 금발 머리는 왼쪽 어깨로 한데 넘겨 있었다. 금테 안경을 쓰고 금색 눈물방울 모양의 귀걸이를 했으며, 흑백의 얼룩말 패턴이 들어간 원피스를 입고 있었다. 바람 부는 쌀쌀한 화요일 오후 세심히 바른 그녀의 선홍색 립스틱과 빨간 매니큐어도 눈에 띄었다.

타마라의 아파트 역시 특별했다. 크기는 아주 작았지만, 과거를 추억하는 물건들로 가득 차 있었다. 벽에는 온통 사진이 걸려 있었다. 가족사진이 대부분이었고, 타마라 자신의 젊은 시절 사진도 몇 장 있었다. 그녀의 딸들 역시 진한 금발이었지만 가족 중에서 남자들과 소년들은 머리 색이 더 짙었다. 사진 속 가족들의 표정이 마치 카메라 앞에서 미소 짓는 게 유행하기 전 옛날 흑백 사진을 찍을 때처럼 진지하기만 했다. 타마라의 머리 모양은 사진 속에서도 늘 지금처럼 솜씨 좋게 한쪽 어깨 위로 늘어뜨려 있었다. 타마라는 70대인데도 젊은 시절 모습과 거의 달라진 게 없었다.

거실은 갈색 톤으로 꾸며져 있었다. 벽에는 페이즐리 문양의 카펫이 걸려 있었고, 그리스 신화 속 목축의 신인 판 조각상, 크림색 벨벳 소파가 놓여 있었으며, 화려한 그릇들이 진열된 장식장이 있었다. 아주 큰 동물 봉제 인형들 몇 개가 러시아에 사는 타마라의 손녀딸이 와서 가져갈 기다리고 있었다.

"인테리어가" 디나라가 나에게 나지막하게 말했다. "상당히 러시아 스타일이네요."

어쩌면 그럴지도 모른다. 하지만 어릴 때 더블린에 있는 우리 집에도 벨벳 소파가 있었고, 잘 사용하지 않는 크리스털 유리잔이나 도기 접시들이 찬장에 진열되어 있었다.

나는 소파로 가 커다란 분홍색 코끼리 인형 옆에 앉았다. 타마라는 내 맞은편에 허리를 꼿꼿이 펴고 앉아 자신의 이야기를 디나라에게 들려주었고, 디나라는 그 말을 내게 통역해주었다. 타마라가 잠들어 48시간 동안 깨어나지 못한 일은 2015년 10월 1일에 시작되었다.

크라스노고르스크의 문화센터 파티에서 무언가 잘못되었다는 첫 번째 신호가 될 만한 일이 일어났다. 타마라는 크라스노고르스크에서 지낸 15년이 인생에서 가장 행복한 시절이었다고 했다. 크라스노고르스크는 타마라에게 자신의 자녀들을 키운 소중한 고향이었지만, 지금 그녀는 많은 난민 중 한 사람이 되었다. 지역사회에서 주최

하는 파티여서 도시 거주민 대부분이 참석한 자리였다. 그런데 파티가 한창이던 저녁 시간에 타마라가 갑자기 몸에 이상을 느꼈다. 그리고 어지러웠고, 늦지 않은 시간인데도 이상할 정도로 졸음이 쏟아졌다. 타마라는 파티에서 일찍 나가야 했지만, 그래도 당시에는 상황을 그리 대수롭지 않게 여겼다고 한다. 집으로 돌아와 거울을 보니 자신이 피곤해 보인다고 생각했다. 그리고 잠자리에 들며 이튿날은 몸이 좀 나아지길 바랐다. 하지만 상황은 더 안 좋아졌다. 일하러 가기 위해 먼저 잠에서 깬 남편은 부인을 깨우지 않았다. 특별히 몸이 안 좋아 보이진 않았고 그냥 잠들어 있는 것 같았다. 몇 분이 지나고 나서야 그도 평소보다 부인이 너무 일어나지 못한다고 생각해 의사를 불렀다. 타마라는 의사를 기다리는 동안 잠시 일어났지만 계속 깨어 있지는 못했다. 그래서 의사가 진찰할 때는 침대로 돌아가 바로 다시 잠들어버렸다. 의사는 타마라의 상태가 왜 그런지 설명할 수 없었고, 그래서 지역 병원으로 이송하려고 구급차를 불렀다. 그런데 구급차가 도착했을 때 타마라가 매우 이상한 행동을 했다. 잠에서 깬 것 같더니 침대에서 일어나 거울로 가서 화장을 하고 머리를 손질했다. 그러고는 다시 침대로 돌아갔다. 시간이 한참 흐른 후 타마라가 완전히 회복되자 가족들이 당시 일을 얘기하며 그녀를 놀렸다.

"아무리 아파도 밖에 나갈 땐 꼭 화장을 했던 거죠!" 타마라가 말했다. 지금까지는 슬픈 표정을 지었던 그녀가 이 말을 하면서는 웃는 모습을 보여주었다.

"부인께선 그때 일이 전혀 기억나지 않으시나요?"

"네, 안 나요. 눈을 떠보니 병원이더군요. 남편 말로는 제가 마치 자동으로 움직이는 것 같았대요."

타마라는 병원에 이틀 동안 있었다. 하지만 그녀 자신은 그때 일을 거의 기억하지 못했다. 가족들이 거의 내내 잠만 잤다고 얘기해주었다. 의사들이 다양한 검사를 했지만 어떤 이상한 점도 발견하지 못했다. 타마라가 마침내 잠에서 완전히 깨어났을 때는 머리가 핑 도는 느낌이었고 딸꾹질을 멈출 수 없었다. 서 있을 땐 많이 휘청거렸고 이튿날에야 제대로 걸을 수 있었다.

"병원에 있을 때는 어땠나요? 의식이 없었나요?" 내가 물었다. "음식은 먹을 수 있었나요? 화장실은 갔고요? 아니면 그냥 침대에 누워 있었나요?"

"잘 모르겠어요. 병원에서의 일은 하나도 기억이 안 나요." 타마라가 말했다. "부시장이 병문안 온 것 말고는요."

타마라는 자신이 영예롭게 생각하는 병문안에 관해 이야기하며 기분이 몹시 좋아 보였다. 그녀는 크라스노고르스크에서 어느 정도 지위가 있었다. 수십 년간 문화센터에서 일했고, 부시장도 그녀의 친구였다. 부시장은 타마라 건강이 좋지 못하다는 소식을 듣고 바로 달려왔고, 그녀가 가장 좋은 치료를 받게 해주겠다고 했다. 부시장이 병문안 온 동안 타마라도 잠시 깨어 있었다.

타마라에게 나타난 가장 안 좋은 증상들은 일단 그녀가 깨어나면서 꽤 빨리 사라졌다. 그래서 병이 난 지 닷새가 지나자 다시 일도 할 수 있을 만큼 좋아졌지만, 그래도 그녀는 완전히 회복되었다는 생각이 들지 않았다. 사실 그 뒤로 예전만큼 건강하다는 느낌은 다시는 들지 않았다고 한다. "제 손 좀 보세요." 타마라가 말했다. "갈라졌죠. 전에는 예뻤는데."

타마라는 상실감에 쓸쓸한 기색이었다. 그녀는 젊은 시절과 가족들이 떠오르는 물건들에 둘러싸여 지냈지만, 혼자 살고 있었고 슬퍼 보였다. 나는 그런 슬픔이 잠자는 병의 원인이 될 수 있는지 궁금했다. 그리고 만약 프로이트의 말처럼 이런 게 사실이라 해도 왜 이 병이 사람과 사람 사이에 전염되는 것일까?

"혹시 병이 생기기 전에 이 병에 걸린 다른 사람들을 보신 적이 있나요?" 나는 타마라가 이 병의 첫 환자가 아님을 알고 있었다.

타마라는 저녁 파티가 있기 몇 주 전 한 젊은 여성이 쓰러지는 모습을 본 적이 있다고 했다. 하지만 도시에 병이 돈다는 얘기를 들었어도, 당시엔 그다지 관심을 두지 않았다고 한다.

환자의 병력을 통역을 통해 들어야 하는 상황은 의사로서 견디기 몹시 힘든 일이다. 증상의 미묘한 차이를 파악할 수 없어 타마라에게 대체 무슨 일이 일어난 건지 알아내기가 쉽지 않았다. 심인성 장애의 경우 악마 같은 문제점은 작은 세부 사항과 표현 방식에 있는 법이다. 이 수면증은 체념증후군과 마찬가지로 지역이 제한되어 있어 이웃한 두 도시 크라스노고르스크와 칼라치에서만 발병했다. 문화의존증후군culture-bound syndromes은 어떤 공동체 내에서 더 분명하게 표현할 길 없는 무언가에 대한 비유일 때가 많다. 예컨대 그리지시크니스는 상충하는 가치를 강요하는 사회에서 소녀들이 자신을 표현하는 방법이다. 체념증후군은 목소리를 낼 수 없는 이들에게 목소리를 부여한다. 만약 수면증이 심리적인 원인에서 발생한 거라면 이 두 곳의 작은 도시에서 발병하게 된 구체적인 이유는 무엇일까? 나는 타마라가 겪은 일을 제대로 파악하기 위해 노력했지만 디나라의 목소리를 통해서만 상황을 들을 수 있었다. 때로는 타마라가 너무 빨리 말해서 디나라가 오랫동안 급하게 메모를 하고 내용을 요약한 다음 몇 분 후 내게 다시 전달해주었다. 답답해진 나는 디나라에게 타마라가 병에 대한 느낌을 전달하면서 정확히 어떤 단어를 사용했는지 물었다. 그러면 디나라가 타마라에게 다시 설명을 요청했다.

"타마라 말이 마치 훈련받은 그림자가 된 기분이래요. 몸은 깨어 있어도 뇌는 그렇지 않은 겁니다. 그래서 세상을 이해하는 능력이 마비되어버리는 거죠."

타마라가 병원에 가기 전 화장을 하고 머리 손질을 한 그 순간 그녀는 자기 자신의 그림자 같은 존재가 된 것이다.

"의사들이 어떤 구체적인 진단이나 설명을 해줬나요?" 내가 물었다.

타마라가 찬장 쪽으로 가더니 관공서 것으로 보이는 봉투 안에서 서류 한 뭉치를 꺼냈다.

"타마라의 의료 기록이에요." 디나라가 내게 말해줬다. "모든 사람이 이런 식으로 서류를 한 묶음씩 가지고 있고 그걸 집에 보관하거든요."

"그럼 디나라도 한 묶음 가지고 있나요?" 내가 물었다.

"아뇨!" 디나라가 웃었다. "저는 이렇게 자료 보관하는 덴 영 소질이 없어요!"

나는 서류 몇 장을 훑어보았다. 대부분 러시아어로 쓰여 있었지만 의학 용어는 라틴어로 쓰여 있어서 통역 없이 알아볼 수 있었다. 진단명은 뇌 질환으로 되어 있었다. 어떠한 정신적인 혼란 상태도 꽤 포괄적으로 아우를 수 있는 용어라 할 수 있다. 하지만 사실 실질적인 진단명이라기보다 타마라의 임상 상태에 관한 기술에 가까웠다. 디나라가 나머지 부분을 번역해주었다. "피부와 혀의 건조함, 복부 정상, 심장과 폐 정상, 림프절 정상, 혈액 검사 정상, 뇌 CT 촬영 정상, 독성 검사 정상, 원인 불명."

"파티할 때 술이 많이 있었나요?" 내가 물었다.

전형적인 의사의 질문이다. 그래도 어쩔 수 없었다.

타마라가 웃었다. "아뇨. 노인들을 위한 파티였는걸요. 저보다 훨씬 더 나이 든 분들요. 그냥 집에서 하는 홈파티나 피크닉 같은 거였어요. 사람들은 차를 마셨고요. 모두 샐러드와 케이크를 조금씩 가져와 나눠 먹었죠." 타마라가 잠시 생각에 잠기더니 말했다. "사실 그

116

날 밤 제가 병에 걸린 게 이상할 것도 없어요."

"왜죠?"

"수면증은 항상 사람이 많이 모인 곳에서 시작됐거든요." 타마라가 말했다.

이 문제는 2010년에 시작되었다. 내가 알기로 신문 기사에서 사진을 본 적 있는 류보프가 첫 번째 환자였다. 그리고 나데즈다라는 간호사가 두 번째 피해자였다. 그 두 사람 이후로는 몰려오는 파도에 휩싸이듯 여러 명이 병에 걸렸고, 그들 모두 타마라처럼 그 이유를 알지 못했다.

"사람들이 제 머리카락과 손톱 샘플을 채취하더니 어딘가로 보내더군요. 그리고 아무것도 발견하지 못했다고 했어요." 타마라가 말했다.

2010년과 2015년 사이에 300명이 약간 넘는 인구 중 약 130명이 타마라 같은 증상을 나타내는 병에 걸렸다. 타마라는 마지막 피해자 중 한 명이었다. 타마라가 회복되고 얼마 지나지 않아 이 불가사의한 병은 처음 시작할 때 그랬던 것처럼 갑자기 사라졌다. 사실 내가 신문으로 봤을 땐 이 병이 보통 수면증이라고만 언급되어 있었지만, 타마라의 이야기를 듣다 보니 훨씬 더 복잡한 병임을 알 수 있었다. 물론 가장 흔한 이상은 특히 노인들의 경우 수면에 있었지만, 다른 증상들도 다양하게 나타났다. 예컨대 아이들의 경우 그 증상이 매우 달랐다. 아이들은 수면 이상 대신 기이한 행동을 했고, 많은 경우 웃음을 제어하지 못했다. 사례는 집단으로 발생했다. 어떨 땐 한 학급에서 아홉 명의 아이가 같은 날 병에 걸렸다. 기운이 사라지기는커녕 여기저기 미친 듯이 뛰어다니고 환각 상태에 빠졌으며, 바닥에 쓰러지고 경기를 일으켰다. 나는 환각의 내용이 어떤지 물었지만, 타마라도 알지 못했다. 그녀에겐 환각 증상이 나타나지 않았다.

이 병은 아주 다양한 형태로 나타나는 것 같았다. 어떤 이들은 걷거나 말하는 능력을 상실해도 잠에 빠지는 증상은 겪지 않았다. 자동적인 행동은 흔하게 나타나는 증상이다. 어떤 환자는 잠들어 있는 것 같다가 다시 깨서 갑자기 묻는 말에 완전히 제대로 답하고는 곧바로 다시 잠에 빠져들기도 했다. 남성, 여성, 아이들 모두 병에 걸렸다. 증상은 하루에서 몇 주까지 이어졌다. 운이 없으면 재발하기도 했다.

병에 걸린 환자들은 모두 지역 병원에서 검사를 받았다. 그리고 의사들이 원인을 찾지 못하자 더 정교한 검사를 위해 누르술탄(그때까지는 아스타나였다)으로 보내졌다. 그러나 이곳에서의 검사 결과 역시 정상이었다. 몇몇 환자들은 러시아에 있는 병원으로 보내졌지만, 결과는 원인 불명으로 똑같았다. 다행인 점은 모든 환자가 결국엔 자연스럽게 깨어났다는 것이다. 그들은 다양한 진단을 받았는데, 그중 가장 많은 진단명은 독성뇌병증toxic encephalopathy이었다. 하지만 독성이라고 해도 그 독이 무엇인지 아는 사람은 없었다.

현지 의사들이 위험성을 알리자 카자흐스탄 정부에서도 개입하였다. 크라스노고르스크는 탄광촌이었다. 토양과 수질이 오염되었는지 검사하기 위해 전문가들이 투입됐다. 광산은 여러 해 동안 폐쇄된 상태였지만, 그래도 그들은 광산 내부의 공기 상태를 확인했다. 검사 결과 모두 이상이 없는 것으로 나왔다. 방사선연구소에서 몇 주간 크라스노고르스크에 머물며 조사를 진행했지만 어떤 결과도 얻지 못했다.

병은 도시에 계속해서 퍼져나갔고 국가적인 논란거리가 되었다. 나자르바예프 대통령이 직접 텔레비전에 나와 외국 연구원들에게 크라스노고르스크에 와서 이 불가사의를 풀어달라고 요청했다. 어떤 연구원이 그 요청에 응했는지는 모르겠지만, 적어도 외국 기자들은 확실한 반응을 보였다. 도시는 기자들로 넘쳐났고 주민들은 기자들의 질문을 받아야 했다. 국제적인 신문들과 웹사이트들에 다 허물어져가는 건물들 앞에서 생각에 잠긴 채 먼 곳을 바라보는 주민들의 사진들이 실렸다. 이 시기에도 크라스노고르스크 주민들은 계속해서 병에 걸렸지만, 외부에서 온 방문객들은 아무도 걸리지 않았다. 심지어 이 도시에 아주 오래 머문 정부 연구원들조차 어떤 증상도 보이지 않았다. 체념증후군과 마찬가지로 이 질병에 걸리는 환자들 역시 매우 선택적으로 결정됐다.

"동물도 병에 걸렸나요?" 내가 물었다.

"아니요."

"타마라는 원인이 뭐라고 보시나요?"

"저희가 독에 감염된 거라고 생각해요." 타마라가 단호하게 말했다.

"광산 때문에요?" 내가 물었다.

"아니요, 정부 때문에요."

나는 타마라의 답변에 놀랐다. "일부러 독으로 사람들을 감염시켰다는 건가요?"

"우리가 도시 밖으로 나가길 바라서 그런 거죠."

나는 그 말에 뭐라 답해야 할지 알 수가 없었다. 나는 늘 사고와 무능이 음모보단 가능성이 크다고 생각한다. 그래서 다시 물었다. "왜 광산 때문은 아니라고 보시나요?"

"광산은 항상 그 자리에 있었는걸요. 한 번도 광산 때문에 병에 걸린 일은 없었어요."

"하지만 정부가 왜 주민들이 떠나길 바랄까요?"

"그건 저도 모르겠어요."

"만약 그렇다면 정부에서 어떤 것을 독으로 감염시켰다고 생각하나요? 공기? 물? 아니면 음식?"

타마라가 내 질문을 놓고 생각에 잠겼다. "물은 아니에요. 모든 사람이 마시는데 모두 아픈 건 아니니까요." 그녀가 잠시 더 숙고했다. "공기도 아니겠네요."

타마라는 무엇이 독에 감염되었는지는 알지 못했지만, 독이 원인이라고 확신하고 있었다. 이 이야기를 하는 동안 그녀의 슬픔이 비통함으로 바뀌었다. 그녀는 부당하다며 분노했다.

나는 머릿속으로 이 모든 일이 왜 발생했는지 계속 생각했다. 확실히 이 나라 정치는 내가 그동안 경험한 세계와는 달랐다. 정부 조치에 대한 타마라의 두려움을 내가 무시할 수도 없었고, 그러지도 않을 것이다. 하지만 크라스노고르스크는 대도시로부터 수백 킬로미터나 떨어진 작은 도시였다. 나로서는 음모론이 이해되지 않았다.

"크라스노고르스크는 어떤 곳인가요?" 곧 갈 예정이었지만, 그때까진 아직 가본 적 없는 크라스노고르스크에 대해 내가 물었다.

내 질문에 타마라는 자세가 편안해졌고 숨을 한번 내쉬고는 미소를 지었다. "낙원이죠." 그녀가 말했다. "크라스노고르스크는 낙원이에요."

나는 사실 조금 놀랐다. 에실도 적어도 겉으로는 칙칙하다고 생각하고 있었지만, 몇몇 신문 기사의 사진으로 본 크라스노고르스크는 그보다 더 심해 보였기 때문이다.

"타마라가 정말 '낙원'이라는 단어를 사용했나요?" 내가 디나라에게 확인했고, 그녀가 그렇다는 뜻으로 고개를 끄덕였다.

"그곳에서 저희는 정말 행복했어요." 타마라가 계속 말을 이었다. "정말 특별한 곳이었죠. 그런데 이곳은-" 그녀가 에실의 휑한 회색빛 거리를 가리키며 고개를 내젓고 인상을 찌푸렸다.

타마라는 시베리아에서 태어났다. 아마도 낙원은 상대적인 것 같다. 크라스노고르스크는 광산촌이었고, 그녀의 남편은 광산 전문가로 그곳에 파견되었다. 타마라가 러시아를 떠나 크라스노고르스크에 왔을 땐 20대 초반이었고, 일곱 달 된 아들이 있었다. 그녀는 무용수였고 러시아에서 무용학교에 다녔다. 크라스노고르스크는 원해서 온 게 아니었지만 문화센터에 무용 교사 자리를 얻었을 때는 안도했고, 결국 문화 행사 연출가까지 될 수 있었다.

타마라가 책상에서 노트북을 가져와 내 앞에 놓았다. 그녀 얼굴에 활기가 돌기 시작했다. "제 학생들 좀 보세요." 그녀는 10대 소녀들이 춤추는 영상을 보여주었다. 처음에는 발레였고 그다음은 하이힐을 신고 추는 벨리댄스 같은 것이었다. 타마라는 어린 소녀들을 가르치는 교사였다. 이 영상들을 보여주며 그녀는 다시 한번 다른 사람, 자부심과 행복을 느끼는 사람이 되었다.

"이 애들도 제 학생이었죠. 그곳에서의 삶은 정말 멋졌답니다."

소비에트연방에 속해 있던 시절에는 크라스노고르스크 주민이 수천 명에 달했다. 그러나 수면증이 도시에 퍼질 때는 300명도 되지 않았다. 만약 정말 크라스노고르스크가 한때 낙원이었다 해도 타마라가 병에 걸린 2015년에도 그렇게 생각했다고 믿긴 쉽지 않았다. 이 모든 건물과 극소수의 사람들을 보며 상당히 공허한 느낌을 받았을 것이다. 내가 이에 대해 타마라에게 넌지시 말해보았지만, 오히려 그녀는 크라스노고르스크는 녹지가 있는 완벽한 곳이며, 그곳을 떠나야 했던 일이 자신에게 생긴 가장 끔찍한 일이었다는 말만 되풀이했다.

"여기는 물맛이 좋지 않아요. 이상하죠." 타마라가 새로운 집에 대해 말했다.

크라스노고르스크의 물맛 같지 않다는 그녀의 말(나무, 정원, 강, 사람들, 집들처럼)은 진심이었다. 적어도 그녀의 기억 속에서는 그랬다.

나는 신문 기사를 통해 크라스노고르스크의 경제를 지탱해왔던 광산이 1990년대에 문을 닫았다는 사실을 알고 있었다. 도시 주민이 거의 전부 하룻밤 사이에 실직자가 됐다. 제대로 된 일자리가 없어 사람들은 일을 찾아 다른 곳으로 떠났다. 당시는 카자흐스탄이 러시아에서 독립한 직후였고, 스스로 일어서는 방법을 잊은 지 너무 오래된 상태였다. 광산이 폐쇄되자마자 기본적인 설비부터 서서히 무너지기 시작했다. 타마라의 극찬에도 불구하고 이 도시에는 몇 년간 수도조차 나오지 않았다. 그리고 겨울에 영하 50도까지 떨어지는 곳인데도 많은 집에 난방이 들어오지 않았다.

하지만 타마라는 이런 어려움은 아무것도 아니었고, 자신은 그곳을 떠나고 싶지 않았다고 분명히 말했다. 수면증에 걸리는 바람에 강제로 이주한 거라 했다. 유행병이 돌자 카자흐스탄 정부에서 상황이 힘들어진 크라스노고르스크 주민들에게 이주할 것을 권했다. 에실에 들어가 살 수 있는 아파트가 마련되었고, 사람들이 이주를 권유받았다. 타마라는 제의를 거절했다. 사실 크라스노고르스크 주민들 모두 제안을 거부했다. 이후 그녀가 크라스노고르스크의 방 세 개짜리 아파트와 에실의 방 한 개짜리 아파트를 바꾸는 데 동의한 건 두 번째 수면증에 걸리고, 남편과 아들마저 수면증에 걸린 이후였다.

타마라가 우리에게 줄 차를 준비하러 간 동안 디나라가 내게 말했다. "타마라는 화가 나 있어요." 내가 이어 말했다. "솔직히 저는 왜 살던 곳을 그렇게까지 좋아하는지 모르겠어요. 인적도 드물고 정말 지독하게 황량하던데요. 수돗물도 안 나오고요! 저 같으면 정말 당장 떠나고 싶을 거예요."

"이 아파트는 전에 살던 곳의 반밖에 되지 않아요." 디나라가 반박했다. "누구도 그렇게 살림이 쪼그라드는 건 원하지 않을 거예요."

"그래도 이 아파트는 난방도 되고 수세식 화장실도 있잖아요."

"아무튼, 타마라는 도시를 비우려는 음모가 있다고 완전히 믿고 있어요." 디나라가 조언했다.

"하지만 누가 무엇 때문에 그렇게 하겠어요?"

타마라가 찻잔에 든 홍차를 들고 왔을 때 디나라가 다시 그녀에게 이에 대해 물어보았다. 타마라는 자신도 왜 그런지는 모른다고 했다. 그녀도 이해가 안 간다면서도 여전히 음모는 사실이라고 확신했다. 타마라는 찬장 쪽으로 가서 서랍에서 서류 한 장을 가져와 우리에게 보여주었다. 무슨 명단인데, 관공서 이름과 주소가 찍혀 있는 종이 위에 사람들 이름이 인쇄되어 있었다. 수면증에 걸린 모든 사람에 대한 기록이었다. 133명의 이름이 쓰여 있었지만 타마라는 리스트에서 빠진 환자가 많을 거라 믿었다. 이들이 정부를 고소할 계획이라고 했다.

어쩌면 이 이유 때문이란 생각이 들었다. 이주 보상을 더 잘 받아내기 위해서라고. 그래도 나는 아직도 '낙원'이라는 표현이 마음이 걸렸다. 그래서 광산이 폐쇄되기 전에 찍은 크라스노고르스크 사진을 볼 수 있을지 물었다. 신문에서 최근 사진은 많이 보았지만, 도시가 한창일 때 찍은 사진은 본 적 없었다. 타마라의 사진첩을 훑어보았지만, 사진들 모두 사람들만 있고 배경은 보이지 않았다.

"사진을 찍어도 될까요?" 대화가 끝나갈 때쯤 내가 타마라에게 물었다. "어디 실으려는 게 아니고 그저 이 만남을 더 잘 기억했으면 해서요."

타마라는 거절했다. 대신 자기 젊었을 때 사진 하나를 가져가도 좋다고 했다.

"다들 가장 보기 좋은 시절이 있잖아요?" 그녀가 말했다. "저는 이제 늙어가고 있어요."

나는 방안을 둘러보며 여러 사진 중에서 몇 개를 골라냈다.

그리고 마지막으로 최대한 조심스럽게 이 문제가 심리적인 원인 때문일 수 있다고 생각하는지 물었다. 아무래도 상실 속에 죽어가는 도시에서의 삶이 말 그대로 너무 힘들지 않냐고.

"니에Niet, 니에." 그녀가 말했다.

디나라가 통역해줄 필요도 없었다.

"정말 힘드시지 않았나요?" 내가 포기하지 않고 또 물었다.

"힘든 건 없었어요. 이곳, 원하지도 않았던 이 먼지 낀 도시에서 사는 게 힘들 뿐이죠."

타마라 집에서 나온 후 디나라와 나는 우리가 그날 들은 내용에 대해 다시 생각해보았다. 환자들에게 그렇게 다양한 증상이 나타나는데 검사를 해도 어떤 결과도 나오지 않은 것을 보면 독이 병의 원인일 가능성은 매우 낮았다. 독이 정말 있었다면 감지는 되지 않았더라도 혈액 검사나 뇌 검사에서 감염 결과가 드러났어야 한다. 사람이 의식을 잃으면 그 뇌에서도 의식이 없는 상태가 나타나야 한다. 아무리 그 원인이 불가사의해도 마찬가지다. 다시 말해 누군가 독에 감염되면 그로 인한 결과가 발견되어야 하며, 의료 검사들에서 증상과 어떤 관련성이 나타나야 하는데, 이 경우 그런 것이 하나도 없었다. 크라스노고르스크 주민들에 대한 광범위한 조사에서, 환자들이 실제로 얼마나 아픈가와는 상관없이, 병이 진행된다는 객관적인 증거는 하나도 없었다. 더구나 동물은 한 마리도 병에 걸리지 않았고, 기자도 마찬가지였다. 과학자나 공무원도 전혀 감염되지 않았다. 또 모든 사례에서 회복은 자발적으로 이루어졌다. 심지어 도시에 머무는 아주 소수의 사람들도 그랬다.

이 장애는 병리학적 측면에서 이해가 되지 않는다. 질병은 아무리 원인이 규명되지 않아도 그 자체로 드러나는 법이며, 이런 발병은 과학적인 원인을 넘어서는 것이다. 감염이 대부분 단체 모임에서 발생했지만, 도시의 어떤 특정한 지역은 아니었다. 항상 실내인 것도 실외인 것도 아니었다. 계기는 항상 달랐다. 음식과 관련 있기도 했고 아니기도 했다. 어쨌든 다 같이 모여 같은 음식을 먹고 같은 물을 마시고 같은 공기를 마셔도 늘 소수의 사람만 병에 걸렸다.

5년간은 증상이 발달하기만 했다. 이는 심인성 장애의 아주 전형적인 과정이다. 시간이 갈수록 병에 걸린 새로운 사람들의 이야기가 더해지기 때문이다. 나는 그리지시크니스에 관한 이야기가 발달하는 과정을 보았다. 각 세대가 새로운 요소와 해석을 덧붙여나갔다. 크라스노고르스크의 수면증은 사람마다 경험이 모두 다르게 나타났다. 아이들과 성인들에게 나타나는 증상이 거의 완전히 다른 문제로 여겨질 만큼 달랐다. 이 문제에 대한 의사들과 과학자들의 조사 과정은 상당히 지난했으나 독소나 바이러스, 질병에 대한 어떤 객관적인 증거도 찾아내지 못했다. 물론 타마라는 그 조사가 정부에 의해 이루어졌으니 믿지 못한다고 말할 것이다. 내가 누르술탄에 잠시 머물렀을 때 이미 타마라가 정부를 믿지 못하는 이유를 어느 정도는 나도 알아차릴 수 있었다. 하지만 정부는 사람들이 떠난 후에도 크라스노고르스크를 다른 용도로 쓸 생각은 없어 보였다. 따라서 그 비난이 사실이라 해도 정부에서 뭔가 이득이 있다고 보기도 힘들었다. 나로서는 심리적인 원인에서 생긴 증상이라는 생각을 피할 수 없을 것 같았다. 증상과 장애는 해부학적으로나 생리학적으로 말이 되지 않았다. 발병 추세도 일관적이지 못했다. 나는 타마라가 말한 초등학생들의 경기와 환각 증상에 대해 생각했다. 니카라과였다면 이 아이들은 그리지시크니스에 걸렸다는 말을 들었을 것이다. 하지만 구소련 국가인 카자흐스탄에 영적인 설명은 존재하지 않으며, 대신 독성 물질이 있는 광산과 기만적인 정부가 있을 뿐이었다.

카자흐스탄으로 오기 전 이 질병에 대한 글을 읽었을 때 나는 사람들의 혹독한 삶이 문제일 거라 느꼈다. 이곳 주민들은 직업을 잃었고 극도의 가난 속에서 살아야 했다. 그러다 병의 확산이 정점을 찍었고 기자들이 몰려왔다. 아마도 기자들이 이 지역에 오면서 도시가 다시 활기를 띠기 시작하긴 했을 것이다. 매일 반복되는 스트레스가 병의 원인이 되고, 미디어의 관심이 병을 지속시켰을 것이다. 녹록지 않은 삶이 증상의 핵심 아니냐는 말에 보인 타마라의 강한 부정, 그리고 그녀가 들려준 다른 이야기들에도 이런 내 생각은 바뀌지 않았다.

우리가 아파트 현관에서 타마라에게 손을 흔들며 작별 인사를 할 때 디나라가 전화 한 통을 받았다.

"의사분이 인터뷰하시겠답니다." 디나라가 전화를 끊으며 말했다. "수면증 환자 몇 명을 치료했다는군요."

나는 기뻤다. 그 의사가 인터뷰를 꺼린다는 걸 알고 있었지만 나는 좀더 객관적인 시각을 원했다. 의사가 인터뷰를 승인한 것은 모두 디나라의 설득력 덕이었다. 그는 익명을 부탁했다.

병원은 에실의 모든 콘크리트 건물이 그렇듯 정말 개성 없는 모습이어서 병원이란 말을 듣지 않았다면 건물의 용도를 알지 못했을 것이다. 병원이라는 단 하나의 단서는 바깥에 주차된 구소련 시대의 유난히 낡은 회색빛 구급차(사실 구급차보다 캠핑용 벤처럼 보였다)뿐이었다. 키가 작은 40대 남자인 의사는 건물 뒤편 화재 대피용 비상계단이 있는 곳에서 우리를 기다렸다. 남몰래 만나는 느낌이 들었지만, 그저 자기 사무실 근처라 만나기 편한 장소인 것 같았다. 우리는 서로 악수를 나눴고, 나는 그의 표정을 보며 과묵한 사람임을 알 수 있었다. 의사가 우리를 자기 사무실로 데려갔다.

"책 내용이 어떤 건가요?" 자리에 앉자마자 의사가 물었다.

내가 설명을 다 마쳤는데도 그는 여전히 못 미더운 눈치였다. 수면증이 돌 때 많은 기자가 이곳을 찾았지만, 주민들은 자신들의 메시지와 우선순위가 결코 제대로 전달되지 못했다고 느꼈다. 그들은 정부가 자신들을 이곳에서 나가게 하려는 이유를 알고 싶었고, 대신 자신들이 잃게 되는 집에 대한 보상을 제대로 받길 원했다.

"오늘 제가 많이 바빠서 시간이 많질 않습니다." 의사가 말했다. "제가 어떻게 도와드리면 될까요?"

나는 수면증의 전형적인 증상을 알고 싶었고, 그래서 그 부분부터 물어보았다. 의사는 자신이 수면증 환자 몇 명을 돌 본 적이 있다고 했다. 그가 설명해주는 증상을 들으며 나는 다시 한번 이 병에 어떤 전형적인 증상들은 없음을 확인했다. 사람들은 너무나 다양한 양상으로(말하자면, 자기만의 방식대로) 병에 걸렸다. "수면증"이라는 이름조차 아주 정확하다 할 수 없었다. 수면 문제를 겪는 이들도 있었지만 그렇지 않은 환자도 많았다.

"아이들은 과잉 행동이 나타나곤 했습니다." 의사가 이렇게 말하며 타마라의 말을 입증해주었다. 아이들은 소리를 지르기도 하고 마치 다른 사람들에게는 보이지 않는 무언가를 잡으려는 것처럼 허공을 잡는 듯한 행동을 했다. 구토를 하거나 환각 증상을 겪기도 했다.

"어떤 종류의 환각이죠?" 내가 또다시 그리지시크니스를 떠올리며 물었다.

"소년 한 명은 뱀이 보인다고 했고, 한 소녀는 배에 벌레들이 있다고 했어요. 그리고 많은 환자가 무언가 달콤한 냄새가 난다고 하더군요."

수면 증상을 겪는 환자들은 보통 오후 2시에서 4시 사이에 잠을 잤다고 한다. 잠드는 정도는 아주 다양해서 중간에 깨는 이들도 있었지만 그리 오래 깨어 있진 않았고, 한 번도 안 깨고 아주 깊이 코를 골며 잠드는 이들도 있었다. 기절은 흔한 증상이었다. 하지만 의사는 어느 정도 통제력이 있는데도 바닥에 쓰러지는 이런 기절이 '정상적이지는' 않다고 생각했다. 성인 환자들은 기이한 행동을 하기도 했지만, 아이들과는 양상이 달랐다. 창밖으로 나가려 하는 이들도 있고 속옷 차림으로 여기저기 돌아다니는 사람들도 있었다. 자기 몸을 잘 가누지 못했고 균형 감각이 떨어질 때가 많았다. 병이 도시에 물밀듯이 전파됐다. 며칠간은 단 몇 시간 사이에 대여섯 명의 환자를 입원시킨 적도 있었다. 의사도 사회적인 모임에 참석하는 집단이 이 병에 더 쉽게 걸린다는 점을 인정했다.

새 학년의 개학식 때 많은 사례가 발생했다. 의사도 그런 아이 중 한 명을 진찰했다. 소녀의 부모는 학교로부터 아이가 병에 걸렸으니 데려가라는 전화를 받았다고 한다. 아이는 집으로 가는 차 안에서 기이한 잠에 빠져들었고, 몇 시간 동안 계속 그 상태로 있었다. 다른 환자들과 마찬가지로 이 소녀 역시 가끔 잠시 눈을 뜨곤 했지만, 그 상태가 오래가진 못했다. 결국 아이는 병원으로 가게 되었고 그곳에서 마침내 눈을 떴지만, 그때도 곧바로 정상으로 돌아온 것은 아니었다. 아이는 혼란스러운 상태로 행동도 이상했다. 자기 엄마가 편안하게 앉아 있는데도 자꾸 그녀가 일어날 수 있게 돕겠다고 우겼다. 아이 엄마는 도와달라고 하거나 도와주길 바란 적이 없었다고 한다. 소녀는 이튿날 완전히 회복됐지만 무슨 일이 있었는지는 전혀 기억하지 못했다. 모든 의학적인 검사가 정상이었으므로 결국 아이의 병은 이유를 알 수 없는 것이 되었다.

"다른 사람들의 검사 결과는 어땠나요?" 내가 물었다.

첫 사례가 나왔을 때 의사는 뇌졸중이 원인일 것으로 생각했다고 한다. 하지만 환자의 뇌 검사 결과는 정상이었다. 부부 한 쌍은 혈압이 높았지만 이들에게는 아밀라아제 수치가 더 높았다. 이 효소의 수치가 높으면 췌장에 병이 생길 수 있지만, 수면증을 유발하지는 않는다. 수면증에는 공통으로 나타나는 이상 증상도 없었다. 대부분의 환자들에서 혈액과 머리카락, 손톱 검사 결과는 모두 정상이었다. 중

금속 중독 검사도 해보았지만 결과는 깨끗했다. 일산화탄소 검사에서 한 사람이 양성을 보이긴 했으나 이 사람한테서만 나타난 결과였다. 의사는 아스타나에서 실시된 몇 개의 뇌 검사에서 뇌부종 증상이 발견되었다고 알고 있었지만, 자신이 직접 그런 결과를 본 것은 아니라고 했다. 환자들은 병원에 입원하면 깨어날 때까지 정맥 주사를 맞았다. 병에 걸린 모든 이가 현저하게 호전을 보였으나, 그 속도는 모두 달랐다. 병이 재발하는 이들도 있었다. 타마라처럼 환자들 대부분은 예전만큼 온전히 회복되었다고 느끼진 못했다.

"선생님은 원인이 뭐라고 보시나요?" 내가 의사에게 물었다.

"독이죠." 그가 완전히 확신에 차 말했다.

"하지만 그러면 왜 그렇게 결과가 제각각인 거죠? 그 독은 어디 있는 건가요?"

"어떤 패턴이 있습니다." 의사가 말했다. "칼라치에 있는 한 거리에서 수많은 이가 감염됐어요. 또 칼라치에서 크라스노고르스크 쪽으로 바람이 불면 병이 더 많이 발생했고요. 광산에 뭔가 있는 게 아닐까요?"

칼라치와 크라스노고르스크는 서로 아주 가까운 곳에 있었다. 칼라치는 농촌이고 탄광촌이 아니지만, 광산 하나가 있긴 했다.

"과학자들이 와서 독소 검사를 하지 않았나요?"

광산에 대한 우려가 말도 안 되는 것은 아니었다. 우라늄 광산들이었기 때문이다. 나는 타마라가 그 얘길 하지 않았다는 게 신기했다. 정부에서는 크라스노고르스크와 칼라치에 조사반을 보낼 만큼 충분히 우려하고 있었다. 사실 사용하지 않는 광산이 위험할 리 없는데도 방사선연구소 사람들이 이 두 도시에 파견되었다. 이 연구원들은 도시에서 1년간 머물면서 공기와 토양, 물에 대한 검사를 진행했다. 조사를 맡은 어떤 연구원도 아프지 않았고, 자신들이 체류하는

1년 동안 도시 거주민들이 기록적으로 걸리던 수면증도 연구원들은 전혀 걸리지 않았다. 의사도 타마라처럼 정부에서 거주민들이 떠나게 하려고 일부러 마을 사람들을 독에 감염시켰다고 했다.

"하지만 왜죠?" 내가 다시 물었다.

"크라스노고르스크와 칼라치에서 이주에 동의하니 발병이 멈췄어요." 의사가 말했다.

"그래도 아직 30명은 여전히 그곳에 남아 있잖아요." 내가 지적했다. "도시를 비우려는 목표를 달성하지 못했는데 왜 독으로 사람들을 감염시키는 일을 멈췄을까요?"

의사는 왜 그런지 알지 못했고 내 질문에 당황한 것 같았다. 나는 그가 불편한 진실을 일부러 외면하고 있다는 느낌을 받았다.

크라스노고르스크 주민 대부분이 2010년 결국 에실로 이주하는 데 동의했다. 몇몇 사람들만 여전히 더 유리한 거래를 위해 버티고 있었다. 나는 기차를 타고 에실로 가면서 인적이 드물고 광활한 지역을 많이 볼 수 있었다. 이 나라는 공간이 부족한 게 아니었다.

만일 정부에서 비밀 개발을 계획했다면 다른 곳에도 공간이 있었을 것이다. 우라늄 광산을 다시 열고자 했다면 기존 노동자들을 고용하지, 그들을 쫓아내진 않았을 것이다. 게다가 사람들이 떠나고 수면증 발생이 멈춘 이후에도 아직 정부의 비밀 계획이 드러날 어떤 기미도 보이지 않았다.

"이 병이 심리적인 원인으로 발생했을 가능성은 없을까요?" 나는 이 질문이 얼마나 좋지 않게 받아들여질지 알면서도 한번 물어보았다. "도미노 효과가 있었을 가능성은요? 한 사람이 어떤 이유로, 어쩌면 심지어 독 때문에 병에 걸렸는데 그 점이 불안을 초래해 병이 눈덩이 불어나듯 확산하는 거죠."

"니에." 의사가 대답했다.

타마라와 의사는 내 질문 대부분에 꽤 흔쾌히 답해주었지만, 이 문제에 대해서는 두 사람 모두 짧고 단호하게 대답했다. 나는 의사가 인터뷰를 꺼리는 것 같았고, 이 질문에는 이미 아주 분명하게 답했음을 알고 있었다. 그래도 이 문제에 대해 여전히 의사에게 내 의견을 더 이야기하고 싶었다. 나는 왜 내가 심인성 해석을 선호하는지 설명했다. 독이 있다면 객관적인 흔적이 남지 않는다는 게 일반적으로 불가능하다는 점, 의식이 없는 이들의 검사 결과가 정상이며, 병에 걸리는 환자가 무작위로 여러 명씩이면서도 도시 안에 사는 사람들뿐이라는 것을 이야기했다. 독이라면 정말 종잡을 수 없는 독인 것이다.

"저희 아버지는 여든네 살이셨고 평생 건강하셨는데 갑자기 돌아가셨어요. 그렇게 돌아가실 분이 아니었죠." 의사가 한마디 덧붙였다. "저는 아직도 그게 제가 될 수도 있었다는 생각이 듭니다."

크라스노고르스크 주민들은 우라늄 광산과 아주 가까운 곳에 살고 있다는 사실을 걱정할 만한 타당한 이유가 있었다. 세계보건기구World Health Organization, WHO에서 언급하길 높은 라돈 수치가 우라늄 광산 지역에서 자주 감지된다고 한 것이다. 라돈은 유전자 독성 물질이어서 암이나 DNA 변형을 가져온다. 처음 광산이 문을 열었을 때 노동자들이 확실히 방사선 피폭을 당했을 수 있다. 하지만 주민들은 우라늄 광산의 불빛 속에서 50년간 아무런 문제 없이 살아왔다. 2010년이면, 광산이 문을 닫은 지도 10년이 넘은 때였다. 그런데 왜 그제야 병에 걸린 걸까? 더구나 병의 유형에도 맞지 않았다. 방사선이 폐암과 선천성 결함으로 이어질 수 있긴 하지만, 이런 점이 산발적인 악화와 재발하는 증상, 수면 관련 문제들을 설명해줄 순 없었다. WHO 직원들이 과학자들과 함께 크라스노고르스크와 칼라치를 방문했다. 그들의 검사 결과 역시 모두 문제가 없는 것으로 나왔다.

라돈에 대한 또 다른 해석은 확실히 나른함과 현기증, 불안정함을 유발하고 혼수상태에까지 이르게 할 수 있는 일산화탄소 중독이었다. 만성적인 저농도 중독은 감지하기도 쉽지 않다. 하지만 일단 병원에 입원한 상태라면 일산화탄소 노출에서 멀어지고 산소를 공급받게 되므로 심각한 뇌 손상이 없는 한 꽤 빠르게 증세가 호전되어야 한다. 수면증 환자들에게 뇌 손상이 없다는 것은 뇌 스캔과 뇌파 검사로 입증되었다. 몇몇 환자들은 입원한 뒤에도 며칠 혹은 몇 주간 잠들어 있었다. 더구나 일산화탄소는 통풍이 잘되지 않는 곳에서 누적되는 법이다. 그래서 실외가 아닌 광산의 좁은 공간에서 작업하는 광부들이 영향을 받는다. 또한, 일산화탄소 중독은 수면증의 커다란 특징인 단체 모임에서의 발병률과는 관련이 없다. 수면증에 나타나는 좀더 특이한 몇 가지 특징, 즉 자동으로 하는 무의식적인 행동, 걷잡을 수 없는 울음, 팔다리의 요동 등 역시 일산화탄소 중독으로는 설명할 수 없다. 게다가 일산화탄소가 2010년에 갑자기 어디서 나타나 2015년에 어디로 사라졌단 것인가? 우라늄 광산에 대한 두려움은 타당하지만 그곳은 이미 조사를 마치고 가능한 원인에서 완전히 제외된 상태였다. 또한 정부가 소셜 미디어를 조종해 자신들의 목적을 이루려 한다는 의심 역시 전적으로 합리적인 생각이긴 해도 역시 이 음모론은 여전히 앞뒤가 맞지 않는 주장이었다.

"맨 처음 수면증에 걸린 사람은 누구인가요?" 내가 물었다. 나는 이미 그게 류보프라고 들어 알고 있었지만 그래도 너무나 중요한 사안인 만큼 다시 한번 확인받고 싶었다. 집단적으로 심인성 장애가 발생하는 경우 가장 먼저 병에 걸리는 사람은 나머지 다른 환자들과는 구별될 때가 많다. 이들은 자신만의 개인적인 이유로 아프게 된 것으로, 뒤이어 병에 걸리는 사람들과는 완전히 다른 의학적인 문제를 갖고 있을 수 있다. 병이 있거나 심인성 장애가 있을 수 있지만, 어느 쪽이든 이어지는 모든 발병에 대해 무의식적인 촉매 역할을 하게 된다.

그러므로 이들의 사연이 핵심이다.

"류보프가 첫 번째 환자입니다." 의사가 확인해주었다. "제 생각에 그분은 뇌졸중이었던 것 같더군요. 하지만 전형적인 경우는 아니었어요."

"선생님은 크라스노고르스크에서의 삶이 좋으셨나요?" 내가 물었다. 대화하면서 나는 그가 무언가 불편해한다는 느낌을 받았다. 바빠서였겠지만 그래도 뭔가 다른 게 있었다. 어쩌면 자기 집을 잃은 데 화가 났는지도 모른다. 내 질문에 의사의 안색이 순간적으로 밝아졌다.

"그곳에선 행복했어요. 정말 멋진 곳이죠. 병원에도 의약품이 가득했고 모든 전문의가 다 있었어요. 삶의 질이 정말 좋았답니다."

낙원, 타마라가 했던 말이 떠올랐다.

다시 화재 대피용 비상계단 뒤로 가 작별 인사를 하면서 의사가 내게 마지막 말을 건넸다. "그저 제가 바라는 건 주민들이 제대로 보상받고, 병에 걸린 환자들에 대한 사후 관리가 제대로 이루어지는 겁니다."

병원 바깥에 다시 디나라와 나만 덩그러니 남게 되자 우리는 서로를 쳐다보았다.

"저는 이해가 안 가요, 이해가 되나요?" 내가 디나라에게 물었다.

"아니요."

"사실 저는 이야기 대부분을 이해하지 못하겠더군요. 인구가 고작 6000명인 도시에 어떻게 의사가 말한 그런 대단한 병원이 있는 거죠?"

"아마 광산 때문 아닐까요?"

일리 있는 말이었다. 하지만 그렇다 해도 이렇게 가난하고 외진 지역인데 말이 되질 않았다.

"크라스노고르스크라는 그 낙원을 정말 빨리 보고 싶군요." 내가 택시를 기다리며 말했다.

"저도 그래요. 제가 친구들한테 어디 간다고 얘기했더니 애들이 지도에서 찾아보더군요. 친구들이 그랬죠. '아니 대체 이런 곳엔 왜 간다는 거야?' 그래도 이제 정말 기대되네요."

또 한 대의 낡아빠진 라다 택시가 도착했고 우리는 차에 탔다. 디나라는 휴대전화를 두드리며 현지 언론에서 언급하는 수면증에 관해 새로운 단서를 찾으려 애썼다.

"이것 좀 보세요." 디나라가 이렇게 말하며 휴대전화를 내게 보여주었다. 화면에는 고양이 한 마리가 병에 걸렸다는 신문 기사가 있었다.

"고양이 한 마리가 아픈 게 우라늄 광산 때문은 아니다."

"비꼬는 거네요!" 디나라가 말했다.

택시가 속도를 내며 출발했고 나는 안전을 위해서 이번에는 낡은 안전벨트에 매달렸다.

우리는 곧 크라스노고르스크라는 독성 있는 낙원에서 목숨을 걸어야 하겠지만, 우선은 최초의 수면증 환자인 류보프부터 만나게 되어 있었다.

류보프는 자신의 아담한 아파트에서 의료 기록이 든 갈색 봉투를 꺼내 나에게 보여주었다. 그녀는 내가 사진에서 본 그대로였다. 다만 직접 보니 행복해 보인다는 점만 달랐다. 우리는 류보프가 사는 빨간 벽돌 아파트의 정문에서 만났는데, 무척 생기발랄한 모습이었다. 그녀의 아파트는 훨씬 더 오래되고 낡은 다른 아파트와 거의 비어 있으며 최소한의 놀이기구인 정글짐, 그네, 미끄럼틀만 있는 놀이터를 내려다보고 있었다. 류보프는 누가 봐도 상대적으로 신축 건물이면서 앞에 화단이 줄지어 있는 아파트에 사는 것을 자랑스러워하는 것 같았다.

류보프는 수면증에 여덟 번 걸렸지만 회복되었다. 그녀가 디나라에 말했듯 첫 번째 발병은 2010년 4월에, 그리고 마지막은 2014년에 있었다. 발병이 멈춘 것은 류보프가 에실로 이사 온 후였다. 그녀는 이제 다시 온전히 건강해진 게 느껴진다고 했다.

처음 발병했을 때 류보프는 크라스노고르스크에 있는 시장에서 일하는 중이었다. 평범해 보이던 어느 날 아침 류보프가 자기 가판대에서 잠들어 있는 모습을 시장의 또 다른 상인이 발견하고 깨우려 했지만 그녀는 일어나지 못했다. 류보프는 급히 병원으로 옮겨졌고, 그곳에서 나흘 동안 깊은 잠에 빠져 있었다. 첫 번째 환자라 누구도 류보프가 독에 감염되었을 거란 생각은 하지 못했다. 의사가 생각할 수 있던 원인은 류보프가 뇌졸중을 앓았으리란 것이었다. 그녀의 뇌 스캔 결과는 정상이었고 증상도 뇌졸중과는 잘 들어맞지 않았지만, 그래도 그보다 더 나은 해석도 없어 보였다. 그런데 이상하게도 몇 주 뒤 류보프를 담당했던 나데즈다라는 간호사가 이상하게 자꾸 졸린다고 말하기 시작했다. 이 간호사의 증상이 심해져 그녀가 두 번째 사례가 되었다.

당시에는 아무도 이 두 여성의 병을 연결해 생각하지 못했다. 그런 연결이 성립된 것은 나중에 한 무리의 사람들이 봄 축제 이후 이유를 알 수 없는 병에 걸린 다음이었다. 단체로 병에 걸린 사람들 역시 나른함과 어눌한 말투, 불안하게 서 있는 자세와 같은 증상을 보였다. 그들이 나쁜 보드카를 마셨을 거란 추측도 있었지만, 누군가가 류보프와 나데즈다를 떠올렸다. 류보프가 아는 한 환경 독성 물질이라는 말이 처음 나온 것도 이때였다고 한다. 발병이 잦아지기 시작한 것 역시 이때였다.

디나라와 나는 류보프의 의료 기록을 훑어보았다. 도입부에 그녀의 증상이 기술되어 있었다. 질문에 마지못해 대답함, 작은 목소리로 말함, 지시에 어쩔 수 없이 따름, 주변을 제대로 인식하지 못함, 현기증 느낌. 류보프가 틀림없이 당시에는 지금처럼 내 앞에서 감정 표현이 풍부하고 말을 아주 많이 해 디나라가 따라가기 힘들 정도인 그런 여성은 아니었던 것 같다.

병이 여덟 번 재발하는 동안 류보프는 생각할 수 있는 모든 검사를 받았고, 뇌척수액을 관찰하기 위한 요추천자 여섯 번을 포함해 검사 대부분을 여러 번 반복해야 했다. 놀라울 정도로 무의미한 재확인으로 보이지만, 이것 역시 의료적인 불가사의에 대한 서구 의학의 전형적인 접근법이기도 했다. 검사를 하면 환자나 의사 모두 마음이 한결 편안해지는 것이다.

류보프는 끝도 없이 혈액 검사를 반복했다. 의사들은 머리카락과 손톱 샘플도 채취했다. 뇌 CT 촬영도 여섯 번 했다. 만약 그녀가 전에 방사선에 과도하게 노출된 적이 없었다면, 오히려 병원에서 그만큼 노출되고 있었다. 의사 한 명이 류보프에게 뇌 위축이 있다고, 즉 뇌가 살짝 쪼그라들었다고 했지만, 뇌가 위축됐다고 해서 류보프가 겪는 증상이 설명되는 건 아니었다. 그래도 뇌 위축이 걱정되어 마음이 절박해진 류보프는 모스크바로 가서 신경학자의 진찰을 받았다고 한다. 그리고 그 신경학자가 그녀에게 아무 이상이 없다면서 뇌 스캔 결과는 그저 사소하고 우발적인 것이라고 했다.

"수면증에 걸렸을 때 어떤 기분이었나요?"

"울음을 멈출 수가 없었어요." 류보프가 여전히 미소를 지은 채 말했다.

류보프가 하는 이야기를 듣고 그녀의 의료 기록을 살펴보면서 나는 내가 그녀를 계속해서 전에 만난 의사나 타마라와 비교하고 있음을 깨달았다. 가장 인상적이었던 건 류보프는 자신이 아팠던 일을 얘기할 때 과거형으로 표현한다는 점이었다. 반면, 나머지 두 사람에게는 유행병 전체가 항상 현재진행형이며 끝나지 않는 고통의 근원이었다. 류보프는 행복해 보였고, 다른 두 사람은 힘들어 보였다. 물론 공통된 점도 있었다. 류보프 역시 자신이 독에 중독되었다고 생각했다. 하지만 누군가 고의로 그렇게 했다고 여기지는 않았다. 류보프는 집 근처에 있는 우라늄 광산과 칼라치 시장의 어떤 여성에게서 산 파이가 원인이었다고 생각했다.

"처음 병에 걸린 건 그럴 수 있죠. 하지만 그럼 다른 발병들은 어떻게 된 거죠?" 내가 물었다.

류보프도 알지 못했다. 내 질문에 그녀가 당황한 표정을 지었다.

우리는 류보프의 침실이기도 한 작은 거실에서 이야기를 나누었다. 침대는 벽감실에 놓여 있고, 반쯤 쳐 있는 커튼이 방의 다른 곳에서 보이지 않게 침대를 가리고 있었다. 다시 한번 디나라와 류보프가 여러 이야기에 빠져 있는 동안 나는 자유롭게 방을 둘러보았다. 그러다 침대 발치 벽 위에 걸려 있는 그림 한쪽이 언뜻 눈에 들어왔다. 나는 그림을 더 잘 보기 위해 몸을 약간 기울였다. 류보프가 그런 내 시선을 알아차리고 그림을 더 가까이서 보라고 했다. 내가 침대 옆에 서서 몸을 기대니 그림이 전체적으로 눈에 들어왔다. 그림은 성화였고 아주 오래된 것 같았다. 류보프가 매우 자랑스러워 하며 해준 말로는 그녀에게 하나밖에 없는 가족 유물이라고 했다. 그녀가 가진 유일하게 값어치 있는 물건이었다. 흥미로웠던 점은 류보프가 가장 소중한 이 그림을 방문객들 눈에 쉽게 띄는 장소에 걸어두지 않았다는 점이었다. 대신 거의 가려져 보이지 않는 곳에, 하지만 류보프 자신은 매일 아침, 저녁으로 보며 안심할 수 있는 장소에 있었다. 류보프에게 이 그림은 자신만의 즐거움이지, 누구에게 보여주기 위한 것이 아니었다.

"음식을 좀 만들었어요." 그림에 대한 내 감탄이 끝나자 류보프가 자랑스럽게 말했다. 우리는 작은 거실이자 침실이었던 곳에서 그보다도 더 작은 부엌으로 이동했다.

나는 기자가 아니라 의사다. 나는 병에 관한 이야기를 들을 때 항상 병력을 이야기하는 방식에 빠지게 된다. 사람들이 하는 이야기를 제대로 들으려면 그게 가장 좋은 방식이 아니라는 것을 알 때조차 그렇게 된다. 거실 겸 침실인 곳에서 나는 사실에 대한 질문만 했다. 하지만 일단 부엌에 자리 잡고 류보프가 음식이 든 접시들을 식탁에 내놓자 대화가 더 편해졌다.

"크라스노고르스크에 도착했던 때가 기억나요." 류보프가 우유가 들어간 하얀 수프를 건네주며 말했다. 알고 보니 이 수프는 마요네즈를 탄산수로 희석해 만든 것이었다. "저희는 그곳에 가는 게 정말 걱정이었어요. 그런데 직접 눈으로 보고 나서는 정말 안심했죠."

류보프는 전에 러시아 우랄산맥에 살았다. 그녀의 남편은 구소련의 광부였다. 직업이라는 것이 지원하는 게 아니라 주어지는 것이던 시절인 1975년, 류보프의 남편은 크라스노고르스크에 있는 우라늄 광산에서 일하도록 배치되었다. 류보프는 모르는 사람들로 가득한 버스를 타고 카자흐스탄 국경을 지나 한번도 들어본 적 없는 도시를 향해 가고 있었다. 원해서 가게 된 길이 아니었다.

"뭘 예상해야 할지도 알 수 없었어요. 두려웠죠. 버스가 어떤 작은 마을에서 멈췄고 다들 도착했다고 생각했어요. 그런데 마을이 괜찮은 곳이 아니어서 모두 겁을 먹었죠. 하지만 그때 버스가 다시 움직이기 시작해 사람들이 안도할 수 있었어요."

마침내 버스가 완전히 멈춰 섰고 사람들을 새로운 집 앞에 내려줬다. 그리고 그들은 자신들의 행운을 믿을 수가 없었다. 완전히 새로 지은 매력적인 아파트 단지에 모든 편의시설이 갖춰져 있었다. 깔끔하게 손질된 정원에는 멋진 나무들이 있었고, 옆으로는 강물이 흘렀다. 낙원이었다.

류보프가 자신의 의지와는 전혀 상관없이 크라스노고르스크로 이주하게 되었을 때 그녀의 나이는 24세였다. 크라스노고르스크는 특별한 목적으로 만들어진 식민지로, 우라늄이 귀하고 필요했던 시절 광산에 도움이 되어야 한다는 오직 한 가지 기능을 위해 만들어진 곳이었다. 류보프 말로는 비밀 도시이기도 했다. 러시아에서 노동자들이 이송되었고, 노동자들에게 모든 편의가 제공되었다. 아마도 생산성을 높이고 그들을 도시 안에 머물게 해 외부에 알려지는 것을 막으려는 모양이었다. 6500명의 주민들은 학교와 의약품이 잘 갖춰진 병원, 문화센터, 어린 자녀들을 위한 놀이방, 음악 학교, 소방서, 영화관을 이용할 수 있었다.

"가게에는 생전 보지도 못했던 음식들이 있었어요." 류보프가 당시를 떠올렸다. "귤이었죠. 사람들이 원하는 모든 것이 있었어요. 사과, 사탕, 비스킷, 다요."

1970년대에 카자흐스탄에 살던 이들은 소련 시절에도 힘겨운 삶을 살았다. 식재료와 필수품도 부족했다. 의료 서비스는 모두 무료였지만 질이 천차만별이었다. 모든 사람에게 직업이 있었지만, 보수가 좋지 못했고 스스로 직업을 선택할 수 있는 것도 아니었다. 집은 모두 있었지만, 이상적인 집은 아니었다. 크라스노고르스크에 대한 류보프의 설명을 들으니 타마라의 이야기를 이해할 수 있었다. 나는 타마라가 도시가 훌륭했다고 하는 말이 과장인 줄 알았다. 그렇게 외진 어떤 장소가 누군가에게 그토록 멋질 수 있다고는 생각하지 못했다. 타마라의 젊은 시절 사진들 그리고 과거 삶에 관한 이야기를 접한 나는 그녀가 그 시절을 이상화하고 있다고 여겼다. 그러나 내가 틀린 거였다. 과거가 그녀에게 모든 것이라던 타마라의 말은 진심이었다.

"저희는 모스크바의 특별한 보호를 받고 있었어요." 류보프가 말했다.

주민들에게는 특권이 주어졌다. 현지 병원에서 치료할 수 없는 환자가 있으면 모스크바로 보내져 치료도 받게 해주었다.

"그곳으로 이주했을 때는 도시의 모든 사람이 젊은이였어요." 류보프가 내게 말했다.

도시가 세워졌을 때 노동자들은 대체로 20대 젊은이들이었다. 그들은 가정을 이루기 시작했고 자녀들이 상대적인 풍요 속에 성장하는 모습을 옆에서 지켜보았다. 도시의 외진 위치는 더는 문제가 되지 않았다. 원하는 모든 것이 있었기 때문이다.

"강에서는 물고기도 잡을 수 있었어요." 류보프가 말했다. "피크닉 갈 수 있는 모래사장도 있었죠."

그러나 소련이 붕괴되자 이 모든 특권도 사라졌다. 광산은 얼마간 문을 연 상태로 있었지만 결국 1990년대 중반 카자흐스탄 정부가 폐쇄해버렸고 크라스노고르스크에는 치명타가 되었다. 많은 이가 떠났다. 떠나지 못한 사람만이 남았다. 사치품이 가장 먼저 사라졌고 곧이어 일상적인 기반시설이 모습을 감췄다. 난방과 수도가 끊어진 집이 많았다. 수면증이 유행하게 될 때쯤엔 남아 있던 주민 대부분이 펌프로 물을 길어 집에까지 양동이에 담아 들고 가야 했다.

"왜 다들 떠나지 않은 거죠?" 내가 디나라에게 물었다. "수돗물도 나오지 않았는데요."

"이해하셔야 할 점이 있어요. 나라가 그때 막 독립한 상태였죠. 스스로 어떻게 통치해야 하는지도 몰랐어요. 사람들은 저절로 주어지는 직업과 의료 혜택에 익숙해 있었어요. 이 사람들뿐 아니라 그땐 모두가 힘들었죠."

"갈 만한 더 나은 곳이 없었던 건가요?"

"아마도요."

"하지만 수면증이 발병하면서 새집을 제안받았잖아요. 그땐 갈 수 있지 않았나요?"

"그때쯤은 힘든 일들에 익숙해진 게 아닐까요?"

설명되지 않는 병에 걸릴 만한 때라면 확실히 소련이 와해한 직후 10년 동안이 가장 적합했을 것이다. 하지만 정작 질병은 훨씬 나중에야 나타났다.

크라스노고르스크가 이후 상실하게 된 모든 것을 이야기하면서도 류보프는 그리 힘들어 보이지 않았다. 그녀는 불평 없이 운이 다했다는 사실을 받아들였고, 그렇다고 크라스노고르스크에 대한 사랑을 거두지도 않았다. 나는 혹시 류보프가 이 힘든 시기가 일시적이라 생각해서가 아닐까 궁금했다. 아마도 그곳에 남은 사람들은 광산이 다시 문을 열고 수돗물도 다시 나오며 가게들에 물건도 들어오면 모든 것이 예전으로 돌아가리라 기대하며 기다렸을 것이다. 도시의 뼈대가 아직 서 있으니 되돌리지 못할 것도 없었다.

나는 류보프가 수면증이 생기면 울음을 멈출 수 없었다고 한 말이 생각났다.

"수면증이 발병했을 때 왜 그렇게 눈물이 났다고 생각하시나요?" 나는 2010년에 이 불평 없는 꿋꿋한 사람들의 균형을 깨뜨릴 만한 어떤 사건이 있었던 건 아닌지 궁금했다.

"저도 모르겠어요. 맨 처음 병원에서 깼을 때부터 울고 있었어요. 간호사가 저한테 왜 그러냐고 물었지만 저도 몰랐어요. 그 뒤로 계속 울기만 했고요."

"울적하고 우울한 기분이 든 거 아닌가요?"

"틀림없이 광산에서 나온 가스가 눈에 들어간 거예요."

심리적인 이유로 해리성 발작을 겪던 내 환자 중 한 명이 이런 말을 한 적 있다. "발작에서 깨어나 보니 제 눈이 울고 있었어요." 이것이 내가 들어본 것 중 가장 특이한 눈물과 슬픔 사이의 단절이었다. 마치 모든 감정을 상실하고 몸과 마음이 완전히 분리된 상태를 묘사하는 것 같았다. 류보프 얘기를 들으니 그 일이 떠올랐다.

"아시다시피 사람이 울 때는 대부분 슬퍼서잖아요." 내가 말했다.

류보프가 생각에 잠긴 채 고개를 끄덕였다. "이 아파트로 이사 올 때도 엄청 울었던 기억이 나요."

2010년과 2014년 사이 정부는 류보프에게 여러 번 이주할 것을 권했지만 그녀는 크라스노고르스크를 떠나려 하지 않았다. 그리고 에실에 제공된 집은 가족과 살던 집보다 훨씬 작았다. 게다가 크라스노고르스크에서는 그녀가 가족을 일궜기 때문에 정서적으로 그곳에 깊은 애착을 느낄 수밖에 없었다. 그러나 크라스노고르스크에서의 삶이 워낙 힘겨워 더는 버틸 수 없는 지경이 되자 계속 병에 걸리게 되었다. 그리고 이 모든 와중에 남편에게 폐암이 발견되었다. 류보프는 남편이 죽고 나서야 마침내 이주에 동의했다. 그리고 새로운 집에 도착한 날 침대 한쪽에 앉아 와락 울음을 터뜨렸다.

"저는 처음 왔을 때 에실이 너무 칙칙하다고 생각했어요." 류보프가 말했다. "하지만 지금은 정원을 가꾸고 있죠. 이곳에서도 크라스노고르스크에서처럼 나무들이 금방 자랄 거예요. 저는 사람들한테 우리가 원한다면 에실도 크라스노고르스크처럼 녹지로 만들지 못할 이유가 없다고 말하고 있어요." 류보프는 잠시 생각하다 말을 이었다. "그 말이 맞아요. 저는 이곳에 처음 온 날 울고 또 울었어요. 그러다 생각했죠. 결국 다 끝났다고요. 그리고 울음을 그쳤고, 그 후론 한번도 울지 않았어요."

또 그런 일이 있은 후 수면증도 완전히 사라졌다고 했다.

병의 발달과 진행을 최대한 잘 이해하려면 우선 그 병을 둘러싼 서사부터 살펴봐야 한다. 사실 서구 의학에서는 이를 효과적으로 수행하기 위한 체계가 자연스럽게 갖춰져 있지 않다. 의사들의 첫 번째 충동은 증상을 문자 그대로 받아들이려 하는 것이다. 배가 아프다는 환자 앞에서 우리는 먼저 장염부터 생각하도록 훈련받았다. 그러나 미스키토인들에게는 복통이 반드시 그런 의미가 아닐 수 있다. 비유와 언어로서의 질병, 고통과 갈등에 대한 신호로서의 질병은, 너무나 전문화된 의사들이 모든 증상에 들어맞는 모든 가능한 질병 목록을 갖고 일하는 시스템에서는 쉽게 왜곡될 수 있다.

심지어 심리적인 원인이 의심되는 때조차도 많은 의사는 현상을 설명하는 단 한 가지 공식, 즉 스트레스만 탓한다. 하지만 심인성 장애를 그런 식으로 바라보면 문제가 생기며, 특히 스트레스를 유일한 촉매 사건 혹은 확실한 트라우마로 보는 문제가 발생한다. 스트레스 요인은 모든 사람에게 있다. 찾아보면 늘 그 사람의 증상을 설명해줄 수 있는 삶의 어떤 사건이나 갈등이 존재한다. 쉬운 공식이다. 나를 포함한 많은 의사가 이런 덫에 걸려든다. 나는 타마라의 사례를 보며 그렇게 했다. 타마라가 자신은 크라스노고르스크에서 겪은 생활고 때문에 병이 난 게 아니라고 그렇게 여러 번 얘기했는데도 나는 내 이론에서 벗어나지 못했다.

심인성 장애나 기능성 질환을 앓고 있는 많은 환자에게 생길 수 있는 최악의 결과는 삶의 어떤 특별한 사건이 환자의 증상을 일으키는 원인이며, 환자가 그 사실을 부인한다고 의사가 주장하는 것이다. 두 사람은 사이가 틀어져 앞으로 나아갈 기회를 잃게 된다. 보통 기능성 신경장애로 알려진 프로이트의 전환장애와 성적 학대 경험 간의 연관성은 특히 환자들에게 골칫거리가 될 수 있다. 여전히 이것이 많은 의사의 머릿속에 남아 있고, 환자들은 정말 일어나지 않은 학대를 부인한다며 비난받는 느낌이 들 수 있기 때문이다. 해리성 발작(심리적 원인에 의한)과 같은 기능성 신경장애를 앓는 환자 중에는 학대로 고통받은 이들이 있긴 하지만, 그렇지 않은 경우가 더 많다. 이와 거의 비슷하게 좋지 못한 것은 의사와 환자가 있지도 않은 스트레스 요인을 쓸데없이 만들려 하거나, 너무 쉽게 원인과 결과가 있는 단순한 사례로 만들어버리는 경우일 것이다. 많은 사람에게 증상의 발달은 트라우마가 있는 어떤 특수한 사건보다는 오히려 신체화된 기대와 믿음, 서사와 관련 있다.

수면증 걸린 크라스노고르스크 사람들에 관한 기사를 처음 읽었을 때, 나는 쇠락해가는 외진 도시에서의 힘겨운 삶과 증상의 발현을 연결했다. 하지만 실제 사연은 훨씬 더 풍성하고 복잡했다. 의사가 환자를 도우려면 세부 사항이 상당히 중요하다. 크라스노고르스크 주민들이 많은 것을 잃게 되면서 육체적으로 고통을 겪고 있다는 말을 하기는 참 쉬울 것이다. 하지만 이런 이야기는 주민들의 경험을 조금도 제대로 파악하지 못한 것이다.

만약 어떤 이가 내가 그랬듯 크라스노고르스크에서 생긴 수면증을 심리적인 원인에서 발생한 현상이라고 여긴다면, 아주 다양한 개인적·사회적 영향이 있고, 그것들이 모두 합해져 장애를 유발하며, 계속해서 다른 여러 사람도 이 병에 걸리게 됐음을 알게 될 것이다. 그것은 이 도시에 대한 그들의 놀라울 정도로 깊은 사랑이다. 고생이 아예 관련 없진 않지만 내가 만난 모든 이가 말했듯 주민들은 10년이 넘는 세월을 그리 어렵지 않게 견뎌왔다. 힘겨운 생활은 발병의 핵심 요인이 아니다.

훨씬 더 중요한 것은 크라스노고르스크가 아주 색다른 도시라는 것, 그리고 이 도시에 대한 주민들의 놀라운 사랑이다. 또 다른 중요한 요인은 카자흐스탄의 정치적인 분위기뿐 아니라, 처음에는 소련이었다. 이어서 카자흐스탄독립국이 된 크라스노고르스크의 지정학적인 위치, 그리고 마지막으로 수면증을 보도하는 미디어의 반응이라 할 수 있었다. 이들의 이야기는 박탈로 인해 불행해진 사람들의 이야기가 아니라 사랑하던 집을 끝내 포기해야 한다는 사실을 힘겹게 깨닫고 상심에 빠진 한 집단에 관한 이야기다. 수면증은 주민들에게 아주 힘든 발걸음을 내딛게 해주었다.

수면증은 카자흐스탄 문화에서 유례가 없는 일이었다. 이는 한계가 설정된 질병으로, 구성원 간의 유대가 강한 작은 공동체에서만 발생했다. 그리지시크니스처럼 소위 문화의존증후군이라 불리는 병의 경우, 증상을 유발하는 어떤 생각이 특수한 지역 내에서만 존재한다. 그리고 크라스노고르스크에서는 이런 집단적인 생각이 새롭게 형성된 것이라 할 수 있다. 상황은 류보프에 의해 설정됐다. 집단 발병에서 맨 처음 증상을 보인 사람은 뒤이어 병을 얻은 이들과 증상은 같을지 모르지만, 최종 진단명은 다를 수 있다. 류보프의 진술을 토대로 내가 강하게 의심스러워하는 것은 류보프의 모든 증상이 처음부터 심인성 증상이긴 했지만, 다른 사람들이 언급한 일산화탄소 중독이었을 수 있다는 점이다. 봄 축제에서 나른함과 휘청거림을 경험했던 집단도 중독이었는지 모른다. 상한 보드카를 마신 게 아니냐는 추측 또한 그들이 보인 증상을 제대로 설명해준다. 여기서 문제는 류보프의 병이 봄 축제와 연계될 때 생기며, 이 시점에서 질병을 둘러싼 풍성한 서사가 시작되었다 할 수 있다. 압박감에 불안감이 조성되어 있던 공동체에서 류보프의 경험을 목격한 다른 이들은 어떤 증상이 생길 수 있는지를 무의식적으로 생각해보게 된 것이다. 그리고 이 사람들이 결국 그런 기대를 신체화했다.

내 의구심이 어떤 것이든 '기능성 신경장애'가 생물심리사회 장애 중에서도 합리적인 이름인 까닭은 이와 같은 수면 장애(혹은 체념 증후군이나 그리지시크니스)가 나타나기까지 필요한 여러 과정이 우리가 제어할 수 없는 뇌에서의 생리적인 처리 과정에 전적으로 의존하고 있음을 끊임없이 상기시켜주기 때문이다. 해리성 장애는 한편으로 이처럼 생물학적인 과정이며, 또 한편으로는 예측부호화predictive coding(과거 신호의 표본 값에서 앞으로의 표본 값을 예측하여 예측오차인 실제 표본 값과 예측값 간의 차이만을 양자화, 부호화하는 것—옮긴이)이기도 하다.

예측부호화는 우리 뇌의 신경망에 설정된 기대를 통해 실질적으로 신체적인 증상을 만들어낸다. 이는 일상의 정상적인 기능을 수행하는 데 중요한 생리적·심리적 과정이지만, 잘못하면 꼭 뇌에 질병이 없는데도 장애가 발생할 수도 있다. 우리 뇌는 컴퓨터에 입력하듯 새로운 정보를 그저 받아들이기만 하는 게 아니다. 새로운 경험은 과거의 학습과 경험에 따라 뇌가 얼마나 준비되어 있는지를 기반으로 그 해석이 달라진다. 세상은 우리가 다 받아들이고 매번 새롭게 해석하기엔 너무나 많은 정보와 감각 경험으로 가득 차 있다.

따라서 무의식적인 기제에 따라 관련 없는 정보는 걸러지고 (예컨대 피부에 닿는 옷의 느낌과 같은) 나머지 정보가 경험에 근거해 평가된다(나는 저 차가 이 앞에 오기 전에 이미 길 건너편에 있을 때부터 알아볼 수 있다).

시각 처리 과정은 예측부호화 작업에서 하향식 처리 시스템이 관여하는 과정을 보여주는 좋은 예라 할 수 있다. 감각 정보가 들어오면 기존 지식에서 비롯된 기대와의 비교가 이루어지며, 그 기대에 맞게 정보가 조작된다. 그래서 우리가 어떤 장면을 볼 때 시각을 처리하는 중추에서 그 시각적 요소들을 더하고 빼는 것이다. 이 과정은 우리가 관심 있는 대상에 더 주목하고 그 순간 덜 중요한 것들은 걸러낼 수 있게 해준다.

속도와 색, 깊이에 대해서도 마찬가지다. 이런 식으로 시각적인 감각 정보가 하위 단계에서 들어오면 뇌가 더 높은 단계에서의 작업을 통해 이를 파악하는 것이다. 이것은 우리가 여러 다양한 형태의 손글씨를 읽어낼 수 있는 이유이기도 하다. 뇌는 문맥 안에서 갖가지 혼란스러운 모양을 받아들이고 그것을 이미 알고 있는 알파벳과 비교해 최선의 추측을 만들어낸다. 하향식 처리 덕에 우리는 다음과 같은 말도 안 되는 문장도 읽을 수 있다.

YOUR M1ND 15 R34D1NG 7H15 4U70M471C4LLY W17H0U7 3V3N 7H1NK1NG 4B0U7 17.

영어 사용자는 아무 생각 없이 수월하게 이 글을 읽을 수 있다. 예측부호화는 체념증후군을 설명하는 모델로 사용되기도 한다. 이 모델에서는 놀라와 헬란 그리고 다른 아이들의 머릿속에 이미 어떤 기대가 사전에 코드화되어 있어서, 그 아이들이 특수한 상황에 대한 반응으로 어떤 신체적인 행동을 할지를 알려준다고 설명한다. 이 아이들은 의식적 혹은 무의식적 차원에서, 국외 추방에 직면한 다른 아이들이 무기력하게 혼수상태에 빠질 수 있음을 알았다. 망명 신청 중에 투쟁-도피 반응과 그에 따른 모든 신체 감각을 포함한 어떤 정서적인 반응이 유발되는 것은 불가피한 일이다. 환자들의 뇌는 환경에 의한 첫 번째 물리적인 결과를 감지하자마자 활동을 멈춰버릴 준비가 되어 있었다. 장애를 연구하는 의사인 칼 샐린Karl Sallin은 "감당하기 힘들 정도로 부정적인 기대감은 행동 시스템에 대한 조절 능력의 하락으로 이어진다"라고 했다.

신경과학에서는 뇌의 코드화된 기대를 원형 혹은 이전 신호라 부르곤 한다. 이전 신호들은 우리가 더 효율적일 수 있도록 해주며 세상을 더 쉽게 헤쳐나갈 수 있게 해준다. 중요한 기능이 있는 것이다. 그러나 이전 신호가 반드시 언제나 정확한 것은 아니며, 그런 만큼 문제점 또한 안고 있다. 이전 신호들은 잘 학습된 추측이라 할 수 있다. 만일 추측이 틀리면 입력된 신호가 이전 신호와 맞지 않게 되어 예측오차prediction error가 발생한다. 그리고 가능한 두 가지 해결책과 함께 딜레마에 빠지게 된다. 뇌에서 새로 입력된 신호에 맞춰 이전 신호들을 변경해 새로운 경험을 배울 수 있다. 아니면 뇌에서 입력된 신호를 이전 신호에 맞출 수도 있다.

다음과 같은 경우를 생각해보자. 길을 가다 이웃을 만났다. 그 이웃이 당신에게 무언가를 말한다고 해보자. 이웃은 대개 무례하지만, 이번에는 예의 바른 것 같고 그래서 당신은 생각을 바꿔 이웃들이 때로는 상냥할 수 있다는 생각에 맞춘다. 이전의 기대가 이렇게 새로운 경험에 맞춰 변한 것이다. 그러나 시나리오가 전개될 수 있는 다른 방식도 있다. 평소답지 않게 지나치게 친절하다면 우리 뇌가 이를 예측오차로 받아들이지 않고, 예상에 따라 입력된 신호에 대한 해석을 바꿀 수 있다. 이웃의 말 중에 모욕적인 면이 있음을 알아차릴 수도 있는데, 그 이유는 당신이 그런 면이 이웃들의 가능한 모든 모습임을 알고 있기 때문이다. 이렇듯 뇌는 같은 경험도 완전히 다른 두 가지 방식으로 처리할 수 있으며, 이는 모든 종류의 감각 자극 입력에 대해 동일하게 이루어지는 것으로 보인다. 똑같은 신체 접촉도 맥락과 연상되는 것에 따라(그날 어떤 기분이었으며, 누가 왜 접촉했는가에 따라) 다르게 느껴질 수 있다. 뇌에서는 보통 어떤 이의 감각 자극 경험이 그 사람이 알지 못하는 사이에 변경된다. 확실히 어떤 순간이든 그 사람의 전반적인 행복의 정도가 뇌에서 어떤 길을 택할 것인가에 어느 정도 영향을 미친다. 취약한 기분이 든다면 부정적인 결과에 이르기 쉽다. 위의 예에서 그날 그 이웃에게 무언가 사연이 있었다면 입력된 정보에 대한 해석에도 영향을 미쳤을 것이다.

부정확한 기대는 기능성 장애의 중요한 특성일 수 있다. 이전 신호들은 신체 변화에 대한 우리의 해석과 반응에 영향을 준다. 바이러스 감염으로 심한 후두염을 앓고 결국 목소리까지 나오지 않은 적이 있는 어떤 사람의 예를 들어보자. 이 사람이 다음에 또 목에 통증을 느끼게 되면, 머릿속에서 이 경험을 이전의 것과 비교하게 될 것이다. 이전 원형의 오차 때문에 감기에 걸릴 때마다 목소리가 나오지 않을 거라 생각하게 되는 것이다. 하향식 이전 신호들이 감각 입력을 압도해 일시적으로 말하는 능력을 상실하도록 유도한다. 이는 뇌의 무의식적인 처리 과정이다.

예측오차와 같은 생리적인 처리 과정이 실제로 심인성 장애와 기능성 장애를 일으키는 원인이라 해도, 이런 장애들이 단지 생물학적인 질환이며 심리·사회적인 취약성과 개인의 갈등, 사회적 영향은 무관하다고 생각하면 안 될 것이다. 이런 것들은 촉매제 역할을 할 때가 많다. 갈등이나 불행을 겪는 사람은 자신의 신체 변화를 알아차리고, 원형에 기반해 원인을 표출하며, 도움을 청하거나 문제를 해결하는 수단으로 사용한다. 따라서 일이 잘 풀릴 때 질병에 대한 회복력이 더 크다.

앞서 언급했듯 건강함과 병에 대한 예측은 사회·문화적인 환경에 따라 우리 뇌에 암호화된 질병의 원형들을 취하게 된다. 따라서 수면증의 발달은 사회적 서사가 구현되고 예측오차가 시행되는 것이라고 설명할 수 있다. 류보프의 병과 봄 축제에서의 발병은 별개의 사건이었지만, 일단 마을에 독성이 있다는 소문이 번지기 시작하자 사람들이 자신한테서 증상을 찾게 된 것이다. 증상을 찾으면 실제로 발견하게 된다. 어떤 음식을 먹었는데 나중에 알고 보니 바로 그날 비위생적이라는 이유로 문을 닫은 음식점에서 만든 음식이었음을 알게 된다면 어떨까? 몸에 식중독 증상이 있는지 살펴보고, 그런 생각만으로도 구토가 느껴질 것이다. 독에 중독된 것은 아닌지 걱정스러운 크라스노고르스크 사람들도 자기 몸을 살피게 되고, 예측되는 이야기를 전개해나간 것이다. 그러나 이야기는 사람에 따라 달라지기 때문에 병에 걸린 모든 사람이 증상 목록을 확장할 새로운 요소를 추가하게 된다. 병의 증상은 사람들 간에 매우 유사하지만, 생물심리사회 질환은 진화한다. 그리지시크니스에서도 예측부호화가 매우 중요하겠지만, 문화적으로 각인된 것인 만큼 이 장애에는 수 세기를 거슬러 올라가는 안정적인 원형이 존재한다. 따라서 개인 간에도 증상이 더 일관적으로(그래도 병에 관한 기술이 세대마다 다른 것으로 보아 완전한 일관성이 있는 것은 아니다) 나타나게 된다.

심인성 장애는 개인의 내부적인 사연에 의해 구축될 수도 있다. 서사가 마치 뼈대처럼 세워져 처음에는 불안정하지만, 단계적으로 새로운 요소가 추가되면서 증상이 유지될 만큼 구성이 견고해진다. 이 뼈대가 의학적인 증상에 대한 잘못된 믿음을 뒷받침하면서 환자들은 이 골격을 더 확고부동하게 받아들이게 된다. 이것은 복잡하고 정교한 과정이며 주로 어떤 중요한 목적에 사용된다. 의사가 한 개인의 증상을 순전히 스트레스 탓으로 돌리고 뉘앙스와 복잡성의 미세한 차이를 감지하지 못하면, 환자는 그 의사가 자기 서사의 뼈대를 커다란 망치로 내리치는 느낌을 받을 수 있다. 그러면 환자는 어쩔 수 없이 그 뼈대를 더 강화하거나 아예 허물어져버릴 것이다.

류보프와의 인터뷰 이후 디나라와 나는 에실에 있는 호텔에서 하루를 묵었다. 이튿날 오후 누르술탄으로 돌아가는 기차를 예매해두었지만, 그전에 크라스노고르스크부터 먼저 가볼 생각이었다. 러시아와 인접한 에실의 지리적인 특성 때문에 밤사이 내 휴대전화 설정이 러시아 시각에 맞춰 바뀌어 있었던 것도 하마터면 알아차리지 못할 뻔했다. 그래도 디나라의 휴대전화는 계속 카자흐스탄 시각 그대로였다. 이 지역의 역사를 상기시켜주는 일인 듯했다. 아무튼, 휴대전화 시간 설정이 변경되는 바람에 나는 늦잠을 잤고, 디나라 말로 그녀가 먹어본 것 중 최고였다는 팬케이크도 먹지 못했다. 예약해둔 택시는 이미 도착해 있었고 우리가 빨리 출발하기만 기다리는 것 같았다.

우리가 크라스노고르스크까지 타고 간 택시는 이전에 탄 차들보다는 튼튼했다. 장거리는 아니었지만 길이 유난히 험하고 움푹 팬곳도 많았다. 몇 군데는 상태가 너무 나빠서 먼지 나는 구덩이를 피해 다른 길로 돌아가야 했다. 우리는 초록색과 지푸라기 색의 초원이 카자흐스탄 북부에서 러시아까지 펼쳐지는 광활한 스텝 지대를 지나가고 있었다.

"여기도 전에는 정말 좋은 도로였죠." 택시 기사가 디나라를 통해 내게 말했다.

나는 속으로 '카자흐스탄에서 제일 좋은 도로'라고 생각했다.

"기사님이 이 도로가 카자흐스탄에서 제일 좋았대요." 디나라가 이 말을 하다 웃기 시작했다. 내 마음을 읽은 것이다. "여유 있는 사람들은 크라스노고르스크까지 단지 쇼핑을 하려고 차로 몇 시간을 갔다고 하네요. 재고도 아주 잘 갖춰져 있어서 나라 어디에도 없는 물건을 그곳에선 구할 수 있었다고요. 하지만 그러다 광산이 폐쇄되고 가게들이 문을 닫으면서 이 도로도 엉망이 된 거고요."

가는 길은 둔덕진 풀밭 말고는 특별히 볼 만한 게 거의 없었다. 그래도 몇 분마다 땅다람쥐가 갑자기 구멍에서 머리를 쑥 내밀고 우리가 지나가는 모습을 바라보곤 했다. 디나라도 나도 실제로 땅다람쥐를 본 적이 한 번도 없었는데, 여기서는 몇 초마다 땅다람쥐가 나타났다 사라지기를 반복했다.

"땅다람쥐가 아닌지도 몰라요. 사실은 멸종된 쥐일 수도 있고요." 디나라는 아마도 지혜롭게 내가 한 이 말을 기사한테 통역하지 않았다.

그리고 이제 여기 드디어 신화적인 장소가 실제로 나타났다. 크라스노고르스크가 빛바랜 스텝 지대 사이로 모습을 드러낸 것이다. 멀리서 보니 녹색 나무들 안쪽으로 현대식 아파트들이 있는 것 같았다. 나무들은 초원보다 훨씬 더 초록색이 진해 둘 사이에 대조가 뚜렷했고, 영화에서 본 종말 이후의 광경을 생각나게 했다. 이런 영화에서는 심지어 정글로 뒤덮여버린 장면에서도 한때는 건물들이 얼마나 웅장했는지를 느낄 수 있다.

칼라치는 도시를 둘로 나누는 길 하나를 사이에 두고 크라스노고르스크 바로 옆에 있었다. 나는 이 둘이 기본적으로 같은 도시인데 그저 각자 세워진 시기와 건축물의 차이만 있을 거란 생각은 해본 적이 없었다. 칼라치는 농경 도시였고, 고층 건물들이 있는 크라스노고르스크와는 달리 낮은 층수의 건물들이 있었으며, 크라스노고르스크보다 오래전에 형성된 도시였다. 칼라치는 바로 코앞에 낙원이 생기는 바람에 적어도 몇십 년간은 행운을 누릴 수 있었다.

더 가까이 다가가니 도시의 풍경이 달라졌다. 크라스노고르스크의 아파트 단지에는 건물의 골조만 남아 있었다. 창문은 유리와 틀이 빠져 있어 마치 속이 빈 커다란 눈두덩 같아 보였다. 문도 사라지고 없었고 지붕도 벗겨져 있었다. 한두 개 건물은 부서져서 벽돌 가루 더미가 되어 있었다. 류보프가 말한 정원은 거의 야생 상태가 되었다. 우리는 차로 건물들 사이를 지나갔다. 도시 안쪽으로 들어갈수록 도로 상태가 더 안 좋아졌다.

"5년 전에는 그래도 사람들이 살고 있었는데 어떻게 벌써 이렇게 엉망이 될 수가 있죠?" 내가 물었다.

택시 기사 말로는 폐품 수집업자들이 빈 아파트를 다 털어간다고 했다. 조금이라도 쓸 만한 게 있으면 가차 없이 가져가버린다는 것이다. 타마라와 류보프의 아파트도 이제 폐허가 되어 있었다.

"그래도 여전히 아름답네요." 디나라가 말했다.

나도 그렇게 생각했다. 어쩌면 우거진 녹색 나뭇잎에 파란 하늘 때문인지 몰라도 폐허 속에도 어떤 아름다움이 있었다. 우리는 차를 멈추고 나와 사진을 찍었고, 나는 건물 한 군데에 들어가 보았다. 마루는 뜯겨 있었고 버려진 쓰레기 더미가 여기저기 쌓여 있었다. 타마라가 일했던 문화센터 역시 마구 헤집어져 있었다. 우리는 한때 번창했던 병원으로 갔다. 이곳은 다른 건물들에 비해 아직 손을 타지 않아 잘 보존되어 있었을 뿐 아니라 운영까지 하고 있었다. 한창때 수백 명이었던 직원이 이제는 간호사 한 명뿐이었다. 이 여성 직원 한 명이 공동체 전체, 즉 두 도시에 있는 약 300명의 주민을 돌보고 있었다. 디나라가 이 간호사에게 미리 전화로 인터뷰를 요청했다. 그러나 에실에 있는 의사처럼 이 간호사도 인터뷰를 꺼리는 바람에 디나라가 몇 번을 전화해 겨우 만날 수 있었다. 그래도 간호사는 우리를 따뜻하게 맞아주었고, 자신이 일하는 곳을 여기저기 자랑스럽게 구경시켜주었다. 병원은 컸지만 몇 구역만 사용하고 있었다. 물이 가득 찬 탕비실 욕조는 이 도시에 수도가 나오지 않는다는 사실을 상기해주었다. 입원 환자는 없었고, 단지 커다란 방에 잠시 머무는 환자들을 위해 비어 있는 침대들이 있었다. 상태가 심각한 환자들은 에실로 이송되었다.

간호사는 우리를 자기 사무실로 데려갔다. 그곳에는 모든 환자의 의료 기록이 담긴 300개의 황갈색 묶음이 있었다. 간호사는 이 환자들의 이름을 모두 알고 있었다. 간호사는 유일한 의료진이었고 퇴직을 앞두고 있었다. 그녀가 떠나면 절대 그 후임을 찾지 못할 것이며, 확실한 건 크라스노고르스크와 칼라치에 궁극적으로 종말을 고하는 것과 같다는 점이었다.

간호사는 이 도시에 대한 자신의 애착을 이야기했다. 자신이 외과 부상팀 간호사였지만 점차 직원들이 병원을 떠나면서 모든 것을 총괄하는 관리자가 되었다고 했다. 그녀는 사람들이 수면증에 걸리기 시작했을 때 처음 찾아가는 대상이 되었다.

"환자들은 마치 마취에서 깨어나는 사람들 같았어요. 깨어나는 방식은 모두 달랐지만요." 간호사가 다른 이들의 이야기를 해주었고, 환자들의 검사 결과가 정상으로 나왔을 때 그들에게 정맥 주사액을 맞춰 몸속을 씻겨내게 한 일도 들려주었다.

내가 간호사에게 혹시 심리적인 원인에 대해 생각해보았는지 묻자, 그녀가 웃으며 "하지만 심리적인 문제라면 아이들이 어떻게 병에 걸리겠어요?"라고 말했다.

나는 크라스노고르스크를 떠나본 적이 있는지 간호사에게 물었고, 그녀는 없다고 했다. 이곳은 그녀의 고향이나 마찬가지였다. 내가 사는 곳을 다시 생각해보고 류보프와도 만나고 나니 전보다 간호사의 처지를 훨씬 더 잘 이해할 수 있었다.

간호사와 작별 인사를 한 후 디나라와 나는 잠시 거리를 배회했다. 몇몇 가족이 여전히 떠나기를 거부하며 이곳에 살고 있었다. 우리는 그중 50대 후반인 부부와 아내의 노모가 함께 사는 한 가정을 방문하기로 되어 있었다. 이들은 단독 단층집으로 도시에서 가장 좋은 집 중 하나에 살고 있었다. 강을 바라보는 전망이 좋았고, 화단과 채소밭으로 둘러싸여 있었다. 아내는 정원이 딸린 방 세 개짜리 집을 에실에 있는 소형 고층 아파트와 바꾸고 싶지 않다고 했다. 그녀는 정부에 더 나은 조건을 요구하고 있었다. 반면, 그녀의 남편은 이곳에 계속 사는 데서 완전한 행복을 느끼고 있었다. 그는 이주할 필요를 전혀 느끼지 못했다. 몸이 아픈 것도 아니었고 고요한 도시가 자신의 취향에 맞았으며, 여전히 낚시도 즐길 수 있었다.

부인은 디나라와 내가 도착하기 직전에 정부로부터 전화를 받았다고 했다. "그들이 당신을 지켜보고 있어요"라고 말했다. 나는 그녀의 말이 진짜라고 생각하지 않았다. 여행을 위한 취재 승인을 받았고, 여행 일정을 기재하라는 요청을 받은 적도 없었다. 기차나 호텔을 사전에 예약하지도 않았으므로 내가 그곳에 와 있다는 것을 누군가 알거나 신경 쓴다고 보긴 힘들었다. 전화가 온 건 이 집 보상 건에 관한 것이었지만, 이 집 안주인은 단지 우리 인터뷰 때문에 정부에서 전화한 것이라 믿었다. 나는 그녀의 말을 피해망상으로 치부해버리려 했으나 소셜 미디어나 새로운 웹사이트를 차단하는 나라에서 한 번도 살아본 적이 없는 나로서는 그렇게 확신하기도 힘들었다. 에실에서도 나는 확실히 눈에 띄는 이방인이었다.

우리는 남은 아침 시간 동안 도시 분위기를 살펴보았다. 건물 수는 줄었지만, 인간의 손길을 타지 않은 식물들은 걷잡을 수 없이 자라났다. 쓰러진 나무와 과도하게 자란 나무들이 도로를 막고 있는 곳들도 있었다. 우리는 허물어진 건물들 사이를 거닐다 자꾸 건물 잔해와 관목에 발이 치였다. 건물들에 들어가 사람들이 놓고 간 쓸 만한 물건이라도 있는지 찾으며 살아가는 사람들과 이따금 마주치기도 했다. 그중 한 명은 자신이 수면증에 걸린 적이 있다고 했다. 그는 지저분한 작업복을 입고 자신의 삽 손잡이에 턱을 괸 채로 내가 그곳에 왜 왔는지를 물었다. 이번에는 내가 그에게 수면증 경험에 관해 물었지만, 그는 어떤 질문에도 답하지 않았다. 그리고 내가 카메라를 꺼내자 미끄러지듯 급히 사라져버렸다. 내 방문에 관심이 있어서 나를 지켜보는 사람이 있다면 꽤 잘 숨어 있는 게 분명했다.

오후가 되어 더는 구경할 게 없어진 우리는 에실로 가는 상처투성이 도로에 다시 들어섰다. 우리가 지나가는 걸 그렇게 빤히 쳐다보던 땅다람쥐들도 다 사라지고 없었다. 디나라와 함께 보내는 마지막 얼마 안 되는 시간은 누르술탄으로 가는 기차에서 보냈다. 카자흐스탄에서의 기차 여행은 장거리가 워낙 많아 거의 기차 전체에 침대칸이 있었다. 우리는 침대 네 개가 있는 객실을 카자흐스탄 여성 두 명과 함께 사용했다. 둘 다 이층침대 위 칸에 누운 우리는 가운데 공간을 사이에 두고 대화를 나눴고 다른 두 여성 역시 아래 칸에서 우리처럼 소통했다. 침대에서 창밖이 보이진 않았지만 무엇이 있을지는 알고 있었다. 넓게 펼쳐진 초원과 철탑들, 그리고 가끔은 회색빛 도시들이 있을 것이다.

"이 모든 일을 어떻게 보시나요?" 디나라가 내게 물었다.

"제 생각이 다 틀렸다는 걸 알게 됐어요. 신문에서 수면증에 관해 읽었을 땐 그저 사람들이 수면증에 걸리는 이유가 자신들이 사는 도시가 너무 암울해서 병으로 삶을 그나마 흥미롭게 만드는 것이리라 생각했죠."

"딱히 아무것도 할 일이 없어서요?"

"말하자면요. 하지만 지금은 그렇게 생각하지 않게 됐죠. 그들은 강한 사람들이에요. 제가 만난 누구도 크라스노고르스크에서의 삶이 얼마나 힘들었는지 불평하지 않았어요. 왜 그 말을 듣는 게 그렇게 어려웠을까요? 그들이 힘들어 한 것은 오로지 그곳을 떠나야 했던 일뿐이었어요. 그들은 삶이 불행해서 병이 난 게 아니었어요. 문제는 그들의 도시에 대한 사랑 그리고 그 도시가 그들에게 얼마나 특별했는가였어요."

"그들은 그곳에서 가족을 일궜죠."

"맞아요. 그들에겐 크라스노고르스크에 깊은 정서적 애착을 가질 만한 너무나 많은 이유가 있었어요. 나라가 독립한 후 도시가 쇠락의 길을 걷게 되면서 그들이 사치품은 잃었는지 몰라도 그곳에 대한 낭만적인 관계는 절대 잃은 적이 없었던 거예요."

"그 사람들이 왜 그렇게 오래 그곳에 집착했는지 제대로 알게 됐네요."

"제 생각에 그들도 한편으론 결국 떠나야 한다는 걸 알고 있었을 거예요. 하지만 그러고 싶지 않았던 거죠. 수면증이 어려운 결정을 내리는 데 도움을 준 거예요. 그곳을 떠나는 데 어떤 면죄부가 되어준 겁니다."

우리는 자리에 누운 채 그 일에 대해 잠시 생각했다. 내가 말하지 않은 건 의사들의 과도한 검사가 아마도 상황을 더욱 악화시켰으리란 점이었다. 기자들 역시 정부의 반응과 정치 풍토와 더불어 좋지 않은 영향을 미쳤다. 류보프의 병이 다른 이들에게 감염을 유발하고 그 원형이 되었지만, 크라스노고르스크 주민들의 특별한 삶 또한 병의 근본적인 이유였다. 반복되는 의료 검사는 독에 대한 편집증을 강화하는 역할을 했다. 크라스노고르스크에서 심리 치료는 가능하지도, 있지도 않았지만, 뇌 검사와 요추천자는 자유롭게 시행되었다. 과학자들이 도시에 와 환경을 조사하기도 했다. 물리적인 증상에 대한 반응은 엄격했고 이것이 병의 서사를 심화시켰다. 그 결과 환자가 아닌 다른 사람들까지 증상을 호소한 것이다. 기자들에게 병에 관한 이야기를 하고 또 하면서 그들의 두려움이 깊어지고, 병의 근원을 찾으려는 노력이 커졌다. 기자들 덕에 독에 대한 주민들의 우려와 병의 원인인 스트레스 관련 인식체계가 더 견고해졌다. 주민들은 허물어진 건물들의 잔해 속에서 자포자기한 채 서 있는 모습으로 사진이 찍혀 있었고, 그 옆에는 "크라스노고르스크와 칼라치 주민들이 기진맥진한 상태라면 그들에게는 그럴 만한 너무나 많은 이유가 존재한다"라는 설명이 달려 있었다. 주민들의 삶과 사랑하는 도시와 그곳에서의 삶을 그토록 지나치게 단순화한 탓에 그들은 수면증이라는 질병을 해석하는 상황에서 더 투쟁적인 태도를 취해야 했다.

디나라와 나에게는 크라스노고르스크가 이와는 반대되는 영향을 미쳤다. 디나라가 마침내 이렇게 말했다. "저는 놀라울 정도로 마음이 편안해졌어요." "저도 그래요. 아마 많은 양의 라돈은 수면증에 걸리게 하지만, 아침 공기와 함께 조금만 흡입하면 기분이 좋아지나 봐요."

누르술탄에서 에실로 가는 내내 우리는 방사선 노출이 의심되는 도시에 가는 게 현명한 선택일지 고민했다.

"류보프는 정말 긍정적이에요." 디나라가 말했다. "제일 작은 아파트에 살면서도 가장 만족해하잖아요."

"맞아요."

"류보프가 러시아말로 무슨 뜻인지 아시나요?"

"아니요, 무슨 뜻인데요?"

"사랑이에요."

4

마음의 문제

마음과 몸의 순환고리가 왜곡될 때

생리

생물이나 신체의 일부가 기능하는 방식

스웨덴에서 우리가 놀라와 헬란의 집을 떠나자마자 올센 박사는 같은 단지의 단층 아파트에 사는 플로라Flora와 케지아Kezia의 집으로 나를 데리고 갔다. 박사의 남편인 샘과 그들의 개도 우리와 함께 갔다. 계단을 오르며 나는 올센 박사에게 이 두 가족이 서로 친구인지 물었다. 박사는 아이들이 병에 걸리기 전에는 모르는 사이였다고 했다. 또 두 번째 가정은 당국에 의해 최근에야 이 아파트 단지로 이사했다고 했다. 소녀들끼리는 가끔 부모가 햇빛과 신선한 공기를 쐬게 해주려고 휠체어에 태우고 나올 때 놀이터에서 가끔 마주쳤다.

"이 소녀들은 집시예요." 올센 박사가 내게 말했다. "알바니아에서 왔죠. 다른 사람들과는 전혀 공통점이 없어요. 언어도 다르고요."

나는 이 말이 완전히 옳다고 생각하진 않는다. 그들이 다른 곳에서 왔는지 모르지만 지금은 서로 공통점이 너무나 많았기 때문이다.

나는 아이들을 단번에 알아보았다. 열다섯 살과 열여섯 살 소녀들로, 나를 스웨덴으로 이끈 신문 기사 중 한 곳에 사진을 보았다. 이들은 체념증후군을 5년째 앓고 있었다. 나중에 그들의 사진이 실린 신문 기사를 다시 보니, 아이들 국적이 코소보인으로 적혀 있었다. 나이도 내가 들은 바와 달랐다. 아마 이런 차이는 집시들의 방랑 생활과 시끄러운 역사, 분쟁 지역이라는 특성 때문인 것 같았다. 아니 어쩌면 한 국가에서 도망쳐 다른 나라에 망명 신청을 할 수밖에 없었던 누군가의 삶 속에 스며든 흐릿한 정체성의 또 다른 사례에 불과한지도 모른다. 이 소녀들과 그 가족들은 모든 것을 남겨두고 떠나야 했다.

아이들 침대는 두 벽에 'L' 자 모양으로 놓여 있었다. 몇 년 전 찍힌 기사 사진에서 본 장면과 너무 비슷해서 좀 으스스했다. 소녀들이 마치 그 뒤로 단 한번도 안 움직였거나 누구도 이들을 옮겨주지 않은 것 같았다. 아이들은 예쁜 꽃무늬 이불을 덮고 있었다. 같은 아파트 단지에 사는 다른 더 어린 소녀들처럼 이 아이들의 머리 색도 모두 검정이었고, 그래서 그들 머리 아래로 어떤 후광이 베개에 그려지는 듯했다.

올센 박사의 권유로 나는 아이들을 진찰했다. 내가 플로라의 눈꺼풀을 엄지와 검지로 들어올리니 아이 눈이 수월하게 드러나며 천정을 응시했다. 놀라가 주변을 인식하고 있다고 생각한 나는 플로라가 아마도 나를 보고 싶지 않아서 시선을 피하는 것이라고 생각했다. 하지만 이 소녀들은 정말로 내가 그곳에 있다는 걸 전혀 모르는 눈치였다. 플로라의 피부에는 사춘기 여드름 자국이 나 있었다. 잠들기 전에는 어린아이였지만 그렇게 누워 지내는 동안 몸이 성숙해진 것이다. 날씨가 따뜻했는데도 두 소녀의 발은 모두 얼음장처럼 차가웠고, 손가락과 발가락에는 살짝 보랏빛이 돌았다. 아이들은 보살핌을 잘 받아 관절이 쉽게 움직여졌으며, 움직이지 못할 때 피부에 생기는 궤양의 흔적도 없었다. 하지만 색이 바래는 건 혈액 순환이 좋지 못하다는 신호다. 피가 잘 돌게 하려면 몸을 움직여야 한다. 이 두 아이는 창백하고 건강이 좋지 않아 보였다. 아파 보였다. 나는 놀라와 헬란이 필요한 도움을 받지 못하게 되면 앞으로 이런 상태가 계속되지 않을까 걱정스러웠다.

플로라와 케지아의 가족은 몇 년 전 망명 신청을 거부당했다. 아이들의 부모는 가족을 데리고 다시 고국으로 돌아가야 한다는 생각에 두려움에 빠졌다. 집시들은 박해받는 소수 민족이다. 그들은 19세기에 노예로 팔렸고 제2차 세계대전 때는 나치에 의해 강제수용소와 가스실로 보내졌다. 일명 저승사자라 불리는 조세프 멩겔레Josef Mengele는 자신의 비인간적인 실험 대상으로 집시 아이들을 선호했다고 한다. 1980년대에는 집시의 숫자를 제한하려는 시도로 체코 당국에서 불임 수술을 강요하기도 했다. 그리고 1990년대 유고슬라비아 내전 때는 집시들이 두 진영 사이에 끼인 형세가 되었다. 이들은 결국 세르비아와 연합한 것처럼 보였으나 매체들에 따르면 두 나라에서 모두 고문과 학대를 당했다고 한다. 전쟁이 끝나자 코소보의 알바니아인들이 집시들이 살던 구역을 철거하고 그들을 몰아냈다. "저희는 돌아갈 수 있는 나라가 없어요." 소녀들의 어머니가 내게 말했다.

관절의 탄력과 건강 여부를 확인하기 위해 팔다리를 움직였지만, 소녀들은 내 존재를 알아차리지 못했다. 그들의 남동생이 문가에서 나를 지켜보고 있었다. 소년의 양쪽 뺨에는 스웨덴 국기가 그려져 있었고 목에도 스웨덴을 나타내는 스카프가 있었다. 소년은 마치 축구 경기가 시작되기를 기다리는 관중처럼 치장하고 있었다. 올센 박사가 소년에게 기분이 어떤지 물었다. 소년은 스웨덴어로 대답했고 박사가 통역해주었다. 소년이 두통과 현기증을 호소했다는 내용이었다. 박사가 소년에게 다시 어떤 말을 하자 소년은 자신이 제대로 잠을 자지 못하고 악몽을 꾼다고 했다. 나는 올센 박사에게 증상에 관한 질문을 그만하라고 말하고 싶었다. 소년은 좁은 공간에서 두 명의 만성 질환을 앓는 누나들과 살고 있었고, 그렇게 가까운 곳에서 질병이 기대와 신체화 과정을 거치며 진행되고 있었다. 나는 그런 소년이 걱정스러웠다.

나는 소녀들의 이불을 제자리에 덮어준 후 거실로 안내되었다. 커다란 텔레비전에서는 스웨덴과 영국의 월드컵 준준결승전에 대한 해설이 나오고 있었다. 식탁에는 음식이 놓여 있었다. 그릇에 복숭아와 버찌, 사과, 귤이 담겨 있었다. 나는 감자 패티를 받았고 집주인 부부를 따라 나도 패티에 소금과 파프리카 가루를 뿌렸다.

우리는 체념증후군에 관한 이야기는 하지 않고 같이 축구 중계를 보았다. 소년은 바닥에 드러누워 텔레비전만 빤히 쳐다봤다. 그러다 드디어 그의 엄마가 케이크(여러 겹의 초콜릿 케이크로 안에 버터크림이 가득 있었다)를 자르기 시작할 때만 우리 쪽을 바라봤다. 경기 시작 후 30분이 지나 영국 선수가 골을 넣으면서 방 분위기가 경쟁적으로 바뀌었다. 영국을 응원하며 소리를 지르는 건 나 혼자인 게 확실했다. 나는 영국에서 10년 이상을 살고 나서야 제2의 고향인 영국을 응원하게 되었다. 이 가족은 스웨덴 국기로 장식한 거실에서 그 지점에 훨씬 빨리 도달해 있었다. 자신의 고향을 왜 떠났고, 그곳에 무엇을 남겨두었는지가 이런 차이를 만든 게 분명했다.

전반전이 끝난 후 올센 박사와 샘과 나는 떠날 준비를 했다. 복도를 따라 현관 쪽으로 걸어 나오다 보니 플로라와 케지아가 한 시간 전 그들 곁을 떠났을 때와 같은 자세로 누워 있었다. 나는 갑자기 심한 죄책감이 들었다. 케이크를 먹고 축구를 보는 동안 이 아이들에 관한 생각은 전혀 하지 않았다. 그들은 이렇게 누워 있는데 우리다른 사람들의 삶은 계속되는 것이다. 이들이 잠에 빠지게 되었을 땐 어린아이였을 것이다. 하지만 '만약' 다시 깨어난다면 완전히 달라진 몸의 어른으로 살아가게 될 것이다. 남동생도 마지막으로 보았을 땐 이제 막 학교에 다니기 시작한 아이였겠지만 이제는 10대가 되어 있었다. 나는 그저 이들이 스웨덴에서 눈을 뜰 수 있기만을 바랐다.

사람들은 대부분 체념증후군에 걸린 아이들이 희망을 잃어 힘들어한다는 데 동의한다. 그렇게 수년간 무감각한 상태인 플로라와 케지아의 앞날에 어떤 일이 벌어질지 예측하기는 쉽지 않았다. 다시는 깨어나지 못할 수도 있는 걸까? 소녀들의 미래가 그렇다고 믿을 순 없었다. 나는 심인성 질환으로 삶이 파괴된 사람을 여럿 보았지만 이렇게 아예 삶을 잃어버리는 경우는 본 적이 없었다. 그리고 이제 희망을 잃어 죽음에 이른 어떤 선례가 하나 더 있다. 이런 일은 극도로 드문 일이지만 드물다고 해서 일어나지 않는 것은 아니다.

프리모 레비Primo Levi는 아우슈비츠에서 보낸 시절에 관해 쓴 《이것이 인간인가If This Is a Man》라는 책에서 이 점을 언급했다. 그에 따르면 나치 강제수용소에서는 사람들이 살아남는 이들과 아예 가라앉아버리는 이들, 이렇게 둘로 나뉘었다고 한다. 그리고 그는 우리 일상에서도 수용소에서나 있을 법한 희망의 상실과 비슷한 일이 일어난다고 믿었다. 레비는 희망을 잃어버린 이들에 대해 이 세상에 그저 잠시 머물 뿐이었고 아주 빠르게 재로 변해버렸다고 적었다. 자신을 포기하고 죽음에 이른 자들은 '뮈슬매너Muselmänner'라 불린다. 그들은 자신에게 얼마나 적은 먹을거리가 주어지든 군소리 없이 먹고 지시를 따랐다. 하지만 그럴 때 그들의 표정은 이미 죽기 오래전부터 죽은 사람 같았다고 한다. "살아 있다고 말하기도 힘들고 죽어도 죽었다고 말하기 힘든 상태가 된 것이다." 레비는 그들에 대해 이렇게 표현했다.

'뮈슬맨Muselmann'은 살아갈 의지를 잃어버린 사람을 뜻하는 말이다. 이들은 극도로 희망을 잃고 죽음을 원한다. 물론 강제수용소에서 영양실조에 걸리고 고문당하며 인간성과 희망을 완전히 박탈당한

사람이라면, 죽음에 이를 정도로 포기하는 상태가 되는 것도 이해가
된다. 누군가 기존에 육체적으로 쇠약했던 적도 없는데 죽음을 바라
고 결국 죽음에 이른다면, 더구나 강제수용소만큼 극단적인 상황에
놓이지 않았다고 한다면, 그게 더 이해하기 어려운 일일 것이다. 하
지만 바로 그런 현상이 미국에 거주하는 라오스 난민인 몽족Hmong 집
단에게서 1970년대와 1980년대에 또 한번 나타났다.

몽족은 원래 중국 출신의 소수 민족이며 19세기에는 박해를 피
해 많은 이가 동남아시아로 피신하기도 했다. 베트남 전쟁 중에는 미
국에서 러시아의 지지를 받는 라오족 병력과 싸울 군인으로 몽족을
모집했다. 그리고 미국이 그 지역을 포기했을 때는 많은 몽족이 난민
자격으로 미국에 갔다. 그런데 1년 안에 그들 중 수십 명이 알 수 없
는 이유로, 기존의 어떤 병이나 전조 증상도 없이 수면 중에 사망하
는 일이 발생했다. 건강 상태도 양호해 보이던 이들이었으나 어느 날
잠자리에 들었다가 다시는 깨어나지 못했다.

원인을 알 수 없는 갑작스러운 죽음은 어느 문화, 어느 민족에서
나 나타날 수 있다. 하지만 적어도 그 기간에 몽족에게 발생한 빈도
는 훨씬 높았다. 당시 질병관리본부에서는 심부정맥으로 인한 사망
으로 추정했으나 그래도 정확히 왜 그런 일이 발생했는지는 밝혀내
지 못했다. 당연히 유전적인 이유일 거라 생각할 수 있을 것이다. 몽
족에게 유전적으로 심장 문제가 있을 수도 있다. 하지만 그렇다면 다
른 국가들에 사는 몽족에게도 비슷한 일이 생겨야 했지만 그렇지 않
았다. 전쟁에 쓰인 화학 물질 때문이라고 하는 이들도 있었다. 그러
나 전쟁과 독성 물질에 노출된 건 몽족만이 아니었다. 이런 현상이
시작된 지 10년이 지나도록 어떤 의학 이론도 이를 제대로 파악하지
못했다.

더 나은 해석이 없는 가운데 이들의 죽음이 미국 문화에 동화하

려 한 스트레스와 관련된 것은 아닌지 의심하는 사람이 많았다. 그 시기에 미국으로 간 몽족은 문맹이었고 영어도 하지 못했다. 그들은 산에서 사는 데 익숙했으며 친족 구조도 일부다처제였다. 미국에서는 대가족이 비좁은 공간에 살아야 했고, 이들은 현대식 기기를 사용할 줄도 몰랐으며, 일자리를 구할 가능성도 희박했다. 이들이 그저 포기하고 죽기로 한 것이란 추측이 널리 퍼졌다.

몽족은 죽음의 원인에 대한 자신들만의 생각이 있었다. 이들은 악마에 의해 죽음에 이른다고 믿는 공동체에 속했다. 영혼이 몸에서 빠져나오면 문자 그대로 충격에 빠진다고 생각했다. 이때 사망한 이들은 모두 수면 중에 혹은 잠이 드는 과정에서 숨졌다. 어떤 이들은 다른 사람들의 죽음을 목격하기도 했는데, 희생자들이 숨을 거두기 직전 신음하고 비명을 질렀다고 한다. 몽족은 이들이 악몽으로 인한 공포로 죽음에까지 이르게 된 것이라 했다. 결국, 누구도 제대로 된 설명을 내놓지 못했다. 정말 불가사의한 일이다.

다른 문화에서도 죽음이 의지에 의해 좌우되거나 마술적인 원인으로 인해 발생할 수 있다고 믿는다. 호주 원주민들에게는 '뼈 겨누기'라는 전통 의식이 있다. 마법을 건 뼈나 창, 막대기로 다른 사람을 가리키면 그 사람이 한 달 안에 다른 이유 없이 죽게 된다는 것이다. 아이티 문화와 뉴질랜드 마오리족에게도 이와 유사한 '부두 죽음'이라는 믿음이 있다. 이는 죽음을 예상함으로써 발생하는 죽음들이라 할 수 있다.

서양인 대부분은 이런 영적인 믿음을 지지하지 않으며, 따라서 의지나 저주, 악몽에 의한 죽음도 그들에겐 기이하고 믿을 수 없는 일로 보일 수밖에 없다. 그러나 단지 스스로 원해서 죽는 이들의 이야기는 서양에도 수없이 많다. 거의 모든 이가 건강하던 노인이 몇 시간, 며칠 안에 갑자기 사랑하는 사람 곁을 떠나 사망한 이야기를 적어도 한번은 들어봤을 것이다. 위독한 환자들은 '포기하는 것'이라는 말을 하곤 한다. 그들은 자신의 인생을 제어한다. 이제 시간이 되어 죽음에 굴복해야겠다고 결심하는 것이다. 그렇다 해도 사실 이런 이야기들은 단지 어떤 일화들에 불과하다. 사람들은 대부분 아무리 원한다 해도 자기 죽음을 의지대로 할 수 없다. 그렇다 해도 악몽으로 죽음에 이를 수 있다는 몽족의 믿음은 아예 타당하지 않은 걸까? 충격이 측정 가능할 정도의 신체적 변화를 가져올 수 있고, 그 변화가 갑작스러운 죽음의 원인이 될 수 있는 사례가 되는 건 틀림없다. 누군가가 마음의 상처로 죽기까지 하는 건 전적으로 가능하다. 자주 있는 일은 아니지만 일어나긴 한다. 2018년 미국 캘리포니아 패서디나에서 평소 건강하던 50대 후반의 여성 캐린Karin은 그 교훈을 힘겹게 깨달았다. 죽지는 않았으나 그녀는 자신에게 일어난 일로 비록 잠깐이었어도 무서울 정도로 죽음에 가까운 경험을 했다. 캐린은 건강한 삶에 익숙한 사람이었다. 그리고 활기 넘치는 사회 구성원이었다. 사업가이자 자선가였던 그녀는 늘 바빴다. 저소득층 가정을 위해 육아 서비스를 제공하는 비영리기관의 중역으로도 일했다. 그리고 여가 시간에는 열정적으로 승마를 즐기기도 했다. 캐린은 내게 전화로 자신의 이야기를 들려주었고, 그녀의 젊은 목소리는 실제 나이보다 훨씬 어리게 들렸다. 내가 캐린에게 자신을 묘사해달라고 부탁하자 160센티미터의 말괄량이라고 표현했다.

"저는 집안일보다는 밖에서 하는 일을 더 좋아해요." 캐린이 말했다.

우리 모두 심각한 건강 문제를 겪어보지 않을 때 그러하듯, 캐린 역시 죽음에 가까운 경험을 하게 된 당일까지도 자신에게 어떤 문제도 없다고 느꼈다. 몇 가지 사소한 질환이 있긴 했지만, 생명을 위협할 만한 정도는 전혀 아니었다. 캐린의 병력은 망막 문제로 인한 몇 번의 수술, 그리고 대부분은 승마 사고로 생긴 타박상이나 찰과상이었다. 그녀에게 일어난 위기도 그런 일상적인 시술 도중에 발생했다.

문제의 그날에도 캐린은 입원조차 필요 없던 시술을 전혀 걱정하지 않았다. 전에도 같은 환경에서 똑같은 시술을 받았기 때문에 병원에도 혼자 갔다. 마음도 편안했고 어떤 시술을 받는지도 알고 있었다. 진정제를 맞았지만 마취되지는 않았다. 그래서 시술이 시작되었을 때도 잠든 게 아니라 주변에서 무슨 일이 벌어지는지 흐릿하게 의식하는 상태였다. 마취과 의사가 외과 의사와 대화하는 내용도 들을 수 있었다. 캐린은 그들의 말을 듣지 않고 몽상에 빠졌다.

하지만 결국 이날 시술은 전에 받던 것과 달리 일상적인 것이 되지 못했다. 몇 분 지나지 않아 캐린은 마취과 의사의 목소리가 날카롭게 변하는 바람에 몽상에서 화들짝 깨어났다. 전에 없던 일이었다.

"마취과 의사의 목소리가 커지더니 갑자기 외과 의사한테 고함을 치기 시작했어요. 그리고 그때 제 정수리가 금방이라도 폭발할 것 같았죠." 캐린이 내게 말했다.

캐린은 마취과 의사가 에피네프린(아드레날린)을 투여하라고 누군가에게 고함치는 소리를 들었고, 곧 의식을 잃었다고 했다. 이후 얼마 동안은 의식이 돌아왔다 나갔다를 반복했다. 완전히 깨어났을 땐 많은 시간이 지나 있었고, 놀랍게도 더는 시술실에 있지 않았다. 캐린은 자신을 소생시켜야 한다는 이야기를 듣고 중환자실로 옮겨졌을 때 경악하지 않을 수 없었다고 했다. 혈압이 위험할 만큼 낮아 의사들이 그녀의 상태를 되돌리기 위해 애쓰고 있다는 걸 알게 되었다. 심장에 무언가 문제가 있었다.

"저는 심장에 문제 있었던 적이 한 번도 없었어요. 심지어 그런 일이 생겼을 때도 가슴에 어떤 통증도 느끼지 못했죠." 캐린은 여전히 놀란 목소리였다.

수술 중에 어떤 자극도 없었는데 캐린의 혈압이 곤두박질쳤다. 응급약을 투여받았지만 한 시간이 지나 중환자실로 옮겨지고 나서야 위험한 상태에서 벗어날 수 있었다. 그리고 혈압이 안정되자마자 응급으로 심장혈관조영술을 받기 위해 방사선과로 보내졌다. 캐린은 이 검사 과정에서 깨어 있었기 때문에 심장 전문의가 어떤 죽상판(혈관에 축적되는 노폐물 덩어리로 혈관을 좁아지게 하며 이 죽상판이 터질 경우 혈관을 막기도 한다—옮긴이)의 흔적도 없다며 놀라는 소리를 들었다. 의사는 혈관이 막히거나 전에 심장 질환을 앓았던 흔적이 있으리라 기대했지만, 문제는 동맥이 좁아져 혈액 공급이 부족해진 것이 아니었다. 캐린은 심근경색(심장마비)을 앓은 적도 없었다. 캐린은 방사선 전문의의 모니터에 보인 게 어떤 것이든 그 모습에 충격을 받고 의사들의 목소리가 이상하게 바뀌는 소리를 들었다.

"그들이 얘기하는 소릴 들을 수 있었어요. 다들 몸을 기울이고 서서 무언가에 놀라고 있었죠. 그리고 새로 다른 사람들까지 와서 들여다보더군요. 나중에는 방에 25명 정도 있었을 거예요. 그들이 저처럼 생긴 심장은 처음 봤다고 하더군요."

캐린은 중환자실에서 엿새를 더 보냈다. 그녀의 혈압이 내려갈 때마다 알람 기계에서 계속 소리가 울렸다. 첫날 밤 캐린은 자신이 죽을 거라 확신했다. 하지만 죽지 않았다. 정성 어린 간호 덕분에 캐린은 회복할 수 있었다.

"저는 정말 죽을 뻔했어요." 그녀가 말했다.

"그래도 사셨잖아요." 나는 캐린에게 다시 살아난 사실을 상기시켜주었다.

"맞아요. 그리고 저도 이 일로 배운 점이 있어요. 이제 제 몸에 귀를 기울이기로 했거든요. 말도 팔아야겠다는 생각을 하게 됐죠." 캐린이 말했다.

"이제 승마에 연연하지 않으시는 건가요?"

"네, 맞아요. 대신 애들처럼 살고 있었어요. 낮잠을 자고 일은 며칠 안 한답니다." 캐린이 웃었고 그 소리가 아주 젊게 느껴졌다. 나는 캐린의 건강에 대한 걱정이 그녀 삶에 어떤 긍정적인 변화를 가져왔다는 인상을 받았다. 처음으로 자신이 좋아하는 일을 더 하고, 아프게 만드는 일을 덜 하는 좋은 구실이 된 것이다.

캐린의 혈관조영 영상과 이어 촬영한 심장초음파 영상(초음파 검사)에는 심장이 풍선처럼 부풀어 있었다. 기존에 어떤 심장 문제도, 심장병 가족력도 없었다고 한다. 캐린은 과거에 정기적인 수술 전 평가의 하나로 심장 투사도를 몇 번 찍은 적이 있었고, 결과는 늘 정상이었다. 가족 주치의에게 받은 건강 검진 결과도 늘 깨끗했다. 전에도 같은 시술과 진정 약물을 투여받았고, 아무 문제도 없었다. 캐린에게 한동안 어떤 심장 문제가 있었다고 할 만한 점은 전혀 없었다. 시술실에서 일어난 일은 그녀에게 너무나 갑작스러운 일이었다.

캐린은 상심증후군broken-heart syndrome이라는 진단을 받았다. 의사들 말로는 스트레스가 심각한 심장기능상실을 일으킨 것이며, 의학계에서는 이런 증상을 타코츠보 심근증takotsubo cardiomyopathy이라 한다. 이 병에 걸리면 심장 근육이 갑자기 약해진다. 좌심실벽이 이완과 수축을 비정상적으로 하면서 모든 심실의 모양이 바뀐다. 이는 심장이 더는 효과적으로 몸 여기저기에 혈액을 효과적으로 펌프질하지 못해 혈압이 급속도로 떨어진다는 뜻이다. 이때 제대로 치료받지 못하면 갑자기 죽게 될 수도 있다. 캐린은 어쩌면 이런 일이 발생한 게 병원이어서 그래도 목숨을 구할 수 있었다.

타코츠보 심근증은 잘 알려지지 않은 병으로, 보통 갑자기 정서적·신체적 충격을 받거나 심각한 만성 스트레스를 겪을 때 나타난다. 이 병의 전형적인 원인은 가족의 사망이나 중병, 사고, 심한 말다

툼, 극심한 공포, 재정적인 손실을 들 수 있다. 몇몇 기록에 따르면, 사람들 앞에서 발표할 때 혹은 심지어 깜짝 파티만으로도 이 병에 걸릴 수 있다. 과학자들은 스트레스 호르몬(특히 아드레날린) 수치가 급격히 올라가 심장에 무리가 오면서 심장이 수축을 효과적으로 하지 못하게 되는 것으로 보고 있다. 이 질환에 대해서는 아직도 밝혀지지 않은 의문점들이 있다. 특히 여자들에게 훨씬 더 많이 발생한다는 것도 그에 해당한다. 에스트로겐 수치가 떨어진 이후 중년 여성의 심장 저항력이 떨어지는 점이 원인으로 추정되고 있다.

"그런 일이 있기 전 2년 동안 스트레스를 굉장히 심하게 받았어요." 캐린이 내게 말했다.

캐린이 해주는 이야기를 들으며 나는 캐린의 일이 그녀를 잘 설명해준다는 생각이 들었다. 몇십 년 전 캐린은 자선 단체를 설립했다. 일요일 예배를 다녀온 후 친구들과 가볍게 대화를 나누다 그런 아이디어가 떠올랐다고 한다. 그들은 저소득층 가정에서 육아 서비스를 이용할 때의 어려움을 안타까워했고, 이후 바로 그 문제를 해결하기 위해 직접 서비스 제공을 준비했다. 캐린은 이렇게 늘 문제를 해결하고 남을 돕는 일을 하는 여성이었다.

하지만 나이가 들어가고 스트레스가 심해지면서 그녀도 힘에 부치기 시작했다. 금전적으로는 괜찮았지만, 일의 부담은 점점 커졌다. 그에 더해 패서디나에서 수백 킬로미터 떨어진 곳에 사는 부모님도 몸이 편찮아지셨다. 아버지는 치매, 그리고 어머니는 파킨슨병에 걸렸다. 캐린은 부모님을 도와드리고 싶었지만, 거리가 멀어 여의치 않았다. 그녀는 부모님이 계속 따로 살기에는 건강이 좋지 못한 점이 염려되어 패서디나 근처에 있는 양로원을 알아보았다. 부모님이 양로원에서 계속 함께 지낼 수 있고, 캐린도 찾아갈 수 있는 곳이면 되었다.

"한 사람은 몸은 멀쩡한데 흡연자에 정신적인 문제가 있는 데다 까탈스럽고, 다른 한 사람은 정신적으로는 건강해도 몸이 불편하다면, 그들을 받아들일 시설을 찾기가 얼마나 힘들지 상상이 되시나요?" 나는 캐린의 말에서 절망감이 느껴졌지만, 동시에 자신이 해낸 불가능한 일을 이야기하는 그녀의 목소리에 유머와 애정도 묻어 있음을 알 수 있었다.

캐린이 적합한 시설을 찾고 부모님이 그곳으로 들어가겠다는 동의를 얻기까지 2년이 걸렸다. 그녀는 자기 가족을 돌보고 사업도 꾸려가며 이 일을 진행했다. 하지만 부모님은 이사하기 일주일 전 그녀에게 전화해 이사 계획을 취소했고, 마음이 바뀌었다고 했다. 캐린의 모든 노력이 물거품이 된 것이다.

"막 소리치고 싶을 때도 있었는데 그럴 수 없었죠. 직장 일은 점점 더 힘들어졌고요. 부모님 생각도 안 할 수 없었죠. 명치 쪽이 불편한 느낌은 늘 있었어요. 이제는 그게 에피네프린(아드레날린) 때문이라는 걸 알지만요."

캐린이 그렇게 쓰러지기 얼마 전 부모님이 모두 돌아가셨다. 먼저 아버지가, 그리고 두 달 뒤에 어머니가 세상을 떠나셨다. 그 와중에도 그녀는 일을 쉬지 않았다. 며칠은 일하러 가려고 옷까지 차려입었는데, 도저히 집을 나설 수 없었다고 한다.

"서서 현관문을 바라보았는데 차마 열 수가 없더군요."

결국, 일상적인 치료를 받던 도중 캐린의 심장이 풍선처럼 부풀어 터져버릴 듯한 상태가 되어버렸다.

"제가 걸리기 전에는 타코츠보 심근증이라는 병은 들어본 적도 없었어요." 캐린이 말했다. "어떤 유명한 의사의 이름을 딴 병명이라고 생각했죠. 타코츠보 교수라는 사람이 어딘가 있을 거라고요. 그런데 사실은 문어 잡이 항아리에서 따온 이름이라는 걸 알았고, 그냥 웃음밖에 안 나오더라고요!" 캐린은 그 기억을 떠올리며 다시 웃었다.

타코츠보 심근증은 1990년 일본에서 처음으로 보고되었고, 실제로 문어를 잡는 데 쓰이는 독특하게 생긴 항아리에서 그 이름을 따왔다. 심장이 팽창하면서 항아리 모양이 되기 때문이다.

"지금은 상태가 어떤가요?" 내가 캐린에게 물었다. 그때는 그녀에게 심장 문제가 생긴 지 1년이 지난 때였다.

"아직은 그리 좋지 못해요. 제가 하이킹을 좋아하는데 오르막길에서 숨이 차더군요. 그보다 더 힘든 건 사람들하고 얘기할 때 주의해야 한다는 거예요. 제가 스트레스 유발성 심근증이 있다고 하면 제가 해온 일에 대해 그다지 좋지 않게 생각하거든요. 마치 스트레스와 관련된 건 무엇이든 감응이 덜 간다는 듯이요. 보험 회사에서도 스트레스가 원인인 문제라면 신체 질병에 대한 치료비를 지급하지 않을 수 있고요. 저한텐 보여줄 수 있는 상처도 없으니까요."

누군가 심장이 작동을 멈춰 생명이 위태로운 상황에 처해도 다른 사람들에게 스트레스 때문이라는 얘기는 할 수 없다는 말이 있다. 사람들이 그 일을 실제와 다르게 받아들일까 두려운 마음 때문이다. 지워지지 않는 흉터나 눈에 띄는 신체 장애가 아니면 당사자에게 무슨 일이 있었는지 사람들이 꽤 쉽게 잊어버릴 때도 많다.

"상황은 달라졌어도 다 괜찮아질 거라고 스스로 말하곤 해요." 캐린은 실용적인 사람 같았다. 그녀는 안 좋은 일이 생겼지만 마음을 다잡고 이렇게 뉴노멀, 즉 달라진 현실에 맞는 새로운 기준에 어떻게 대처해나갈지 대비하고 있었다.

"다 잘될 거예요." 내가 장담했다.

그러자 캐린이 다시 웃기 시작했다. "사실은 저도 막 화가 났었어요!"

위키피디아에서 '기질성 뇌증후군organic brain disease'을 검색하면 "정신 기능에 나타나는 어떤 증상 혹은 장애로, 순전히 정신적인 원인보다는 기질적인(생리적인) 원인에 의해 발병하는 것으로 알려져 있다"라는 정의를 보게 된다. 그렇다고 내가 사람들이 위키피디아의 내용을 모두 진실로 여길 것이라 말하려는 건 아니다. 그보다는 21세기인 지금도 우리가 얼마나 쉽게 이원론의 흔적을 발견할 수 있는지 보여주고 싶었을 뿐이다. 이 정의를 보면 정신이 생리 작용과 아무런 관련도 없는 것으로 표현되어 있는데, 이는 명백히 말도 안 된다. 그런데 문제는 위키피디아만 어떤 질병을 '기질성'과 '심인성'으로, 마치 두 가지가 그런 식으로 완벽하게 분리될 수 있는 것처럼 나누는 게 아니라는 점이다. 우리가 어떤 생각을 하고 어떤 감정을 느끼면 기질적인(생리적인) 무언가가 뇌 속에서 반응함으로써 그 생각과 감정을 만들어낸다.

의학계에서 '기질성organic'이라는 용어는 보통 어떤 조직의 병리적 변화를 가리키며, '비기질성non-organic'이라는 말은 심리적인 원인으로 생기는 장애를 일컫는다. 나는 이런 정의를 지침으로 사용하는 데 딱히 강한 거부감을 느끼진 않는다. 하지만 의료계 종사자든 아니든, 많은 사람이 '기질성'과 '비기질성'의 이러한 구분을 증상이 '진짜'인지 '진짜가 아닌지' 중 하나라는 뜻으로 받아들일 수 있으므로 이 정의에는 문제가 많다.

따라서 뇌졸중을 앓는 어떤 사람이 기질적인 뇌 질환이라고 하면 '진짜' 마비된 것으로 생각하지만, 심인성 혹은 기능성 장애라고 하면 '진짜' 마비된 것은 아닐 것이라 여긴다. 심인성(기능성) 장애가 있다는 의미가 그런 식으로 해석된다면 사람들이 그 진단을 거부한다 해서 놀라울 게 뭐가 있겠는가?

이런 병들을 무엇이라 부르든(기능성 장애, 심인성 장애, 생물심리사회적 장애, 마음속 갈등이 신체적인 운동이나 감각 기관의 이상으로 나타나는 전환장애, 비기질성 장애), 이는 모두 제대로 된 신체 증상과 장애로 나타나지 못한 생리적 기제의 결과로 생기는 것이다. 흔히 스트레스와 신체 증상의 단순한 인과 모델로 해석되곤 하지만, 사실 이 병들은 수많은 기제를 통해 발생한다. 이것은 몸 그리고 더 높은 차원의 인지적·사회적 작용을 하는 '마음'의 상호작용이 구현된 것이다. 비록 병리적인 구조 변화가 나타나지 않더라도 예측부호화, 해리, 스트레스 호르몬, 자율신경계와 같은 뇌와 생체 기능 이상이 표출된다.

그런데 사실 캐린은 심장에 확실한 구조적 변화가 있었으므로 현재 통용되는 정의에 따르면 심인성 장애가 아닌 기질적인 문제라 할 수 있다. 그러나 그녀의 질환은 우리가 마음을 결정하는 인지 과정과 몸, 사회적 압력 사이의 매우 복잡한 상호작용을 드러낸다. 캐린의 경우 감지 가능한 스트레스로 인해 생명에 위협이 되는 심혈관 반응을 일으키는 호르몬 수치가 위험할 만큼 상승했다. 심리적인 고통이 생리적인 변화를 가져왔다는 건 의심의 여지가 없었다. 정신적인 괴로움이 자율신경계를 자극하고 뇌의 조기 경보체계인 편도체를 활성화하여 코르티솔과 아드레날린이 분비되게 한 것이다. 이는 심한 스트레스에 대한 정상적인 신체 반응으로, 우리가 눈앞의 위험에 투쟁-도피 반응을 준비할 수 있게 해주는 역할을 한다. 이런 호르몬의 수치가 높으면 장기적으로 고혈압이나 심장 질환 같은 문제가 생길 수 있으므로 시상하부-뇌하수체축hypothalamic-pituitary axis의 영향으로 피드백 고리feedback loop의 조정을 받게 된다. 이 피드백 체계의 목표는 스트레스가 만성이 될 때 스트레스 반응의 규모를 줄이는 것이다. 확실히 캐린은 피드백 고리가 제대로 작동하지 않은 것 같다.

하지만 몸과 마음의 상호작용에서 꼭 심리적인 고통이 먼저 시작되는 건 아니다. 말하자면 양방향 도로라 할 수 있다. 기능성 신경장애와 심인성 장애는 몸과 마음 둘 중 한 방향으로의 이동에 문제가 생겼을 때 생기며, 두 이동 간에 일어나는 피드백 고리에 의해 악화한다. 캐린의 경우 심리적인 자극이 먼저 시작되고 신체적인 결과가 뒤이어 나타났다. 그녀에게 일어난 일은 심리적인 요인이 신체 건강에 영향을 미친다는 전통적인 모델에 잘 들어맞는다. 그러나 이런 상호작용을 하는 데는 너무나 많은 방식이 존재한다. 질병의 심리적인 요인이 처음에는 무시해도 될 정도로 별 것 아닐 수도 있다. 내 환자 중 한 명인 타라Tara 역시 이러한 경우였다. 타라의 사연은 5년 전 그녀가 한번도 경험해본 적 없는 극심한 통증과 함께 시작되었고, 그저 행복하기만 했을 삶에 고통이 자꾸만 끼어들었다.

"아이 낳는 게 차라리 덜 아파요."

타라가 쓰러지고 난 뒤 내게 그녀의 진료 의뢰가 들어왔다. 나는 그녀가 휠체어를 타고 와서 깜짝 놀랐다. 의식을 잃었다고만 되어 있는 의뢰서 내용보다 훨씬 더 많은 사연이 있는 게 분명했다. 사실 타라 자신은 쓰러진 일을 그다지 대수롭지 않게 생각했다. 그저 실신한 것인데 발작 전문 병원까지 찾을 필요는 없다고 여겼다. 나는 타라가 쓰러지면서 갑자기 등에 찌르는 듯한 통증을 느꼈다는 설명을 듣고 그녀의 자가 진단이 이해가 갔다. 그렇게 별로 걱정도 안 되면서 왜 병원에 왔는지 타라에게 물었다.

"의사 선생님이 제가 여기 오지 않으면 휠체어를 도로 가져가겠다고 해서요."

확실히 내가 듣지 못한 내용이 많은 것 같았다. 나는 그녀에게 처음부터 이야기해달라고 했다.

타라는 초등학교 선생님이었다. 캐린처럼 그녀도 건강했으며 늘 바쁘게 살았다. 그녀는 몸으로 하는 일이 많았고, 거의 종일 서서 지내야 했으며, 물건을 한가득 들고 다녀야 할 때도 많았다. 아이들과 놀아주기 위해 바닥에 앉았고, 불편한 높이에서 가르쳐야 할 때도 꽤 있었다.

"교사가 되겠다고 마음먹었을 땐 이게 육체적으로 얼마나 힘든 일인지는 전혀 짐작하지 못했어요." 타라가 말했다. 그녀는 등에 살짝 통증을 느꼈지만 일 때문에 근육이 긴장해서 그런 것이라고 생각했다. 그러던 어느 날 몸에 이상이 생겼다. "아이 한 명하고 이야기를 하려고 몸을 앞으로 구부리고 있었어요. 그런데 갑자기 허리에서 왼쪽 다리로 번개 같은 통증이 퍼져나가는 거예요." 통증이 너무 심해서 타라는 자신이 쓰러질 거라 생각했다고 한다. 그녀는 바닥에 앉아야 했고 그동안 보조교사가 수업을 대신해주었다.

학교 간호사가 와서 교무실까지 걸어갈 수 있게 도와주었다. 타라는 그곳에서 진통제를 먹고 바닥에 누웠다. 통증이 약간 가셨지만, 수업에 들어갈 순 없었다. 그리고 며칠간 쉬어야 했다. 앉아 있으면 너무 고통스러워 견디기 힘들었고, 걸으면 통증이 언제든 다시 찾아올 것 같아 스스로 허약하다는 생각이 들었다. 결국, 타라는 일을 쉰 며칠 동안 내내 무릎 아래 베개를 대고 누워만 있었다.

타라는 동네 병원에 가보았다. 의사는 그녀에게 좌골신경통이 있다며 첫 번째 조치로 물리치료사에게 진료를 의뢰했다. 하지만 권해주는 운동이 너무 고통스러워서 할 수가 없었다. 타라가 왼쪽 다리에 타는 듯한 감각을 느끼자 이번에는 물리치료사가 정형외과 의사에게 그녀의 진료를 의뢰했다. 그리고 결국 정밀 검사 결과 타라의 허리 쪽 디스크가 살짝 삐져나와 있음이 밝혀졌다.

디스크가 허리 신경을 아주 살짝 누르고 있었지만, 외과 의사는 수술까지 할 필요는 없다며 계속 물리치료를 받으라고 했다. 타라는 이미 시도했다 실패했기 때문에 그 말을 듣고 좌절감에 빠졌다. 다른 의사에게 가봤어도 마찬가지였다.

178

"움직일 때마다 디스크가 흔들리는 게 느껴졌어요. 더 나빠지리란 걸 알고 있었는데 의사들이 모른 척한다는 생각이 들었죠. 등골을 따라 칼로 베는 것 같았어요. 제가 한 의사한테 그랬죠, '무슨 전조 증상 같은 거 아닌가요?'라고요."

타라는 계속되는 통증에 시달렸다. 타는 듯한 통증이 왼쪽 다리 전체를 타고 허리까지 올라왔다. 아무리 강한 진통제를 써도 말을 듣지 않자 외과 의사 한 명이 진통제 주사를 처방해주었다. 도움이 되었지만, 효과가 너무 짧아 계속 반복해 맞아야 했다. 그렇게 몇 달이 지났고 타라는 이제 단 며칠만 겨우 일할 수 있는 상태가 되었다. 걸을 때는 다리를 절었고 잠자리에선 진통제가 필요했다.

몇 개월이 지난 후 타라에게 새로운 증상이 나타났다. 마비 증상이 왼쪽 다리를 타고 올라오기 시작한 것이다.

"안에는 타들어 가는 느낌이 드는데 피부는 무감각한 거예요." 타라가 설명했다. "포크로 찔러도 아무 느낌이 없을 정도였죠."

시간이 흐르면서 통증과 마비가 오른쪽 다리로 옮겨갔다. 타라는 걷기 힘들어졌고 두 다리 모두 불편하고 힘이 없었다. 디스크의 위치가 바뀌었다고 확신한 타라는 영상 촬영을 해달라고 했다. 영상에는 아무 변화가 보이지 않았고, 타라는 또 다른 물리치료를 받게 되었다.

"저는 병원에 디스크를 없애 달라고 했지만 그렇게 해주지 않았어요." 타라가 말했다. "다리가 이렇게 마비되어가는데 의사들이 아무것도 하지 않는다는 게 이해가 안 갔어요. 전에는 규칙적으로 10킬로미터씩 달리던 제가 한 달 만에 목발 한 개 그다음엔 두 개가 있어야 걸을 수 있었고, 그러다 결국 휠체어까지 필요하게 된 거죠. 휠체어도 병원에서 준 게 아니랍니다. 그래서 저희 아버지가 제 첫 휠체어를 사주셨어요."

타라는 만성적으로 둔통이 있었고 중간중간 극심한 통증을 겪었다. 그러다 한번씩 심한 통증이 올 때는 쓰러지곤 했다. 그때 타라는 가구에 몸을 지탱하며 집 주변을 걷고 있었는데 갑자기 등을 타고 다리까지 내려가는 찢어지는 듯한 통증을 느꼈다. 그리고 그 자리에서 의식을 잃었다. 타라가 깨어났을 땐 왼쪽 팔이 부분적으로 마비되어 있었다.

내가 타라를 만난 것은 그런 일이 있은 지 조금 지난 후였다. 그녀는 전동 휠체어를 타고 있었고, 왼쪽 팔은 허벅지 위에 전혀 움직이지 못하는 상태로 놓여 있었다. 휠체어는 팔다리 중 유일하게 움직일 수 있는 오른팔로 조종했다. 타라가 의식을 잃었다고 담당 의사에게 이야기했을 때 의사는 휠체어를 치워버리라고 조언했다.

"의식을 잃은 적이 있는 사람에게는 휠체어가 안전하지 않다고 하더군요." 타라가 내게 말했다. "손으로 제어장치를 조종하지 못하게 될 수도 있겠죠. 그럼 길 한가운데 놓이게 될 거고요. 그래도 기절한 건 단 한 번이고 휠체어 없이는 집에 갇혀 지내야 할 거예요."

나는 진찰해보겠다고 했다. 그리고 타라의 쇠약함과 감각 손실이 기능성 신경장애와 완전히 일치함을 알게 되었다. 신경, 근육, 척추, 뇌 손상이 특별한 유형의 신경 질환을 유발할 수 있으며, 이는 상당히 복잡한 신경계의 해부학적 배열에 따른 것이다. 예컨대 척추 한쪽에 손상이 있으면 관절 위치에 있는 신경 경로에 영향을 미쳐 몸의 균형에만 이상이 생기지만, 손상이 척추 이외의 다른 부위에 생길 경우 균형에는 상대적으로 별문제가 생기지 않는 대신 마비를 일으킬 수 있다. 말하자면 뇌의 한쪽에 생긴 손상이 반대쪽에 증상을 가져올 수도 있는 것이다. 어쨌든 타라의 감각 손실과 근육 약화는 해부학적으로 불가능하다. 더구나 힘을 쓰는 것과 같은 의식적인 통제를 받는 임상적인 징후들과 반사작용 등의 무의식적인 통제를 받는 징후들

간에도 크게 들어맞지 않는 부분이 있었다. 타라의 반사작용은 전혀 움직이지 못하는 팔다리에서도 정상이었다. 나는 진찰 결과 병이 진행할 수 없는, 징후들의 긍정적인 불일치를 바탕으로 기능성 신경장애라는 진단을 내렸다. 영상을 통해 본 타라의 디스크는 등허리 아주 아래쪽에 있고 척수 근처에는 전혀 없었다. 따라서 팔은 물론이고 두 다리에 모두 마비를 일으키는 건 불가능한 일이었다. 아마 전에 타라를 맡았던 의사들도 같은 생각으로 그녀를 보수적으로 치료한 나머지 계속해서 물리치료를 권한 것 같았다.

타라가 내게 자기 사연을 들려주면서 다른 의사들의 말 때문에 마비가 온 거라고 한 것은 아니었다. 젊은 여성인 그녀가 다리를 쓰지 못하게 된 건 의료적으로 응급 상황에 속했고 철저하게 검사도 받았으므로 의사 중 적어도 한 명은 그녀에게 진단을 내리는 게 당연했다. 나는 그 진단이 무엇인지 물었다.

"척추 디스크 탈출증이에요." 타라는 내가 알아듣지 못한 것처럼 같은 말만 반복했다.

"누군가 기능성 신경장애일 수 있다는 얘기는 하지 않던가요?" 내가 물었다.

타라는 그런 진단을 받은 적이 없다고 했다.

"누군가 심리적인 거라는 말은 했어요. 하지만 그건 뭐가 문제인지 모르겠다는 뜻이었죠! 어떻게 스트레스 때문에 이렇게 될 수 있겠어요?!" 타라는 누가 자기한테 그런 말을 할 수 있다는 게 너무나 놀랍다는 듯이 말했다.

타라가 당황하는 것도 이해가 간다. 근골격 허리 통증과 디스크 탈출증으로 시작된 그녀의 병을 심리적인 장애라고 했으니 누구라도 이해하기 힘들었을 것이다. '심인성'과 '심리적인'이라는 단어가 주는 혼란스러움, 그리고 신체적·심리적 질병 간의 인위적인 분리

탓에 타라는 사람들이 자신의 마비된 다리에서 프로이트 식의 숨은 의미를 찾으려 한다는 두려움에 내몰린 것이다.

캐린과 달리 타라의 장애는 스트레스에서 비롯된 것이 아니다. 타라의 기능성 장애는 순전히 근육 결림과 디스크 탈출증이라는 신체적인 질병으로 시작되었다. 그러다 신체만이 아닌 심리적인 결과까지 발달하게 된 것이다.

몸이 건강할 때는 그것을 당연하게 받아들인다. 우리는 별생각 없이도 아주 효과적으로 기능할 수 있다.

우리 몸은 다양한 변화를 겪으며, 뇌는 이를 정상으로 보고 적절히 무시한다. 층계를 오를 때 가끔 느끼는 가슴 두근거림, 불편한 의자에 앉을 때의 작은 허리 통증, 다이어트로 생긴 배변 습관의 변화, 갑자기 일어설 때 느끼는 현기증, 이런 건 매일 다양한 정도로 일어나는 수많은 작은 신체 감각 중 일부에 속한다. 이런 변화들이 신체의 백색 소음을 방해되지 않는 지속적인 배경으로 만든다. 우리가 이 소음을 인식하는 경우는 드물다. 만약 그렇지 않다면 정말 무슨 일이 생겨 우리의 관심을 끈 것이다.

늘 별일 없이 지내며 자신의 건강을 신뢰하는 사람이라면 자신의 움직임이나 환경에 대한 몸의 반응에 거의 신경을 쓰지 않을 것이다. 하지만 그럴 만한 이유가 생긴다면 몸의 변화에 대한 태도 역시 달라질 수 있다. 최근 심각한 심장 질환을 진단받은 친척이 있는 사람은 평소에 별로 신경 쓰지 않던 심장 두근거림도 그냥 지나치기 힘들어질 것이다. 또 암에서 회복 중인 사람은 피로가 뭔가 불길한 신호일 수 있다며 걱정할 것이다.

몸은 늘 존재하는 잠재적인 증상들을 보여준다. 어떤 이가 자기 몸에 필요 이상의 주의를 기울이고 백색 소음 속에서 한 가지 감각을 끄집어내 여러 병원을 찾아다니기 시작하는 데는 많은 이유가 있다.

일단 자기 자신이 몸의 변화를 비정상이라고 판단하면 증상이 되는 것이다. 허리 통증이나 디스크 탈출증이 있는 사람은 평소보다 자기 다리에 더 주의를 기울일 것이다. 디스크가 신경을 관통한다고 믿는 사람은 신경 손상의 신호가 있는지 다리 감각을 확인해볼 것이다. 찾으면 발견하게 된다.

이미 언급했듯이 감각 자극의 처리는 무의식적인 통제의 대상일 때가 많다. 우리가 아직 주의를 기울이지 않았다는 건 여과의 개념 때문이다. 언제든 가능한 감각 경험의 일부만 의식의 영역에 들어올 수 있다. 지금 내가 앉아 있는 곳 바깥에서는 아이들이 뛰어놀고 있지만, 나는 그 아이들이 떠드는 소리를 거르고 있었기 때문에 그 소리로 정신이 산만해지지 않았다. 의자가 내 살을 누른다는 느낌은 그에 대해 생각하기 전까지는 들지 않았다. 가볍게 다치는 바람에 왼쪽 팔에 살짝 통증이 있지만 잊고 있었다. 나는 내가 책상에 몸을 구부린 자세로 앉아 있다는 사실도 모르고 있었지만, 이제 알아차리고 똑바로 앉으려고 노력하고 있다. 몸의 변화와 가능한 감각 경험은 너무 많다. 우리가 그 모든 것을 생각해야 한다면 어떤 것에도 집중하지 못할 것이다. 따라서 뇌가 그런 과도한 부분을 걸러내는 것이다. 이런 과정 대부분은 무의식 차원에서 이루어진다. 우리가 생각보다 감각에 대한 통제를 훨씬 덜 하고 있다는 것이다. 정보를 걸러내고 자세와 움직임을 통제하는 방식은 모두 우리가 기울이는 관심에 따라 달라진다. 우리는 다리의 느낌이나 움직임, 위치를 매일 신경 쓰며 살지 않는다. 타라는 디스크가 살짝 삐져나와 있었으므로 왼쪽 다리를 걱정한 것이며, 그래서 더 주의를 기울이게 된 것이다. 그리고 그렇게 하자마자 평소라면 뇌에서 여과해버렸을 얼얼함이나 통증에 온통 집중하게 된 것이다. 그런 행동은 걱정을 낳았고, 그런 걱정 때문에 타라는 왼쪽 다리에 더욱더 많은 관심을 기울이게 되었다. 타라가 척추의 해부학적 구조에 관해 많이 아는 건 아니었지만, 디스크가 더 삐져나올까 봐 걱정했고 그래서 몸의 다른 부분에 그런 일이 생긴 게 아닌지 그 흔적을 찾아보기 시작했으며, 왼쪽 다리의 느낌이 이상하다고 생각하기 시작했다.

뒤이어 타라는 몸의 움직임에도 영향을 받게 되었다. 우리는 걷기 같은 복잡한 근육 활동을 당연하게 받아들인다. 이는 걷는 행동이 자동으로 이루어지기 때문이다. 수천 년의 진화 덕에 건강한 유아는 자연스럽게 일어서고 걷는 것을 배우며, 성인은 그런 행동이 얼마나 정교한 과정인지를 잊을 수 있다. 체스 챔피언이 되도록 컴퓨터를 프로그래밍하는 편이 인간의 걸음걸이를 완벽하게 따라 하는 기계를 만드는 일보다 쉽다. 걷는 행동에서 자동적인 특성과 무의식적인 통제를 잃어버린다면 그 과정의 효율이 떨어질 것이다. 예를 들어, 나는 낮은 높이의 담벼락 위는 별 어려움 없이 걸을 수 있지만, 아주 높은 담장 위를 똑같이 걸으라고 하면 평형과 움직임에 신경을 많이 쓰게 될 것이고, 떨어질 위험까지 생길 것이다. 움직임에 대해 생각하면 그 질에 영향을 받게 된다. 타라는 디스크가 다리에 영향을 줄 거란 걱정에 자기 움직임에 점점 더 많은 주의를 기울이게 되었고, 결과적으로 부자연스러울 정도로 불편하다고 느끼기 시작했다. 과도한 각성 상태가 걸음걸이의 자연스러움을 방해한 것이다. 복잡한 움직임이 있는 활동은 몸이 기억하는 절차기억procedural memory(근육기억 muscle memory)에 따라 이루어지며, 자전거 타기처럼 특별히 그에 대해 생각하지 않아도 할 수 있다. 그러나 이런 기억은 잊히곤 한다.

나는 타라와 이야기를 더 나눌수록 악순환이 얼마나 심해지고 있었는지 더 잘 이해할 수 있었다. 그녀에게 장애가 생긴 이유는 여러 가지였다. 통증 때문에 걸음걸이가 달라진 것이지만 그보다 심각했던 건 자기 몸에 대해 생각하는 방식 또한 바뀌었다는 것이다. 타라는 활동을 줄였고, 그에 따라 근육이 약해졌다. 병에 익숙하지 않았던 그녀는 두려워졌다. 디스크 탈출증이 있다는 사실을 알았을 땐 심한 충격을 받았다. 늙은 기분이었다.

그녀의 어머니는 관절염으로 수십 년간 통증에 시달렸다. 타라는 그와 유사한 쇠퇴의 시작일까 봐 두려웠다. 그리고 누군가 그녀의 디스크가 '불안정하게 움직인다고' 했을 때 그 말이 머릿속에 생생하고 선명한 이야기를 만들어냈다. 그녀는 자신이 움직일 때 디스크도 움직이는 모습이 마음의 눈으로 보이는 것 같았다. 날카로워진 신경 때문에 시작되었고, 해부학에 대해 자신이 안다고 생각하는 믿음과 가족사로 인해 더 심해진, 타라 스스로 지어낸 이야기는 독에 중독된 우라늄 광산에 대한 두려움이나 그리지시크니스 같은 이야기만큼 강력했다. 타라는 디스크가 척수에 점점 더 가까워지는 모습이 눈앞에 그려졌다. 나머지 과정은 생리적인 속임수와 뇌의 장애에 의해 진행되었다.

나는 내가 내린 진단을 타라에게 설명하면서, 통증 때문에 그녀가 감각과 움직임에 지나치게 각성 상태가 돼서 말 그대로 뇌의 기능이 억제돼 더는 움직이는 활동을 효과적으로 할 수 없게 된 것이라고 했다. 나는 그 반대도 가능하다는 것 역시 설명했다. 운동을 배우듯 그녀도 다시 정상적으로 걷는 법을 배울 수 있다고 말해주었다. 타라는 의심스러워하는 눈치였다. 치료를 받으려면 집중적인 물리치료가 필요하다는 언급은 잠시 피했다. 그녀가 자신을 망쳐놓았다고 생각하는 이전 의사들과 나를 결부시키게 하고 싶지 않았다.

"제 병은 디스크에요, 디스크여야 한다고요." 타라가 반박했다.

물론 그녀 말이 맞다. 디스크는 타라의 병을 발달시키는 중심축이었다. 하지만 디스크가 그녀의 척수를 누르고 있어서가 아니었다. 디스크 때문에 인지와 반응이라는 고리가 생겨난 것이다. 만약 이 고리가 없었다면 어떤 일도 일어나지 않았을 것이다. 심리적이라는 용어를 아주 넓은 의미로 본다면 타라의 병은 심리적인 원인에서 생긴 것이다. 즉 정신에 속하는 인지 과정(특히 주의와 인식)이 문제의 발달에 필수적인 요소였다 할 수 있다. 염려 역시 매우 중요했는데 그 이유는 염려로 인해 타라가 자기 다리에 주의를 기울였기 때문이다. 단, 여기서 심리적이라는 건 이 용어를 부정적이거나 환원적으로 잘못 해석하는 그런 의미에서가 아니다. 많은 이가 '심리적'이라고 하면 심각한 사회적 스트레스 요인이나 정신적인 취약함 또는 정신병이 있다는 뜻으로 받아들인다. 그러나 타라의 사례는 그런 것이 아니었다. 그래서 타라도 내 첫 진단을 거부했다. 타라가 이해해야 했던 가장 중요한 점은 그녀가 걷지 못하는 증상이 뇌의 생리적인 변화 때문에 생긴 것이지, 위키피디아에서 언급할 만한 어떤 정신적 취약함 같은 이유에서 생긴 것이 아니라는 거였다.

캐린의 심장 질환을 기질성이라 하고 타라의 마비된 다리를 비기질성이라고 하는 건 오해의 소지가 있다. 이런 모든 질병이 개념화되는 방식에 문제가 있는 것이다. 내가 그리지시크니스와 체념증후군, 크라스노고르스크의 수면증을 문화적 원형에 따라 혹은 고통의 언어화에 의해 불안이 구현된 것이라고 하면, 이 말이 잘못 해석될 수도 있음을 나는 알고 있다. 데카르트의 비육체적인 정신이라는 개념에서 나오는 혼란스러운 꾀병의 범주에 이 병들을 빠뜨리게 하는 것인지 모르지만, 사실 나는 그 반대를 의미하는 것이다. 이 병들은 다른 어떤 질병과 마찬가지로 실재한다. 인식 과정의 불완전성에서 생겨난 질환들이며 그에 따라 생리적인 변화가 나타나는 것이다.

기질성은 실재하는 것이고 비기질성은 실재하는 게 아니라는 생각에서 똑같이 우려되는 부분은, 그렇다면 비기질성은 덜 심각하고 장애도 덜하다고 여기게 된다는 점이다. 심인성 질환이라는 진단을 꺼리는 사람들이 흔히 하는 반박은 '심리적'이라고 보기엔 증상이 너무 심각하다는 것이다. 하지만 병의 심각성이나 장애가 만성인 정도와 병의 진행 유형은 무관하다. 다발성경화증이 있는 사람에게 증상이 적게 나타날 수도 있고, 기질성 신경장애를 앓는 사람이 몸져누울 수도 있다. 해리성 발작은 보통 간질일 때 일어나는 발작보다 더 오래가고 빈번하며 입원이 필요한 경우도 더 많다. '심인성'과 '기능성'이라고 해서 덜 심각하거나 장애가 덜하다는 의미는 전혀 아니다.

타라가 자신에게 생긴 마비의 원인에 대해 나와 대화하면서 말했다. "제가 어떻게 저 자신한테 이렇게 할 수 있겠어요? 만약 심리적인 거라면 당연히 이제 그만하라고 하지 않겠어요?" 물론 타라의 문제가 스스로 만들어낸 것은 아니다. 심인성 장애가 대부분 자기 제어가 가능하므로 장애가 계속될 수는 없다는 흔히 잘못 알고 있는 믿음을 타라도 갖고 있던 것뿐이다. 사실 많은 이에게 심인성 장애는 저절로 계속되는 현상이며 그래서 흔히 만성이 된다.

타라는 자기 뇌에 안전장치가 있어서 뇌가 제대로 작동하지 않는 상태가 오래 지속되면 안전장치가 개입할 것으로 기대하는 것이다. 마치 숨을 참으면 이산화탄소 수치가 올라가 뇌간에서 응급 상황을 감지하고 숨을 쉬게 만드는 것처럼 말이다. 그러나 심인성 장애는 그런 식으로 진행되지 않는다. 어떤 이들은 회복되지만, 어떤 이들은 아픈 경험으로 인해 그 증상이 더 강화된다. 환자가 문제에 대해 생각하는 방식은 사회적·의학적인 상호작용을 통해 형성되며, 그로 인해 상황이 더욱 악화할 수 있다. 이것 역시 우리의 즉각적인 통제를 벗어난 생리적인 과정이다.

정신의학자인 로런스 커메이어Laurence Kirmayer는 순환고리의 개념을 사용해 얼마나 복잡한 질병 행동이 나타날 수 있으며 시간이 흐르면서 그 행동이 강화될 수 있는지를 설명했다. 커메이어의 말로는

"우리가 자신의 경험을 이야기하는 방식은 사회적인 세상에서 다른 이들과 상호작용하는 데 영향을 미치며, 또 이런 상호작용이 우리의 경험을 다시 만들어낸다."

피드백 고리는 기능성 증상들이 여러 차원에서 발생하도록 상황을 악화한다. 때로는 순전히 생리적인 경우도 있다. 자율신경계와 시상하부-뇌하수체축은 경험과 감정에 반응한다. 시상하부-뇌하수체축에 내재된 피드백 고리는 장기적으로 자체적인 반응을 조절하도록 디자인되어 있다. 주의 편중attentional bias 같은 과정은 스스로 작동할 때가 많다. 그래서 더 주목할수록 주의를 더 기울이게 되는 것이다. 이는 생물학적 차원에서 존재하는 내적인 피드백 고리라 할 수 있다.

이런 고리를 만들고 기능성 장애를 악화시키는 또 다른 요소는 환경적이고 외부적인 요인들이다. 가족, 의료 전문가, 의학적 검사, 그에 따라 받게 되는 치료, 환자에게서 얻는 의학 지식, 사회적인 태도, 보험, 장애 수당과 같은 실질적인 문제, 이런 것들과의 사회적인 상호작용이 이에 해당한다. 이러한 외부 요인들이 생리적인 과정에 피드백을 제공해 병의 진행에 영향을 미친다. 타라도 더 많은 검사를 받고 의사들의 설명을 더 못 받아들일수록 더 혼란스럽고 불안한 상태가 되었다. 그리고 그럴수록 타라의 증상에 대한 탐색이 훨씬 더 심해지기만 했다. 그리고 의사들은 자신도 모르게 이 악순환을 부추기고 있었다.

다행히 캐린과 타라는 이 고리를 끊어냈다. 두 여성이 고비를 넘길 수 있었던 이유는 서로 다른데, 이는 두 여성 각자에게 특별한 의료 문제를 일으킨 일련의 사건들 또한 다르다는 것을 보여준다. 캐린은 생명 유지를 위해 집중적인 약물치료와 물리치료가 최우선으로 필요했다. 캐린의 심장 근육은 회복되었고, 정상적인 모양으로 돌아왔다. 나중에는 외부적인 스트레스 요인을 경감하기 위해 사회적인 변화도 구축했다. 심리적인 지원과 운동, 생활양식의 변화는 상황의 개선으로 이어졌지만, 삶의 취약성에 대한 공포는 완전히 털어내지 못했다. 그래도 그런 경험을 통해 캐린은 자기 몸에 좀더 긴밀히 귀를 기울이게 되었고, 상황이 버거울 땐 주의하게 되었다.

타라는 지나치게 주의를 기울이지 않기 위해 거의 정반대 과정을 배워야 했다. 그녀는 결국 다른 물리치료사를 만났고 다시 걷는 법을 배웠다. 그렇게 잘못된 습관을 버리는 법을 배워야 했다. 주의를 돌리는 게 문제를 푸는 실마리가 되곤 했다. 타라는 걸을 때 음악을 듣기 시작했고, 그러면서 몸의 움직임에 신경 쓰지 않게 되어 더 편하고 리듬감 있는 걸음걸이를 회복했다. 허리 통증이 완전히 사라지지는 않았지만, 심리학자의 도움을 받으며 통증을 느낄 때 다르게 반응하는 법을 배웠다. 인지행동치료는 신체 증상에 대한 과도한 각성 상태라는 악순환을 깨뜨리는 데 도움이 되었다.

기능성 신경장애와 심인성 장애는 인간의 인식체계에서 발생한 오류에 대한 잘못된 반응이 겉으로 드러나면서 생기는 경우가 많다. 뇌는 오직 몸을 통한 표현만 가능하며, 몸과 환경 간의 상호작용에 의해서만 학습이 이루어질 수 있다.

우리는 여러 시도를 하고 반응하며 일이 어떻게 진행되는지 본 다음 첫 번째 시도에서 얻은 내용을 토대로 그 모든 과정을 다시 되풀이한다. 우리 뇌는 꽤 영리해서 사실 그 능력이 어디까지인지 짐작도 할 수 없다. 뇌에서 우리에게 쏟아내는 신호들은 너무 복잡하고 교묘해 알아차리기가 무척 힘들다. 그래서 나는 우리가 뇌를 잘 이해하지 못할 때보다 그렇게 자주 제대로 이해할 때가 사실 더 놀랍다.

체념증후군은 순환고리의 영향력이 얼마나 강력한지를 보여주는 극단적인 예다. 이미 언급했듯이 플로라와 케지아는 더 나아지지 않은 채로 6년째 병상에 있다. 이들에게는 부모와 의사, 사회사업가가 할 수 있는 것보다 훨씬 더 큰 해결책이 필요해 보인다. 로런스 커메이어는 체념증후군에 대한 자신의 글에서 이 문제가 해결되기 위해서는 가족, 공동체, 의료보장제도 간의 모든 상호작용에 대한 더 정교한 사회생태학적 분석이 필요하다고 주장했다.

플로라와 케지아가 걱정스러운 이유는 그들의 몸이 겪은 생리적인 변화가 그렇게 오랜 시간이 흐른 뒤 다시 회복될 수 있을지 확신하기 힘들기 때문이다. 체념증후군을 앓는 아이들은 언젠가 깨어나기는 한다. 시간이 흐를수록 움직이는 기능도 완전히 되찾지만, 심리적인 회복이 그만큼 완전하게 이루어진다는 내용은 어떤 연구에서도 확인된 바 없다. 물론 나도 훈련을 통해 병에서 회복된 몸을 정상으로 돌아가게 할 수 있다는 데 동의한다. 그러나 심장은 어떤가? 뇌는 경험에 의해 형성된다. 20대가 되기 전에는 충분히 성숙해지지 않는다. 어린 시절 내내 뇌는 가장 영향 받기 쉬운 상태에 있으며, 세상 자체를 각인하듯 받아들일 수 있다. 아이들이 즐기는 모든 게임, 감수하는 위험, 사회적인 상호작용을 통해 신경망들이 서로 연결되면서 성인으로 살아가는 데 매우 중요한 지식과 정서적인 성숙이 이루어진다. 플로라와 케지아는 이처럼 발달 과정에서 겪는 중요한 경험들의 도움 없이 성인기를 맞을 심각한 위험에 처한 것이다. 기질적·심리적이라는 의학적 질환의 인위적인 분리가 사회와 의료계에서 누구 책임인가를 논하는 사이 환자들은 놀라울 만큼 손쉽게 적극적인 치료도 없이 방치된다. 환자인 아이들은 정보를 수동적으로 받아들인다. 따라서 나는 누군가 그들에게 새로운 이야기, 신체화할 수 있는 새로운 서사를 이야기해줌으로써 그들을 사로잡고 있는 악순환의 고리를 끊어내도록 하는 길이 최선의 희망이라 생각한다.

5

얼룩말이 아닌, 그냥 말

미국 외교관들의 아바나증후군과 비밀 무기

근거

정보와 진단의 용인된 출처

2017년 8월, CBS 뉴스는 쿠바에 있는 미국 국무부 직원들 여러 명이 아직 원인이 규명되지 않은 심각한 의료 문제를 겪고 있다는 내용의 기사를 내보냈다. 보도는 모호하고 불길했다. 무언가 일이 벌어지고 있었지만, 그것이 무엇인지 말해주지 않았다. 8월 10일 CNN 뉴스는 좀더 명확하게 아바나에 있는 미국 외교관들을 대상으로 한 공격이 의심된다고 보도했으며, NBC는 "미국이 불가사의한 '공격'의 징후를 파악하고 쿠바에 있는 대사관 직원들을 본국으로 불러들이고 있다"고 발표했다.

쿠바에 있는 미국 외교관들이 일련의 유사한 증상, 즉 두통, 귀통증, 청각장애, 현기증, 이명, 휘청거림, 시각 장애, 기억력 저하, 집중력 저하, 피로 등을 보이는 병에 걸린 것은 2016년 12월부터였다. 여섯 달 동안 17명의 사례가 있었다. 대사관의 의학 부서에서는 병의 원인을 설명하지 못했고, 이 병에 걸린 많은 환자가 미국으로 돌아갔다. 대사관에는 두 팀의 의사들이 있었다. 한 팀은 폭발 상해를 전문으로 다루는 이비인후과 의사인 마이클 호퍼Michael Hoffer가, 그리고 다른 한 팀은 뇌진탕을 전문으로 다루는 신경외과 의사인 더글러스 H. 스미스Douglas H. Smith가 이끌었다. 두 팀은 각각 다른 기관에서 근무했지만 유사한 결론에 도달했다. 이 질환은 전에 없던 새로운 증후군에 해당하는 독특한 증상들을 보였다. '복합 뇌신경망 장애complex brain network disorder'라 불린 이 질환은 '외상성 뇌 손상'과 증상이 일치했지만, 환자들 누구에게도 뇌 손상의 병력은 없었다.

원인은 무엇이었을까? 사례들이 서로 관련되어야 했다. 환자들이 미국이나 캐나다 국무부 직원들이라는 확실한 연관성 외에 그들에게는 또 다른 한 가지 공통된 경험이 있었다. 거의 모든 환자가 증상 시작 전 이상한 소음을 들었다고 보고한 것이다. 이후 환자들은 이 소음을 삐걱거리는 소리, 커다란 전화벨 소리, 매미 소리 같은 높은 음의 우는 소리 등 아주 다양한 소리로 표현했다. 어떤 환자는 소리가 들리면 누군가한테 조종되는 느낌이 들었고, 그가 자기 집 주변까지 따라오는 것 같았다고 했다. 또 다른 이들은 한 곳에서 들릴 때는 소리가 벽에서 나는 것 같다가도 자리를 옮기면 더는 소리가 안났다고 말했다. 한밤중에 시끄러운 벨 소리가 들려 깼다고 하는 사람도 있었다. 어떤 소리도 계속되진 않았지만, 피해자들의 생생한 증언에 따라 당국은 그들이 어떤 종류의 음에너지나 음파 공격의 영향을 받은 것이라고 추정했다. 조사에 관여한 정보국과 의료 전문가들은 그런 공격이 매우 유례없는 일이지만 가능성은 있다고 말했다. 수색이 시작되었다. FBI와 CIA가 무기의 흔적을 찾아 외교관들의 집과 호텔을 샅샅이 뒤졌으나 어떤 증거도 발견하지 못했다. 의료 전문가들은 더 정교한 조사 기술을 사용해 환자들에게 음파 공격의 후유증이 남아 있는지 살폈다. 새로운 피해자가 처음에는 쿠바에서 나왔고 이어 중국에서 나타났을 때는 상황이 훨씬 더 긴박해졌다.

공격이 의심된다는 뉴스가 공개된 이후, 세계 언론은 이 일에 주목했고, 한동안 관심이 집중되었다. 2017년 9월 BBC 방송국에서는 〈쿠바 외교관들에게 가해진 최근의 '음파 공격'에 대한 세부 사항을 미국이 밝힌다〉라는 제목의 보도를 했고, ABC 뉴스는 시청자들에게 〈미국 공무원들이 쿠바에서 여전히 불가사의한 병에 시달리고 있으며 '바이러스'나 '초음파'가 원인이라는 가능성에 문을 열어두고 있다〉라는 제목의 보도를 했다. 결국, 이 현상은 자연스럽게 아바나증후군Havana syndrome으로 분류되었다.

한편, 이 놀랄 만한 사건에 반응해 미국 정치계의 최고위급 인사들이 공개적인 진술을 했다. 마르코 루비오Marco Rubio 상원의원은 공청회를 열어 미국이 공격을 '받은' 것이며 쿠바인들은 자신들이 그에 대한 책임이 있거나 아니면 누가 한 소행인지 알고 있을 거라고 주장했다. 기자들이 이 일에 대해 질문하자 트럼프 대통령은 "쿠바에서 아주 안 좋은 어떤 일들이 일어나고 있습니다"라며 극적인 사건에 설익은 언급을 내놓았다. 한편, 쿠바의 고위 관리들은 외교관들의 병에 대해 자신들이 알거나 연루되어 있다는 의혹을 부인했다.

이제 의사, 물리학자, 무기 전문가, 엔지니어 같은 전문가들이 상황에 대한 자신들의 분석을 이야기하기 시작했다. 단 한 가지도 일치되지 않았지만 뚜렷한 주제들이 부각되었다. 첫째, 이런 공격에 필요한 유형의 어떤 음파 무기도 그 존재가 알려지지 않았다. 둘째, 음향 무기 이론에서 훨씬 더 문제가 되는 것은 소리라는 것이 뇌에 해를 미치지 않는다고 알려져 있다는 점이다. 따라서 외교관들이 소리를 들은 것과 의사들이 외교관들의 뇌에 손상이 있다고 한 발언 사이에 어떤 연관성을 찾기는 힘들다. 한편, 집단 히스테리라는 진단은 초기부터 제기되어왔다. 미국 국립신경질환뇌졸중연구소National Institute of Neurological Disorders의 인간운동제어부서human motor control section 수장인 마크 핼릿Mark Hallett은 《가디언the Guardian》에 "객관적인 시각에서 볼 때, 다른 게 아니라 집단 히스테리로 보입니다"라고 언급했다.

2018년 2월, 아바나증후군의 검사 결과와 환자의 특징 등 임상적으로 나타난 모든 자료가 21명의 피해자 신상과 함께 게재된 논문이 《미국의학협회지*Journal of the American Medical Association*》에 실리며 일반에 공개되었다. 이 논문에서는 "이 환자들은 관련된 머리 외상 없이 뇌 신경망에 손상이 퍼진 것으로 보인다"라는 결론을 내렸다. 또 집단 히스테리에 대해서는 정면으로 반박하며 "신경학적 검사와 인지 테스트 결과 꾀병이라는 어떤 증거도 발견되지 않았다. … 환자들은 의료 전문가들이 병가를 권하는데도 일을 쉬기보다 대부분 잠시나마 근무를 계속하거나 종일 근무로 복귀했다"고 했다.

뇌 손상이라고 단호하게 결론 내렸음에도 불구하고, 논문에 기술된 어떤 검사에서도 뇌 손상을 입증하는 내용은 없었다. 뇌 정밀검사 결과는 모두 정상이었다. 논문 어디서도 뇌 질환의 존재가 확실히 언급되어 있지 않았다. 많은 신경학적 진단이 대부분 추정과 임상적인 관찰에 근거를 두는 만큼 뇌 질환임을 확인하기가 그리 어렵지 않은 데도 전혀 거론되지 않은 것이다. 논문의 주요 필자 중 한 명인 스미스 박사는 환자들을 보기 전까지는 이 모든 이야기가 매우 의심스러웠다고 말했다. 그러나 환자들을 만난 후 "이들 가운데 이 일을 사실이라고 여기지 않는 사람은 단 한 명도 없음을" 깨달았다고 했다. 또 이어서 "이런 증상들을 모두 인위적으로 꾸며내려면 연구와 연습을 하고, 가장 능숙한 연기자가 되어 전문가 한 사람 한 사람을 납득시켜야 할 것이다"라는 말도 덧붙였다. 그래도 여전히 증거 부족과 음파에 의한 뇌 손상이라는 해석에 대한 불신으로 인해 여러 분야의 외부 의료 전문가들은 이 증후군이 집단 히스테리, 혹은 더 현대화된 이름으로 말하면 집단심인성질환이라고 더욱 강하게 주장한다.

논쟁이 격해지면서 급기야 매우 심각한 정치적 결과로 이어지기도 했다. 미국에서는 쿠바 대사관의 기존 직원을 반으로 줄이고 핵심적인 서비스만 남겨두었다. 특히 비자 처리 사무가 영향을 받아 결과적으로 여행에도 그 파장이 미쳤다. 미국에서 쿠바로 가는 여행객의 폭발적인 증가세가 주춤해졌고, 미국은 워싱턴에서 쿠바 외교관들을 추방하기 시작했다. 쿠바 전문가들이 자기 나라의 잘못을 완전히 부인하면서, 이미 취약해진 관계가 틀어지기 시작했다. 이런 상황이 개선되려면 누군가 무기를 찾아내든가 어떤 진단이든 그 진단의 근거를 찾아내야 했다.

정치인들과 언론인들 사이에 공방이 계속되는 동안 스미스 박사의 연구팀도 객관적인 증거를 찾기 위한 연구를 이어갔다. 거의 18개월이 지난 후 이 연구팀은 《미국의학협회지》에 두 번째 논문을 발표했다. 이 논문에서는 일부 외교관 환자들의 좀더 진전된 뇌 신경 영상 결과물들을 볼 수 있었다. 대조군과 비교하면 이들의 뇌 부피가 줄어든 것처럼 나타나 있었다. 이게 증거일까? 저자는 증거라 하지는 않고, 심화 연구가 필요하다는 결론만 내렸다. 이것은 불완전한 퍼즐의 또 다른 잘못된 조각이었다. 그러나 이 논문은 다시 한번 신문사들의 넘쳐나는 대서특필로 이어졌고, 각 신문사는 자신들의 견해를 최대한 뒷받침할 만한 내용만 결론에서 골라냈다. 〈뇌 영상을 보면 쿠바에서의 이 불가사의한 '음파 공격'이 사실임을 알 수 있다〉라는 제목으로 환자들의 뇌 신경 영상이 확실히 비정상적이었다고 강조하는 이들도 있었고, 〈아직은 은박지 모자를 쓰지 마십시오〉라는 표제로 논문을 좀더 회의적으로 보는 신문사들도 있었다.

나 역시 아바나증후군의 원인이 무엇인지 확실히 아는 것은 아니지만, 다른 어떤 해석보다 기능성 신경장애나 집단심인성질환일 거라 말하는 전문가들의 의견에 강하게 동의한다. 하지만 나는 아직 진단의 증거가 없다 해도 아바나 사건에서 배워야 할 점이 많다고 생각한다. 내가 볼 때 이 사건과 관련해서는 여러 사람이 정치, 무역, 그리고 아마도 무엇보다 자존심이라는 덫에 걸린 것 같다. 그리고 그중 일부는 아직도 그 덫에 걸려 있다.

이 이야기의 중심축인 음파 무기부터 살펴보자. 초반부터 무기 전문가들은 공격에 사용되었다고 의심한 그런 종류의 무기는 존재하지 않는다고 아주 분명하게 이야기했다. 의료 전문가들 역시 소리가 뇌 손상을 가져오진 않는다는 점을 확실히 했다. 사실 스미스 박사 연구팀도 그들이 발표한 첫 논문에서 소리를 문제의 뇌 신경망 장애와 관련짓기는 어렵다고 분명히 인정했다. 저자는 본문에서 "우리가 들을 수 있는 범위의 소리가 중추신경계에 영구적인 손상을 준다고 알려져 있지는 않다"라고 썼다.

만약 이 이야기의 중심인 의사들을 포함해 모든 사람이 음파 무기가 말이 안 된다는 데 동의한다면, 어떻게 이 조사가 이렇게 오랫동안 사람들의 주목을 끌 수 있었을까? 내 생각에는 일반적으로 가짜 뉴스들이 그렇듯 정치적으로 편리하고 간편하며 비전문가들이 쉽게 믿을 만한 면이 있었기 때문인 것 같다. 서로 의심하는 두 나라 간의 오래된 정치 풍토에 딱 들어맞는 이야기였던 것이다. 또한, 흥미롭고 논란을 일으킬 만한 이야기이기도 했다. 첩보 기술은 언론이 볼 때 아주 흥분되는 소재였다. 조사에 관련된 모든 이가 틀림없이 어떤 음모의 끝에 서 있다는 느낌을 받았을 것이다. 나 역시 이런 감정이 어쩔 수 없이 느껴지는 것이며, 그들이 이제는 다 그만두고 다시 정상적인 상태로 돌아갈 각오를 하기 위해 몸부림치고 있으리라 생각한다.

소리로 공격하는 무기가 존재하지 않으며 소리가 뇌에 해를 끼치지 않는다는 불편한 진실을 공동체가 외면할 수 있다는 것 역시 인지부조화cognitive dissonance 경험에 대한 흔한 반응이라 할 수 있다. 인지부조화는 우리가 지닌 강한 신념에 반하는 정보와 마주할 때 느끼는 불편함을 말한다. 인지부조화로 생기는 이런 불편한 느낌은 처음에는 비합리적인 의견이나 선택처럼 여길 수 있지만, 다시 합리적이라고 받아들이는 경우도 많다.

음파 무기가 확실히 존재한다는 것과 같은 잘못된 믿음은 많은 기능성 장애 발달의 핵심이라 할 수 있다. 이러한 믿음은 병에 대한 기대를 만들어내는데, 이것은 뇌에 각인된다. 타라는 디스크의 위치를 볼 때 사실 불가능한 일인데도 디스크가 척수를 관통할 수 있을 거란 잘못된 믿음을 가지고 있었다. 이 믿음이 너무 강했던 타라는 전문가의 의견을 일축할 방법을 찾았다. 그리고 자신의 의견을 뒷받침할 어떤 정보든 찾아내 그것을 부각했다. 같은 방식으로 음파 무기론을 유지하기 위해서는 상상력의 인상적인 비약이 필요했다.

음파 무기 서사는 최초의 환자, 즉 최초 감염자patient zero에 대한 설명에서 비롯된 것으로 보인다. 여기서 기억해야 할 중요한 점은 최초 감염자는 이후의 환자들과는 다른 의학적 문제가 있을 때가 많다는 사실이다. 어쨌든 이들이 멍석을 깔아주는 셈이다. 최초 감염자들은 병의 원형을 만들며, 미래의 희생자들은 무의식적으로 이 원형에서 자신들의 증상을 끄집어낸다. 최초 감염자가 왜 갑자기 현기증과 청각장애, 이명, 평형감각의 상실, 피로 증상을 얻게 되었는지는 나도 알 수 없다. 어쨌든 최초 감염자는 자신의 증상을 소리를 듣는 일과 결부시켰다. 그리고 여기서 세 가지 가능한 시나리오가 만들어졌다.

첫 번째 시나리오는 최초의 환자가 실제로 첩자의 공격을 받았다는 것으로, 어떤 공격을 받았든 이와 관련된 소리가 발생했다는 것이다. 첩자와 정치인들에 가해진 공격은 현실에서 입증된 바 있으며, 소리가 신경계에 손상을 주는 도구는 아니더라도 다른 어떤 공격의 부산물일 수 있다는 것이다. 나는 이 해석을 선호하지 않지만, 그래도 가능성 안에는 이를 포함하려 한다.

두 번째로 가능한 시나리오를 살펴보자. 첫 번째 환자는 여러 이유로 병에 걸릴 수 있는데, 그 이유를 찾는 과정에서 이상한 소리를 들은 일을 기억한다고 했다. 우리 뇌는 혼돈을 싫어해서 늘 어떤 일이 왜 발생했는지를 알고 싶어 한다. 또 그렇게 이유를 설명하기 위해 최근의 경험을 탐색하는 게 인간 본성이다. 새로 어떤 진단을 받은 사람들은 그 책임을 전가하기 위해 최근의 사소한 부상이나 어떤 환경에 노출된 경험을 떠올릴 때가 많다. 그러나 사실 많은 병이 그저 우연히 발생했을 뿐이다. 우리는 살아가면서 설명할 수 없는 많은 소리를 듣게 되지만, 어떤 심각한 병에 걸리기 직전에 들은 이상한 소리는 더 기억하기 쉽다. 이는 회상 편향recall bias이라는 것으로, 인생에서 중요한 사건 직전에 생긴 작은 일들에 원래 가치보다 훨씬 더 큰 의미를 부여하는 것을 말한다. 사실 이 시나리오에서 소리는 회상 편향으로 두드러져 보인 것이라 할 수 있다.

세 번째 가능한 시나리오는 첫 번째 환자의 병이 처음부터 기능성으로 의심되는, 공격에 대한 불안 때문에 생겼다는 것이다. 그 사람이 공격받을 위험이 있는 사람이라면 갑자기 어떤 소리를 듣고 걱정한다. 자기 몸에서 손상 입은 부위를 찾게 될 수 있다. 신체적인 변화는 우리가 찾으려 하면 늘 눈에 띄는 법이다. 평소에는 신경 쓰지 않던 신체 증상의 목록을 계속 만들어내는 이것이 바로 뒤에서 다시 언급하게 될 백색 소음이다.

병의 발생과 관련하여 최초의 환자가 소리를 들은 일과 증상의 시작을 결부시킨 일이 옳은지 아닌지는 중요하지 않다. 소리나 병 중 어떤 것이 먼저인지도 문제가 아니다. 중요한 점은 핵심적인 사람들이 소리와 공격이 서로 관련이 있다고 여긴다는 것이다. 언론의 설명에 따르면, 최초의 환자는 훈련을 받아 비밀 감시에 민감한 사람이므로 그의 증언은 틀림없이 설득력 있고 믿을 만하다는 것이다. 그 최초의 환자가, 혹은 이들로부터 이야기를 들은 누군가가 무기에 관한 생각을 떠올렸을 것이다. 그리고 초기에 이런 믿음을 가지게 된 이들의 이야기는 음모론을 계속 밀고 나갈 수 있을 만큼 호소력이 있었을 것이다. 대사관이 공격을 받는다는 생각은 미국과 쿠바 사이에 수십 년간 계속된 서로에 대한 의심이나 불신과 잘 맞아떨어졌다. 또 표면적으로 볼 때 음파 공격은 적어도 언뜻 꽤 그럴듯했다. 초기에 이 생각을 지지하는 자들의 믿음이 강력했고 겉으로 봤을 때 이런 의견이 상당히 믿을 만했기 때문에 여러 사람이 뒤이어 이 개념의 오류들을 등한시했다. 음파 공격 이론을 계속 고수하려면 전체 시나리오가 절대적으로 불가능하다는 사실을 외면하는 여러 비논리적인 비약이 있어야 했다.

기능성 신경장애는 보통 해부학적·생물학적으로 불가능한 것이며, 이러한 특징이 진단을 내리는 데 중심이 될 때가 많다. 증상은 무의식적으로 생기며 몸의 작동 방식에 대한 사람들의 이해(하지만 이런 이해는 보통 잘못된 것이다)에 근거한다. 사람들이 어떻게 소리가 뇌 손상을 일으킨다고 믿는지는 쉽게 확인할 수 있다. 소리는 귀를 통해 들어오며, 이는 귀가 매개체 역할을 해서 소리가 뇌에까지 간다는 인상을 준다. 음파 무기 이야기는 꽤 매력적인 그림을 펼쳐 보인다. 소음이 귀를 통해 머리로 들어와 뇌에 충격을 준다는 것이다. 그러나 이는 해부학적으로 말이 안 되는 생각이다. 귀는 뇌로 가는 직접적인 매개체가 아니라 피부 같은 감각 기관이다. 소리가 고막에 자극을 주면 고막이 진동해 궁극적으로 소리가 전기 신호로 바뀌며, 이 전기 신호가 신경을 따라 뇌까지 이동하는 것이다. 모든 감각 신호는 신경에 의해 전달되는데, 이는 청각 역시 마찬가지다. 소리 에너지의 파도는 뇌에 직접 도달하지 못하며 마찬가지로 다른 어떤 장기에도 직접 닿지 못한다. 따라서 소리가 선별적으로 뇌에 손상을 준다는 생각은 해부학과 생리학에 대한 잘못된 믿음에 근거한 일종의 민족질병이라 할 수 있다.

물론 시끄러운 소리는 귓속에 있는 유모세포를 손상해 난청을 일으킬 수 있다. 아주 큰 소리에 노출된 사람은 관련 의료 전문가들이 '뇌 신경망 장애'라고 상정하지 않더라도 난청과 현기증을 겪을 수 있다. 그러나 헷갈리는 뇌 손상 이야기와 함께 음파 무기에 의해 귀가 손상된다는 말을 믿으려면 또 다른 몇 가지 불편한 진실을 외면해야 한다. 가장 주목할 만한 점은 '공격' 환경이다. 피해자들은 호텔, 단독 빌라, 아파트 20층 등 다양한 장소에서, 도시 어느 곳에서든 목표가 되었다고 했다. 일례로 국무부에서 근무하기 위해 쿠바로 파견된 의사 한 명은 카프리 호텔에 체크인을 하자마자 소음을 들었다고 했다. 그가 아바나로 가는 일은 발표된 적이 없었다. 그의 이야기에 신빙성이 있으려면 공격한 이들이 그의 도착을 미리 알고 준비했어야 한다. 이와 유사한 사례로 CIA 요원이 사람들로 붐비던 나시오날 호텔에 체크인한 직후 공격을 받았다고 한다. 귀에 손상을 줄 정도로 큰 소리라면 반경 안에 있던 모든 이에게 그 소리가 들려야 했지만, 오직 아바나증후군 피해자들에게만 그 소리가 들렸다. 이런 공격에 필요한 무기는 아주 작거나 멀리 있어서 사람들 눈에 띄지 않아야 했을 것이다. 많은 사람 속에서 피해자들만 골라 공격할 수 있을 만큼 초점도 잘 맞춰야 하며, 벽도 뚫고 지나가는 것이어야 한다. 쿠바 국민이나 호텔과 대사관 직원, 여행객 등 누구도 피해자 말고는 아바나증후군의 영향을 받지 않았다. 눈에 띄지도 않는 무기가 이 모든 일을 해낸 것이다.

또 하나 흥미로운 점은 모두 그렇게 생생하게 묘사하는데도 그

거슬리는 소리를 녹음한 사람이 없다는 사실이다. 정보기관에서 시도했다 실패한 적이 있었지만, 흥분되게도 연합통신사_{Associated Press,} AP에서 자신들이 테이프에 소리를 담는 (FBI나 CIA도 하지 못한) 일을 해냈다고 발표했다. 그들이 녹음한 소리가 여러 텔레비전에서 방영되었고, 아바나증후군 피해자 중 일부는 자신들이 들은 소리가 맞다고 확인까지 해주었다. 그것은 아주 높고 날카로운 소리였지만, 확실히 녹음 과정에서 소리의 강도가 많이 떨어진 상태였고, 그래서 방송에도 안전하게 내보낼 수 있었을 것이다. 후에 어떤 전문가는 이 소리를 분석한 후 매미 소리라고 했다.

음파 무기설은 이런 모든 한계에도 상당히 오랫동안 계속되었다. 마치 기자회견이라도 여러 번 열어 음파 무기가 확실히 존재한다는 주장을 하는 것 같았고, 이런 견해를 유지해온 사람들이 이제 와서 그 말을 바꾸기도 어렵게 되었다. 잘 퍼지는 모든 입소문이 그렇듯 음파 무기설 또한 사실에 기반을 두고 만들어졌고, 그래서 아마 더 가능한 일로 보였던 것 같다. 쿠바에 거주하는 미국인 사회에는 공격이나 남몰래 당하는 가택 침입을 걱정할 만한 근거가 있었다. 그 지역의 역사는 미국 외교관들을 그저 불안하게 만들기 위해 무단으로 집에 침입하는 스파이들의 이야기로 가득 차 있다. 냉전 중에는 쿠바에 사는 미국인 외교관들이 갑자기 예기치 못하게 전기가 나가거나 아침에 일어나 보니 냉장고 전선이 뽑혀 있고 재떨이에 담배꽁초들이 놓여 있었다는 이야기들을 하기도 했다. 쿠바와 러시아 첩자들은 집주인이 알도록 집 안 물건들의 위치를 옮겨둠으로써 망상을 유발하는 것으로 알려져 있었다. 쿠바의 미국 대사관이 50년간의 교착 상태 이후 최근 다시 문을 연 만큼 그곳에 근무하는 직원들이 주변 환경을 신뢰할 수 없다고 느끼는 것도 그리 터무니없진 않았다.

이 불가사의한 에너지 무기에 대한 작은 선례가 있기는 하다. 펜

타곤에서도 초저주파infrasound 무기를 개발하려 했으나 성공하지 못했다는 이야기가 있었던 것이다. 1960년대에는 모스크바에 있는 미국 대사관에서 낮은 수준의 마이크로파가 확실히 검출되기도 했다. 심리통제mind control를 하려는 시도였다고 추정하는 이들도 있었고, 도청을 위한 시도였다고 하는 이들도 있었다. 소리는 확실히 사회 통제를 위해 혹은 국경과 선박에서의 제지를 목적으로 사용되어왔다. 그러나 이렇게 사용될 때는 어떤 하위 집단을 대상으로 하게 된다. 예컨대 젊은 사람들은 나이 든 사람들이 듣지 못하는 높은 고주파를 들을 수 있으므로, 고음을 사용하여 나이 든 사람들에게는 어떤 영향도 미치지 않게 하면서 젊은이들이 모이지 못하게 할 수 있다. 따라서 소리를 이용한 선별적인 공격 자체는 가능하지만, 하위 집단에 거슬리는 소리를 사용하는 것과 어떤 한 사람에게 무기로 사용하는 것은 아주 커다란 차이가 있다. 결국, 소수의 사람만이 정보국에서 이런 종류의 무기를 갖고 있음을 알고 있었다. 이런 무기의 존재를 알지 못하는 사람들, 그리고 첩자가 사용하는 물건이라는 매력 등으로 인해 무기에 대한 탐색이 계속 이어졌을 것이다. 그러나 첩보 활동을 가정한다 해도 소리가 뇌에 어떤 손상 혹은 그와 유사한 해를 끼치지 못한다는 사실은 변하지 않는다. 그런 점이 서서히 알려졌는데도 단지 조사가 다음의 또 다른 잘못된 단계로 넘어갈 뿐이었다. 여전히 어떤 공격이 있었을 것이라고 믿는 이들이 초음파나 초저주파 같은 청각의 범위를 넘어선 에너지의 가능성에 관심을 돌렸다.

초음파는 의료 수술에 쓰인다. 신장 결석을 제거하는 초음파로 조직을 손상시킨다는 건 불가능하다. 또 원거리에서 특정 사람에게 초음파를 쏠 수도 없으며, 뇌에도 마찬가지다. 따라서 다른 장기를 피해 선택적으로 뇌에만 손상을 줄 수도 없다. 저주파 역시 같은 이유로 문제가 된다. 또 당연히 초음파와 저주파 두 가지 모두 훨씬 더 큰 이유에서 비논리적이라 할 수 있다. 초음파 무기의 존재에 대한 모든 전제가 피해자 대부분이 소리를 들어서라면, 청각 범위 바깥에서 작동하는 무기를 찾는 건 대체 무슨 의미인가?

'들리고, 안 들리는 장치'라는 문제를 해결하기 위해 《미국의학협회지》논문의 책임 저자인 스미스 박사는 마이크로파 에너지를 제안했다. 그는 마이크로파가 동맥에 기포를 만들며, 이 기포가 피해자의 뇌 속에서 다른 사람들에게는 들리지 않는 소리를 만들어낸다고 보았다. 이에 대한 증거가 없다는 문제는 둘째 치고, 어떻게 마이크로파가 뇌에만 선택적으로 영향을 끼친다는 것일까? 물론 마이크로파가 개념적으로 봤을 때 어떤 동맥에서든 기포를 만들 수는 있을 것이다. 그러면 어떤 장기에든 영향을 미친다는 것일까? 피부 역시 다 타버릴 것이다.

한편 이 문제에 대한 조사를 담당한 또 다른 의료 전문가팀의 수장인 이비인후과 전문의 호퍼 박사는 외교관들이 입은 '손상'을 폭발 사고에서 생기는 손상과 비교하였다. 폭발 상해는 엄청난 압력의 파동이 그 원인이며, 이로 인해 사람의 장기 위치를 변경시킨다. 이런 사고를 당한 몇몇 사람들이 보고한 바로는 소리와 관련된 '감각 증상처럼 느껴지는 압력'이었다고 했다. 이런 언급으로 아바나증후군을 간단하게 설명할 수 없는 모든 이유를 내가 여기서 다시 반복해 얘기하고 싶지는 않다. 다만 압력의 '느낌'은 폭발로 인해 사람과 장기 위치가 변경되는 현상과 동일시될 수 없다는 말만 해두려 한다.

혹시 소리와는 전혀 관련 없는 다른 무기나 우발 독소가 있었던 건 아닐까? 어쩌면 강력한 음파 무기설이 다른 공격에 대한 생각을 막은 것인지도 모른다. 좀더 최근 보도에서는 뿌리는 모기 살충제가 진짜 범인일 가능성이 제기되었다. 하지만 물론 이 설 또한 도시 전체에 있는 다른 이들은 제외하고 단지 미국과 캐나다 대사관 직원들에게만 영향을 주면서 그토록 변별력 있게 발생했다는 것은 말이 되지 않는다. 게다가 더 큰 문제는 질병 진행에 대한 구체적인 증거가 없다는 것이다. 다시 한번 말하지만, 병의 원인은 둘째 치더라도 병 자체는 혈액 검사나 뇌 영상이 비정상으로 나오는 등 스스로 드러나게 되어 있다. 어쩌면 두 번째 《미국의학협회지》 논문에서 정확히 그 부분을, 즉 통제 집단과 비교되는 피해자 집단의 고등 뇌 신경 영상에 나타난 분명한 변화를 보여줬다고 생각할 수도 있다. 그러나 이게 공격의 증거가 될 수 있을까?

주목해야 할 점은 최신 뇌 정밀 검사가 너무도 정교한 나머지 고르지 못한 결과를 보여줄 때도 많지만, 이런 불규칙한 측면의 임상적인 중요성은 제대로 알려지지 않았다는 것이다. MRI 같은 영상 기술은 상당히 새로운 것이어서 의사들도 아주 최근에야 건강한 신체가 어떤 모습인지 배우기 시작했다. 미국 외교관들의 경우 뇌 영상 결과는 사실 정상이었다. 《미국의학협회지》 논문이 비정상일 가능성이 있다고 한 것은 사실 그렇게 '비정상'이 아니었으며, 그저 외교관들과 통제 그룹의 뇌 영상 간 차이였을 뿐이다. 두 집단 간의 차이가 손상에 대한 증거일 순 없고, 그저 별 의미 없는 어떤 설명이라 할 수 있다. 논문의 저자들 또한 꽤 분명하게 자신들은 이 '차이'가 환자들에게 어떤 의미가 있는 것인지(전혀 어떤 의미도 없는 것인지) 알지 못한다고 했다.

《미국의학협회지》 논문에서는 아바나증후군에 걸린 집단의 MRI 영상을 통제 집단의 영상과 비교했다. 통제 집단의 일부 참가자들은 교육과 직업 면에서 피해자 집단과 유사했지만, 다른 많은 참가자는 그렇지 않았다. 두 집단의 유사성이 떨어지는 만큼 아마도 그들의 삶 또한 상당히 달랐을 것이며, 따라서 뇌 영상에 나타난 두 집단의 차이 역시 과도하게 해석할 필요는 없다. 쿠바에 거주하는 외교관들은 무작위로 뽑은 미국인들과는 틀림없이 아주 다른 생활양식을 보일 것이다. 그들이 장거리 여행을 더 많이 하고 술을 더 많이 마신다 해도 그리 놀랍지 않을 것이다. 나는 그들이 시가도 더 많이 피울 것이라고 과감하게 말할 수 있다. 더욱이 논문의 저자들은 통제 집단을 선택할 때 신경학적 증상이나 뇌 손상이 있는 사람은 모두 제외했다. 그러나 피해자 집단에서는 이처럼 누군가를 배제하지 않았다. 따라서 두 집단의 뇌 영상에서 나타난 작은 차이는 전적으로 논문의 연구 설계에 따른 것이라 할 수 있다.

호퍼 박사와 스미스 박사가 이끄는 팀들은 공격의 가능성이라는 생각을 오랫동안 고수했다. 많은 외부 전문가들이 집단심인성질환일 거라는 주장을 하는 중에도 그들은 처음에 내린 뇌 손상이라는 진단을 계속 고집했다. 그 자체의 명백한 오류들에도 불구하고 말이다. 공적인 성격의 사례를 맡은 데서 비롯된 직업적인 자부심이 틀림없이 결부되어 있었을 것이다. 물론 이 미국인 전문가들이 실제로 환자들을 만난 유일한 의사들이라는 점은 인정해야 할 것이다. 누구도 환자들의 이름조차 알지 못하는 이유는 그저 의료 기밀 유지 차원에서만이 아니라 그들이 외교관이라 정보를 보호받고 있었기 때문이다. 어떤 이는 호퍼 박사와 스미스 박사가 가장 많은 정보를 알고 있으니 그들에게 당연히 우선권이 주어져야 한다고 할 수도 있을 것이다. 어쨌든 이 박사들이 피해자들의 삶에 대한 권한을 갖고 그들이 받게 될 의료 서비스가 어떤 것이 될지를 결정했다. 다시 한번 언급하지만, 핵심은 누구의 의견이 옳은가가 아니다. 그보다 중요한 것은 지나친 맹신과 논리의 비약이 배제된 또 다른 해석을 공정하게 다루어보는 것이다.

의사들의 의견은 늘 다르기 나름이지만 때로 우리는 스스로 자신의 생각에 집착할 때가 있으며 포기하기 힘들어하기도 한다. 나도 물론 여러 번 그런 일로 죄책감을 느끼곤 했다. 이 사례에 관여하는 미국 팀들은 자신이 음파 무기 공격에 대한 탐색에 빠져, 의사라는 직분 자체에는 신경 쓰지 못하는 것은 아닌지 생각해보면 좋을 것이다. 의료계에서는 "말발굽 소리가 나면 얼룩말이 아니라 그냥 말을 떠올려야 한다"라는 말을 자주 한다. 기능성 장애는 흔한 병이다. 음파 무기는 그렇지 않다. 어떻게 가장 흔한 진단명이 많은 사람이 불가능하다고 생각하는 한 가지 진단 때문에 제외된 걸까?

의학적 진단을 내리는 일반적인 방식은 임상적인 징후와 증상을 관찰하여 그것을 기준으로 어떤 조직에 병이 있는지를 보는 것이다. 몸의 어느 부분에 문제가 있는지 확인한 다음에는 드러나지 않은 병리적인 문제가 있는지 의심해보아야 한다. 반면 《미국의학협회지》에 실린 논문은 아바나증후군의 일반적인 특징을 서술할 때 이와 반대되는 접근 방식을 취했다. 논문의 목적은 "동일한 비자연적 원인에 노출된 환자 21명에 대한 초기 연구 결과를 기술하기 위한 것이다"라고 기재되어 있다. 공격을 사실로 인정한 것이다. 진단이 이미 내려진 상태에서 저자들이 자신들의 조사 결과를 무기에 맞게 바꾼 것이다.

《미국의학협회지》에 게재된 논문은 외교관들이 '뇌 신경망 장애'를 앓고 있다는 결론을 내렸다. 하지만 대체 그게 무슨 뜻인가? 솔직히 그것은 별 의미가 없는 말이다. 그저 전문 용어에 가려진 불확실성일 뿐이다. 문제가 되는 사람들의 건강이 실제로 좋지 않다는 시각을 확인해주는 일련의 서술이라 할 수 있다. 구체적인 의학적 진단이라는 측면에서 의미 없는 말이다. 기능성 신경장애는 뇌 영역 간의 연결에 변화가 옴에 따라 발생하며, 따라서 '뇌 신경망 장애'의 일반적인 범주 안에 정확히 들어맞는다. 두부 손상을 비롯해 여러 다른 의료적인 문제 역시 마찬가지다.

현기증, 두통, 이명, 기억력 장애, 휘청거림은 의학적으로 환자들이 가장 흔하게 호소하는 증상이다. 거의 모든 가족 주치의와 신경학자, 이비인후과 의사가 매주 정확히 이런 호소를 듣고 있을 것이다. 그런데 왜 이 사례의 관계자들은 외부 의학 공동체에서 다양한 방식으로 제시하는 기능성 신경장애와 집단심인성질환이라는 진단을 그렇게 일축해버리는 것일까? 물론 환자들을 직접 만난 두 의사 팀이 우리에게 없는 정보를 갖고 있을 수도 있다. (그렇다 해도 당연히 어떤 핵심 정보를 갖고 있었다면 학술적인 발행물 한 곳에서는 그 내용이 포함되어 있었어야 하며, 따라서 이 또한 납득되지 않는다.) 우려되는 부분은 그들이 언론에 언급한 내용이 심인성 질환이라는 해석을 거부한 진짜 이유가 아닐까 하는 점이다. 한 의사는 그가 본 것이 '그저 히스테리'는 아니며, 그가 진찰한 증상들이 '가짜'일 순 없다고 말했다. 《미국의학협회지》 논문은 환자들이 꾀병을 부리고 있는 게 아니라는 말로 기능성 장애가 아니라고 단정해버렸다. 마치 두 가지가 같은 것처럼 말하고 있지만, 꾀병은 의학적인 문제가 아니다. 그저 고의로 거짓되게 아픈 척하는 것이다. 외교관들이 일에 복귀하고 싶어 했다는 말 역시 집단심인성질환 진단에 대한 방어라 할 수 있다. 이 사례를 담당하는 의사들이 기능성 장애 환자들은 일하고 싶어 하지 않는다는 잘못된 믿음을 지니고 있음을 보여주는 것이다. 《미국의학협회지》 논문의 1저자가 언론에 한 말을 보면, 그는 심지어 심인성 장애와 남을 속이기 위한 연기를 동일시하고 있다. 이는 몇몇 의사가 아직도 꾀병과 심인성·기능성 장애의 차이를 알지 못한다는 증거다. 누군가 기능성 장애가 진짜 병이 아니라고 생각한다면 당연히 실제로 고통을 겪고 있는 환자들에게 기능성 장애 진단이 내려지지 않도록 방어할 것이다. 사실 안타깝게도 보통 사람들이 기능성 장애라는 진단을 받으면 그렇게 충격을 받는 이유가 바로 기능성 장애와 가짜 병이라는 두 가지의 융합 그 자체 때문이다. 사람들은 기능성 장애라는 진단으로 받게 될 비판을 두려워한다. 과연 이 의사들은 5년간 침대에서 일어나지 못하고 있는 케지아와 플로라에 대해 뭐라고 할 것인가? 걷지도 못하고 자신을 건사할 수 없는 타라에게는 또 뭐라고 할 것인가? 이런 기능성 장애에 대한 시각이 아바나증후군 피해자들을 몰아붙였을 수 있다. 그들은 공격을 받거나 '실제로' 아프거나 둘 중에 하나밖에 없다고 생각했으니 말이다. 아바나증후군 피해자들에겐 오직 눈에 안 띄는 무기가 존재하거나 그들이 속이고 있거나 둘 중 하나밖에 없었다.

중요한 점은 비현실적이고 억지스러운 음파 무기설을 위해 실질적인 진단이 도외시될 때 어떤 일이 벌어질지를 생각해야 한다는 것이다. 이런 경우 치료할 수 있는 일상적인 의학적인 질병을 치료 없이 놔둠으로써 얼마나 많은 시간이 흘러가버리고, 어떤 것을 놓쳐버렸을까?

집단심인성질환은 압박이 있는 억제된 공동체에서 발생하는 경향이 있다. 2017년 아바나에 있는 미국 대사관에서도 집단 질환이 퍼졌다. 그런데 만약 내가 확신하듯 이 증후군이 정말 기능성 혹은 심인성이라면 과연 이 병은 어디서 비롯된 것일까? 이 증후군이 마술처럼 갑자기 나타난 것은 아닐 것이다. 그러면 어떻게 전에는 건강하던 그 많은 사람이 그토록 짧은 시간에 그토록 유사한 증후군을 얻게 되었을까? 크라스노고르스크 주민들과 스웨덴 난민 어린이들의 사례처럼 외교관들이 신체화와 예측부호화로 인해 다른 사람들이 기록한 대로 그 서사를 만들어낸 것이라고 추정해볼 수 있다. 타라처럼 자신의 건강에 신경을 쓰게 되면 스스로 병의 징후를 살펴본다. 그러나 새로운 증후군이 어떻게 발달하는지에 대한 다른 사고방식들도 있다. 예컨대 이언 해킹Ian Hacking은 이 주제에 관해 상당히 새로운 시각을 제시한다.

해킹은 "인간 유형 만들어내기making up people"와 "고리 효과looping" (앞에서도 같은 단어가 언급된 적 있으나, 그때는 정신의학자인 로런스 커메이어의 연구에 따른 다른 맥락에서 사용된 것이다)라 불리는 현상을 설명했다. "인간 유형 만들기"란 새로운 과학 유형이 새로운 유형의 인간을 만들어내는 방식을 가리킨다. 달리 말해 일단 누군가 어떤 꼬리표를 달게 되면 그 사람은 그 꼬리표의 특성을 받아들이도록 부추겨진다는 것이다. 이는 "유형화 효과classification effect"라 하기도 한다. 변화는 무의식 차원에서 일어나며 상호적으로 이루어진다. 새로운 사람이 유형 안에 들어오면 그가 자신의 독특한 자아의 특성을 유형에 부여하여 결국 유형을 변화시킨다. 이것이 고리 효과다. 즉 유형화가 인간을 변화시키며, 이번에는 인간이 유형의 특성을 변화시키는 것이다.

해킹은 다중인격장애multiple personality disorder를 이용해 사람들에게 나타나는 유형화 효과를 보여주었다. 1970년대에 정신과 의사들이 본격적으로 다중인격장애 진단을 내리기 시작했다. 그전에는 다중 인격에 대한 설명이 상당히 드물었다. 하지만 일단 이 병이 알려지자 "불행한 사람들unhappy people"(해킹이 그런 사람들을 이렇게 부르듯) 이 다중 인격에 대한 설명 중 뭔가 익숙한 부분을 찾아내 자신의 어려움을 설명하는 데 이 꼬리표를 사용했다. 이 진단명을 사용하고 싶어 하는 의사들로부터 이 꼬리표를 받게 된 이들도 있었다. (사실 의사와 환자는 어느 특정 기간에만 가능한 진단상의 분류를 사용할 수 있으며, 때로는 적절한 진단명이 나올 때까지 기다려야 하기도 한다.) 사람들은 자신에게 부여된 새로운 꼬리표를 받아들이자마자 피할 수 없이 이 장애와 관련되었다고 알려진 다른 증상과 징후를 자기 안에서 찾게 된다. 그리고 이런 과정을 통해 무심코 꼬리표의 특성을 갖게 되며 그렇게 꼬리표에 의해 바뀌게 된다. 이것이 해킹의 새로운 인간 유형 new kind of people 의 예이자 '인간 유형 만들기'다.

1970년대 초에는 다중인격장애에 처음 나타나는 새로운 사례들이 상대적으로 단순하고 평범해서 환자들이 두세 가지의 해리성 인격을 경험하는 정도였으며, 어떤 인격도 꼭 그렇게 극단적이지는 않았다. 이 사례들은 한 세기 전의 증상들과 어느 정도 유사했다. 그러나 새로운 사람들이 이 꼬리표를 부여받고 그 안에 살면서 자기 자신의 자아를 다중인격장애에 부과하였고, 그에 따라 증상이 발달하면서 더욱 기이해지게 되었다. 새롭고 더 복잡한 사례들이 수많은 극단적인 인격과 함께 나타났다. 그때 임상적인 기준이 새롭게 병에 걸린 주체들의 새로운 증상들을 포함하도록 바뀌었다. 다시 말해 고리 효과가 발생한 것이다.

데이비드 찰머스가 깔끔하게 표현했듯이, 마음이 환경까지 연결되어 있다는 점을 기억한다면 외부 요소들이 다중인격장애의 발달에 중요한 역할을 했음을 알 수 있다. 단지 개인에 속한 내부적인 심리 과정이 아니었다. 특히 그 외부 자극은 문제가 되는 주체에게 적극적으로 연결되는 매개체였다. 의심할 여지 없이 1973년 출간된 책 《시빌Sybil》과 그 책에서 영감을 받은 텔레비전 영화(1976년)가 중요한 역할을 했다. 시빌은 성장 과정에서 정신적인 외상을 입은 탓에 17개의 다중인격을 가지게 된 젊은 여성이었다. 이 인격들은 대부분 아이들이었고, 남자와 여자가 있었으며, 순진한 사람부터 죽음에 강박이 있는 사람까지 다양했다. 시빌 역할은 샐리 필드Sally Field가 맡아 강렬하게 그려냈는데, 샐리는 이 영화로 에미상을 받았다. 영화의 성공으로 다중인격장애라는 진단명이 대중의 의식 속에 확실하게 각인될 수 있었다.

의료 전문가들 역시 다중인격장애의 서사에서 중요한 역할을 했다. 의사들이 실질적으로 다중인격장애 진단을 내렸고, 그 유형에 새로운 환자들을 추가했으며, 특정 현상을 만들어내는 환자와 필수적인 관계를 구축했다.

어떤 이가 자신이 공격을 받고 있다는 이야기를 듣게 되면 자연히 자기 몸에 건강하지 못한 징후가 있는지 살펴보게 될 것이다. 또 기대되는 어떤 증상들에 관한 지식 때문에 몸의 특정 부위에 대한 탐색에 집중하게 될 것이다. 앞에서 자세히 언급했듯이 우리 몸은 백색소음으로 가득하며, 따라서 제대로 마음먹고 살펴보면 늘 증상들을 발견할 수 있다. 그리고 두려움으로 인한 자율신경계의 각성은 이 백색 소음을 더 고조시킬 수 있다. 또한 일단 '아바나증후군'이라는 분류가 미국 대사관에서 가능해지자 두려워하던 사람들이 자신의 느낌을 설명하기 위해 무의식적으로 이 진단명을 사용했다. 의사들 또한 고통스러워하는 환자들에게 진단을 내릴 때 '아바나증후군'이라는 진단명을 활용했다. 해킹의 개념들은 새로운 환자 모두 각자 새로운 진단명에 자신만의 특정한 면을 부여할 가능성이 있으며, 이를 통해 그 질환의 여러 증상이 안정적이기보다 발달해나가게 됨을 우리에게 상기시켜줌으로써 기능성 장애를 대중에게 좀더 알리는 데 일조했다.

해킹은 책에서 체념증후군도 다루었는데, 그 초기 사례들이 언론에 의해 널리 퍼지면서 사회적인 논의가 이루어지게 되었다고 했다. 난민 집단의 사람들은 서로 다른 곳 출신이지만 스웨덴이라는 환경과 그 안에서 겪는 어려움을 공유하고 있었다. 이는 증상의 모방으로 이어졌고, 결국 그런 증상의 무의식적인 신체화가 이루어졌다. 다시 말해 아이들의 환경 안에 증상의 생생한 본보기가 만연해지면서 아이들 자신이 그 증상을 직접 겪게 된 것이다.

로런스 커메이어는 해킹의 유형화 효과를 체념증후군에 적용했다. 그는 이름을 부여함으로써 증상을 의료 문제로 정당화했으며, 이를 유형화함으로써 미래의 이민자 아이들이 겪게 될 고통이 설명될 수 있도록 했다. 한때는 망명 신청자들에게 관대하다는 자부심이 있던 어떤 나라에서 이민에 대한 적대감이 커지는 등의 사회적인 요인들 역시 당연히 중요했다. 사회 관습의 압박은 사회의 영향력을 누그러뜨리기 위해 생물학적인 방식으로 장애를 해석하려는 의학적 시도로 이어졌다. 유형화가 환자들만이 아닌 의사들의 행동까지 새롭게 만든 것이다. 아이들이 새로운 인간 유형이 되었고 유형화로 인해 아이들에 대한 의료 전문가들의 반응도 영향을 받았다. 새로운 질병 유형화를 둘러싼 언론 보도, 정치인들, 관련된 의사들, 시민들이 서사를 만들어냈으며, 새로운 사례들이 보고되면서 고리 효과도 계속되었다.

크라스노고르스크 주민들의 경우 환경이 독에 오염되었다는 생각이 한번 퍼지자 걱정이 많은 사람들은 병의 일반적인 증상들을 탐색하기 시작했다. 유형화와 관련될 수 있는 증상들을 발견하는 이들도 있었다. 도시에 생긴 수면증의 존재는 '새로운 인간 유형을 만들었다'(스스로 유형화하거나 유형화된 사람들). '불행한 사람들'(해킹이 지칭한 대로)이 자기 문제에 대한 해법을 찾아다니다 수면증이 주변에 발생하는 것을 보고 시의적절하게 그 병에 기대게 된 것이다. 의사들은 수면증을 진단명으로 새롭게 사용할 수 있게 되면서 전에는 설명하기 힘든 증상들을 설명하는 데 활용했다. 한편 모든 새로운 피해자들은 각자 개인적인 요소와 자신이 겪은 특별한 어떤 면을 증상에 추가했다. 크라스노고르스크에서 만난 사람들이 끊임없이 내게 상기시켜준 것처럼 서로 다른 사람들은 병도 각자 다른 방식으로 경험했다. 어떤 행동을 의식하지 않고 자동으로 하는 이들도 있었고, 잠에 빠지는 이들도 있었다. 아이들은 환각 증상을 경험하고 자기 옷을 자꾸

쥐어뜯었다. 중독이 원인이라 여기고 그에 대해 전형적인 특성을 보이던 증상들이 시간이 흐르면서 고리 효과에 의해 변화했다. 새로운 증상들이 새로운 사람들을 병의 유형화로 끌어들였고, 그렇게 다시 같은 과정이 반복되었다. 그리고 언론인들이 도착하면서 현상이 더해졌으며, 그동안 연구자들은 환경에 독이 검출되는지를 조사하며 몇 개월을 보내면서 사람들의 우려를 증폭시켰다. 그런 일들이 계속 이어졌다.

해킹의 연구로 제기된 우려는 새로운 유형화에 따라 새로운 유형의 사람들이 나타나고, 그에 따라 사람들이 정신과 의사와 행동과학자들의 움직이는 목표물이 된다는 점이다. 이는 심인성 장애가 끊임없이 그 명칭이 변경되고 철학적으로도 그 이미지가 바뀌는 현상으로도 잘 나타난다. 이런 문제는 새로운 세대의 의사들과 환자들에 의해 끊임없이 새롭게 조명되고 있다. 뇌의 장애에서 비롯된 샤르코의 히스테리가 프로이트의 심인성 전환장애psychogenic conversion disorder가 되었으며, 결국 몇 가지 다른 모습을 거친 후 기능성 인지장애가 되었다. 그러나 새로운 조명이나 유형화 중 어떤 것도 실제로 문제를 해결하진 못했다. 이들은 모두 지나치게 환원적으로 보인다. 그래도 어쨌든 각자 그렇게 열심히 노력한 덕에 적어도 생물심리사회 질환의 세 가지 요소 중 하나로 남을 수 있었다.

체념증후군과 카자흐스탄의 수면증과 마찬가지로 아바나증후군은 개인의 취약성과 관련된 것이 아니다. 이는 이야기가 전개되는 사회·정치적인 환경에 관한 것이다. 유형화에 가속도가 붙은 것은 이 증후군을 만든 의사들, 그리고 쿠바와 미국 간의 관계로 기득권을 누리는 또 다른 사람들에게 이득이 된다는 게 입증되었기 때문이다. 대사관 내의 긴장감 역시 외면화되었으며, 같은 방식으로 그리지시크니스는 미스키토 공동체에서의 갈등을 외면화했다.

아바나증후군의 토대는 어쩌면 관련된 이들이 아바나에서의 거주를 고려하기도 훨씬 전, 의사들이 의사가 되기 훨씬 전, 관련자 중 일부는 태어나기도 훨씬 전에 이미 시작되었는지도 모른다.

쿠바 미사일 위기가 벌어졌을 때 나는 이 세상에 태어나지도 않았다. 하지만 그런 일이 있은 지 수십 년이 지난 후에도 수천 킬로미터 떨어진 곳에서 성장한 우리 같은 사람들에게까지 잘 알려질 만큼 쿠바 미사일 위기는 충분히 중요한 사건이었다. 이 사건에 더 많이 관련된 사람들(미국 대사관 직원들처럼)은 50년 넘게 이어진 두 나라 간의 통상 금지와 적대감 끝에 2015년 미국 대사관이 아바나에 다시 문을 열게 되었을 때 틀림없이 많은 역사와 의구심을 극복해야 했을 것이다.

미국과 쿠바의 외교 관계는 1961년에 단절되었다. 이듬해 미국과 소련은 13일간의 교착 상태로 핵전쟁을 눈앞에 둔 전례 없는 상황에 놓였다. 쿠바에 설치된 러시아 미사일은 미국 본토로부터 매우 가까워 미국에 매우 실질적인 위협이 되었다. 위기는 모면했지만 미국과 쿠바의 관계는 냉랭한 상태로 남았고, 여행과 금융 거래도 수십 년간 금지되었다. 그러다 2014년 버락 오바마Barack Obama 대통령이 라울 카스트로Raúl Castro와 함께 두 국가의 관계 완화를 발표하면서 교역과 여행 가능성을 열었다. 그리고 1년 후 두 나라는 상대 국가에 각자의 대사관을 다시 열고 업무를 재개했다.

2015년 미국 외교관 직원들이 아바나에 있는 새로운 일터로 자리를 옮기고 새집으로 이사했다. 아바나의 미국 대사관은 유리와 콘크리트로 된 건물 안에 있었다. 이 건물은 1953년 처음 세워졌을 때만 해도 외양이 빼어났을 것이다. 하지만 50년간 반수면 상태로 스위스 정부의 보호 아래 있게 된 것이다. 그렇다고 수년간의 휴지기 동안 시끄러운 일이 없던 것은 아니다. 1964년에는 쿠바 정부가 건물을 장악하려 했고 이를 스위스 대사가 저지했다. 그리고 1970년에는 쿠바 어선이 미국의 쿠바인 망명자들에 의해 억류되자 쿠바 민중이 3일 동안 미국 대사관 건물을 에워쌌다. 이렇게 방치되어 있던 대사관이 1977년 마침내 새로운 입주자들을 맞았다. 지미 카터와 피델 카스트로가 맺은 협정에 따라 소수의 미국 외교관이 건물로 들어온 것이다. 그러나 건물은 여전히 스위스 사법권 아래 있었으며 미국 국기 게양도 금지되어 있었다.

건물은 오랜 세월 방치되었던 만큼 상태가 좋지 않았다. 태평양을 마주 보는 광장에 자리한 탓에 소금기가 건물의 대리석 전면을 부식시켰다. 대사관이 다시 문을 열려면 대대적인 보수를 해야 했다. 쿠바 첩자가 비밀 도청 장치를 설치할 가능성을 경계하기 위해 작업 인부들이 2층 위로는 올라가지 못하도록 했다.

쿠바인 직원들은 엄선해서 고르고 심사를 거쳤으며, 필요한 물자와 가구는 모두 미국에서 배편으로 운송되었다. 그리고 2015년 7월 20일 미국 대사관의 봉인이 자랑스럽게 다시 해제되었고, 대사관 업무가 재개됐다. 2015년 8월 14일, 70년 사이 쿠바를 방문한 가장 높은 관료가 된 미국의 국무부 장관인 존 케리John Kerry가 쿠바로 건너가 미국 국기를 게양했다. 그리고 이후 1년이 채 안 된 2016년 3월 버락 오바마가 1928년 캘빈 쿨리지Calvin Coolidge 이후 쿠바를 방문한 첫 대통령이 되었다.

그 정도까지 합의를 보는 데 수년의 시간이 걸렸다. 그러나 이런 조치는 특히 미국에 있는 쿠바인 망명자들의 저항에 부딪혔다. 2015년 공화당 대선 후보 경선에 나섰던 마르코 루비오 상원의원은 이를 '독재 국가에 대한 양보'라 불렀다. 또 그의 동료이자 유력한 대통령 후보였던 테드 크루즈Ted Cruz 역시 이런 감정을 공유하며,《타임

Time》에 "미국은 사실상 카스트로가 푸틴의 억압이라는 각본을 따를 수 있게 수표를 발행해주고 있다"는 글을 게재했다. 미국은 특히 외교관들이 스위스의 감독 아래 대사관에 배치되는 동안 쿠바 스파이들이 새로 보수 공사를 한 대사관 벽을 이용해 첩보 활동을 하지나 않았을까 두려워했다. 한편 쿠바인들 역시 의구심을 가졌다. 미국 외교관들과 그 가족들이 쿠바로 들어오면서 미국 정보국이 쿠바에서 활동을 늘릴 수 있는 길이 잠재적으로 수월해졌다. 피델 카스트로 Fidel Castro 자신을 포함한 공산당원 몇 명은 오바마의 방문 이후 경고성의 반제국주의적 언급을 했다.

반세기가 지난 낡은 건물에 다시 입주한다는 건 매우 흥분된 일이기도 했겠지만, 그만큼 확실히 두려움도 있었을 것이다. 재입주의 성공은 그리 오래가지 못했다. 2016년 11월 피델 카스트로가 사망한 이후 새롭게 선출된 미국 대통령 도널드 트럼프가 백악관에 입성하자마자 쿠바와 맺은 합의를 취소하겠다고 위협하는 성명을 발표했다. 트럼프는 2017년 6월 이 위협을 이행하며 오바마 행정부가 두 국가의 관계를 정상화하기 위해 들인 많은 노력을 물거품으로 만들었다. 대사관에서는 미처 거미줄도 걷어내지 못했을, 다시 문을 연 지 얼마 되지 않은 시점이었다.

2016년 12월, 트럼프가 대선에서 이긴 후 한 달이 지나고 불확실성과 적대감이 감도는 분위기일 때 맨 처음 이 증후군을 앓게 된 한 환자가 자기 집에서 이상한 소리를 들었다고 보고했다. 2017년 2월에는 여섯 건의 사례가 확인되었다. 이들 모두 소리를 들었다고 한 건 아니었지만, 대부분 그러했다. 적절하게 우울한 유머 감각이 동원되어, 병의 원인으로 여겨진 공격과 그에 따른 설명할 수 없는 증상들에 '그것The Thing'이라는 이름을 붙여주었다. 오드리Audrey가 병에 걸린 것도 이즈음이었다.

오드리(가명)는 경험이 풍부한 외교관이었다. 그녀는 자신이 겪은 일을 《뉴요커New Yorker》에 이야기했고, 그 기사는 집단심인성질환이 어떻게 퍼져나가는지를 보여주는 눈에 띄는 본보기가 되었다. 쿠바는 오드리에게 새로운 근무지였지만, 흥분되는 곳이기도 했다. 오드리는 자신에게 처음 기이한 일이 생겼을 때만 해도 그렇게까지 신경 쓰지 않았다. 가족과 함께 휴가에서 돌아온 그녀는 자신의 스페인식 전원주택에서 상한 음식 냄새를 맡았다. 살펴보니 냉장고 플러그가 뽑혀 있었다. 오드리는 간신히 그 사건을 잊었지만, 얼마 지나지 않아 병에 걸리면서 다시 그때 일이 떠올랐다. 2017년 3월 17일에는 부엌에 있다가 갑자기 머리가 터질 것처럼 조여왔다. 전에는 이런 통증을 느낀 적이 없었다. 음파 공격에 대한 소문은 들은 적이 있었지만, 자세한 내용은 알지 못했다. 심한 두통을 겪으니 공격받고 있음을 알아야 한다는 대사관의 조언이 생각났다. 그는 증상이 시작되면 있던 자리를 피하라고 했다. 하지만 오드리에겐 그런 조치도 소용이 없었다. 통증은 밤이 넘어갈 때까지 계속됐다. 시간이 가면서 증상이 더 심해져 휘청거리게 되었고, 집중력이 떨어지고 현기증이 났다.

2017년 3월 아바나 주재 미국 대사가 직원들을 소집해 그들이 잘 지내는지 물으며 증상이 있는 사람은 앞으로 나와보라고 했을 때는 오드리도 이미 증상을 겪고 있었다. 몇몇 직원이 증상이 있다고 했다. 그들은 대사관 건물 21층에 있는 자기 아파트에서, 혹은 단독주택이나 호텔에서 소음을 들었다고 했다. 오드리도 몸은 좋지 않지만, 이상한 소리를 들은 적은 없으니 소위 '그것'을 겪은 건 아닐 거라 생각했다. 대사는 직원들에게 앞으로 어떤 이상한 소리를 듣게 될 경우 콘크리트 벽 뒤로 몸을 피하라고 했다.

2017년 5월 대사가 직원들에게 다시 한번 이 일을 얘기했을 때도 오드리의 상태는 나아지지 않았다. 그녀는 걱정만 늘어났는데, 이번에는 대사가 직원들에게 몸이 건강하다고 느껴져도 건강 검진을 받아보라고 권했기 때문이다. 호퍼 박사가 비행기를 타고 쿠바까지 와서 직원들을 진찰했다. 오드리도 이번에는 자기 증상, 특히 평형감각이 떨어지는 데 더 신경을 쓰게 되었다. 진찰 결과 그녀는 병의 기준에는 미치지 못해 피해자로 인정받을 수는 없었다. 그러나 한 달이 지나자 증상이 더 심해졌다. 치료가 필요한 직원 목록에 오드리가 이름을 올린 것은 세 번째 증상을 보고하고 난 뒤였다. 오드리는 필라델피아로 날아가 마침내 진단을 인정받았다.

2016년 12월에서 2017년 8월까지 쿠바에서 일어난 사건들은 언론에 공개되지 않았지만, 내부적으로는 상당한 의료적·정치적 영향을 미쳤다. 2017년 2월에는 발병이라고 할 만큼 충분한 사례가 모였고, 그때 호퍼 박사가 이 사례에 개입하게 되었다. 호퍼 박사는 단순한 이비인후과 의사가 아니라 전직 군인 출신의 폭발 상해 전문가였다. 그는 비행기를 타고 쿠바로 가서 피해자들을 진찰했다. 이후 증세가 심각한 환자들은 마이애미로 보내졌으며, 호퍼 박사가 마이애미에서 다시 이들을 심층 진단했다. 외상성 뇌손상이라는 진단을 처음 제기한 것이 호퍼 박사가 이끄는 팀이었다. 호퍼 박사는 귀 내부의 손상이 증거라 생각했지만, 그것으로 모든 증상을 설명할 수는 없었다. 그들은 대사관 직원들에게 틀림없이 뇌 손상도 있었을 것으로 보았다. 이 의사 팀은 이 현상에 대한 해석을, 호퍼 박사 역시 편집에 참여한 저널 《후두경 검사와 이비인후과학Laryungoscope Investigative, Otolaryngology》에 게재했다. 《미국의학협회지》에서처럼 이 해석 역시 "에너지 공격"을 사실로 상정하고 있었으며, 학술적인 논문의 목적을 "독특한 소리와 압력에 노출된 뒤 감각 신경과 관련된 증상들을 겪는 이들에 대해 정확하게 설명하기 위해"라고 밝혔다. 확정적으로 어떤 결론도 내리지 말라고 주의를 주고, 사람들이 겪는 증상의 원인이 아직 밝혀지지 않았음을 인정하면서도, 저자들은 "지금으로서는 어떤 조종에 의한 것이든 아니든 에너지원이라는 가능성을 배제한다면 신중치 못한 대처일 것이다"라고 했다. 이들은 계속해서 음파 무기가 증상을 일으킬 수 있는 여러 방식을 추정했고, 한편으로는 이 발표가 단지 피해자들이 겪은 일에 관한 기술일 뿐이라는 점을 인정했지만, 그러면서도 그 증상들이 "폭발에 노출되거나 흉부 압박상을 입은 후 나타나는 외상성 뇌 손상"과 매우 유사하다는 말을 덧붙였다. 논문은 증후군이 발생한 지 2년이 지났을 때 출간되었는데, 정보국은 그때까지도 에너지 무기설을 뒷받침할 만한 어떤 증거도 찾지 못했다. 폭발 상해는 환자가 폭발 상황에 있어야 내릴 수 있는 진단이지만, 그런 성급한 설정에 대한 증거가 전혀 없는데도 폭발이 증상을 일으켰다는 그런 고집스러운 가정을 유보하는 사람은 없었다.

한때는 의사들이 뭐라고 하든 다 믿고 존경하던 시절이 있었다. 이제 그런 때는 지나갔다. 하지만 그렇다고 의사들이 모든 권위를 잃었다는 뜻은 아니다. 경력 있는 의사 개인과 몇몇 집단은 자기 전문 분야 연구에서 사고와 연구의 전반적인 과정에 영향을 미칠 수 있다. 평생 하는 모든 일에서 그렇게 할 수 있다. 사람들은 유형화를 구체화시키고, 유형화는 의사들이 만들어낸다. 학문적인 의사들은 다음 의사 세대에 신념 체계를 형성할 수 있다. 연구라는 것이 그 분야에서 가장 권위 있는 연구자들이 제시한 길을 따라가는 경향이 있기 때문이다. 일반인의 시선으로 보자면 의사 한 명이 건강한 상태와 건강하지 못한 상태에 대한 신념에 영향을 끼칠 수 있으며, 심지어 사람들 사이에 건강에 관한 유행까지 만들어낼 수 있다.

내가 심인성 장애에 관한 첫 책을 쓴 뒤, 나에게 자기 병에 대한 사연을 들려주고 싶어 하는 사람들이 찾아왔다. 내 환자들의 사례 중 어떤 부분과 관련 있다고 생각한 사람들은 내가 자신들에게 공식적인 진단을 내려주길 바랐다. 그러나 종종 그 사람들의 증상이 내가 설명한 기능성 신경장애와 맞아떨어지지 않을 때가 있었다. 그들은 내 설명의 어떤 면에서 자신의 증상과 동일한 부분을 확인했겠지만, 그 위에 자기들만의 개인적인 요소를 추가했다. 나는 내가 해킹이 '새로운 인간 유형 만들기'라고 했을 만한 일을 하고 있음을 깨달았다. 사람들은 이해할 수 없는 건강 문제가 생기면 그 해석을 위해 자신의 환경을 탐색하게 된다. 해석을 하면 일반적으로 기분이 나아지기 때문이다. 답은 텔레비전 프로그램이나 소셜미디어, 신문 혹은 이웃이나 책에서 얻을 수도 있다. 그리고 의사들은 또 다른 원천이 된다. 진단은 주관적인 경우가 많다. 진단이 한 가지 진단 검사보다는 일련의 대표적인 증상들을 토대로 하기 때문이다. 그것은 한 의사가 진단 분류에 대한 규칙에 얼마나 느슨한 태도를 지니고 있는가에 따라 더 많거나 더 적은 진단을 내릴 수 있음을 의미한다.

의사 개인은 새로운 의료 진단을 내리고 병의 진행 과정과 치료에 영향을 미치는 권한을 갖고 있다. 나는 의사 업무를 보면서도 이런 면이 우려스럽다. 올센 박사와 체념증후군에 걸린 아이들도 걱정된다. 스웨덴에서 망명을 신청하는 가족들은 자녀들이 자기 안으로 침잠해 들어가는 경우 곧바로 올센 박사를 찾아가기도 한다. 이 가족들이 전통적인 의학 경로와 일반적인 사회 지원 수순을 건너뜀으로써 그 자녀들에게는 올센 박사와 만나자마자 체념증후군에 걸릴 가능성이 생긴다. 올센 박사는 체념증후군을 치료하는 유일한 방법이 망명 신청이 받아들여지는 것이라고 확신하고 있다. 박사의 의도와 무관하게, 아이들이나 그 가족들과 소통할 때 그녀의 이런 생각이 전달되는 건 어쩔 수 없을 것이다. 나는 그녀가 헬란과 놀라 앞에서 한 번 이상 그런 이야기를 하는 걸 들은 적이 있다. 결국 적어도 아이들

중 일부는 자신의 기대를 신체화할 수 있을 것이다.

나는 공격당했다는 가정과 권위 있는 의료 전문가의 영향력이 아바나증후군의 행로에 영향을 미칠까 봐 걱정된다. 증후군을 경험한 외교관들은 마치 공격이 이미 입증된 사실인 것처럼 아주 빠르게 폭발 상해 전문가인 호퍼 박사에게 보내졌다. 그리고 이어서 뇌진탕 전문가인 스미스 박사에게 보내져 진찰을 받았다. 의료적인 노력을 거꾸로 된 접근 방식으로 진행해, 에너지 무기의 존재를 상정하고 그에 따라 그 시각에서 증상을 설명하려 한 것이다. 외교관들은 폭발 상해 전문의로부터 폭발사고를 당한 적도 없는데 폭발 상해를 입었다는 이야기를 들었으며, 뇌진탕 전문의에게서는 뇌진탕을 일으킨 적도 없이 뇌진탕이라는 말을 들었다. 이 모순되고 희한한 진단을 뒷받침할 어떤 증거라도 포착하기 위해 뇌 영상 검사가 아주 꼼꼼하게 이루어졌다. 그리고 미미한 '증거'임이 밝혀졌다.

아바나증후군 담당 의료팀은 학술 논문과 공개적인 언급에서 모두 뇌 질환이라는 증거는 전혀 발견하지 못했다고 인정했다. 그럼에도 여전히 공격이 가장 가능성 있는 추정이라고 암시하면서 그 둘 사이에 아슬아슬하게 서 있는 형국이 되었다. 한 인터뷰에서 호퍼 박사는 "흔적을 보면 외교관들이 목표 대상이 되었음을 알 수 있습니다. 우리가 입증하진 못하고 있다고 해도 말입니다. …… 뇌는 쉽게 손상이 생길 수 있습니다. 그저 우리가 알아채지 못할 뿐이죠."

아바나증후군은 강력한 사회·정치적 파동이었다. 미국 대사관 직원들과 정치인, 의사 등 많은 사람이 이 사건에 휘말렸다. 가끔 호퍼 박사는 자신이 국제 첩보 활동을 파헤치는 주요 인물이 된 것에 흥분을 감추지 못하는 것 같았다. 그는 인터뷰에서 자문을 요청하는 전화를 받은 순간을 생생하게 묘사했다. 전화벨이 울려 박사가 전화를 받으니 누군가 "호퍼 박사님, 국무부입니다. 저희가 문제가 생겨서 전화 드렸습니다." 확실히 영화 〈미션 임파서블〉의 주인공이 된 듯한 느낌이었을 것이다. 그리고 나는 이런 기분이 이후 전개되는 상황과 무관하지 않다고 본다. 의사들 역시 집단 히스테리 파동에 휩싸인 것이다. 그는 병에 걸린 그 어떤 환자 못지않게 사로잡혀 있었다.

미국 대사관 직원들은 강력한 힘의 거미줄에 걸려들었다. 직위가 높은 의사들은 대사관 직원들에게 뇌손상이 있다며 몸에 어떤 증상이 있는지 찾아보라고 했다. 지시를 내리는 것 같은 수준이었다. 불안감이 높아지면서 직원들은 건강에 아무 이상이 없는 듯해도 의료적인 주의를 기울이라는 권고를 받게 된다. 건강한 사람들이 백색소음 속에서 몸의 변화를 적극적으로 찾아내고 신경 쓰라는 이야기를 들은 것이다. 대사관에서 근무하던 직원들은 고참 중에서도 가장 고위급에 있는 상사에게서 절대 방심하지 말고 콘크리트 벽 뒤로 몸을 숨기고 자신의 몸에 주의를 기울이라는 지시를 받았다. 미국 국무부 장관은 수십 명의 직원을 미국으로 소환해 건강 검진을 받도록 했으며, 쿠바에 대사관 문을 다시 여는 것을 반대한 미국 정치인들은 공격이 의심되는 상황을 들먹이며 자신들이 옳았음을 보여주는 증거라고 했다. 마르코 루비오 상원의원은 FBI가 어떤 증거도 찾지 못했다고 발표했는데도 이 공격을 '문서화된 사실'이라고 말했다. 환자들을 보호해야 할 고위급 정치인과 명성 있는 의사들이 언론에서 아주 결정적인 언급을 몇 마디 했다. 나는 그런 환경에서 증상이 안 생기도록 버티는 게 얼마나 힘들지 상상하기 힘들며, 그렇게 모든 '전문가들'이 부인하는 집단 심인성 해석을 받아들이기도 얼마나 어려웠을지 알 것 같다. 우리는 서사를 구현하며 그 서사 중 일부는 우리 문화 안에 깊이 새겨진 것들이고, 나머지는 각자의 개인적인 서사다. 우리가 접하게 되는 의사, 정치인, 활동가, 공인, 유명 인사처럼 영향력 있는 사람들의 서사인 경우도 있다. 최고 권위자들이 그렇게 확신을 가지고 공격을 받고 있다고 하는 상황에서 대사관 직원들이 달리 어떤 선택을 할 수 있었겠는가?

병의 본보기가 충분히 생생하고 그 토대 역시 충분히 두드러진 것이라면, 그 병은 개인이 쉽게 내면화하고 이 사람에서 저 사람으로 전염된다. 이런 일이 벌어지는 이유는 그런 생각을 하게 되는 게 합리적이며 생리적으로도 그렇게 반응하기 때문이다. 이쯤 되면 손을 쓰기가 어렵다. 청각 무기 이야기의 경우 그 영향력이 얼마나 강력했던지, 정보국에서 그 가설의 가능성을 배제한 이후에도 그와 관련된 질환이 중국에까지 퍼져나갔다. 2018년 10월 광저우 미국 대사관에 근무하던 캐서린Katherin은 한밤중에 관자놀이에 극심한 통증을 느끼며 잠에서 깼다. 그녀는 익숙지 않은 낮은 진동 소리를 들었다. 캐서린은 쿠바 공격에 관해 자세한 내용은 몰라도 들은 적이 있었다. 그녀의 증상은 다른 이들의 것과 유사했지만 똑같지는 않았다. 캐서린은 매일 두통과 피로감을 호소하기 시작했으며, 구토하고 코피를 흘렸다. 캐서린의 경우 해킹의 표현처럼, 증후군이 발달한 것이라 할 수 있다. 캐서린은 새로운 사람이며, 그녀와 아바나증후군 간의 양방향 고리 효과가 장애에 새로운 증상들을 제공한 것이다. 딸이 걱정된 캐서린의 어머니가 도움을 주기 위해 중국으로 왔지만, 어머니 역시 병에 걸리고 말았다. 모녀가 한 방에서는 높은 음의 소리를 듣고 다른 방에서는 낮은 진동 소리를 들었다. 가끔은 이 소리가 모녀에게 갑작스럽게 마비를 일으킬 때도 있었다. 캐서린은 온몸에 두드러기가 났고, 빛에 민감한 상태가 되었다. 더는 참을 수 없었던 그녀의 어머니가 3주 후 중국을 떠났고, 캐서린 역시 얼마 안 가 그 뒤를 이었다. 두 사람은 모두 외상성 뇌손상이라는 진단을 받았다. 전체적으로 중국에 있는 16개 대사관에서 증상이 발현했으나, 그 대부분은 전형적인 사례로 인정받지 못했다. 아마 증상의 변화가 유형화가 받아들일 수 있는 정도를 넘어선 것으로 보인다.

　나는 많은 환자가 심인성 혹은 기능성 장애라는 개념을 받아들이기 힘겨워하며, 바이러스든 독소든 혹은 아직 발견되지 않은 질병이든 그 밖에 또 다른 설명이 있을 수 있다는 생각을 용납하지 못한다는 것을 알고 있다. 더 나은 답이나 치료가 없을 경우 나는 환자들에게 그저 한 가지를 부탁한다. 기능성 장애를 고려해보고 그 가능성에 공정한 기회를 주라는 것이다. 기능성 장애는 치료가 가능하며, 이 질환일 가능성을 생각하는 데 유일한 해가 있다면 이 병이 사람들의 비판을 끌어들일 수 있다는 점일 것이다. 많은 이가 기능성 질환을 너무 큰 모험이라고 느끼며, 그래서 그 진단을 거부한 채 다시 자신만의 음파 무기설을 찾아나선다. 그런 탐색에 평생을 보내는 사람들도 있다. 인터뷰에서 캐서린의 어머니는 자신과 딸의 '뇌 손상'이 영구적이라 믿는다고 말했다. 다시 말해 두 여성은 누구도 그 존재를 입증하지 못한 무기의 공격 때문에 평생 잠재적 장애를 갖게 된 것이다. 심인성 증상은 아닐까 묻는 질문에 캐서린의 어머니는 이렇게 답했다. "이런 증상을 가짜로 꾸며낼 순 없죠."

신뢰의 문제

콜롬비아 소녀들의 집단 발작과 백신

편견

지식, 사고, 근거가 결여된 비합리적인 견해

택시가 언덕 꼭대기에서 멈추었다. 한 무리의 사람들이 반원을 그리고 앉아 있었다. 그들은 먼지가 이는 땅 위에 임시로 기둥을 세워 만든 물결 모양의 가림막 아래 앉아 있었다. 사람들 대부분은 해진 티셔츠와 반바지를 입었고, 몇몇은 파나마모자를 썼고, 또 어떤 이들은 스포티한 카우보이 부츠를 신었다. 혼자인 사람도 있었지만 대부분 짝을 이루어 앉아 있었고, 세 명이 함께 모인 사람도 있었다. 닭들이 사람들 발치 주변으로 땅을 쪼아대고 있었고, 안장을 얹은 당나귀가 근처 울타리에 묶여 있었다. 모여 있는 사람들 누구도 행복해 보이지 않았으며, 바로 옆에서 차가 멈추는데도 고개를 돌리는 사람이 거의 없었다.

이곳은 라칸소나La Cansona라는 콜롬비아의 한 지역으로, 마리아 산맥의 중심에 있었다. 그림 같은 관광 도시인 카르타헤나에서 차로 약 세 시간 거리에 있는 곳이었다. 어떤 관광객도 라칸소나를 찾진 않는데, 아름답지 않아서는 아니다. 아름다운 곳이다. 언덕 위에 모여 있는 사람들 뒤로 산마루가 있었고, 그 너머로 수천 킬로미터의 푸른 산등성이와 계곡들이 보였다. 고통스러운 역사가 없는 다른 지역이었다면 주말여행과 트래킹 장소가 되었겠지만, 라칸소나에는 여전히 떨쳐내려 애쓰는 폭력적인 과거가 있었다.

나는 2014년부터 아직까지 건강상의 위기에 빠진 소녀들 앞에서 이야기를 하기 위해 이곳에 왔다. 소녀들은 집단 히스테리라는 진단을 받았고, 정확히 미국 외교관들만큼 이 꼬리표에 화가 나 있었다. 하지만 그렇다고 그녀들에게 자기 목소리를 낼 정치적인 기구가 있는 것도 아니었다. 택시 조수석에는 중년의 다부진 농부이자 아픈 소녀들 가운데 한 명의 아버지인 카를로스Carlos가 타고 있었다. 그는 시끌벅적하지만 잊히는 식민지풍 도시이며 이 지역에서 가장 큰 도시인 엘카르멘데볼리바르에 머무는 동안 내 여행 가이드가 되어주기로 했다. 우리와 함께 있었던 또 한 명은 통역사인 카탈리나Catalina였다. 콜롬비아에서 태어나 여러 외국어를 구사하는 카탈리나가 나의 이번 콜롬비아 방문에서 실행 계획을 짰다. 예를 들면, 엘카르멘에 살며 병에 걸린 환자가 있는 몇몇 가족을 소개해준 에리카 가르시아Erika Garcia를 찾아냈다. 카탈리나와 카를로스는 함께 활동하고 있었다. 카를로스가 이 언덕배기 모임을 주선했지만, 우리에게 그에 관한 이야기를 많이 하진 않았다. 카탈리나는 사람들과 실제로 대면하는 자리에 내가 와 있다는 사실에 놀란 것 같았다.

내가 콜롬비아에 온 지는 며칠밖에 되지 않았지만, 라칸소나에 도착했을 때쯤에는 벌써 엘카르멘데볼리바르에 사는 몇몇 환자 가족과 이야기할 수 있게 되었다. 이곳에 있는 동안 에리카가 내게 엘카르멘까지 올 수 없는 사람들이 사는 더 외진 마을을 한번 방문하기를 권했다. 나는 그 일정이 기뻤지만, 도시에서처럼 소녀들을 한 사람씩 그들 집에서 만나길 기대하긴 했다. 반원을 그리며 나를 기다리고 앉아 있는 사람들은 무언가 궁금해하는 눈치였다.

카를로스가 차에서 내려 사람들에게 인사하기 시작했고, 카탈리나와 나는 어떻게 된 건지 확실히 알지 못한 채 뒤에 남겨져 있었다. 차들이 옆에서 빠르게 지나가는 바람에 차가 갑자기 흔들렸다.

"상황이 어떻게 되는 거죠?" 내가 카탈리나에게 물었다.

"알아보죠, 뭐." 카탈리나가 답했다.

우리는 일단 차 밖으로 나와 사람들에게 다가갔지만, 누구도 자리에서 일어나거나 우리를 맞아주지 않았다. 또 다른 사람들이 근처 시골집에서 호기심 어린 얼굴로 우리를 쳐다보고 있었고, 아이들과 동물들만 과감하게 좀더 우리 가까이 다가와 살펴봤다. 카탈리나와 내가 사람들과 인사를 나눌 만큼 가까운 거리에 있게 되었는데도, 카를로스는 아무런 소개도 하지 않았다. 알아볼 만한 명확한 사회적인 신호도 없고 누가 리더인지 알 길도 없던 나는 미소를 지으려고 애쓰며 직접 사람들 앞을 지나가며 내 소개를 하기 시작했다. 나는 당황한 사람들에게 하나하나 악수를 하며 내 이름을 말했다. 모여 있는 사람들은 대부분 30~40대 정도였다. 그보다 어린 10대 후반에서 20대 초반으로 보이는 소녀도 두 명 있었는데, 아마도 그들이 병에 걸린 피해자인 것 같았다. 다른 이들은 틀림없이 부모들이었을 것이다. 어색한 악수를 한 바퀴 마친 뒤 사람들 맞은편에 놓여 있는 흰색 플라스틱 의자 두 개에 카탈리나와 함께 앉았다.

지금까지는 내가 이 여행을 하면서 병에 걸린 소녀들 몇 명과 이야기를 나누고 병력을 듣고 기절하거나 경련을 일으킨 일에 대해 소녀들에게 직접 설명도 들었다. 하지만 라칸소나에 모인 사람들은 경우가 달랐다. 직접 그 소녀들과 이야기할 수 없었기 때문이다. 완전히 입을 다물고 있는 무리 앞에서 나는 어디서부터 말을 시작해야 할지 알 수가 없었다. 화가 나 보이는 빨간 셔츠를 입은 한 남성이 자기 말을 통역해줄 카탈리나에게 직접 무슨 말을 해서 이런 내 부담을 덜

어주었다. 오토바이와 닭, 개가 내는 소음 때문에 귀가 먹먹해진 나는 카탈리나가 하는 말을 듣기 위해 그녀 쪽으로 몸을 기울여야 했다.

"저희는 두 시간 전에 오시는 걸로 알았습니다." 남자가 말했다. "계속 기다렸습니다. 이미 떠난 사람들도 있죠. 저흰 6년을 이렇게 지냈어요. 당신을 만나고 싶은지조차 확신할 수 없었습니다. 누구도 믿을 수 없습니다. 아마 이제 여기 있는 사람들은 당신한테 어떤 얘기도 하고 싶지 않을 겁니다."

그는 권위 있는 태도로 말했다. 침묵을 지키고 있는 다른 사람들은 그가 자신들의 대표 역할을 해줘 다행이다 싶은 듯했다. 이 남성은 무리 중에서 좀더 나이 든 이들 중 한 명이었다. 그는 해진 정장 바지를 입고 있었다. 이 바지도 전에는 더 보기 좋았을 것이고, 새것이었을 땐 틀림없이 꽤 맵시도 났을 것이다. 남성 옆에는 젊은 여성이 앉아 있었다. 그의 딸로 보였다.

카탈리나와 내가 알지 못하는 사이에 카를로스가 우리 두 사람에게는 알리지 않고 마을 사람들에게 약속 시간을 정한 것 같았다. 우리는 엘카르멘데볼리바르의 중심에 있는, 아주 기본적인 편의 시설만 갖춘 호텔에 묵고 있었다. 그 호텔에 식당이 없었기 때문에 끼니 대부분을 해결하기 위해 카를로스가 근처 슈퍼마켓에 있는 커피숍으로 카탈리나와 나를 데리고 갔다. 우리는 튀김으로 가득한 진열장에서 신기한 간식들을 고르는 아침 의식을 즐기게 되었다. 그날 아침 우리가 슈퍼마켓의 싸구려 의자에 앉아 커피를 마시고 부뉴엘로나 치즈 도넛을 먹고 있을 때 나는 카를로스가 초조해한다는 느낌을 받았다. 그리고 이 산마루에 앉은 지금 그가 그렇게 불편해 한 이유를 알게 되었다. 약속 시간이 너무 일러 아침 식사를 건너뛰어야 한다는 말을 하기 어려웠던 것이다.

카를로스의 딸은 다른 소녀들보다 병이 심각했다. 딸의 문제가 히스테리와 관련 있을 수 있다는 어떤 기미에도 그가 얼마나 깊게 기분 나빠하는지 나도 이미 알고 있었다. 하지만 가족에게 심리적 문제가 있진 않은지 내가 물어도 카를로스는 여전히 나의 그런 말을 참아주었다. 그의 예의 바른 태도로는 사람들 앞에서 나와 의견이 맞지 않는 모습을 보일 수 없었고, 그렇다고 아침 식사를 하는 나를 재촉할 수도 없었던 것이다. 아무튼, 그래서 나는 이 사람들이 이렇게 주름진 장막 아래의 열기 속에서 기다리고 있을 줄은 전혀 알지 못했다. 그들이 화가 나 보인 것도 당연했다.

빨간 셔츠를 입은 남성은 말을 상당히 빨리 했다. 카탈리나도 그가 하는 말을 일일이 통역하기 힘들어 요약해서 내게 전달해줬다. "사람들이 선생님한테 얘기하고 싶은지 아닌지를 이분이 결정하실 거래요." 카탈리나가 내게 작은 소리로 말했다.

거부감을 갖고 얼굴이 돌처럼 굳어 있는 사람들을 보면서 나는 이들에게 굳이 얘기하게 하고 싶지 않다는 마음을 굳혔다. 내가 정말 바란 것은 차를 타고 이곳에서 빨리 사라지는 것이었다.

내가 카탈리나에게 작게 속삭였다. "원하지 않으면 나한테 얘기하지 않아도 된다고 말해줘요. 5분 동안 잠깐 걷다 올 테니 어떻게 하고 싶은지 서로 이야기를 나누라고 해주세요." 또 생각나는 게 있어서 말을 덧붙였다. "그런데 제가 스페인어를 워낙 모르니 제가 여기 앉아 있는 동안 저를 흉봐도 사실 괜찮아요. 어차피 저는 한마디도 못 알아들으니까요."

카탈리나가 사람들에게 정확히 뭐라고 전달했는지 모르겠지만, 그들 중 몇 명이 웃기 시작했고 나는 분위기가 좀 나아졌음을 느낄 수 있었다. 빨간 셔츠 입은 남성이 다시 입을 열었다.

"이분들이 당신에게 이야기해드릴 거예요." 카탈리나가 내게 말해주었다. "그저 누구도 아무 말도 해주지 않고 어떤 도움도 주지 않는데 아이들은 아프니 화가 난 거라고 하네요."

나는 고개를 끄덕이며 빨간 셔츠 입은 남성에게 감사를 표시했다. 그는 이어 카탈리나를 통하지 않고 나를 직접 보며 말했다. "부모들한테는 정신과 의사가 필요합니다. 스트레스가 아주 심하죠. 정부에선 도움을 주지 않고요. 더는 이렇게 버틸 수가 없습니다. 악몽처럼 살고 있어요."

엘카르멘 소녀들의 이야기는 2014년 한 고등학교에서 시작되었다. 모두 같은 반이었던 소녀 중 한 무리가 갑자기 쓰러졌다. 몇 명은 그저 기절하듯 땅으로 쓰러졌고, 경기를 일으키는 아이들도 있었다. 증상은 마치 들불처럼 번져나갔다. 하루 만에 다른 반 소녀들도 병에 걸렸다. 학교에서 부모들에게 긴급하게 전화를 걸어 학교로 아이들을 데리러 오라고 했다. 경기를 일으키고 의식이 없던 소녀들은 트럭과 자동차 그리고 오토바이 뒤에 실려 병원으로 보내졌다. 이 현상은 뉴스에 나올 만큼 극적인 일이었다. 교복을 입은 아이들이 운동장과 병원 안팎에 누워 있는 모습이 카메라에 잡혔다. 구급차와 승용차들이 군중을 뚫고 나아가는 광경까지 영상에 나오면서 이미 혼란스러운 상황에 새로운 피해자들이 더해졌다.

나는 2016년 콜롬비아의 한 축제에서 이 사건에 관한 이야기를 처음 들었다. 엘카르멘 소녀들의 경우 내 생각이 틀린 것 아니냐는 질문을 받은 것이다. 경련을 일으키는 여학생들은 사람들이 집단 히스테리의 정확한 형태로 떠올리는 전형적인 이야기 중에서도 핵심적인 존재다. 보통 소녀 한두 명은 아마 더위를 먹어 쓰러질 수 있고, 나머지는 놀라거나 과호흡이 와서, 아니면 순전히 자신이 원해서 기절할 수도 있다. 어쨌든 일반적으로 그런 현상은 하루 안에 없어진다. 그때 내가 놀란 점은 엘카르멘에서의 질환이 발생한 지 2년이 지나도록 여전히 진행 중이라는 사실이었다. 나는 질문한 청중에게 어떤 답도 할 수 없었다. 그저 신기한 일이라는 데 동의했다.

그 뒤 3년이 더 지났다. 여학생들이 처음 쓰러진 지 5년이 지난 것이다. 나는 아직도 엘카르멘의 발병이 멈추지 않고 있음을 알게 되었다. 멈추기는커녕 반대로 병은 새로운 환자들과 새로운 증상들을 만들어내며 발전하고 있었다. 2019년까지 인구 12만 명 중에서 1000명의 소녀가 병에 걸렸다고 추정되었다. 한 학교에서 시작된 현상은 다른 학교들에까지 번져나갔다. 의학적·사회적으로 커다란 위기가 엘카르멘데볼리바르에 닥쳤고, 끝날 기미가 보이지 않았다. 보통 여학생들이 쓰러지면 대부분 회복된다. 그런데 왜 이곳 소녀들은 그렇지 못한 걸까?

내가 만난 첫 환자는 프리다Frida라는 소녀였다. 이 모임 전에 프리다에 관해 내가 알아낸 정보는 그녀가 운이 좋은 편에 속한다는 정도였다. 프리다는 대학에 갈 수 있을 정도로 회복됐지만, 다른 많은 소녀는 그렇지 못했다. 열아홉 살인 프리다는 엘카르멘에서 해안 도시인 배랑쿠일라로 이사해 그곳에서 병 때문에 한 학년 늦게 대학 공부를 시작했다. 프리다는 고맙게도 엄마인 제니Jenny와 함께 엘카르멘에 와서 나를 만나겠다고 해주었다. 나는 프리다와 이야기를 나누기 전에는 엘카르멘의 병이 구체적으로 어떠했는지 전혀 알지 못했지만, 그녀가 그 불가사의한 일에 대한 내 궁금증을 아주 빠르게 해소시켜주었다.

우리는 엘카르멘 중심에 있는 카를로스가 고른 식당에서 만나기로 했다. 그 식당은 조용했고 플라스틱 의자들과 해진 연어색 보가 깔린 테이블들이 놓여 있었다. 카탈리나와 나는 프리다와 그녀의 어머니가 도착할 때까지 기다리며 저녁을 먹었다. 카를로스는 우리하고는 한번도 식사를 같이하지 않았다. 그 도시에 머무는 동안 내가 호텔에 있는 경우가 아닌 한 카를로스는 절대 몇 미터 이상 곁에서 떨어져 있지 않았지만, 워낙 말이 없어서 그가 옆에 있다는 사실을 나도 자꾸 잊어버리게 될 정도였다.

우리가 프리다를 기다리는 동안 카를로스는 물을 마시며 나를 쳐다보았다. 식당에는 우리 셋만 있었다. 식당 문이 열릴 때마다 나는 프리다인지 쳐다봤지만, 대부분 그냥 웨이터였다. 그러다 마침내 제니가 혼자서 예상보다 늦게 모습을 드러냈을 때 나는 혹시 프리다가 마음을 바꾼 건 아닌지 염려됐다.

"프리다도 왔습니다." 제니가 우리를 안심시켰다.

프리다는 밖에서 식당까지 걸어오느라 더러워진 운동화를 털고 있었다. 그녀는 운동화 먼지를 다 없애야 들어올 거라고 했다. 몇 분 후 프리다가 들어왔고 그녀의 운동화를 보니 그야말로 새하얬다. 프리다를 보니 내 조카가 떠올랐다. 운동화(그보다 더 하얄 순 없을 것이다)라면 무엇보다 우선시하는 점이 완전히 똑같았기 때문이다. 나는 프리다가 몹시 아팠다는 걸 알고 있었기 때문에, 여느 10대 아이들과 똑같은 걱정을 하는 건강해 보이는 젊은 여성을 보니 정말 마음이 놓였다. 크고 호리호리한 프리다의 피부는 반짝였고, 그녀의 숱 많은 검은 머리도 윤이 났다.

빠르게 자기 소개가 있었다. 내가 놀랐던 건 프리다가 미처 자리에 앉기도 전에 카탈리나가 내가 먹다 남긴 접시를 프리다 앞으로 밀어 넣은 것이다. 나는 제니에게 두 사람을 위해 뭔가를 주문할지 물었지만, 그녀가 괜찮다고 했다. 그러는 동안 프리다는 내 접시를 가져다가 웃으면서 음식을 마구 먹기 시작했다. 프리다가 음식을 먹고 몸을 곧추세우는 방식 어디서도 많이 아팠던 기색은 전혀 찾아볼 수 없었다. 나는 프리다와 카탈리나가 그렇게 빨리 친해진 걸 보고 깜짝 놀랐고, 내가 콜롬비아 문화에 대해 배울 게 정말 많다는 사실을 깨달았다.

프리다를 보며 먼지 묻은 운동화에서부터 음식에까지 옮겨가며 주의가 흐트러진 나는 어느새 프리다의 어머니와 함께 대화에 빠져들었다. 처음에는 그저 편안하게 비라든가 교통, 도시 같은 소소한 이야기만 했다. 프리다는 듣고 있는 것 같지 않았다. 한 번은 내가 지나치게 빨리 너무 개인적인 질문을 해버리자 제니가 그 점을 바로잡아 주었다. "아직요." 프리다가 접시를 다 비우고 그녀의 어머니가 나에 대한 시험을 다 끝낸 다음 나는 2014년 일에 관해 이야기해도 좋다는 말을 들을 수 있었다. 그리고 이 주제를 시작하게 되자마자 제니는 지난 5년간 자신들의 삶이 얼마나 힘겨웠는지 아주 분명하게 말해주었다. 그녀는 울기 시작했고 자기 두 딸이 병에 걸렸었다고 했다.

"딸이 죽는 줄 알았어요." 제니가 말했다. "신문, 의사, 그들이 우리 딸들의 존엄성을 앗아갔죠. 우리 아이들이 미쳤다고 하더군요."

2015년 콜롬비아 국립보건원은 유행병 상세 연구에 관한 결과를 발표했다. 이들은 병의 발생이 집단심인성질환 때문이며, 이는 근대 용어로 집단 히스테리라고 불린다고 했다. 이 꼬리표는 가족들에게 강한 타격이 되었다. 이에 관해선 모든 부모가 똑같은 말을 했다.

"정말 힘드셨겠어요." 내가 말했다. 그리고 프리다를 보았는데 그녀는 조금도 속상해 보이지 않았다. 사실 프리다는 그녀의 어머니가 이야기하는 동안 나를 위아래로 흥미롭게 살펴보고 있었다. "프리다가 직접 자기가 겪은 일을 저한테 얘기해줘도 될까요?" 내가 제니에게 물었다.

이렇게 부모들에게 소녀들이 직접 이야기하게 해도 좋겠냐고 묻는 일이 인터뷰할 때의 어떤 주안점이 되었다. 그렇게 하면 부모들이 기꺼이 자녀에게 직접 말할 수 있게 하지만, 절대 처음부터 그렇게 하려 하진 않았다. 내 요청에 제니가 프리다의 뜻에 맡겼고, 프리다는 먹던 접시를 치우고 나를 전보다 더 뚫어지게 쳐다보았다.

"고향이 어디세요?" 프리다가 대화의 흐름을 바꾸며 물었다.

내가 답했고 이번에는 내가 프리다에게 그녀의 성과 이름을 모두 써달라고 청했다. 프리다라는 이름은 알고 보니 그녀의 진짜 이름이 아니었다. 원래 이름은 프리니아Frinia였다. 그녀는 프리다라는 이름이 좋아서 사람들한테도 자신을 프리다라고 부르게 한다고 했다.

"프리다 칼로의 이름을 따라 한 거예요. 제가 정말 좋아하는 화가거든요."

프리다 칼로Frida Kahlo는 그녀에게 영웅 같은 존재였다. 이름을 바꾸는 건 생각보다 쉬웠다고 한다. 프리다가 병에서 회복하는 데 그림이 핵심적인 역할을 했기 때문이다.

"혹시 병이 어디서 처음 시작되었는지 알고 있나요? 그러니까 어느 학교에서요." 내가 물었다. 나는 프리다가 최초의 환자를 알고 있는지 궁금했다.

"저희 학교에서 시작했어요. 제 여동생 반이었죠. 바로 우리 옆반이었고요." 프리다가 대답했다.

뒤이어 만난 다른 소녀들은 병이 시작된 곳을 다른 학교라고 했다. 발병과 증상들을 둘러싼 이런 서사는 스스로 퍼져나가면서 발달하는 경향이 있다. 음파 무기의 위협처럼 단지 소문에 불과하다 해도 이런 이야기는 결국 돌고 돈다는 점을 아는 게 핵심이다. 이 서사가 현상을 만들어내는 원동력이기 때문이다. 기억은 묘한 것이다. 여러 사람을 거치며 이야기되고 또 이야기되는 과정에서 서사가 발달한다. 나는 가족들이 이야기하는 모든 것이 꼭 정확하지 않다는 사실을 인정해야 했다. 그래도 환자와 가족들은 자신들만의 경험을 솔직하게 이야기한 것이며 바로 이 점이 내가 바라던 것이다. 즉 그들이 마음속으로 느낀 것에 대한 정확한 묘사였다. 비록 소녀들과 그 가족들이 내게 해주는 이야기가 완전히 정확하진 않다 해도, 그들의 개인적인 경험은 상황을 진행시키는 동력이라 할 수 있었다.

프리다는 병이 시작된 때가 일 년 중에서도 아주 더운 시기였다고 기억했다. 여학생들이 얼마간 몸이 좀 좋지 않았다고 했다. 남녀공학이었지만 전체적으로 여학생이 남학생보다 많은 학교였다. 여동생의 교실은 창문이 제대로 열리지 않아서 50명이 쓰는 협소하고 과열된 공간이 가끔은 견디기 힘들 정도로 무더웠다.

습하고 무더운 어느 날 오후, 프리다는 바로 옆 반에서 나는 이상한 소리를 들었다. 학생들이 복도 쪽을 내다봤는데 놀랍게도 옆 반 학생들이 교실 밖으로 실려 나오고 있었다. 프리다가 나중에 안 바로는 한 소녀가 숨을 쉴 수 없다고 하다가 점차 고통이 심해져 쓰러질 것 같은 상태가 되었다고 한다. 그리고 순식간에 15명의 여학생이 쓰러져버렸다. 이어 발생한 대혼란에 학교 전체가 발칵 뒤집혔다. 수업이 중단되었고 사람들이 복도로 쏟아져 나왔다. 학교에서 부모들과 구급차를 불렀고 소녀들은 집단으로 병원으로 급하게 이송됐다. 발작은 급속히 다른 학급들로 번져나갔다. 프리다가 보기에 첫날이 끝날 때쯤 적어도 50명의 여학생이 쓰러졌다고 한다.

"친구들이 기절하는 모습을 봤나요?" 내가 프리다에게 물었다.

프리다는 여학생들이 몸을 떨고 눈을 감은 채 땅에 누워 있었다고 했다. 그리고 한 소녀는 얼굴이 한쪽으로 쏠리고 입이 돌아갔다고 했다.

"앉아서 계속 몸을 떠는 경우도 있었어요. 그래도 말은 할 수 있었고요." 프리다가 내게 말했다.

프리다가 나도 전에 본 적 있는 뉴스 영상을 보여주었다. 소녀들이 다양한 곳에서 쓰러지는 모습이 담겨 있었다. 창백한 얼굴로 가만히 누워 있는 학생들도 있었고, 등을 동그랗게 구부리고 누워 있는 학생들도 있었다. 일부는 온몸을 비틀었고, 온몸을 떠는 경우도 있었으며, 몇몇 학생들은 남자 친척이나 같은 반 남학생들이 제지하고 있었다. 이건 분명 해리성 발작이었다. 의심의 여지가 없었다.

"프리다 양은 기절하지 않았나요?" 내가 물었다.

"두 가지 유형이 있어요." 프리다가 말했다. "발작 증상이 있는 사람들과 없는 사람들이죠."

발병 첫날은 모든 여학생에게 발작 증세가 있었고, 프리다는 이날을 '대재앙의 날'이라 불렀다. 그러다 그 주가 끝나갈 무렵에는 100명이 넘는 여학생이 병에 걸렸는데, 그들에게는 발작 증세만 있는 것도 아니었다. 시간이 갈수록 병은 눈앞이 희미해지면서 어지러운 증상부터 호흡 곤란, 두통, 가슴 통증까지 다양한 증세를 보였다. 어떤 소녀들은 알 수 없는 사이에 피부가 안 좋아지거나 머리가 빠지는 증상을 겪기도 했다. 새로운 사례들이 나타나는 동안에도 여전히 경기를 일으키는 학생들이 있었지만, 모두 그런 건 아니었다.

프리다에게는 발작 증상이 나타나지 않았다. 그녀가 자신의 증상을 내게 자세히 말해줬는데, 대부분은 일시적이고 특별한 점도 없는 일반적인 것이었다. 프리다는 소화 불량과 무릎 통증, 시각 장애, 체중 감소, 피부 발진을 겪었는데, 모두 알게 모르게 생겼다 사라졌다. 가장 힘들었던 건 학교 가는 게 버거워진 일이었지만, 대부분 가까스로 등교했다고 한다. 프리다는 특별한 진단을 받은 건 없었지만 병원에서 많은 약을 처방받았다.

"그 약들을 항상 복용하진 않았어요." 프리다가 내게 말했다.

내가 콜롬비아의 의료 구조를 물었더니 보험 제도를 기반으로 운영된다고 했다. 소득이 아주 적거나 아예 없는 경우에는 보험금을 내지 않아도 되지만, 국민 대부분이 보험료를 낸다고 했다. 콜롬비아에서는 여러 보험 회사가 다양한 수준의 혜택을 제공하고 있었다. 보험 회사들이 직접 병원을 운영했고, 많은 의사가 특정 보험 회사들을 위해 일했다. 제니의 설명에 따르면, 그녀가 아는 여학생들은 대부분 꽤 철저하게 검사를 받았다. 그들은 혈액 검사와 뇌 정밀 검사, 뇌파 검사를 받았다. 초반에 받은 검사에서 모두 이상이 없다는 결과가 나오자 학생들은 최종적으로 중금속 중독과 희귀병 검사까지 받았다. 이 검사들의 결과 역시 정상이었다.

프리다는 학생들의 의료 진단 결과에 관해 얘기해주었다. 소녀들이 철저한 검사를 받은 데 대해서는 프리다도 실망한 것 같지 않았지만, 그 결과에는 분명히 문제가 있다고 생각한다고 했다.

"검사를 하긴 했어요, 그런데 그 결과대로 얘기해주지 않았죠. 여러 학생이 서로 다른 검사를 받았어요, 마치 무작위 검사를 계획 없이 받은 것처럼요. 혈액 검사 결과가 나왔는데, 모든 여학생의 것이 똑같은 적도 있었죠. 어떻게 그런 일이 있을 수 있나요?"

이 문제에 그 조용한 카를로스까지 침묵을 깨뜨리며 한마디했다. "정부에서 연구에 7억 페소(약 1억 9000만 달러)를 쓰고도 우리한테는 결과도 다 알려주지 않은 겁니다."

카를로스는 국립보건원에서 진행한 연구를 말한 것인데, 결론적으로 모든 정보가 포함되어 있지 않았다는 얘기였다. 프리다와 카를로스, 제니 모두 국립보건원에서 정보를 다 주지 않았고, 환자와 가족들의 우려가 심각하게 받아들여지지 않았다는 데 서로 의견이 일치했다. 확실히 의심하는 분위기였다.

"적십자에서 왔었는데도 정부에서 그들을 돌려보내버렸죠." 제니가 내게 말했다.

나로서는 있을 수 없는 일 같았지만 환자 가족과 보험 회사, 권력자 간의 불신에는 소문이 통했다. 이것은 의료 전문가들과 정치인들이 상황을 주도한 아바나증후군과는 완전히 반대되는 경우였다.

"결국," 제니가 말했다. "저희는 뭐가 진실이고 뭐가 가짜인지 알 수 없었어요. 그들은 몇몇 아이들이 아프다면서 그 아버지들이 중금속을 다루는 일을 하기 때문이라고 하더군요. 하지만 그 말이 사실이라면 왜 그 아버지들은 병에 걸리지 않은 건가요?"

"맞는 말씀이에요." 나도 제니 말에 동의했다.

제니와 프리다가 들은 많은 이유가 말이 되지 않았다. 그들의 모든 의견은 가족들을 더 절망에 빠뜨릴 뿐이었다. 그러나 공동체에서 정말 화가 났던 건 콜롬비아 대통령이 발병이 집단심인성질환 때문이라고 정식으로 발표한 것이었다.

"길거리에서 사람들이 우리 딸들한테 외쳤어요. '그 미친 여자들이다!'라고요."

환자 가족들은 이 꼬리표 때문에 몹시 괴로워했으며, 그 진단 탓에 자녀들의 의료 혜택이 줄어드는 것도 감수해야 했다. 소녀들은 발작이 와서 응급실에 가도 바로 응급조치를 받지 못하고 특별 대기실로 보내졌다. 나는 사실 이 이야기를 들으며 마음이 혼란스러워졌다. 과도한 검사와 약물을 피하는 보존적 치료(수술 등의 적극적인 치료 대신 적어도 일정 기간 현재의 증상을 치료하면서 병의 호전을 기대하는 치료─옮긴이)의 경우 이런 발작이 왔을 때 취할 수 있는 적절한 조치였기 때문이다. 그러나 그런 치료를 하려면 환자를 방치하는 것으로 보이지 않게 관련된 이들에게 제대로 설명해주어야 한다. 확실히 환자의 부모들은 보존적 치료를 좋게 보지 않았지만, 나는 그들과 의사들의 관계가 어디서부터 잘못되기 시작한 건지 알 수가 없었다.

"의사를 만나러 가면 다들 아세트아미노펜acetaminophen만 줬어요." 프리다가 내게 말했다.

"이 나라는 아세트아미노펜을 너무 좋아하죠." 카탈리나가 통역을 하다 끼어들며 말했다. "어떻게든 그건 다들 갖고 있거든요."

"타당한 진단은 받아본 적이 없는 건가요?" 내가 프리다에게 물었다.

"없어요." 프리다가 고개를 저었다.

"지금 건강은 괜찮고요?" 내가 물었다.

"괜찮아요, 그래도 완전히 건강하지 않다는 건 알고 있어요. 아직 제 안에 병이 남아 있으니까요." 프리다가 대답했다.

나는 프리다의 말에 싸한 느낌이 들었다. 이후 며칠 동안 소녀들이 자기 건강을 어떻게 느끼는지를 요약해주는 표현이었다. 그리고 내 생각에 이들의 병이 왜 나아지지 않는지 설명해주는 말이기도 했다. 마치 프리다 자신이 건강하지 못할 거라 기대하는 데 익숙해 있는 듯했다.

"지금 건강하다고 생각한다면 병은 다 나은 걸 거예요." 내가 기대를 갖고 반박해보았다. "아침에 버스를 타고 대학에 가야 해요. 그런데 저는 한 번도 좌석에 앉아보지 못했어요. 제가 타는 정류장에 올 때는 이미 버스에 승객이 꽉 차 있거든요. 그래서 서서 가야 하는데 아주 먼 거리를 가야 하죠. 결국, 늘 어지럽고 때로는 정말 아플 때도 있어요."

프리다는 너무 두려운 나머지 자기 몸에 대한 신뢰를 잃어버린 것 같았다. 그렇게 무더운 버스로 장시간 이동하면 기절할 것 같은 느낌이 드는 것도 당연할텐데, 프리다에게는 그런 기분도 더 큰 의미로 다가왔다. 나는 프리다가 '백색 소음'에 너무 주의를 기울여 자기 자신이 회복했다는 사실을 믿지 못하고 있다는 생각이 들었다.

프리다의 병은 발작으로까지 발전하진 않았지만, 그녀의 여동생은 발작을 겪었다. 프리다의 여동생에게 발작이 생긴 건 그 '대재앙의 날'이었다. 프리다와 제니는 그 첫째 날 병원에서 겪은 일을 얘기해주었다. 응급실은 그렇게 한꺼번에 몰린 많은 피해자를 다 받아들일 만큼 넓지 못했다. 바닥에조차 모든 환자를 수용할 수 없었다.

그래서 어떤 여학생들은 여전히 경련을 일으키면서 자기 부모님 팔에 안겨있었다.

학교는 사건 이후 3일 동안 문을 닫았다. 학교가 다시 운영을 시작했을 때도 몇몇 부모는 자녀를 다시 학교에 보내려 하지 않았다. 아주 심각한 단계는 지나갔지만 사람들이 워낙 놀란 데다 발병이 아직 끝나지 않고 있었기 때문이다. 새로운 피해자들이 계속해서 나타났고, 처음 병에 걸린 소녀들도 아직 회복되지 않았으며, 지역 내 다른 학교들에까지 병이 확산했다.

이런 과정은 내가 보기엔 처음 발병한 학급에 환기가 잘되지 않아 학생들이 힘들어했던 상황과 아주 유사해 보였다. 그런 환경에서 한 소녀가 기절했다면 아주 기이한 일도 아니었을 것이고, 그 소녀가 다른 이들까지 같은 일을 겪도록 자극했을 수도 있다. 하지만 몇 년 전에 끝났어야 할 이 사건이 계속되는 이유는 무엇일까?

"왜 이런 일이 생겼다고 생각하나요?" 내가 프리다에게 물었다.

"인유두종바이러스HPV 백신 때문이에요." 그녀가 내게 자신 있게 말했다.

바로 이것이었다. 그 도시에서 나눈 모든 대화에 나타난, 때로는 완전히 이야기 자체를 장악해버린 반복되는 주제가 이거였다. 인유두종바이러스 백신이 발병을 자극하는 매개체가 되어 계속 병이 진행되게 한 것이다. 엘카르멘 거주민들은 인유두종바이러스 백신 때문에 소녀들이 병에 걸렸다고 믿었다. 프리다가 나한테 병이 아직 자기 안에 남아 있다는 걸 안다고 했던 것도 이 백신을 말한 것이다. 그녀는 자신이 중독됐다고 믿었다. 사실 그렇게 쉽게 크라스노고르스크의 독성이나 쿠바의 음파 무기처럼 유해한 힘에 의해 병이 발생할 수 있다고 생각한다는 게 신기하다. 음모가 평범한 일상보다 더 설득력 있을 수 있다. 병의 이유가 외부에 있는 것이 심리적인 기제보다 더 매력적이기도 할 것이다. 병의 원인이 무엇인지 알지 못하는 혼란스러운 상태보다 단 한 가지 실질적인 설명이 가능한 편이 더 마음에 위로도 될 것이다.

"학생들은 언제 백신을 맞았나요?" 내가 물었다.

아이들이 백신 접종이나 혈액 검사 때문에 기절하는 일은 자주 발생한다. 고통스러운 자극을 받거나 갑작스럽게 놀라는 바람에 자율신경계가 활성화되면서 혈압이 급격히 떨어지며 쓰러지는 것이다. 이는 반사성 무산소성 실신reflex anoxic syncope이라는 즉각적인 생리 반응으로, 어떤 숨겨진 질병을 가리키는 것이 아니며, 정신적인 외상과도 전혀 관련이 없다.

"2차 접종을 그 한 달 전에 맞았어요." 프리다가 내게 말했다.

그렇다면 반사성 무산소성 실신은 아니었다.

"여동생 반의 학생들은요?"

"똑같이 한 달 전에요."

"그렇군요."

나는 제니와 카를로스에게 그들도 학생들의 발병이 인유두종바이러스 백신과 관련 있다고 생각하는지 물었고, 그들은 백신 때문에 아이들이 병에 걸린 게 사실이라고 장담했다.

"하지만 몇 주 전에 맞은 백신 때문에 어떻게 단 하루에 그것도 몇 주나 지난 후에 그렇게 많은 사람이 기절할 수가 있죠?" 나는 놀라움을 감추지 못하고 물었다. "분명 당일 일어난 어떤 다른 이유 때문은 아니었을까요?"

회상 편향은 가까운 시기에 일어난 사건들을 서로 연관 있다고 생각하는 것이다. 그러나 시기가 가깝다고 해서 원인과 결과를 입증하는 것은 아니다. 어떤 소리가 뇌 손상을 가져왔다고 말하려면, 그 과정이 생물학적으로 앞뒤가 들어맞아야 한다. 마찬가지로 백신으

로 인해 집단 발작이라는 임상 증상이 생기는 과정도 설명할 수 있어
야 한다.

"그런 일이 전 세계적으로 일어난다고 들었어요. 일본, 이탈리
아 같은 나라에서요." 카를로스가 내게 말했다.

어디서 그런 정보가 만들어진 걸까? 그리고 그 대재앙의 날과
인유두종바이러스 백신이 서로 관련 있다는 믿음은 어떻게 해서 생
긴 것일까? 프리다는 왜 백신 탓을 한 걸까?

"제가 맞은 백신 묶음에 문제가 있었어요. 백신을 도시로 가져
온 남성이 술에 취해 있었죠. 오토바이로 실어왔지만, 계속 약을 지
켜보지 않은 거예요. 백신을 차가운 상태로 운반하지 않은 거죠."

프리다는 계속해서 장갑이나 마스크 착용을 하지 않은 간호사
가 백신을 관리했다고 했다. 간호사가 소녀들에게 백신을 접종하는
동안 냉장고 문을 열어두었다고도 했다. 여학생들의 팔에 멍이 들었
고 이튿날 부풀어 오른 경우도 있었다는 말도 덧붙였다.

하지만 이 모든 것은 첫 번째 발작이 나타나기 몇 주 전에 생긴
일이었다. 나는 소녀들이 한 사람씩 몇 분 간격으로 쓰러졌다는 사실
을 간과할 수 없었다. 프리다의 대답을 보면 그녀가 이 점을 인지하
지 못하고 있음을 알 수 있었다.

"백신이 제대로 관리되지 못했다고 보는 것 같네요." 내가 말했다.

"부모 동의도 구하지 않았죠." 제니가 말했다.

"그건 정말 잘못됐네요. 왜 어머니가 걱정하시는지 알겠습니
다. 하지만 왜 여학생 50명이 동시에 발작을 일으켰다고 생각하시나
요?" 세 사람은 모두 당황한 것 같았다. 하지만 나한테는 핵심이 되
는 문제였으므로 그대로 밀고 나갔다. "만약 여러 사람이 같은 날 독
감 바이러스에 노출되었다 해도, 서로 다른 시간에 다른 정도로 병에
걸리게 됩니다. 그런데 이 소녀들은 동시에 병이 났고요. 왜 그랬다

고 생각하시나요?"

마침내 대답한 유일한 사람은 프리다였다. "교실 안은 정말 끔찍했어요. 누군가가 쓰러지는 걸 보면 자신도 쓰러질 것 같은 기분이 들었죠. 그렇게 퍼져나간 거예요."

나는 제니와 카를로스가 이 말에 어떻게 반응하는지 보려고 그들을 쳐다봤다. 하지만 두 사람은 어떤 반응도 하지 않았다. 나는 프리다가 한 말을 다시 얘기해주었다. "그러니까 사람들이 쓰러진 게 너무 두려워서, 다른 사람들이 쓰러지는 걸 봐서라는 거죠, 그렇죠?"

프리다가 고개를 끄덕였다. 그리고 덧붙여 말했다. "사람들이 기절하는 걸 보면 정말 섬뜩하거든요."

나는 다시 한번 제니와 카를로스를 바라봤다. 그들이 프리다가 방금 한 말에서 어떤 지혜를 발견하길 바란 것이다. 하지만 상황은 그렇게 흘러가지 않았다. 대신 카를로스가 대화의 방향을 돌리며 인류학자인 에레라Herrera 박사가 발병이 인유두종바이러스 백신 때문이며, 백신 때문에 전 세계 어린 여성들이 망가지고 있음을 확인해주었다고 말했다. 카를로스는 내가 그곳에 있는 동안 거의 말을 하지 않았지만, 몇 안 되는 주제, 그중에서도 인유두종바이러스 백신과 에레라 박사에 관해서는 활기를 띠며 이야기했다.

"인유두종바이러스 백신은 소녀들을 망가뜨리지 않습니다. 그건 확실해요." 내가 고개를 저으며 이렇게 말했지만, 제니도 카를로스도 내 말에 그다지 신경 쓰지는 않는 것 같았다. 나는 그들이 어디서 그런 정보를 얻었는지 물었고, 에레라 박사라는 사람이 그 중심에 있음을 알게 되었다. 콜롬비아 국적으로 미국에 거주하는 그는 소녀들의 발병 얘기를 듣고 이 도시에 왔다고 한다. 에레라 박사가 백신 접종 때문에 여학생들이 쓰러졌다는 말을 직접 했는지는 모르겠지만, 그런 생각을 부추긴 것만은 확실했다. 내가 이 영향력 있는 인류학자가 어디서 근무하는지 물었지만, 그들 중 누구도 알지 못했다.

"에레라 박사가 의학박사가 아니라는 걸 카를로스가 아는지 모르겠네요." 카탈리나가 내게 작은 소리로 말했다.

"다들 그 박사를 많이 신뢰하는 것 같아요."

"카를로스는 그가 도시의 구원자라고 하죠."

백신 때문에 접종 이후 한 달이 지나서, 그것도 하루 사이에 집단으로 발작을 일으키는 병리적 기제는 존재하지 않는다. 인유두종 바이러스 백신과 간질 사이엔 어떤 연관성도 없으며 만약 있다 해도 내가 본 발작은 해리성이지 뇌손상으로 인한 발작은 확실히 아니었다. 하지만 내가 이 사람들이나 에레라 박사를 잘 아는 건 아니었다. 그래서 나는 이들에게 이 문제로 더 이의를 제기하지 않고, 계속해서 여학생들의 경험을 더 이해하고자 애쓰기로 했다.

"프리다 양은 어떻게 상태가 좋아지게 된 건가요?" 내가 물었다. 그녀가 완전히 회복되지 않았다 해도 나아지고 있는 건 틀림없었다.

프리다에게 전환점이 되었던 건 또 다른 방문자였던 밀라Mila가 개입하고 나서였다. 프리다는 밀라가 '국경없는의사회Médecins Sans Frontières'에서 일한다고 했다. "밀라가 저희를 위해 워크숍을 열었어요." 프리다가 말했다. "함께 그림도 그리고, 저희에게 호흡을 통제하는 방법도 알려줬죠. 식습관에 대해서도 이야기해주고, 이완 운동 방법도 가르쳐줬고요."

밀라의 개입, 특히 그림 그리기 같은 활동은 프리다를 비롯해 이 모임에 참여한 다른 여학생들에게 매우 유익했던 것 같다. 밀라는 종일 워크숍을 진행했고 소녀들에게 점심을 제공했으며, 여학생들을 치료하려고 워크숍 장소까지 데려온 버스 비용까지 밀라 자신이 속한 기관에서 지불했다. 더 빈곤한 가족들에게는 특별히 이 점이 몹시 중요했다.

"워크숍에는 여섯 명의 학생이 있었어요." 프리다가 내게 말했다. "발작을 일으킬까 봐 여섯 명보다 더 많을 순 없었거든요.

나로서는 알 수 없는 이유로 밀라는 3개월 후 떠났다고 했다. 그녀는 몇몇 여학생들만 만날 수 있었다. 프리다에 따르면, 밀라는 돌아가야 했고, 자기 생각으로는 그녀가 이 현상에 관한 어떤 논문을 쓰는 것 같았다고 했다.

"국경없는의사회에서 일하는 분이라고 하지 않았나요?"

"확실히는 모르겠어요."

"혹시 성이 어떻게 되는지 아나요?"

그들은 알지 못했다. 에레라 박사처럼 밀라도 제대로 알기 힘든 인물이었지만, 그녀가 소녀들에게 정말 도움은 준 것 같았다.

"학생들이 다른 데서 심리 지원은 충분히 받았나요? 보험 회사 같은 곳에서요." 내가 물었다.

알고 보니 정부에서 심리학자들을 보냈다고 했다. 그런데 50명의 소녀가 모두 같은 날 그들을 만나러 갔다. 그리고 그중 30명이 그 모임에서 동시에 쓰러졌다. 이번에는 전보다 더 아수라장이 되었다. 심리학자들은 원래 닷새 동안 머무르기로 했지만 사흘 만에 돌아가 버렸다. 누구도 그들이 돌아오길 바라지 않았다.

엘카르멘에서는 많은 사람이 심각하게 힘겨워하고 있는 것 같았다. 소녀들과 그 가족뿐 아니라 의료팀도 마찬가지였다. 콜롬비아가 의술은 좋지만 어떤 지역의 어느 작은 종합병원에서도 경기를 일으킨 여학생 50명이 짧은 시간 안에 들이닥치면 제대로 처리할 수 없다. 사실 영국의 종합병원도 상황이 그리 나을 것 같지는 않다. 그러나 가족들이 가장 화가 났던 건 응급 치료가 제대로 되지 않거나 심리학자들이 사라져버려서가 아니었다. 집단심인성질환이라는 진단에 따른 충격이 문제였다. 그 진단이 발표되자마자 너무나 많은 비난과 추측이 소녀들을 향해 쏟아진 것이다.

"사람들은 아이들에게 남편이 필요하다고 했어요." 제니가 내게 말했다.

이 얼마나 구시대적인 발상인가. 100년 전에는 사람들이 이런 발작을 난소와 자궁, 지나치게 많거나 적은 성경험 탓으로 돌렸다. 치료를 위한 처방은 자위행위부터 자궁절제술과 난소 마사지, 더 적은 혹은 더 많은 성관계까지 다양했다. 나는 매번 이런 태도가 사라져버리기를 바라곤 하지만 그 반대의 경우만 보게 된다. 이것은 콜롬비아나 남아메리카에 국한된 문제가 아니다. 여전히 다양한 정도로 전 세계에서 계속되고 있다.

또 다른 이론은 아이들이 근친상간으로 태어났기 때문이라고 설명했다. 너무나 많은 아이가 같은 성을 가졌다는 이유에서였다.

"그게 말이 되나요?" 제니가 화가 나서 말했다. "그러면 왜 10대 아이들만 병에 걸리나요? 우리도 다 마찬가진데요?"

제니 말이 맞았다. 말도 안 되는 소리였다. 집단심인성질환이라는 진단명이 왜 그렇게 전적으로 거부당했는지 이제 분명히 알게 되었다. 이 꼬리표에 따라붙는 가장 후지고 부정적인 연결과 해석이 소녀들을 반복적으로 겨냥한 것이다. 사실 피해자들과 그 가족들은 그런 의견을 현대식으로 설명하는 어떤 시도가 있다 해도 듣지 않았을 것이다. 이제는 단지 그런 이야기들에 완전히 갇히게 되었다. 이밖에도 소녀들이 점괘판을 사용한다느니 영양 상태가 좋지 않아서 혹은 튀김을 너무 많이 먹어서라는 등 자신들이 들은 다른 모든 모욕적인 해석과도 맞서 싸워야 했다.

"튀김을 너무 많이 먹어서라니요!" 제니가 어이없어했다.

공적인 담화에서도 소녀들을 비하했다. 권력자들에게 배제되고 속은 느낌을 받은 가족들은 자신들의 상식에 따라 대부분 이 이론을 일축해버렸다. 소녀들과 관련 있어 보인 유일한 설명은 아이들이 모두 인유두종바이러스 백신을 맞았다는 것이었다. 물론 백신이 이런 모든 나쁜 의미를 담고 있던 집단심인성질환보다는 더 매력적인 해석이었을 것이다. 술 취한 운반원이 무더위 속에 방치해두었다고 하는 그 의심스러운 백신 묶음도 이 이론에 더 끌리게 만드는 이야기일 뿐이었다.

"하지만 모든 소녀가 그 묶음에 있던 백신을 맞은 건 아니잖아요?" 내가 지적하자 다시 에레라 박사 이야기가 나왔다.

"박사님은 정말 하늘이 보내주신 분이었어요." 카를로스가 기도하는 모양으로 두 손을 모으며 말했다.

에레라 박사에게 답이 있었다는 것이다. 박사가 소녀들의 이야기를 미국에서 열린 의학 심포지엄에서 이야기했고, 그곳에 참석한 의사들이 발작하는 소녀들의 모습이 담긴 영상을 보고 눈물 흘렸다며 가족들에게 전해줬다고 했다. 그리고 그 의사들이 만장일치로 발작이 백신 때문에 생긴 것이 확실하다고 했다는 것이다.

"어떤 의사들인데요?" 나는 과도할 정도로 직설적으로 물었다. 의사들이 눈물을 흘렸다는 이상한 설명에 놀라움을 감출 수가 없었다. 의사들도 운다. 하지만 학술 대회에서 울지는 않는다. 카를로스는 자세한 내용을 알지 못했지만, 내게 에레라 박사의 강연을 유튜브에서 볼 수 있다고 알려주었다. 엘카르멘에서는 인터넷 접속이 되지 않았으므로 더 알아보려면 좀더 기다려야 했다.

에레라 박사의 자세한 경력이나 소속을 제대로 아는 사람이 없는 게 확실했다. 밀라도 이 문제에서는 마찬가지였다. 나는 이들이 내 경력은 알고 있는지 물어봤다. 내가 이 공동체에 연락할 때 내 소개를 하면서 영국의 국민보건서비스 관련 일과 내가 집필한 책의 출판사 웹사이트로 연결되는 링크도 함께 알려주었으므로, 이들도 내가 누구이고 어떤 경력이 있는지는 확인할 수 있었다. 에리카와 나는 (카탈리나의 통역을 통해) 방문 목적과 한계에 대해 상당히 긴 논의를 했고 승인도 받았다.

하지만, 그렇게 했는데도 제니와 프리다, 카를로스에게 나에 관해 직접 물어보니 에레라 박사와 밀라만큼이나 아는 게 없었다. 왜 이들은 내게 그렇게 마음이 열려 있었던 것일까? 아마 내가 의사이고 외국인이어서였을 것이다. 그리고 물론 자신들의 어려움을 아는 사람들의 도움이 절실히 필요해서였을 것이다.

우리는 저녁 시간이 다할 때까지 몇 시간 더 얘기하다 함께 거리로 나왔다. 작별 인사를 하며 나는 프리다를 안아주었다. 그녀에게 건강한 상태를 즐기라고 격려해주고 싶었다.

"프리다와 동생을 대학에 보내기로 결심하긴 쉽지 않았어요." 다 같이 식당 앞에 서 있을 때 프리다의 어머니가 말했다.

제니는 1년을 미루다 아이들을 배랑쿠일라로 보냈고, 그러고 나서야 믿음이 생겼다고 했다.

"정말 잘하신 겁니다." 내가 말했다. "프리다 좀 보세요. 정말 잘하고 있잖아요. 앞으로 나아가고 있는 겁니다." 나는 제니가 걱정을 덜길 바랐다. 프리다가 내 옆에 서 있었고 빛이 났다. 나는 희망을 느꼈다.

호텔로 돌아온 나는 앉아서 그날 함께 이야기를 나눈 모든 사람에 대해 생각해보았다. 프리다는 똑똑하고 재밌었다. 내가 질문하는 중간에도 나에 관해 물으며 내 기분까지 활기차게 해주었고, 내 대답에도 상당히 흥미로워했다. 반면 제니는 걱정과 두려움이 많은 부모였고, 딸들의 존엄성을 보호해주기 위해 애쓰느라 딸들보다도 더 힘겨워 보였다. 카를로스의 경우는 속을 알기가 더 힘들었다. 그는 대부분의 대화에서 그저 듣기만 했고 살짝 미소 지으며 자기 생각은 드러내지 않았다. 카를로스의 딸 상태가 프리다보다 좋지 않다는 건 알고 있었지만 확실히 그가 딸 이야기를 하긴 쉽지 않을 것 같았다.

나는 내가 만나본 적 없는 에레라 박사와 밀라에 대해서도 많은 생각을 했다. 도대체 그들은 누구일까? 바로 단서를 찾을 수 있는 인터넷에 접속하지 못한다는 게 이상하게 느껴졌다. 이렇게 소수만 인터넷을 사용할 수 있고 영어가 가능한 사람도 거의 없는데, 환자 가족들에게 내가 누구인지 확인시켜주겠다고 웹페이지 링크를 보낸 건 시간 낭비였는지도 모른다. 더 넓은 세상으로부터 상대적으로 고립되어 있는 엘카르멘 사람들이 누구를 믿고 누구를 믿지 말아야 할지 그냥 액면 그대로 결정할 수밖에 없음을 알게 되었다. 콜롬비아의 역사가 이들에게 국내의 권위자들을 의심하도록 했고, 나라의 파란만장했던 과거는 외부에서 온 방문객이 거의 없었음을 의미했다. 또 전문가들의 방문이 이곳 사람들의 명성에 누가 된 적도 없었으므로 자연스럽게 더 신뢰할 수 있었던 것 같았다. 어느새 내가 방문한 것이 잘못된 것은 아닌지 죄책감이 밀려들기 시작했다.

이튿날 나는 운동화를 신다가 나도 모르게 웃음이 터졌다. 프리다 생각이 난 것이다. 프리다와 사이가 좀 편안해진 후 나는 그녀에게 운동화를 닦는 데 어떻게 그렇게 오래 걸릴 수 있냐고 자꾸 놀리게 되었다. 그러면 프리다는 계속 똑같은 태도로 나야말로 곧 그 말을 취소해야 할 거라며 다음에 내가 갈 곳엔 진흙이 넘쳐 강물처럼 되어버린 곳이라고 장담했다. 프리다는 내가 종아리 중간까지 차오른 물을 우아하게 헤치고 나가는 모습을 흉내 내더니 나도 곧 똑같이 열심히 운동화를 닦고 있을 게 틀림없다고 했다. 그래서 나는 다음 모임 장소에 도착해 프리다가 산사태의 규모를 과장했다는 것을 알고서 안심했다.

우리는 발병 리스트에 있던 다음 여학생인 줄리에트Juliet를 엘카르멘의 변두리에 있는 그녀의 집에서 만나기로 되어 있었다. 하지만 그 집으로 가려면 큰길에 차를 세워두고 비탈길을 걸어 올라가야 했다. 길인지 하수구인지의 공사 때문에 일시적으로 배수에 문제가 생기는 바람에 길이 온통 진흙투성이가 돼 미끄러운 데다 움푹 팬 곳까지 있었다. 그래도 다행히 프리다가 장담한 대로 강물을 이룬 건 아니었다. 어쨌든 우리는 물이 그나마 없는 부분을 골라 폴짝거리며 가야 했고, 가끔 질퍽한 곳에 발을 헛디디기도 했다. 카탈리나와 나는 비교적 깨끗한 상태로 목적지에 도착했지만, 카를로스는 우리 뒤에서 불안한 모습으로 올라오고 있었다.

줄리에트와 그녀의 어머니인 옐리자Yeliza가 집 밖에서 우리를 기다리고 있었다. 집은 낮은 가건물로, 골조가 대부분이었고 문도 창문도 없었다. 안으로 들어가 보니 바닥재도 없이 맨땅이었지만, 날아다니는 먼지 하나 없이 깨끗하게 청소되어 있었다. 벽 아래 틈을 보니 비가 오면 틀림없이 집 안으로 물이 새겠다는 걸 알 수 있었다. 뒷마당에는 덮개 없는 불 위에 냄비들이 놓여 있었다. 엘카르멘 중심에 있는 어떤 집보다 훨씬 더 아주 기본적인 것만 갖춘 집이었다. 나중에 내가 카탈리나에게 이 가족의 생활 여건에 대해 물어보니, 그래도 전기는 나온다고 안심시켜주었고 아마 틀림없이 세탁기 같은 현대 설비도 있을 거라고 했다. 우리가 만난 방에 스테레오 장비와 냉장고가 있었지만 나는 플러그를 어디에 꽂는지 알 수 없었다. 물이 가득 담긴 커다란 파란 통도 하나 있었고, 그 옆에는 카사바 나무뿌리로 가득 찬 양동이 한 개가 있었다. 흙바닥에는 우리를 위한 의자 세 개가 어색하게 놓여 있었다.

줄리에트는 나이보다 훨씬 어려 보이는 열여덟 살의 자그마한 소녀였고, 당시에는 임신으로 만삭인 상태였다. 프리다처럼 그녀도

까무잡잡한 피부에 아름다웠다. 남미 국가 대부분이 그렇듯 콜롬비아 국민들은 혼혈인 경우가 많았다. 노예와 상인들, 정복자들이 들어오면서 다양한 문화의 영향을 들여왔고, 그 자손들에게도 다채로운 외모를 물려주었다. 카탈리나는 안데스산맥 고원지대에 있는 보고타 출신이지만, 나만큼 낯빛이 창백했다. 영국에서 공부했을 때도 사람들이 그녀가 콜롬비아인이라고 생각하지 않았다고 한다. 그들이 남미 사람이라고 생각하는 모습과 달랐기 때문이다. 엘카르멘에서 내가 만난 모든 소녀는 검은 머리와 검은 눈동자, 아름다운 이목구비처럼 유럽이나 북아메리카 문화에서 원하는 어떤 아름다움을 지니고 있었다. 그들은 모두 화장을 하지 않았고 외모에 신경 썼다.

함께 자리에 앉자 줄리에트가 자기 이야기를 하기 시작했다. 엘리자는 딸이 앉은 의자 뒤에 서서 한 손을 딸의 어깨 위에 올려놓고 있었다. 이번에도 내가 줄리에트가 직접 설명해주기를 미리 요청해둔 상태였다. 나는 진료를 볼 때처럼 환자들이 경험 자체를 해석하는 모습을 통찰하기 위해 상당히 노력했다. 그리고 모든 이야기를 듣기 전까지는 어떤 진단도 하지 말아야 한다고 되새겼다.

줄리에트의 발작은 학교에서 시작되었다. 프리다와는 학교도 달랐고 그녀가 말한 발작의 파도와도 달랐다. 몇 개월 후 생태의날 Ecology Day이 되었다. 줄리에트는 몸 상태가 그리 좋지 않았다. 날씨는 무더웠고 행사 때문에 오랜 시간 서 있었다. 현기증이 났고 눈앞에 점들이 보이기 시작했다. 그리고 갑자기 의식을 잃으며 바닥에 쓰러졌다. 금세 깨어났고 경기를 일으킨 건 아니었다. 줄리에트의 설명만 들으면 실신 증상과 일치했다.

줄리에트가 쓰러졌을 때 난리가 나지는 않았다고 한다. 그녀의 친구들이 잘 대처했기 때문이다. 친구들이 줄리에트를 집으로 데려갔고, 차도도 보였다. 하지만 사흘 후 줄리에트는 가슴이 답답하다고 하더니 다시 쓰러졌다. 이후엔 정기적으로 실신했고, 그 방식도 달라졌다.

어느 날 아침에는 교회에서 의식을 잃었다. "많이 피곤했어요. 제가 쓰러질 거란 느낌이 있었죠. 그런 느낌이 들 때 마음을 진정시키면 가끔 멈추기도 하더라고요. 그래서 그때도 눈을 감아봤지만 효과가 없더군요. 또 의식을 잃었고 바닥에서 깨어난 거예요."

줄리에트는 그녀가 경기를 일으켰다는 사람들의 말을 들었고, 그대로 잠시 잠든 것처럼 누워 있었다. 다시 깨어났을 때 그녀는 울고 있었다. 해리성 발작이 있을 때 우는 건 아주 흔한 일이다. 류보프가 그랬듯 줄리에트도 이렇게 속상한 마음을 알려주는 통상적인 신체의 지표와 그런 증상의 가장 흔한 원인을 쉽게 연결시키지 못했다.

"발작에 어떤 패턴이 있었나요?" 내가 물었다.

줄리에트가 잠시 생각하더니 말했다. "생각을 너무 많이 할 때 발작이 생기더라고요."

너무나 많은 소녀가 자신의 증상이 불안한 생각과 관련이 있다고 생각하지만 이후 그 중요성에 대해서는 별로 문제 삼지 않고 또 다른 해석을 찾는다. 자기 생각의 내용과 증상 간의 강한 관련성을 인지하면서도 줄리에트는 여전히 독성 물질을 문제의 근원으로 보았고, 프리다가 그랬던 것처럼 백신이 원인이라고 했다. 백신 서사가 이 도시를 아주 강하게 사로잡으며 다른 모든 가능성을 집어삼켰다.

줄리에트의 부모님은 맞벌이를 했지만, 아직 형편이 나아지지 못해서 정부에서 운영하는 보험 회사를 통해 의료 혜택을 받고 있었다. 줄리에트는 뇌 정밀 검사와 뇌파 검사, 혈액 검사, 심장 검사 등 다양한 검사를 받았다. 검사 결과는 모두 정상으로 나왔고 결국 줄리에트는 심리학자에게 보내졌다. 줄리에트가 기억하기로 심리학자가 하는 질문은 대부분 그녀가 받은 양육에 집중되어 있었다. 그래서 가족들이 비난받는 것 같은 기분이 들었다. 줄리에트는 사람들이 그녀가 증상을 꾸며낸다고 보는 느낌도 받았다고 했다.

줄리에트가 그럴 때 자신이 어떤 느낌인지 얘기하자 그녀의 어머니가 울기 시작하며 말했다. "저는 엄마로서 움츠러들 수밖에 없었어요."

내가 만난 거의 대부분의 부모가 이런 생각을 갖고 있었다. 사실 가장 신기한 점이었다. 모든 부모가 심리적 지원이 필요하다고 느끼면서도 자녀에게 똑같은 것이 필요하다고 제안하면 거부하는 것이다. 마치 자녀에게 적어도 모든 성인만큼 손상받기 쉬운 자신만의 정서적인 세계가 있다는 사실을 받아들이기 어려워하는 것 같았다.

옐리자에게 더 질문하려는데 수줍어 보이는 소녀 한 명이 문가에 나타났다. 닭 한 마리도 소녀 뒤를 따라 방으로 들어왔다. 옐리자는 이 아이가 자기 둘째 딸 파울라Paula이고 역시 병에 걸렸다고 소개했다.

"파울라도 발작 증세가 있나요?" 내가 물었다.

그녀의 어머니가 대신 대답했다. "얘는 생리통이 정말 심해요. 아주 심각하게요."

나는 프리다와 줄리에트가 내게 말해준 현기증, 시각 장애, 피로, 관절 통증, 실신 등의 증상에 대해 물었다. 그러나 파울라에게는 이런 증상이 전혀 없었고, 단지 생리통이 아주 심할 뿐이었다.

"다른 소녀들하고는 좀 다른 것 같네요." 내가 조심스럽게 말했다.

"저도 생리통이 어떤 건지는 알고 있어요. 그런데 파울라 같은 경우는 정상이 아니에요. 정말 걱정이에요." 파울라의 어머니가 내게 말했다.

나는 파울라의 고통스러운 생리통이 다른 이유 탓이거나 정상적인 범위 내에서 그런 것일 수도 있고, 아니면 산부인과적인 문제

때문인 것 같다고 얘기했다.

"이 아이도 백신을 맞았거든요." 옐리자가 반박했다.

다시 백신 이야기로 돌아왔다. 백신을 술에 취한 상태로 옮기다 냉장 상태를 유지하지 못한 남성에 관한 이야기였다. 옐리자는 보험 회사나 정부, 그동안 만난 의사들을 자신이 얼마나 믿지 못하는지 얘기했다. 그녀는 동네 의사들이 백신 때문이라는 것을 알고 있지만 얘기하지 못하는 것이라고 믿고 있었다. 내가 어떻게 그렇게 확신하는지 물으니 인유두종바이러스 백신이 소녀들에게 해를 끼친다던, 카를로스가 했던 말을 되풀이했다. 내가 옐리자에게 그것은 사실이 아니라고 말해보았지만, 그녀가 울기 시작했다. 내가 나쁜 사람이 된 것 같았다.

"의사 한 명은 제 딸들이 그 백신을 맞은 적이 없다고 주장하려고 했어요. 아이들이 맞은 게 맞는데요."

옐리자는 누구를 믿어야 할지 알지 못했고, 보험 회사들에게 제대로 혜택을 받지도 못한다고 느꼈다. 그들이 줄리에트를 또 다른 의사에게 보내겠다고 했던 약속도 전혀 이행되지 않았고, 파울라는 아예 의사를 만나 본 적도 없었다. 이들은 방치된 느낌을 받았다. 독이 든 백신과 공식 통보에 대한 불신 같은 이야기를 모두 듣고 보니 옐리자가 딸들 때문에 그렇게 두려워하는 것도 당연하단 생각이 들었다.

나는 줄리에트가 실신하고 이어서 해리성 발작을 일으켰으며, 어쩌면 공황 발작까지 있었을 거라 확신했다. 설명을 들어보니 적절한 검사는 모두 이루어졌고 진단도 정확하게 받았다. 그런데 상황은 어긋나기만 했다. 문제는 환자 가족이 진단을 이해하는가에 있었다.

이것은 소식이 전달된 방식 때문이거나 전적으로 심인성 질환에 대한 평판 탓일 수도 있다. 똑같은 일이 해리성 발작을 다루는 모든 의사에게 생긴다. 해리성 발작은 소통이 쉽지 않은 진단이며, 수 세기 동안 잘못된 정보가 이어져 오기도 했다. 줄리에트의 설명에 따르면 심리학자와 나눈 대화는 모두 가난과 양육 방식에 집중되어 있었다. 하지만 줄리에트에게는 말도 안 되는 얘기였다. 그녀 삶에서 변한 건 없었고 가정은 행복했다.

"선생님은 고향 때문에 이 사람들이 가난해 보이실 거예요." 카탈리나가 나중에 내게 말했다. "하지만 이 가족한텐 이게 보통의 삶이에요. 이렇게 마루도 없는 집이라도요. 다들 이런 집에서의 삶을 알고 있죠."

가난과 잠재적 학대를 강조하는 것은 모든 사람에게 성가신 일이다. 해리성 발작이 늘 학대와 심리적인 외상, 고통 때문이라고 보는 시각은 구식이며 한계가 있다. 병이 줄리에트뿐 아니라 온 도시를 휩쓸고 지나갔는데도 심리학자들은 줄리에트 개인의 삶과 그녀의 가족에게 초점을 맞췄다. 그리고 그로 인해 줄리에트는 소외감을 느꼈다. 생물심리사회적 시각에서 볼 때 엘카르멘에서의 발병은 주로 사회적인 성격을 띤다. 개인보다는 집단적인 역학관계와 관련 있는 것이다. 사람들이 불신하는 정보, 결함이 있는 의료보장제도, 외부 세계로부터의 고립과 관련 있다고 할 수 있다. 소문은 도시 전체로 퍼져나갔고, 가족들은 거짓 사이에서 진실을 쉽게 가려낼 수 없다. 줄리에트가 가족에 관해 이야기하는 게 도움이 되지 않는다고 하는 것도 당연했다.

기쁜 소식은 줄리에트의 상태가 좋아졌다는 거였다. 줄리에트는 어떻게든 자기 증상을 극복할 방법을 찾아내 스스로 발작을 막는 방법을 찾아냈다. 경고 신호가 느껴지면 눈을 감고 자신한테 진정하라고 말한다고 했다. 하지만 이 방법이 효과가 있긴 했지만, 줄리에트는 다시는 이런 효과가 나타나지 않을까 봐 겁났고, 이는 프리다가 자기 안에서 동면하고 있는 질환이 있다고 걱정하는 것과 유사했다.

우리는 잠시 해리성 발작에 관해 이야기했다. 이 병에 걸린 환자 중 3분의 1은 단지 발작이 어떻게 왜 생기게 되었는지 마음을 열고 이야기하는 것만으로도 상태가 좋아진다. 예측부호화와 병의 모형에 대한 신체화 같은 기제는 기대를 통해 장애가 생기는 것이지만, 이 역시 치료가 가능하다. 줄리에트는 발작을 통제하는 방법을 발견했고, 이런 긍정적인 기대 덕에 이 방법을 유지할 수 있었다.

작별 인사를 하기 직전 나는 끝까지 밀어붙이기로 하고 엘리자에게 파울라의 생리통은 다른 소녀들과 같은 장애가 아니라고 했다. 그리고 걱정된다면 보험 회사에 가족이 두려워하는 일을 해결해줄 일반 개업의 혹은 산부인과 전문의의 진료를 받게 해줄 것을 요청하길 권했다.

내가 이 집을 떠날 때 엘리자가 울기 시작했고 멈출 수 있을 것 같지가 않았다. "감사합니다. 누구도 제 딸들에게 이렇게 말해준 분은 없었어요." 그녀가 말했다.

엘리자의 감사하다는 말에 나는 마음이 불편했다. 그저 신문 기사를 쓰러 이 도시에 들른 후 다시는 돌아오지 않은 다른 사람들과 내가 똑같다는 걸 알고 있었기 때문이다. 나는 가족에게 시간을 내주어 감사하다고 한 다음 진흙투성이 언덕을 내려갔다. 내가 다시는 이곳에 돌아오지 않으리란 걸 알고 있었다.

그 후 카탈리나와 카를로스와 나는 또 다른 이야기들을 듣기 위해 엘카르멘 여러 곳과 그 외곽을 돌아다녔다. 모두 뭔가 새로운 이야기를 해주었고 그러면서도 역시 낯익은 주제를 반복하기도 했다. 소녀들은 미쳤다거나 관심을 끌려는 사람, 배우, 제대로 교육받지 못한 사람, 어수룩한 사람, 성적으로 불만인 여자 등으로 불리고 있었다. 그들은 우선은 병에 그리고 이어서 자신들에 대한 표현에 상처를 입었다. 가족들도 모두 심리적으로나 금전적으로 고통받고 있었다.

그들 중 누구도 자신들에게 무슨 일이 벌어지고 있는지 제대로 설명을 들었다고 여기지 않았다.

마르셀라Marcela에게는 아픈 딸이 둘 있었고, 우리는 마르셀라와 두 딸 중 첫째인 예스미드Yesmid를 만났다. 이들은 병이 자신들의 삶을 파괴했다고 말했다. 이 가족은 엘카르멘 외곽에 있는 마을인 카라콜리에 살고 있었다. 우리는 분홍색과 녹색이 어우러진 예쁜 꽃들이 핀 집 앞의 격자 구조물 아래서 이야기를 나눴다. 스무 살이었던 예스미드는 갓 태어난 자신의 아기를 돌보고 있었다. 그녀는 해리성 발작이 있었고, 그 증상이 있을 때면 울음을 그칠 수 없었다고 했다. 자신에게 왜 그런 일이 생겼는지 모르겠다는 말도 했다.

특이했던 점은 예스미드의 어머니인 마르셀라 역시 발작을 일으키기 시작했다는 것이다. "정말 당황스러웠어요. 지금도 그렇고요." 마르셀라는 내가 그녀에게 왜 그런 일이 생겼다고 보는지 묻자 이렇게 말했다. 자신의 발작은 스트레스 때문인 것 같다고 했다.

보통 때처럼 내가 불쑥 마르셀라에게 말했다. "하지만 어머니 병이 스트레스로 생긴 거라면 따님들도 그럴 수 있지 않을까요?"

"어머, 아니에요." 마르셀라가 당황하며 말했다. "얘들이 무슨 스트레스가 있겠어요?"

마르셀라한테는 딸의 눈물조차 불행을 의미하는 게 아니었나 보다. 사실 이 가족 전체가 스트레스를 많이 받을 만한 상황이었다. 이들은 예전에는 상대적으로 형편이 괜찮았다고 한다. 하지만 값비싼 일련의 의료 검사비를 지불하기 위해 가게와 오토바이 택시를 팔아야 했다. 그리고 이제는 엘카르멘에까지 타고 갈 버스비도 감당하기 힘들 정도였다.

"딸들이 심리학자나 물리치료사를 만나러 가면 보험 회사들이 그 값을 지불해요. 하지만 병원까지 가는 버스비는 대주지 않죠. 그래서 못 가고 있고요."

마르셀라가 수많은 의료 기록을 보여주었다. 병원을 자주 다니다 보니 재정적으로도 큰 손해를 보았다. 보험은 의료비의 일부만 충당되었다. 검사는 매우 철저히 이루어졌다. 내가 근무하던 런던 병원에서 했을 법한 모든 검사가 이곳에서도 시행되었다. 물론 영국이었다면 의료비는 지불하지 않았을 것이다. 모녀가 받은 진단명은 해리성 발작의 또 다른 이름인 '비간질 발작'이었다.

나중에 나는 카탈리나에게 환자 가족들이 왜 모두 스트레스가 부모들의 건강을 파괴한다고 생각하면서, 환경이 아이들에게 미치는 심리적인 영향은 인정하지 않는 것인지 물었다.

"아마 자기네가 아이들을 보호한다고 생각해서인 것 같아요. 어느 때보다 아이들을 보호하고 있다고 생각해서요."

우리 둘은 가족들이 소녀들의 성숙과 독립적인 내면의 삶을 받아들이지 않고 있다는 생각에 의견이 일치했다.

이번 방문 동안 만난 많은 소녀는 이미 회복된 상태였다. 흔들의자에 느긋하게 앉아 대화하던 마저리Marjory 같은 몇몇 소녀는 이미 병이 나았다고 생각하고 있었지만, 그들의 부모는 그렇게 여겨본 적이 없는 것 같았다.

"아주 작은 통증도 부모님한테 말하기가 꺼려져요. 걱정을 너무 하시니까요." 마저리가 내게 말했다. "그래서 무슨 일이 있으면 그저 혼자 알고 있게 돼요."

마저리 또한 프리다를 도와준 신비로운 밀라를 만났다고 했다.

"밀라가 누구인가요?" 나는 프리다에게 들으며 생긴 불확실한 점을 해소하려는 마음에 물었다.

그들도 정확히 알지 못했지만, 아마 심리학자일 거라고 했다. 사실 부모들은 밀라가 누구인지 알 수가 없었다. 밀라가 아이들을 버스로 데려가 따로 만났기 때문이다.

"어디서 온 분이죠?" 내가 물었다.

가족들은 아마 보고타 출신일 거라고 했지만 확신하는 건 아니었다.

"성을 아시나요?" 내가 다시 물었다.

아무도 알지 못했다.

내가 만나고 싶었던 사람은 카를로스의 딸이었지만, 결국 만나지는 못했다. 그녀는 엘카르멘의 발병으로 가장 비극적인 피해를 입은 사람 중 한 명이었다. 처음에는 다른 이들처럼 신체적인 증상만 있었으나, 곧 심각한 심리적 고통이 생겼고 목숨을 끊으려는 시도까지 했다고 한다. 결국 15일간 정신병원에 입원하게 된 그녀는 다른 환자에게 성폭행을 당할 뻔했다. 남성, 여성, 아이들까지 모두 같은 병동에 섞여 있었다고 카를로스가 말해주었다. 카를로스는 딸을 다시 집으로 데려오기 위해 싸워야 했다. 카를로스는 딸이 아픈 것은 인유두종바이러스 백신 때문이며, 그래서 일단 이 점이 인정되면 누군가 환자들을 치료해줄 거라 믿고 있었다.

카를로스는 가끔 점잖은 목소리로 발병에 대한 내 심리학적인 해석에 이의를 제기했다. 다음 피해자인 라우라Laura라는 소녀를 보러 가는 길에 그가 말했다. "다음 소녀는 루푸스lupus 병이 있습니다. 그건 심리적일 수가 없는 병이죠." 카를로스가 내 견해에 반대한 말 중 가장 강력한 것이었다. 루푸스는 심리적인 이유로 생기지는 않지만 쉽게 과잉 진단되는 병이다. 로라의 경우 이런 가능성이 있을 수도 있다는 생각이 들었다. 루푸스 진단에 사용되는 혈액 검사는 오차와 거짓 양성 반응이 나올 때가 많다. 자기항체 검사도 해석이 쉽지 않아 나는 보통 전문가의 도움 없이는 진단을 내리지 않는다. 라우라가 받은 진단이 확실한 것일까, 아니면 별 것 아닌 증상과 경계선상에 있는 혈액 검사 결과가 과잉 해석된 것일까?

라우라는 엘카르멘의 중심지에 있는 자기 집에서 가족에 둘러싸인 채 나를 기다리고 있었다. 흰 칠이 되어 있는 현대식 집에는 가구가 들어차 있었다. 거실은 현관문을 열면 바로 길거리로 연결되는 곳에 있었다. 현관문은 낮 동안 활짝 열어 놓아 바람이 자유롭게 드나들도록 했는데, 그 때문에 거실이 바깥 거리의 일부로 느껴지기도 했다. 나는 엘카르멘 여기저기를 걸어 다니면서 가끔 열린 현관문으로 모든 집에 그냥 들어갈 수도 있겠다는 생각이 들곤 했다. 이런 건 외부에서 안 보이게 가리는 런던에 있는 집들과는 상당히 다른 모습이었다.

라우라는 또 한 명의 밝고 예쁜 검은 머리의 소녀로, 건강 덕분에 빛이 나는 것 같았다. 내가 라우라를 만났을 때 그녀는 스무 살이었고 카르타헤나대학교에서 소셜커뮤니케이션을 공부하고 있었다. 라우라는 언론인이 되고 싶어 했다. 라우라는 소녀들의 첫 번째 파동 때는 병에 걸리지 않았다. 그녀의 경우 좀더 지나 무릎 통증이 시작됐다고 한다. 스포츠를 좋아해 배구를 많이 하던 라우라는 의사로부터 지나치게 배구를 많이 한다는 이야기를 들었다. 의사는 운동을 그만두라고 했고, 라우라는 마지못해 그 말을 따랐다. 하지만 그녀의 통증은 점점 더 심해졌다. 그러다 숨이 가빠졌고 가끔은 질식할 것 같은 느낌이 들었다. 항상 더위를 타서 어머니가 계속해서 부채질로 열기를 식혀주었다. 열이 있었고 정기적으로 과호흡 상태가 되었다. 가슴에 통증이 생기고 머리도 빠졌다. 얼굴에 발진이 났고 결국에는 의식을 잃었으며 경기를 일으켰다.

"보세요!" 라우라의 어머니인 킴Kim이 딸의 상태가 가장 안 좋을 때 사진을 내게 보여주었다. 카탈리나와 나는 숨이 턱 막히는 것 같았다. 사진 속 소녀는 머리카락이 다 빠지고 얼굴도 풍선처럼 부어 있었다. 알려주지 않았다면 내 앞에 앉아 있는 소녀인 줄 몰랐을 것이다. 또 다른 사진에서는 뺨에 빨간 나비 모양으로 발진이 많이 나 있었다. 이것은 확실히 루푸스병의 특성이다. 라우라가 내게 의료 기록 뭉치를 건넸다. 내가 "심각한 신장병, 투석, 다기관 기능 부전, 심막염, 뇌수종, 흉막삼출, 빈혈"이라고 쓰인 자료를 읽는 동안 모두 기대감에 차서 나를 바라보았다.

라우라는 거의 죽을 뻔했다. 그녀가 루푸스를 앓았다는 건 의심의 여지가 없었다. 이 진단을 받는 데 몇 개월이 걸렸고 그땐 이미 너무 늦은 상태였다. 라우라의 가족은 따로 돈을 지불하고 개업의를 찾아갔으며, 그가 라우라를 병원에 입원시켜주었다. 라우라는 넉 달 동안 입원해 있으면서 중환자실을 드나들었다. 내 앞에 미소 짓고 앉아 있는 소녀가 대학 3학년에 재학 중이며, 정상적으로 독립 생활을 하고 있다는 사실이 정말 기적처럼 느껴졌다.

킴은 수완이 좋은 강한 여성이었다. 가족한테 라우라를 치료할 돈이 떨어지자 킴이 그 지역의 주지사를 찾아가 도움을 호소했다. 주지사는 라우라에게 새로운 의사를 만나볼 수 있도록 했고, 모든 의료비가 보험으로 처리되도록 해주었다.

"와-" 내가 놀라서 말했다. "정말 친절하네요." "아니에요." 킴이 답했다. "이 나라에서 누군가가 특별한 혜택을 준다고 하면 다 이유가 있는 거죠."

내가 설명을 구하며 카탈리나를 바라보았다.

"주지사가 치료비를 지불하게 했다는 건 그들한테 무언가 숨기는 게 있어서라고 보는 거예요."

우리는 잠시 라우라가 얼마나 아팠는지 이야기했지만, 대화가 자꾸 라우라한테서 벗어났고, 엘카르멘에서 늘 그랬듯 은폐로 추정되는 것, 부패, 그리고 당연히 인유두종바이러스 백신 같은 다른 얘

기로 흘러갔다. 킴은 모욕적인 분위기와 무시당한 일에 관해 이야기
했다.

"치료가 빠르게 이루어지지 않았다는 건 알겠어요." 내가 말했
다. "하지만 그래도 결국 제대로 된 치료를 받았네요." 나는 손에 들
고 있던 의료 기록을 가리켰다.

"제가 딸을 위해서 싸웠기 때문이에요. 누구나 자식을 위해서
그렇게 하진 못하거든요. 아이들은 미쳤다는 얘기를 들었어요. 폭력
적인 과거가 있는 곳에서 태어났다는 이유였죠. 그럼 왜 여자아이들
만 병에 걸렸냐고 물었더니 폭력이 유전자를 통해서 아이들한테 전
달되었다고 하더군요."

과거에 엘카르멘 주변, 특히 마리아산맥은 매우 위험한 곳이었
다. 2000년에는 엘살라도El Salado 대학살이라 불리는 악명 높은 사
건이 일어난 현장이었다. 그곳에서 최근 수 세기 동안 콜롬비아에
서 일어난 대부분의 사망 사건에 책임이 있는 콜롬비아 연합자위대
Autodefensas Unidas de Colombia, AUC라는 불법 무장단체가 이 지역의 가장
가난한 사람들을 공격한 것이다. 450명의 남성이 마을로 내려와 주
민들을 강간하고 고문했으며 공포에 떨게 했다. 이런 참상은 한 주
이상 이어졌고 어린이들까지 대상으로 할 만큼 잔혹했다.

엘카르멘의 소녀들이 병에 걸린 것은 2014년이었다. 그중 많은
소녀가 대학살 당시에는 태어나지도 않았고, 일부 소녀들 역시 그저
유아에 불과했다. 그러나 소녀들 모두 수년간의 폭력 속에서 살아오
긴 했다. 폭력은 늘 소녀들의 어린 시절에 드리워져 있던 배경 같은
것이었다. 하지만 이것은 수십 년간 콜롬비아 전역에 있는 어린아이
들에게, 그리고 그들의 부모들에게 모두 동일한 환경이었다. 역사적
인 폭력에 초점을 맞추는 것은 환자 가족들이 받아들일 수 없는 일
이었다. 이 소녀들 중 누구에게도 이 일이 개인적인 정신적 외상의

원인이 될 이유가 전혀 없었다. 또 이 해석은 소녀들의 병이 집단으로 발생했다는 사실 또한 무시했다. 환자 가족들로서는 도시에서 백신에 대해 새롭게 형성된 우려가 훨씬 더 타당해 보였다. 감사하게도 2012년 이후 콜롬비아의 상황이 상당히 많이 개선되었다. 평화가 지속되지 못할 수 있다는 징후가 있긴 하지만, 그래도 내가 방문한 2019년까지는 그럭저럭 괜찮았다.

"사람들은 온통 무례한 말만 했어요." 라우라의 어머니가 말했다. "그들은 아이들이 근친상간으로 태어나서 혹은 영양 상태가 안 좋아서, 또 운동이 부족해서라는 식으로 비난했어요. 제 딸은 매일 배구를 하던 아이예요. 음식도 건강한 식단으로 먹었고요. 가장 끔찍했던 건 모두 저희한테 아이들이 미친 거지 진짜 아픈 게 아니라고 조롱한 일이었어요. 국내든 해외든 언론은 아이들이 가짜로 꾸며내는 거라고 했죠. 그건 정말 병 자체보다 더 끔찍한 일이었어요."

"저희더러 못 배워서 무식하다고도 했죠." 라우라가 덧붙였다.

어떤 소녀들은 회복되는 걸 두려워하기까지 했다고 한다. 만약 그러면 사람들이 진짜 아팠던 것이 아니라는 증거라고 할까 봐 그렇다는 거였다. 나는 라우라의 의료 기록과 혈액 검사 결과, 그리고 기계들에 연결된 채 중환자실에 있을 때의 사진을 다시 살펴보았다. 라우라는 실제로 많이 아팠던 게 맞다.

나는 명백하게 진실로 보이는 것을 말하기 전에 마음을 다잡았다. "라우라 양이 이렇게 상태가 좋아진 게 정말 기쁘군요. 얼마나 위험할 정도로 아팠는지 알겠어요. 하지만…" 나는 잠시 주저했다. "솔직히 말씀드릴게요. 제 생각에 백신이 라우라 양에게 루푸스를 일으킨 원인으로 보이진 않습니다."

"이 아이는 한번도 아픈 적이 없었어요. 백신을 맞고 나서 병이 난 거예요. 제가 아는 한 그게 증거입니다." 라우라의 어머니는 바로 반박했다. 자기 의견을 방어하는 데 익숙한 것 같았다.

"라우라가 회복돼 정말 다행입니다." 나는 같은 말을 반복했다.

"하나님의 뜻이죠." 킴이 다시 끼어들었다. "어떤 사람들은 아이들이 병원에 가면 뭐라고까지 했는지 아세요? '저기 히스테리 걸린 여자들이 또 왔네. 성관계를 충분히 하지 못해서 그런 거지.' 이렇게 말했어요."

왜 환자 가족들이 인유두종바이러스 백신설을 더 선호하는지 이해할 수 있었다.

내 여행을 도와준 에리카는 공동체를 지원하는 '마리아산맥의 위대한 페미니스트들'이라는 단체를 만들었다. 그녀는 소녀들의 경험이 쉽게 묵살된 것은 그들이 여자아이들이며 대부분 가난하기 때문이라고 확신하고 있었다. 나도 에리카의 생각이 확실히 맞다고 생각했다.

히스테리가 페미니스트와 관련된 문제라는 건 피할 수 없는 사실이다. '히스테라hystera'라는 단어는 '자궁'을 뜻하는 고대 그리스어에서 왔다. 따라서 그 이름만으로도 충분히 연관이 있다고 할 수 있을 것이다. 하지만 기능성 혹은 심인성 장애가 여성에게만 걸리는 것은 아니다. 남성 역시 이 병에 걸린다. 프로이트는 자신이 담당하던 남성 '히스테리 환자들'이 있었지만, 저서인 《히스테리 연구》에서는 여성 환자들에 대해서만 다뤘다. 마찬가지로 샤르코의 가장 잘 알려진 모든 환자 역시 여성들이었다. 이렇게 히스테리를 완전히 여성에게만 생기는 질병으로 묘사하는 건 그야말로 부정확한 것이다. 그래도 이 병이 남성보다 여성에게 더 많은 영향을 끼치는 건 사실이다. 집단 발병에서만 그런 것이 아니다. 일반적으로 기능성 신경장애에 걸리는 환자 중 적어도 3분의 2가 여성이다.

어떤 이들은 여성 환자가 더 많은 것에 대해 의사들이 여성들의 증상을 심리적이라고 더 쉽게 '일축'하며 다른 해석은 덜 찾으려 한다고, 즉 그 자체로 의미 있는 질병이라기보다 환자의 의견을 묵살해서 내린 진단이라고 설명하기도 했다. 나도 비공식적으로는 의사들이 여성 환자를 '불평하는 사람'으로 생각하는 경향이 있고, 남자 의사들이 남성보다 여성에게 기능성 장애 진단을 더 내리려 한다는 말에는 확실히 동의한다. 의료계에서 이 문제를 분명히 밝혀야 할 필요가 있다. 하지만 여기서 정말 성차별이 이루어지는 부분은 의사가 자신이 진단한 내용을 환자에게 전달할 때 그들의 의견을 '묵살'하는 방식으로 한다는 데 있을 것이다.

편견이 있다는 점을 감안하더라도 심인성 질환이 여성에게 더 흔하게 나타나는 질병이라는 사실에는 의심의 여지가 없다. 그리고 나는 이것이 의료계에서 이 병을 그렇게 소홀히 여기는 이유를 정확히 보여준다고 생각한다. 수 세기 동안 여성들의 지위가 그러했기 때문에, 그들이 증상을 호소해도 하찮게 여겨지거나 묵살당하곤 했던 것이다. 이런 태도는 오늘날에도 여전히 남아 있다. 여성들이 선호하는 직업, 운동, 소일거리가 남성들이 하는 동일한 수준의 활동에 비해 덜 존중받고 보수도 적은 것과 마찬가지로, 이 질환 역시 상대적으로 덜 중요하게 여겨져왔다. 의사들이 해리성 발작으로 병원에 오는 여성들에게 농담으로 하는 말이 있다. "시간을 낭비하는 사람들"이라는 것이다. 만약 중년의 중산층 남성들을 꼼짝 못 하게 하는 병이었다면 아마도 다른 반응을 보였을 것이다. 이 질환이 여성들에게 주어지는 비판의 꼬리표인 것이 아니라, 여성이 압도적으로 많이 걸리는 병이기 때문에 남성이 우세하게 많은 직업인 의사들이 이 병을 하찮게 여긴다는 게 문제라 할 수 있다.

엘카르멘의 소녀들을 둘러싼 이야기와 음파 무기 피해자들에 관한 이야기를 비교해보는 것도 좋을 것이다. 엘카르멘에서 소녀들은 성적으로 불만이 있거나 학대를 당했기 때문이라는 소리를 들었고, 남편이 필요하다는 얘기까지 들었다. 거기다 일부 소녀들의 경우 태어나기도 전에 일어났던 일인 도시의 폭력 사건 때문에 상처를 입어서라는 의견도 있었다.

물론 쿠바에서의 집단은 빈곤하지도 않고 외교관이라는 지위로 보호받는 입장이기도 했다. 하지만 이런 점을 감안하더라도 그들을 둘러싼 논의의 어조에는 상당한 차이가 있었다. 성적으로 얼마나 만족하는가? 누구도 외교관들에게 이런 부적절한 질문을 던질 생각은 하지 못했을 것이다. 결혼했는가? 자녀는 있나? 한 부모 가정 출신은 아닌가? 빚이 있지는 않은가? 그들 자신 혹은 부모가 미국이 벌인 전쟁에서 정신적 외상을 입지는 않았나? 외교관으로서 위험한 지역에 파견된 적은 없었나? 이런 상세한 내용은 신문이든 의학 논문에서든 한 번도 거론되지 않았다. 만약 이런 질문들이 있었다 해도 많은 중요한 부분이 드러나지 않은 채 묻혔을 것이다. 어떤 이의 삶도 비난받을 수 없다. 외교관들도 소녀들에게 하듯 그렇게 세세히 따지면 비난을 피할 수 없었을 것이다. 그러나 이들은 그렇게 철저한 검토를 견디지 않아도 되었다. 대사관 피해자들의 절반은 남성이었고 그들의 평균 나이는 43세였다. 또 중산층에 교육받은 사람들이었다. 그래서 힘 있는 사람들이 집단심인성질환이라는 모든 의견을 그렇게 묵살한 것이다. 그들의 성생활과 이성 관계는 아예 거론되지도 않았다. 이런 문제는 남성에 대해 혹은 여성에 대해서 이야기할 때 상당히 다르게 나타난다.

솔직히 누구도 왜 젊은 여성들이 이 병에 더 걸리기 쉬운지 제대로 알진 못한다. 많은 요인이 있겠지만 나는 사회에서 목소리를 낼 수 없는 처지가 그중 하나라고 확신한다. 여성들이 있어야 할 이상하고 불가능한 위치가 있다. 이것은 부드럽고 향기로운 여성성이라는 가치가 있지만, 자연스럽기에는 너무 조용하다. 모스키토 해안의 소녀들은 전통적이고 보수적인 삶을 살라는 기대를 받으면서도 나이 든 남성들에게 성희롱을 받는다. 그들이 삶에서 취할 수 있는 선택지는 제한적이다. 어느 곳에서든 젊은 여성들은 평등하다는 말을 듣지만, 그 평등을 주장하려 하면 제지를 받게 된다. 콜롬비아에는 여성들에게 평등권을 부여하는 강한 법이 있지만, 실제 상황은 그와 상당히 다를 때가 많다.

젊은 여성의 생리 기능 중에서 스트레스, 심리, 사회와는 관련 없는 어떤 면이 기능성 장애에 좀더 취약할 수도 있다. 호르몬의 순환으로 인한 잦은 신체 변화가 백색 소음을 더 많이 유발할 수 있으며, 이에 대해서는 젊은 여성들이 판독하는 방법을 배워야 한다. 혈압이 낮아지고 그에 따라 실신하게 되는 경향은 확실히 해리성 장애를 일으키는 계기가 된다. 여성들은 생리적으로 의료보장제도에서 더 취약할 수 있다. 여성의 생리적인 차이를 나약함으로 보는 경향 때문이다. 1800년대 여성의 실신과 졸도는 아마도 때때로 언급되곤 하는 심리적인 유약함보다는 꽉 끼는 코르셋과 비활동, 타고난 저혈압 때문이었을 것이다. 이런 비판은 생리통과 갱년기 그리고 여성에게만 나타나는 의료 문제에 관한 한 여전히 존재한다.

나는 방문 마지막 날까지 '마리아산맥의 위대한 페미니스트들'의 창립 멤버인 에리카를 직접 만나보지 못했다. 여행을 계획하는 동안 그저 일련의 이메일과 왓츠앱 메시지를 통해서만 그녀와 소통했다. 에리카는 엘카르멘 소녀들과의 정확한 관계에 대해서도 모호할 때가 많았다. 카탈리나와 내가 에리카의 계획과 정체성에 관해 많은 생각을 해보았지만, 마침내 그녀를 직접 만나야 확인할 수 있게 될 것 같았다. 나는 에리카가 환자 가족들의 보호자로서 나와 동행해줄 거라 기대했다. 하지만 내가 엘카르멘에 간 첫날 그녀는 솜이불 위로 머리를 내밀고 얼굴은 가린 기이한 사진을 내게 보냈다. 아프다면서 그래서 카를로스를 대신 보냈다고 했다. 그래서 내 궁금증과 의심은 증폭됐지만, 엘카르멘에서의 마지막 날 그녀가 나를 자기 집으로 초대해서 나도 안도할 수 있었다.

엘카르멘은 중앙광장을 중심으로 격자무늬를 이루며 정리되어 있는 도시이며, 중앙광장에는 거대한 교회가 하나 있다. 거리는 사람과 오토바이로 북적였다. 집들은 어느 정도 보수가 필요해 보이는 경우가 많긴 했지만, 열린 문과 창문으로 공기가 잘 통하고 밝아 보였다. 에리카의 집 현관문은 다른 집들처럼 종일 열려 있는 그런 문이 아니었다. 바깥을 향해 단단히 걸어 잠근 목조로 된 육중한 문이었다. 그녀의 집은 살짝 낡기는 했어도 내가 방문한 어떤 집보다 크고 웅장했다. 식물로 가득하고 한쪽에는 인공폭포가 있는 마당을 중심으로 방들이 배치되어 있었다.

몸집이 작은 중년 여성인 에리카는 카탈리나와 내가 도착하자 우리를 따뜻하게 맞아주었으며 가죽 소파로 안내했다. 나는 이 만남에 긴장이 됐지만, 이상한 사진을 받았을 때 예상한 기이한 점은 전혀 없었다. 이 여행을 계획하며 진행한 협의 과정에선 팽팽한 긴장감이 있었다. 에리카는 소녀들이 묘사되는 방식을 몹시 우려했고, 집단 히스테리라는 이름에도 강하게 반대했다. 또한 내가 쓰는 어떤 글에서도 이 진단명을 언급하지 않기를 요구했다. 그래서 나는 내가 이 점은 논의해야 할 사항이라고 했을 때 모든 여행 계획이 무산될까봐 걱정됐다. 결국에는 에리카가 자신의 의구심에도 불구하고 소녀들과의 만남을 주선해주어 나를 놀래켰다. 마침내 에리카의 집에 앉은 지금은 그녀가 유쾌하고 호감 가는 사람이라는 생각이 들었다. 에리카의 남편이 뒤편에서 빈둥거리며 식물에 물을 주고 있는 동안 우리는 차와 비스킷을 함께 나누면서 서로에 관해 알게 되었다. 그리고 이번만은 카를로스가 우리와 함께 있지 않았다.

우리가 이것저것 가벼운 얘기를 끝냈을 때 에리카가 우리를 자기 사무실로 데려갔다. 그녀가 서류 더미와 컴퓨터로 둘러싸인 커다란 목제 책상 앞에 앉았다. 카탈리나가 팔꿈치로 나를 쿡 찌르며 방 한쪽에 있는 보안 카메라를 가리켰고, 그 뒤 나는 집 안팎의 다른 곳에서도 카메라를 발견했다. 우리는 에리카와 대화하면서 그녀가 사실은 은둔자로 보안을 두려워하며, 그 이유는 그녀가 정부의 부패에 반대하는 목소리를 냈기 때문임을 알게 되었다. 그러고 보니 에리카는 처음부터 소녀들과 만나는 자리에 우리와 함께 갈 생각이 없었고, 그날 아팠다는 말도 진짜가 아닐 수 있겠다는 생각이 들었다. 물론 내가 틀린 것일 수도 있다.

사무실로 자리를 옮겼다는 건 이제 일 얘기를 해도 된다는 의미였다. 그때까지는 예의 있게 본론에 대한 언급은 에둘러 피했다. 그동안 카를로스가 에리카에게 내가 젊은 여성들과 나눈 이야기를 모두 전달한 게 분명했다. 에리카는 곧바로 내가 소녀들의 문제를 심인성이라고 했으며, 그들이 미치고 상처받은 것이라고 했다는 데 우려를 표했다. 하지만 물론 나는 소녀들의 문제가 절대 그들의 개인적인 심리 상태 때문이라고 보지 않았다. 그들이 약하거나 문제 있다고 생각하지도 않았다. 엘카르멘에서의 발병은 많은 사람에 의해 야기된 것이며 소녀들 자신으로 인한 부분은 가장 적다고 할 수 있었다. 내가 보기에는 원인도 해결책도 소녀들에게 있는 게 아니었다. 단순한 집단 실신 사건이 공포감 조성과 허위 정보로 인해 장기간에 걸친 의료적·사회적 문제가 되어버린 것이다. 진단에 대한 잘못된 소통 방식이 문제를 더 부추기기도 했다. 환자들은 정확한 진단을 받았지만 그 진단을 이해하지는 못했다. 증상의 원인이 기능성이라는 말이 곧 그들이 미쳤다는 뜻이라면 어떻게 받아들일 수 있겠는가? 내가 볼 때 해결책은 부모와 지역사회에 있지 소녀들에게 있는 게 아니었다.

"어린 여성들이 심리적인 이유로 5시간 동안 발작을 일으킨다는 건 정말 불가능하죠." 에리카가 말했다.

그러나 물론 그저 가능하기만 한 게 아니라 아주 흔한 일이다. 사실 간질 발작은 일반적으로 짧은 반면 해리성 발작은 오래 지속된다. 보통 기능성 증상들은 늘 약하고 자기 제어가 가능하다는 오해 때문에 사람들이 진단을 더 의심하게 된다. 나는 에리카가 수년간 혼수상태에 빠지거나 긴장증으로 움직이지 못하는 체념증후군 아이들의 고통을 보면 뭐라고 할지 궁금했다.

카탈리나의 통역을 통해 에리카와 나는 집단 히스테리의 현대적인 해석에 관해 오랫동안 이야기했다. 나도 '집단심인성질환'이라는 이름이 부적절하고 오해의 소지가 있다는 점을 알고 있지만, 그럼에도 불구하고 여전히 이것이 정확한 진단이었다. 나는 기능성 증상들의 아주 실질적인 특성들에 관해 그리고 그 증상이 어떻게 생기고 그 고리에 의해 어떻게 증상의 종류가 늘어나는지, 또 그러면서 장기간 장애가 유지되는지 이야기했다. 다행히도 에리카는 생각에 잠긴 채 고개를 끄덕였고 내가 하는 말을 주의 깊게 들었다.

"그렇게 말씀하시는 걸 보면 '집단심인성질환'이라는 용어를 부정적으로 사용하시는 게 아닌 걸 알겠어요." 에리카가 말했다.

나는 이번 방문을 계획하는 동안 이 문제가 심한 걸림돌이었기 때문에 에리카가 이렇게 대화를 잘 받아들일지 기대하지 못했다.

"이 얘기를 환자들과 그 가족들 앞에서도 해야 한다고 봐요." 내가 이렇게 제안했다.

"그들은 이해하지 못할 겁니다." 에리카가 답했다.

"그래도 생각해볼 기회는 있어야죠."

"이것이 집단심인성질환이라는 말은 책에서 빼주셨으면 합니다." 에리카가 말했다.

내 안도는 오래가지 못했다.

"가족들한테 솔직히 말씀드리지 않으면 환자들이 나아질 기회를 빼앗는 거예요."

"대통령이 이해하지 못하는데 그 책을 읽는 독자들은 받아들이겠어요?" 에리카가 콜롬비아 대통령이 집단심인성질환에 관해 공개적으로 언급했고, 그것이 이렇게 많은 고통을 야기했음을 가리키며 말했다. 그녀가 책상 위에 놓인 커다란 종이 묶음 중 하나를 내 쪽으로 내밀었다. "이 박사의 연구에 대해 의견을 주셨으면 해요." 그리고 컴퓨터 모니터를 내 쪽으로 돌렸다. 화면에 후안 구즈만Juan Guzman이라는 박사의 웹사이트가 있었다. 소녀들에 대한 일련의 기사가 있었고, 콜롬비아의 일반적인 문제에 관한 기사도 몇 개 보였다. 스페인어로 된 것도 있고 영어로 쓰인 것들도 있었다. 이 글을 쓴 사람은 자신을 콜롬비아에서 학교를 졸업한 의학박사라고 소개했지만, 웹사이트는 개인이 운영하는 것이었다. 그의 전문 분야에 대한 언급도 없고 근무처나 저술에 대한 링크도 전혀 없었다.

"이 박사라는 분은 어느 병원에 근무하는 거죠? 전문의인가요?" 내가 페이지를 스크롤해 내리며 물었다.

그다지 어렵지 않은 질문 같은데 카탈리나와 에리카의 대화가 몇 분간 이어졌다. 마침내 카탈리나가 얼굴을 찡그리며 나를 보았다.

"좀 이상하네요. 후안 구즈만이 진짜 이름이 아니랍니다. 에리카도 원래 이름은 모르고요. 그녀 말로는 이 사람이 미국으로 망명한 콜롬비아 의사인데 보안이 걱정되어 진짜 자기가 누구인지 밝힐 수 없다는군요."

나는 이 말에 얼마나 충격을 받았는지 드러내지 않으려 애썼다. 그리고 카탈리나에게 물었다. "그가 의사라는 건 어떻게 알았다는 거죠?"

내 물음에 대한 답으로 에리카는 웹페이지를 가리켰다. 그 사이트는 물론 표면적으로 전문적으로 보이지만, 어떤 학술 기관에도 연결되어 있지 않았다. 나는 에리카가 준 서류를 훑어보기 시작했다. 대부분 의학적인 설문지로 많은 환자와 그 가족들이 작성한 것이었다. 에리카는 내게 이건 연구의 일부이며 후안이 이것으로 소녀들에게 희귀한 자가면역질환이라는 진단을 내렸다고 했다. 그는 한번도 소녀들을 만난 적이 없지만, 그들 중 일부와 화상회의를 했다고 했다.

"화상회의를 했다고요? 부모님들도 같이 계셨겠죠?"

에리카는 알지 못했다. 그녀가 미팅이 이루어지도록 돕긴 했지만, 관리는 하지 않은 것이다.

더 자세히 보니 설문지는 표준화된 통증 척도였다. 설문 응답자에게 자신의 고통을 평가하고 통증이 나와 있는 그림에 그 평가를 표시하게 되어 있었다. 의료적인 삽화는 일반적으로 사람 형태에 성별이 표시되지 않는 윤곽을 사용하게 되어 있었다. 그러나 이 설문지가 후안 개인이 만든 것으로 보인 이유는 모든 소녀 그림이 검고 긴 머리에 함박웃음을 띠고 무릎 길이의 양말과 소매 없는 원피스를 착용하고 있었기 때문이다. 여학생 사진이 의료 환경에서 이런 식으로 사용되는 것을 한번도 본 적 없던 나는 섬뜩함을 느꼈다.

"에레라 박사는 누군가요?" 의사이자 연구가라고 들었던 다른 사람들이 생각 나 다시 물었다.

"저도 모릅니다. 한번 이야기만 했을 뿐이에요. 카를로스의 친구죠."

에리카는 밀라에 대해서는 조금 더 알고 있었다. 알고 보니 그녀는 네덜란드에서 박사학위 과정을 밟고 있는 학생이었다. 하지만 에리카도 밀라의 논문이 어떤 것인지 혹은 그녀의 성과 이름이나 근무지는 알지 못했다.

"선생님은 문제가 집단심인성질환이라고 보신다고요?" 에리카가 말했다. "그래도 구즈만 박사의 연구를 한번 살펴보고 저한테 이게 맞는지 말씀해주실 수 있을까요?" 에리카가 후안의 웹사이트를 다시 한번 가리켰다. 그녀가 화면에 띄운 페이지에는 인유두종바이러스를 뜻하는 HPV라는 약자로 가득했다. 에리카는 기능성 증상에 관해 얘기할 때 수용적인 태도를 보였던 만큼 더 입맛에 맞는 후안 구즈만의 진단을 위해 기능성 장애는 다시 한번 아주 빠른 속도로 배제하려 했다. 후안의 웹사이트는 내용이 상당히 상세하고 두 언어로 쓰여 있었다. 내가 집으로 돌아가면 살펴보고 에리카에게 다시 연락하기로 약속했다.

다시 열대성 폭우가 쏟아지기 시작했다. 카탈리나와 나는 에리카와 함께 남은 오후 시간 동안 누군가 소녀들을 연구 대상으로 삼고자 할 때 필요한 신원 조회 같은 것에 관해 이야기했다. 인터넷 사기와 온라인 보안에 관해서도 논의했다. 카탈리나와 내가 앞으로 도시에 올 어떤 연구자든 그 신원을 확인하는 데 도움을 주겠다고 했다. 에리카는 기능성 장애에 관해 이야기할 때와 마찬가지로 고개를 끄덕이며 그 말을 주의 깊게 들었다.

나는 에리카에게 내 고향인 아일랜드에서도 많은 사람이 인유두종바이러스 백신에 대해 비슷한 걱정을 하지만, 자궁경부암에 걸린 많은 젊은 여성들을 위해 믿을 수 없을 만큼 많은 활동을 한 로라 브레넌Laura Brennan이 백신이 안전하기도 하고 꼭 필요하기도 한 것이라고 알려줬다고 했다. 엘카르멘 여성들은 성적으로 적극적이며 다른 많은 나라에서보다 더 어린 나이에 출산을 경험하므로 자궁경부

암에 걸릴 확률도 더 크다. 나는 백신 접종 반대론자들이 접종률이 떨어진 결과가 나타나기 시작하면 뭐라고 할지 궁금하다. 에리카는 내가 말하는 동안 계속 고개를 끄덕이고 주의를 기울이는 모습이었지만, 결국 나는 우리가 의견 일치를 본 것인지 그저 서로 다르다는 점만 확인한 것인지 확신이 서지 않았다. 우리는 내가 후안의 연구를 더 자세히 읽고 나면 다시 연락하기로 했다.

거리에 나와 무거운 목제 문이 닫히고 난 후 내가 카탈리나에게 물었다. "내 말이 에리카한테 전달된 것 같나요?"

"그런 것 같은데요."

폭우 때문에 길이 잠겨버리는 바람에 우리는 프리다가 나와 만난 날 장담했던 대로 강을 이룬 진흙탕을 헤치고 호텔까지 돌아가야 했다.

엘카르멘 이야기는 아직도 해결되지 않았고, 현재로서는 끝이 보이지 않는다. 2019년에도 그때까지 발병자가 없었던 학교에서까지 더 많은 발작을 일으키는 여학생들이 나왔다.

나는 마리아산맥에서 물결무늬 지붕 아래 반원을 이루며 모여 있던 라칸소나 사람들을 마지막으로 콜롬비아를 떠나왔다. 그 사람들이 화가 났다고 생각한 건 오해였음이 아주 빠르게 밝혀졌다. 사실 그들은 자녀들을 걱정하고 있었고, 도움이 절실한 상황이었다. 엘카르멘 중심지에 사는 환자 가족들과 비교할 때 이들은 의료 혜택을 받기도 힘들었다. 라칸소나는 아름다웠지만 가난했다. 프리다와 예스미드 그리고 다른 소녀들이 엘카르멘의 병원에서 받은 도움이 마음에 안 들었을지 몰라도, 이곳 사람들에게는 그 병원에 정기적으로 다닐 방법조차 없었다.

'라칸소나'라는 말은 '지친 여인'이란 뜻이며 산꼭대기까지 올라가는 힘든 과정 끝에 느끼는 감정을 표현한 것이라고 한다. 이 지역 학교에 처음 병이 생겼을 때 부모들은 자녀들을 빌린 오토바이에 태우고 산을 내려가 엘카르멘까지 가야 했다. 기절하는 아이들도 있었고 경기를 일으키거나 걷지 못하는 일도 있었다고 한다. 몇몇은 환각 증상이 있어 허공에 보이지도 않는 것을 자꾸만 잡아챘다. 그들은 악몽을 꾸듯 소리를 질렀고 자해하듯 자신의 목을 졸랐다. 발작을 일으키는 소녀 한 명을 제지하는 데 성인 남성 네 명이 필요하다고 했고, 이런 현상은 그리지시크니스 소녀들과 내가 맡고 있는 발작 증세가 있는 환자들과 비슷했다.

"백신 때문입니다." 빨간 셔츠를 입은 남성이 내게 말했다.

그의 딸인 마리아가 옆에 앉아 있었다. 나는 그녀에게 자신의 경험을 얘기해달라고 했다.

"모두 백신에 관한 얘기만 했어요." 그녀가 말했다. "사람들은 제가 백신을 맞아서 이제 아이를 가질 수 없을 거라고 했죠."

"백신을 맞은 게 병에 걸리기 전인가요, 아니면 후인가요?"

"전이요. 어떤 부모들은 백신이 아이들을 죽일 거라고 했어요. 결국 제가 병에 걸리니 정말 외롭고 두려웠죠."

마리아는 자기 학급에서 학생들이 연달아 실신하는 일이 생겼을 때 기절했다. 나는 그녀에게 왜 여학생들이 다 같이 쓰러졌다고 생각하는지 물었다.

"신경 때문이죠. 한 사람이 기절하면 또 한 사람이 기절하는 거예요. 저도 두렵고 초조해져서 쓰러졌거든요."

나는 그곳에 모인 사람들을 쳐다봤다. 그러나 프리다가 학교에서 학생들에게 처음 발작 증상이 생긴 이유를 말했을 때 제니가 그랬던 것처럼, 마리아가 전달한 지혜와 통찰을 알아차릴 것 같지는 않았다.

마리아의 아버지는 약초 치료를 위해서 키우던 소를 팔아야 했다. 그리고 딸이 회복한 것을 약초 덕이라 믿었다.

"저는 저 자신이라도 팔고 싶은 심정이었어요. 하지만 저를 사려는 사람은 아무도 없었죠." 그가 말했다. 우리는 웃었지만, 너무나 슬프기도 했다.

"저희는 정말 많은 사람에게 우리 얘기를 했어요. 아주 많은 사람이 왔었고요." 다른 부모가 발병이 한창일 때 이 지역에 온 많은 외부인에 대해 다시 언급하며 내게 말했다. 언론인들은 그들에 관한 글을 썼지만 다시는 돌아오지 않았다고 했다. 다른 나라 의사들이 와서 대형 제약 회사에 관한 이야기를 하며 정부에서 그들을 잘못된 길로 인도하고 있다고 하기도 했다. 연구자들은 소녀들이 백신에 있는 알루미늄에 중독된 거라고 했다.

나는 애초에 어떻게 백신 접종과 발작이 관련 있다는 생각을 할 수 있었는지 모르겠다. 많은 부모가 자녀들이 자기네 동의 없이 백신을 맞았다고 보고했고, 그래서 음모론이 커질 수 있는 여지가 많아졌다. 또 프리다를 비롯한 다른 많은 사람의 말로는 백신 관리가 잘못됐고 오염되었다고 했으니 사실 이런 생각은 나도 타당하다고 본다. 그러나 정말 분명한 건 어떻게 백신 접종에 대한 거부감이 그렇게 확고부동할 수 있는가다. 기회주의자들과 활동가들, 비전문 과학자들이 이 도시에 생긴 발병 소식을 듣고 이곳으로 와서 잘못된 정보로 주민들의 백신에 대한 두려움을 강화해 심지어 자신의 두려움과 발작이 관련되어 있다는 사실을 알아차린 소녀들조차 그 중요한 연결성을 무시해버릴 정도가 된 것이다. 엘카르멘은 이 지역에서 일어난 폭력 사태로 인해 한때 다른 외부 세상으로부터 고립된 적이 있었다. 이곳에 외국인 방문객은 거의 없었다. 지금까지도 이곳의 모든 거주민이 인터넷에 쉽게 접속하는 건 아니다. 따라서 이름 앞에 '박사'라는 말을 붙인 외국인들이 권위 있는 이미지를 만들어내는 것도 그리

어렵지 않았다. 소녀들을 돕겠다고 약속하는 활동가들도 사실은 그들에게 해가 되고 있었다. 나는 에리카의 의도는 좋은 것이었다고 생각했지만, 그래도 그녀가 자신도 깨닫지 못하는 사이에 실질적으로는 소녀들에게 해를 끼치고 있다고 보았다.

젊은 여성들의 목소리는 존중받지 못할 때가 많다. 그들은 억측과 모욕적인 어림짐작에 가장 취약한 집단이다. 많은 이방인이 소녀들의 상황을 자신들의 이익에 이용하기는 너무나 쉬웠다. 아이들과 젊은 여성들은 사람들이 회복이 불가능하다고 말하는 분위기 속에서도 나아지려는 노력을 하고 있었다.

부모들도 상황을 제대로 파악하는 건 아니었다. 내가 부모들에게 원하는 것이 무엇인지 물을 때마다 그들은 아주 분명하게 똑같은 요구를 했다. 마리아산맥 꼭대기에 모여 있는 집단에게 나는 내가 그들을 대신해 어떤 말을 했으면 좋겠는지 물어보았다.

"심리적인 지원이 필요합니다." 빨간 셔츠를 입은 남성이 내게 말했다. "저희, 부모들이요. 또 재정적인 지원도 필요하고요. 저희는 병원비를 내느라 모든 걸 팔았어요."

나는 사람들을 하나하나 쳐다보았고 그들 모두 남성의 말에 동의하며 고개를 끄덕였다.

엘카르멘에서 주민들에게 조언을 했다는 여러 방문객들에 대한 정보를 찾아보기 위해서 나는 집에 도착할 때까지 기다려야만 했다.

프리다에게 많은 도움을 준 것 같은 밀라는 국경없는의사회에서 일하지 않았다. 그녀는 네덜란드에서 박사학위 과정에 있는 학생이었고, 발달에 대한 연구로 인문학 석사학위를 가지고 있었다. 밀라는 심리학자로 일하지 않았고 환자를 치료하지도 않았다. 그리고 그녀의 논문은 인유두종바이러스 백신의 신체화된 경험에 관한 것이었다.

　소녀들에 관한 후안의 글들을 번역하고 읽은 나는 그것들이 우려스러울 정도로 비과학적이라는 사실을 알게 되었다. 동료 심사를 받은 연구는 하나도 없었고, 따라서 이것은 의학 논문이라기보다는 실질적으로 자기 스스로 출판한 견해에 지나지 않았다. 그의 글을 읽은 뒤 나는 후안이 의학 전문의는 아니라고 생각되며 신경학에 관해서는 전혀 지식이 없다고 확신했다. 에리카는 후안이 설문조사와 온라인 대화를 통해 내리게 되었다는 자가면역 질환이라는 진단을 상당히 신뢰했다. 그러나 조금의 과장도 없이 이 진단은 억지스러운 것이었다.

　카를로스가 약속한 대로 나는 눈물 흘리는 '의사들'에게 했다는 에레라 박사의 강연을 미국 사이트에서 찾을 수 있었다. 그것은 의학 학회가 아니었고 그 집단 중 대부분이 의사가 아니었다. 그 모임은 백신 접종 거부자들의 토론장이라 할 수 있었다. 에레라 박사는 인류학자이자 언론인으로 소개되고 있었지만, 내가 확인한 바로 그는 어떤 전문적인 조직에도 소속되어 있지 않았다. 에레라 박사는 엘카르멘의 소녀들이 처음 발작을 일으키기 2년 전인 2012년의 강연에서, 자신이 콜롬비아에서 가장 큰 신문 중 하나인 《엘티엠포El Tiempo》에 인유두종바이러스 백신이 소녀들을 죽이고 있다고 주장하는 블로그 게시글을 썼다고 했다. 《엘티엠포》에서는 분명히 해당 글을 삭제하고 에레라 박사에게 기존 게시글을 철회하는 글을 쓰라고 했다. 하지만 박사는 학회의 기뻐하는 청중들에게 자랑스럽게 말하길, 기존의 주장을 재주장하는 50페이지짜리 후속 글을 썼지만 《엘티엠포》에 싣지 않았다고 했다. 내가 엘카르멘을 떠나기 직전 카를로스는 내게 에레라 박사가 '어떤 기계'를 발명한 세 명의 폴란드 남성들과 함께 이곳에 다시 돌아오기로 했다고 전했다. 나는 에리카에게 에레라 박사의 방문을 멈추게 하라고 강하게 조언했고, 그녀는 살펴보겠다고 했다. 집으로 돌아간 후 잠시 동안 나는 에리카가 만든 왓츠앱 단체 대화방에 초대를 받아 일련의 왓츠앱 메시지에 접근할 수 있었다. 그 단체에서 교환하는 메시지 내용(후안의 메시지도 있었다)을 보니 내가 사건에 개입했는데도 후안과 에레라 박사에 대한 에리카의 믿음을 흔들지 못했고, 인유두종바이러스 백신이 발작을 일으키는 원인이라는 그녀의 확신 또한 허물지 못했음을 알 수 있었다.

며칠 밤을 새우고 난 후 나는 엘카르멘의 상황을 세이브더칠드런Save the Children과 아동이 온라인에서 부당하게 이용되지 못하게 하는 일을 하는 기관인 ECPAT에 알렸다. 그리고 세이브더칠드런은 내 보고서를 국제법을 집행하는 동료들에게 전달했다.

르로이의 마녀들

미국과 가이아나 여학생들의 집단사회원성질환

집단 히스테리

집단이 영향 받는 흥분이나 불안, 비이성적인 행동이나
믿음, 또는 설명되지 않는 병의 증상

공공의 이익은 소위 집단 히스테리라는 보고로 인해 쉽게 상처 받게 된다. 집단 히스테리에 대한 설명은 기괴한 쇼, 연극으로 가득 찬 실신하는 여학생들, 이상한 행동의 유행과 같이 소개될 때가 많다. 사람들은 정보 부족에 시달리는 많은 의료 공동체 구성원들 때문에 질병에 대한 진실을 오해하거나 잘못 해석하곤 한다. 아바나증후군의 원인을 조사하는 의료 전문가들이 어떻게 집단심인성질환을 꾀병과 똑같이 보았는지 떠올려보라. 한편 엘카르멘 공동체에서는 집단심인성질환이 특정한 손상을 입은 사람들만 걸리는 병이라고 생각했다.

대부분의 다른 의료 문제보다 이 질환은 상투적인 생각과 오래 전에 이미 잘못된 것으로 밝혀진 이론들에 의해 평가절하될 수밖에 없는 것 같다. 특히 이 장애는 실제로는 보통 그렇지 않은데도 필연적으로 환자 내면의 유약함 때문에 생긴 것으로 보인다. 사실 진정한 집단 히스테리는 병에 걸린 개인보다 그 사회와 관련된 이야기를 훨씬 더 많이 담고 있다.

엘카르멘 사건이 일어나기 얼마 전 상당히 유사한 어떤 일이 서로 아주 다른 공동체, 즉 하나는 미국, 또 하나는 가이아나에서 발생했다. 인구학적으로는 병에 걸린 집단이 소도시에 있는 학교의 10대 소녀들이라는 점에서 매우 유사했지만, 그들이 이런 일을 겪게 된 배후의 사회적 원동력에는 공통분모가 거의 없었다.

처음 이 사건이 발생한 것은 2011년 뉴욕의 르로이에서였다. 맨해튼에서 북쪽으로 600킬로미터, 나이아가라폭포에서 동쪽으로 100킬로미터 떨어진 곳에 있는 르로이고등학교는 많은 매스컴에 의해 집단 히스테리라는 이름의 신경 질환이 유행한 곳으로 유명한 곳이었다.

고등학교 졸업반이며 전 과목 A 점수를 받는 치어리더에 친구도 많은 케이티 크라우트워스트Katie Krautwurst라는 학생이 처음 증상을 보였다. 나는 케이티의 사진을 《뉴욕타임스 매거진》에서 처음 봤을 때, 둘이 많이 다른데도 류보프가 떠올랐다. 카자흐스탄의 류보프처럼 케이티도 먼 곳을 응시한 채 쓸쓸한 표정을 짓고 있었다. 하지만 사진을 잘 보면 이 소녀에게 화려한 면도 있음을 알 수 있다. 케이티는 유쾌하게 짝이 맞지 않는 형형색색의 양말을 신고 있었고, 그녀의 분홍색 침실에는 자질구레한 장신구들이 널려 있었다. 나는 케이티와 류보프의 사진을 찍은 사진사들이 그들에게 웃지 말라고 한 건 아닌지, 아니면 두 여성이 정말 이 사진에 나타나는 것만큼 절망적인 느낌이었는지 궁금했다.

케이티에게 병이 시작된 것은 2011년 10월이었다. 낮잠을 자고 일어나 보니 투렛증후군 증상과 유사하게 저절로 몸이 움직이고 소리가 튀어나왔다고 한다. 턱이 굳고 얼굴이 일그러졌다. 케이티는 경련이 나고 온몸이 뒤틀렸으며 원치 않는 소리를 냈다. 케이티의 증상에 전염성이 있다는 사실이 밝혀지기까지는 몇 주가 더 걸렸다. 케이티의 친한 친구이자 동료 치어리더인 세라Thera가 그다음 차례였다. 세라 역시 경련과 뒤틀림, 말로 나타나는 틱장애를 보였다. 말을 더 듬었고 팔다리를 허우적댔다. 이후 세라의 장애는 친한 친구들에게 번졌고, 또 다른 사람들에게 옮겨갔고, 그러다 나중에는 학교 안의 더 많은 학생에게까지 퍼져나갔다.

이언 해킹이 유형화와 고리 효과에 관해 설명한 것처럼, 이 장애는 사람들에게 퍼지면서 그 형태도 변화했다. 새로운 피해자들에게는 장애가 더 심각하게 나타났다. 어떤 소녀들은 해리성 발작 증세가 계속되는 중에 심한 전환장애 증상까지 겪었다. 걷지 못하는 이들도 있었다. 시간이 갈수록 케이티와 세라 두 사람의 증상 역시 발달했고, 결국 소녀들은 근육 경련이 너무 심해 자꾸 넘어지는 바람에 휠체어를 타야만 했다.

미국의 여학생들은 엘카르멘의 소녀들보다 여러 면에서 운이 좋았다. 특히 모두 수준 높은 신경학 치료를 받을 수 있었다. 초기 환자 12명 중 10명이 버펄로에 있는 같은 신경과 전문의 팀에게 진찰을 받았다. 피해자가 두세 명에 불과하고 그들 사이의 관계가 분명하게 드러나지 않았을 때는 투렛증후군 진단이 고려되었다고 한다. 그러다 틱장애에 전염성이 있고 친구들 사이에서 증상이 발달하고 퍼지기 시작하면서 투렛증후군이라는 진단은 더는 유지되기 어려워졌다. 여학생들은 검사를 충분히 받았고 결국 기능성 신경장애와 함께 '전환장애'라는 이름의 진단을 받았다. 학교에서는 발병을 매우 심각하게 받아들였다. 그들은 환경에 대한 조사를 진행했고 질병관리센터Center for Disease Control, CDC에 자문을 구했으며, 뉴욕주 보건부도 이 일에 가담하게 되었다. 환경적인 독성과 감염원은 문제의 원인이 아닌 것으로 판단됨에 따라 가능성에서 제외되었다.

발병이 시작된 후 처음 석 달은 그래도 상황이 어떤 범주 안에 들어와 있는 느낌이었다. 환자의 가족들은 합리적으로 의사를 신뢰했고, 그들의 조언을 받아들였다. 그러나 안타깝게도 사건에 관련된 모든 사람의 태도에 변화가 생겼다. 2012년 1월 학교에서 어느 모임이 있었고, 그곳에서 보건부가 더 많은 청중에게 받은 설문지 결과를 발표했다. 그때는 병에 걸린 소녀들과 그 가족들만 진단의 세부적인 내용을 모두 알고 있었다. 보건부에서는 그곳에 모여 있는 부모들과 학생들에게 학교가 안전하다고 장담했다. 또 그들은 발병 원인에 스트레스 요인이 있을 수 있다고 모호하게 말하면서도 개인정보보호법 때문에 자세한 내용은 이야기할 수 없다고 했다. 사례에 공개적인 모임에서 밝힐 수 없는 그런 측면이 있었던 것이다.

스트레스에 관한 가설은 사람들을 격앙시키는 계기가 됐다. 모인 사람 중 많은 이가 이 말을 이해할 수 없었다. 기능성 장애로 인해 나타나는 증상들의 일반적인 특성이 생소하게 느껴진다는 건 사실 누구도 심리적인 과정 때문에 소녀들이 보인 이런 신경 질환이 생길 수는 없다고 생각한다는 뜻이었다. 그 정보가 사람들에게 받아들여지지 않으면서 불신의 분위기가 형성되었다. 상황이 자꾸 안 좋아진 계기가 된 것은 전환장애(기능성 신경장애)라는 진단과 그 진단의 의미에 대한 이해 사이의 간극이라 할 수 있었다. 엘카르멘에서는 '집단 심인성질환'이라는 이름이 혼란을 야기했고, 르로이에서 역시 전환장애라는 진단이 똑같은 역할을 했다. 사실 이런 일은 임상 현장에서도 흔히 발생한다. 사람들이 이 병에 대해 알고 있다고 여기는 것은 대부분 잘못된 것이다. 누군가 기능성 장애에 대해 격분할 때 그들이 실제로 거부하는 것은 이미 오래전에 잘못된 것으로 판명 난 이 병의 해석에 대한 것이지, 현재 사람들이 이해하고 있는 장애 자체에 대한 게 아니다.

290

더 많은 사람이 회의적인 목소리를 내자 병에 걸린 환자와 그 가족들의 마음까지 영향을 받게 되었다. 전환장애의 유효성에 대한 의심이 퍼지면서 환자 가족들은 더 나은 답을 찾고자 했다. 학교와 의사들이 단호하게 한 가지 해석만 지지하는 상황에서, 일부 학부모들은 새로운 도움의 길을 찾는 것 말고는 선택의 여지가 없다고 보았다. 언론 노출은 다른 사람들이 행동하도록 채찍질하는 방법으로 사용될 때가 많은데, 환자의 부모 중 한 명도 이런 마음에 언론인을 접촉했다. 하지만 이들도 이런 행동이 조그만 소도시에 어떤 파장을 가져올지는 제대로 내다보지 못했다.

2012년 1월 중순 케이티와 세라 그리고 그들의 어머니가 NBC 방송국의 〈투데이쇼Today Show〉에 출연하면서 르로이에서 일어나는 이야기가 널리 알려지게 되었다. 세라는 목축의 신인 판이 그려진 소파에 앉아 불안하게 경련을 일으키며, 자신은 이런 증상이 나타나기 전까지는 스트레스 하나 없이 살았다고 주장했다. 케이티는 적어도 그날은 틱장애를 더 잘 통제하는 것 같았지만, 구부정하게 앉아 있는 모습은 어리고 연약해 보였다. 방송 출연은 행동과 대답을 요청하는 탄원이었다. 생방송에서 그들은 심인성이라는 해석에 맞서고 학교와 의사들에 대한 불신을 표현하고자 했다. 곧 엘카르멘에서 벌어질 상황의 전조를 보이듯, 한 무리의 사람들이 모든 검사 결과를 받아들이지 못하겠다며 항의했다. 사람들이 진실을 밝히지 않는다는 뜻이었다. 어머니들은 이 아이들이 인기 많고 적응도 잘하는 소녀였다고 했다. 이들은 병에 걸린 소녀들에게 더 많은 검사를 받게 해주고 학교 환경에 대해서도 더 조사해달라고 요구했다.

소녀들이 전환장애라는 진단을 받은 사실을 알고 있던 인터뷰 진행자가 이 점을 언급했다.

"저는 정말 화가 나요." 세라가 말했다. 그리고 그녀의 어머니가 한마디 덧붙였다. "그 사람들이 하는 말들은 정말 사실이 아닙니다."

〈투데이쇼〉 출연의 효과는 대단했다. 일주일 동안 소녀들의 이야기는 미국 전역의 뉴스에 대서특필되었다. 또 세계 언론의 주목을 받기도 했으며, 《데일리 메일》 같은 영국 신문에서는 "같은 학교에 다니는 12명의 소녀가 투렛증후군 같은 증상들과 언어적 틱장애가 나타나는 불가사의한 병에 걸렸다"라는 표제로 기사를 내보냈다.

사람들의 흥미를 끌 만하면서 음모론의 가능성이라는 매력까지 추가된 이야기였던 것이다. 왜 의사들은 소녀들의 의견을 그렇게 빨리 묵살했을까? 학교가 무엇을 숨긴 것일까? 언론은 집단심인성질환을 연상시키는 어떤 면에서 관음증적인 논란거리에 매력을 느꼈다. CBS 뉴스에서는 "뉴욕시에서 집단 히스테리가 발생했습니다"라며 문제의 원인이 '심리적인 갈등'이라고 덧붙여 보도했다. 또 진단의 의미에 관해 설명하면서 "예를 들어 어떤 여성이 화가 난 느낌이 받아들여지지 않는다고 생각하면 그들이 정말 화가 날 때 무감각해질 수 있다는 겁니다"라고 했다. 과연 여성만 그럴까?

학교와 국무부에서 사람들을 안심시키기 위해 어떤 말을 해도 이 서사의 '불가사의한' 면을 부추기려는 언론사의 열정을 꺾지는 못했다. 부정확하게도 의사들은 "당황스러워한다"는 소리를 들었다. 르로이는 걱정스럽고 불안한 곳이 되었다. 염려가 된 부모들이 답을 요구했다. 그리고 아이들을 학교에 보내지 않으려 했다. 새로운 사례들이 나왔고, 그중에는 남학생 그리고 학교와 관련 없는 중년 여성도 있었다.

NBC 인터뷰가 방송된 다음날, 사건을 담당했던 의사 두 명이 진단에 관해 언론에 이야기할 기회를 얻었다. 지역 뉴스 프로그램과 NBC의 〈투데이쇼〉에 출연한 그들은 전환장애 진단에 대해 조심스럽게 설명했다. 비록 스트레스라는 단어를 자유롭게 사용하긴 했지만, 두 의사 모두 아주 힘겨워하면서 "증상의 무의식적인 특성과 소녀들이 겪는 고통의 실체"를 강조했다. 그러나 이러한 설명에도 불구하고 언론들은 계속해서 의사들이 여학생들의 의견을 너무 빨리 일축해버렸다며 우려했다.

언론의 관심으로 환자 가족들이 주도권을 쥐게 된 것 같았지만, 궁극적으로 상황은 더 악화했다. 소녀들은 구경거리가 되었다. 얼굴을 씰룩거리고 말을 더듬으며 경기를 일으키는 그들의 모습이 뉴스와 소셜미디어 플랫폼에서 계속 노출됐다. 이 여학생들이 말을 하거나 가만히 앉아 있기 힘겨워하면 카메라들이 아무렇지 않게 그들을 향했다. 소녀들은 전환장애라는 진단을 받았을 때 이렇게 말했다. "우리가 왜 이런 걸 꾸며내겠어요?"

그때부터 언론의 추론은 전환장애를 받아들이는 측과 그렇지 않은 측으로 나뉘었다. 전자는 히스테리에 대한 100년 된 설명들을 합쳐놓은 진부한 이야기를 했다. '스트레스'라는 단어는 무슨 일이 벌어지고 있는지를 나타내는 대명사가 되었다. 부모들은 대중 앞에서 자녀들을 방어하기 위해 안간힘을 썼다. 딸들이 정신적 외상을 입은 것도 아니고, 미치지도 않았으며, 증상을 꾸며내지도 않는다는 것이었다. 언론은 다른 방식으로 병의 원인을 입증하기 위해 소녀들의 삶을 관찰했다. 그래서 병의 원인일 것이라 생각하는 요소들, 즉 부모들의 질환, 한부모 가정, 가난, 가정불화와 같은 목록을 만들었다. 누구에게나 감추고 싶은 부분이 있고, 찾으려 하면 무엇이든 불행의 원인이 되는 법이라는 사실은 무시되었다. 소녀들이 병에 걸린 원인으로 삼기 위해 그들의 개인적인 삶에서 힘든 점을 찾아내는 건 어렵지 않았다. 르로이가 아주 오래전 잘 나가던 도시였다는 점도 도움이 되지 않았다.

르로이는 산업 덕분에 호황을 맞았고, 한때 그곳 주민들은 평균 이상으로 행복했다. 르로이는 불가사의한 질병의 현장이라는 점과는 별도로, 아일랜드에서 내가 어릴 때도 알았을 만큼 유명한 젤로Jell-O라는 젤리 브랜드가 처음 탄생한 곳이기도 했다. 20세기 전반에는 이곳에 새로 칠을 한 대저택들이 들어섰고, 중심가는 북적였다. 그러나 1964년 젤로 공장이 더 큰 도시로 이전하는 바람에 찬바람이 불었다. 고용의 원천을 잃었다는 건 도시의 운명에 커다란 변화가 일어났다는 것을 뜻했다. 젤로 공장과 번영하던 도시의 몰락이라는 역사는 르로이의 소위 '집단 히스테리' 경험을 언론이 소개하는 방식을 좌우했다. 이는 크라스노고르스크 이야기와 그리 다르지 않았다. 그러나 르로이 사람들에게 일어난 일은 카자흐스탄 사람들이 먼저 겪은 일보다 더 심각했다. 병에 걸린 거의 모든 환자가 젊은 여성이어서 그런지 300년이 흐른 시점에도 마녀재판이라는 사건을 언급하는 게 불가피했던 모양이다. 《아메리칸 스펙테이터American Spectator》에 실린 한 기사 제목은 〈르로이의 마녀들〉이었다.

모든 언론이 전환장애 진단을 받아들인 건 아니었다. 진단 자체에 의혹과 불신을 가진 사람들도 있었다. 몇 년 후 아바나증후군이 발병했을 때 생긴 반응들과 마찬가지로 전환장애는 '그저' 전환장애일 뿐이고, 히스테리 역시 '단지' 히스테리일 뿐이었다. 진단을 의심하는 자들은 의사들이 다른 가능한 답을 충분히 열심히 살펴보지 않았다고 주장했다. 이들은 더 많은 검사를 요구하며 의사들과 학교 관계자들이 제대로 일을 하지 않고 있다고 했다.

대중은 병의 원인을 찾고 음모론의 실체를 밝히는 것을 자신들의 의무로 여겼다. 회상 편향의 전형적인 사례로 많은 아마추어 연구자들이 학교 근처에서 무엇이든 전에 없던 이상한 일들을 밝혀내려 했다. 누군가가 기자에게, 젤로 공장이 문을 닫기 전 공장에서 어떤 맛의 젤리를 만드는가에 따라서 도시를 가로지르는 개울의 색깔이 바뀌었다고 말했다. 어떤 독성이든 남아 있을지 누가 아느냐는 것이었다. 어떤 사람은 아이들이 수영하며 놀곤 하던 강물에 커다란 목재 통이 하나 떠 있던 게 기억난다고 했다. 또 한번은 오렌지빛이 나는 노란색 진흙을 소녀들이 치어리더 연습을 했던 운동장에서 본 적 있다는 말도 있었다. 두려움이 고조되면서 농약 살포와 수압파쇄법(지하 암반에 높은 수압을 가해 균열을 일으키는 기술—옮긴이)에 관한 이야기까지 나왔지만, 다행히 오래가지는 못했다. 다양한 의학적 해석이 외부에서 제기되었고, 그중 몇 가지는 소녀 몇 명이 팬더스PANDAS라는 연쇄구균감염으로 생긴다는 희귀한 자가면역장애로 진단받으면서 진지하게 받아들여지기도 했다. 그러나 처음 팬더스를 설명하던 전문가들을 포함한 의사들 대부분이 팬더스가 르로이에 나타난 발작 증세의 원인일 순 없다며 가능성에서 배제했다.

　제기된 모든 원인 중에서 한 가지는 다른 것들보다 더 지배적이어서 잠재우기 힘든 광적인 불안과 흥분을 낳았다. 이 일은 누군가 한 가정의 우편함에 쪽지를 집어넣고 가면서 시작되었다. 이 쪽지에는 학교에서 고작 7킬로미터 떨어진 곳에서 열차 충돌 사고로 독극물이 방출된 적이 있다고 쓰여 있었다. 이 쪽지를 받은 어머니가 이례적인 경로로 이름난 조사관인 에린 브로코비치Erin Brockovich에게 연락했고, 브로코비치는 바로 이 미끼를 물었다. 브로코비치는 힝클리라는 미국의 또 다른 소도시가 천연가스와 전기 공급회사인 PG&E에서 나온 유독물질로 오염되었다는 사실을 끈질기게 파헤친 조사로 대중의 관심을 받은 인물이었다. 브로코비치의 이야기는 줄리아 로버츠가 그녀 역을 맡아 연기한 영화로 만들어지면서 세계적인 명성을 얻은 바 있었다. 브로코비치가 르로이 사건에 관여하면서 그녀의 명성과 이전 사건에서의 성공이 의사들이 했던 말들을 완전히 무색하게 만들어버릴 조짐이 보였다. 로이터 통신 기자는 브로코비치가 사건 조사에 참여하는 분위기를 포착하면서 그녀가 어떻게 '심리적인 진단'을 비웃었는지 설명했다.

2012년 초 브로코비치가 ABC 뉴스에 출연하며 유명해진 의사 드류 핀스키Drew Pinsky와 함께 르로이 사건에 대해 인터뷰를 했다. 당시에는 브로코비치나 그녀와 함께 일하는 어떤 사람도 르로이에서 단 하나의 검사도 시행하지 않은 상태였고, 그녀에게 어떤 사전 지식이 있는 것도 아니었다. 그런데도 브로코비치는 이 사건에 대해 강한 의견을 밝혔다.

브로코비치는 핀스키와 나눈 공개적인 대화에서 자신의 생각을 분명히 드러냈다. 그녀는 이 사건에 관한 뉴스가 언론에 의해 너무 빨리 인기를 끌게 된 점을 우려하면서, 자기 생각에 진단이 너무나 급작스럽게 내려졌다고 했다. (이 말은 모든 의학적인 진단이 어려운 것이며 쉽게 내린 진단은 잘못된 게 틀림없다는 뜻일 것이다. 하지만 사실은 그 반대다. 경험 있는 의사들 대부분은 환자를 본 지 몇 분 안에 믿을 만한 진단을 내릴 수 있다. 하지만 언론에서는 의학을 수수께끼로 표현하면서, 진단 내리기 힘든 사례들이 실제보다 훨씬 더 많은 것처럼 그려낸다. 만약 병원에 관한 드라마가 너무 쉽게 일을 처리한다면 아주 성공적인 텔레비전 프로그램이 되진 못할 것이며, 일반적인 병이 있는 사람들은 보통 신문에 나오지 않을 것이다.) 르로이에서 발생한 일에 대한 전문가들의 확신에 찬 진단도 브로코비치나 핀스키에게는 그리 큰 영향을 미치지 못했다.

"저랑 똑같은 생각이 드셨나요?" 핀스키가 물었다. "그러니까 진단이 뭔가 직관적으로 맞지 않다는 느낌이 드는 거죠. 더 조사하지 않고 사건을 마무리해버린 것 같은 그런 거 말입니다."

"진단을 '너무 편하게' 내린 것 같았죠." 핀스키는 브로코비치에게 이렇게 말하면서도 누구에게 편하다는 건지는 밝히지 않았다. 핀스키는 이미 언론에서 이야기된 진부한 논쟁을 반복했다. 즉 소녀들이 충분히 검사를 받지 못했으며, 의사들이 더 충분히 살펴봤다면 제대로 된 진단을 내릴 수 있었을 것이라는 얘기였다. 브로코비치도 핀스키의 생각에 동의했다.

이들은 열차 충돌 사건에 상당히 집중했다. 브로코비치는 르로이에 가본 적도 없었고 인터넷 검색만 한 상태였다. 열차 충돌은 실제로 일어난 사건으로, 당시 청산가리를 비롯한 다른 화학물질들이 심각하게 누출되었다. 하지만 이 사건이 발생한 건 1971년이었다. 대화를 나누는 동안 두 사람은 르로이 지도를 펼쳐놓고 있었다. 고등학교가 왼쪽 아래 모서리 쪽에, 그리고 열차 충돌 사고가 난 장소가 그리 멀지 않은 오른쪽 윗부분에 표시되어 있었다. 마침내 핀스키가 확실한 질문을 던졌다. "어떻게 1971년에 난 열차 사고가 40년이 지나서 학교에 영향을 미칠 수 있죠?" 브로코비치는 1999년 폭우가 와서 다량의 독소가 지면에 퍼져나갔다고 했다. 그리고 이 독소가 북동쪽으로 적어도 1.5킬로미터 이동했다고 말했다. 다시 한번 핀스키는 때맞춰 몸서리를 쳤다. 하지만 열차 사건이 난 곳이 학교 북동쪽에 있으며, 그것은 북동쪽으로 이동한 '다량의 독소'가 학교에서 더 멀어졌다는 의미라는 건 누구도 알아차리지 못한 듯했다.

"오늘 그곳에 가볼 겁니다." 브로코비치가 핀스키에게 말했다.

"괜찮으시다면 저희 팀에서 몇 명 함께 가도 괜찮을까요?" 핀스키가 물었고 그녀도 동의했다.

두 사람은 계속해서 연관됐을 가능성이 있는 끔찍한 화학물질들의 유형에 관해 이야기했다. 모두 신경독성의 가능성이 있는 것이었다. 해당 프로그램이 반쯤 진행됐을 때 핀스키가 잠시 멈추더니 소녀들의 증상을 유발한 생물학적 측면과 독성 물질을 연결시켜야 한다고 강조했다. 그러면서도 그들의 이런 대화가 도시를 공포로 몰아

넣지는 않을까 우려를 표시했다. 어떻게 그 공포를 최소화할 수 있을지 큰 소리로 고민하더니 덧붙여 말했다. "뭐라고 할까요. 저는 이 말씀을 드리는 것만으로도 공황 상태가 됩니다. 저는 TCE(트리클로로에틸렌이라는 발암 물질 ─ 옮긴이)가 다량으로 있는 곳에 살지도 않는데 말입니다!"

이런 짧은 대화를 하는 동안 학교에서 7킬로미터 떨어진 곳에 있는, 얼마나 심각한지 아직 확인되지 않은 40년 전 오염된 땅이 도시 전체를 덮어버린 TCE라는 먹구름이 되어 있었다. 이는 시각적으로 매우 강력한 것이었다. 어느 정도는 타라의 마음속에서 그림처럼 삐져나온 디스크가 척수를 가로지르는 모습 같기도 했고, 소리가 귀로 들어와 뇌손상을 일으킨다는 생각과도 비슷했다. 실제 증거가 부족하다는 인식은 선동적이며 들뜬 가설에 곧바로 그 빛을 잃었다.

"여기 이 점들이 생태적으로 연결된다는 증거가 필요합니다. 이 독소 유출이 틱장애의 원인이 아니라는 증거 말입니다." 핀스키가 이렇게 말하더니 갑자기 태도를 바꾸며 덧붙였다. "그래도 르로이에 있는 묘지를 살펴보면 암으로 사망한 경우와 영아 사망 사례가 평균보다 높다는 것을 알 수 있을 겁니다."

도시 전체를 공포에 몰아넣을 수 있는데 왜 10대로 가득한 학교만 겁먹게 하겠는가?

브로코비치 팀은 그날 학교를 방문했고 핀스키의 뉴스팀도 함께 갔다. 지역 언론을 비롯해 국내외의 여러 언론사가 이곳을 찾았다. 그러나 공교롭게도 일은 순조롭게 풀리지 않았다. 학교장인 킴 콕스Kim Cox와 지역 경찰이 그들을 기다리고 있었다. 학교 일대는 지역 당국의 관할권에 따라 이미 조사를 완료했다. 브로코비치 팀은 학교 출입을 허가받지 못한 채 호위를 받으며 떠났다. 격한 논쟁이 이어지면서 학교 관계자들이 악역을 맡게 되었다. 어쨌든 명백하고 노골적인 부인만큼 음모론에 기름을 붓는 것도 없을 것이다. 브로코비치의 조사팀원 한 명은 이렇게 말했다. "직원들이 무언가에 대한 접근을 막는다는 건 보통 무언가 숨기는 게 있기 때문이죠." 그렇다, 그 학교에는 보호해야 할 학생들이 있다.

이 모든 일은 단지 도시의 긴장만 고조시켰다. 지역사회의 또 다른 모임이 소집되었고, 그곳에 킴 콕스가 이끄는 패널이 부모들과 언론, 다른 도시 주민들에 맞섰다. 사람들은 격앙되어 있었다. 콕스는 학교 건물은 안전하고, 아이들이 위험에 처한 것이 아니라며 안심시키려 했지만, 누구도 그녀의 말을 믿지 않았다. 부모들은 자녀들을 보호하기 위해 무슨 일이 벌어진 건지 알아야겠다고 했다.

"책임을 다하지 않고 있는 겁니다." 한 어머니가 패널을 향해 외치자 열렬한 박수가 이어졌다. 군중은 마치 어떤 답도 주어진 적 없고 누구도 그들에게 아무 얘기도 해주지 않은 것처럼 답을 요구했다.

엘카르멘에서도 상황은 그리 다르지 않았다. 두 곳 모두 의료팀보다 비전문가인 외부인들이 더 존중받았다. 콕스는 그들이 시행한 환경 조사들을 나열했고 그 모든 게 확실한 것이었지만, 오히려 불안에 빠진 사람들, 주로 아이들을 어떻게 보호할 수 있을지 간절히 해결책을 찾으려는 겁먹은 부모들로 이루어진 청중의 반감만 일으키며 더 노하게 만드는 것 같았다.

많은 이가 넌더리를 내며 모임 장소에서 나가버렸다. 사람들을 만족시킬 수 있는 유일한 방법은 그들의 두려움을 인정하는 길밖에 없는 것 같았다. 이를 부정한다면 무언가를 숨기거나 실수를 했다는 의미로만 받아들여졌기 때문이다. 결국 패널들은 독립적인 기구에 의한 추가적인 조사를 진행하겠다고 약속할 수밖에 없었다.

이어지는 몇 주 동안 뉴스 보도들은 반복적으로 의사들이 "당황했다"고 표현했다. 전환장애 진단을 언급하는 기사들에서조차 초점은 여전히 불가사의에 있었다. 브로코비치는 자신들만의 조사를 진행하면서 누출된 화학물질이 소녀들의 증상을 야기한 것이라는 주장을 이어갔다. 하지만 그러면서도 생물학적인 측면에 대해서는 언급한 적도 없고 우려하는 것 같지도 않았다. 어떻게 오래전에 누출된 화학물질이 단 몇 주만 그것도 소녀들에게만 그렇게 심각한 틱장애를 일으킬 수 있다는 말인가? 뇌의 어떤 부위가 영향을 받아서 그렇게 기이하게 발달하는, 해부학적으로 말도 안 되는 증상을 유발한다는 것인가? 브로코비치는 화학물질이 누출된 장소에서 가져온 흙으로 학교를 지었을 것으로 추측했지만, 왜 학교나 보건부에서 가족들에게 거짓말을 할 것이냐는 문제는 말할 것도 없고, 여전히 특정 사람에게만 증상이 나타나는 점을 설명하진 못했다.

르로이에 관한 언론의 소동은 몇 주간 계속되었으나, 결국 이 도시와 이곳의 소녀들은 엘카르멘 사람들보다 훨씬 운이 좋았다. 르로이의 발병이 끝을 맞았기 때문이다. 집중적인 기간 동안 증상이 심해진 이후 전체 피해자 수가 18명에서 멈췄고, 이어서 틱장애와 전환장애의 심각성 역시 떨어지기 시작했다. 하지만 이번 르로이 사건의 전체 기간은 보통의 집단 히스테리 사례보다 훨씬 오래 지속되었다. 그렇게 오래 병이 지속되고 그러다 최종적으로 해결될 수 있었던 이유는 개인적인 것이 아닌, 사회·문화적인 요인으로 보인다. 언론의 광분과 전환장애에 대한 잘못된 해석, 생물심리사회적 질병에 대한 대중의 낙인, 그리고 무엇보다 그저 의견에 사실과 똑같은 정도의 중요도를 두는 분위기, 이 모든 요소가 르로이 히스테리를 최악으로 만들었다. 하지만 이 도시 이야기는 꾸준히 소녀들의 심리적인 문제로 소개되었다. 유명인에 이끌리는 문화와 언론이 사람들에게 저지르는 일을 똑바로 보려면 제대로 된 인식만이 필요했을 것이다. 결국 르로이에서의 발병이 끝을 맺을 수 있었던 것도 가족들이 많은 해로운 외부 영향을 포기하고, 의사들이 전환장애를 유효하고 확실한 진단으로 보는 강한 입장을 유지함으로써 가능했다고 할 수 있다.

이제 르로이 사건과 그보다 몇 년 후 가이아나에서 발생한 사건을 비교해보려 한다. 가이아나 건은 또 다른 고등학교 집단 히스테리 발병이었다. 표면적으로는 두 사건에 무언가 공통점이 있는 것 같지만, 집단심인성질환의 발병에 대해 젊은 여성들(혹은 그 문제와 관련해 어떤 개인)에게 그 책임을 물으며 큰 그림을 보지 못하는 우를 범하는 방식에서 두 사건은 차이를 보인다.

나는 르로이나 엘카르멘에 사는 어떤 사람도 가이아나에 있는 소도시인 샌드크리크라는 곳에 대해 들어본 적이 없을 것이라 생각한다. 외딴 정글 지역에 있으며 인구가 1000명도 되지 않는데 왜 안 그렇겠는가? 하지만 케이티와 세라가 투렛증후군과 비슷한 틱장애를 앓게 된 직후, 그리고 프리다와 줄리에트와 같은 반 친구들이 병에 걸리기 얼마 전, 샌드크리크고등학교의 여학생들 역시 상당히 유사한 건강상의 위기를 맞게 되었다. 나는 이 일이 어떻게 전개되었는지를 2015년 우연히 이 현상에 대해 알게 된 미국의 젊은 인류학자 코트니 스태퍼드월터Courtney Stafford-Walter에게서 들을 수 있었다.

코트니는 샌드크리크에서 1년을 보내기로 했을 때만 해도 이 '병'에 대해서는 전혀 알지 못했다고 한다. 그녀가 이곳을 방문한 것은 가이아나의 더 외진 지역까지 확대된 교육 프로그램의 효과를 연구하기 위해서였다.

열대 지역인 샌드크리크는 정글로 뒤덮인 산들 사이에 아늑하게 자리 잡고 있다. 1년 중 기후가 맞는 특정 기간에는 모기 떼에 시달리는 곳이기도 하다. 가이아나 사람들 대부분은 해안에 살지만 샌드크리크는 내륙 깊숙이 있었다. 가이아나 아홉 지역(나라가 열 개 지역으로 나뉘어 있다)에 있는 이곳은 이 나라에서 면적이 가장 넓지만, 인구는 적다. 자원은 해안 지역에 비해 부족한 편이다. 남성은 일자리를 구하러 다른 곳으로 떠나 있을 때가 많은데, 이들은 보통 광부로 일한다. 여성 중 일부도 고향을 떠나 가사 도우미 일을 하기도 하지만, 그리 흔한 경우는 아니다. 더 일반적으로는 여성들이 가정에 머물면서 마을 일 대부분을 도맡고, 남성들은 이 여성들과 바깥 사회를 연결하는 역할을 한다.

니카라과와 콜롬비아처럼 가이아나의 인구 역시 대부분 혼혈이며, 원주민 인구는 7퍼센트뿐이다. 네덜란드인들이 처음 이 지역을 식민지화했고 이어서 영국이 그렇게 했다. 가이아나에 사는 사람들 대부분은 하인과 노예의 후손인 인도 출신 가이아나인이거나 아프리카 출신 가이아나인이다. 가이아나는 영어를 공식 언어로 사용하는 남아메리카의 유일한 나라지만, 원주민 중 많은 이가 어떻게든 자신들의 고유한 언어를 유지하고 있다. 샌드크리크는 아메리카 원주민 부족 중 하나인 위피샤나Wapishana 사람들이 사는 곳이다. 이들은 영어와 아라와크어Arawakan를 사용하며 미스키토인들처럼 전통과 현대식 생활 방식을 모두 유지하고 있다.

아홉 지역이 외진 곳에 있었으므로 아메리카 원주민 자녀들의 학교 교육에는 늘 제한이 있었다. 인구는 희박하고 서로 이질적이어서 모든 이에게 같은 교육을 제공하는 데 어려움이 있었다. 모든 마을에 국립 초등학교가 있지만, 전체 지역에 중등학교는 한 곳뿐이었고, 그나마 가장 똑똑한 학생들만 그 단계의 교육을 받을 수 있었다. 또 이 교육 시스템에서는 보통 소년들을 선호했다. 모든 이가 중등교육을 받을 수 있도록 하기 위해 정부에서 이 지역에 국립 중등학교를 세 곳 더 만들었다. 하지만 학교까지 가는 실질적인 문제가 남아 있었다. 도로 상태가 좋지 않고 마을과 마을 사이가 너무 멀었기 때문이었다. 그래서 모든 학교에 기숙사가 있었고 샌드크리크에 최근에 세워진 중등학교들은 학생의 절반이 기숙사 생활을 했다.

코트니가 그곳에 갔을 때는 샌드크리크중등학교에 교사가 부족했다. 코트니는 교사는 아니었지만, 학급을 가르치도록 뽑혔고 반갑게 그 기회를 받아들였다. 앞으로 관찰할 아이들과 더 친해질 수 있다고 생각했기 때문이었지만, 교사가 쉬운 직업은 아니었다. 학생들은 코트니의 권위를 거의 존중하지 않았고, 수업 시간에 잡담을 하며 마음대로 교실을 오갔다. 다른 교사들은 체벌로 학생들을 통제했지만 코트니는 그들처럼 하고 싶진 않았다.

어느 날 아침 코트니가 교실에 와보니 보통 활기 넘치고 통제하기 힘들던 학생들이 이상하게 침울해 보였다. 그녀가 무슨 일인지 묻자 아이들은 친구들 중 한 명이 몸이 아파 집으로 보내졌다고 했다. "할머니가 데리고 갔어요." 학생 한 명이 말했다. 코트니는 '병'이 학교를 휩쓸고 있다는 사실을 알고 있었다. 여러 번 애매한 말로 속삭이며 이야기하는 걸 들은 적이 있었다. 처음에는 말라리아 같은 열대병으로 생각했지만, 사람들이 하는 이야기를 들을수록 확신이 없어졌다. '병'을 말하는 어조로 보아 '할머니'가 단지 한 가족의 다정한 여자 가장이며 현지 사람들이 코트니에게 진실을 알려줄 만큼 신뢰하는 데 시간이 걸릴 뿐이라 믿었던 자신의 생각에 의혹이 생겼다.

샌드크리크에서 처음 '병'에 걸린 소녀가 나온 것은 2013년이었다. 주요 증상은 발작이었다. 환자는 전형적으로 긴 시간 마룻바닥에 의식 없이 누운 채 팔다리를 마구 흔들었고, 입에는 거품을 물었다. 이 병은 전염성도 강해 학교 전체로 퍼져나갔다. 상황이 나빴을 때는 매일 새로운 환자가 나왔다. 발작은 기숙사에서 가장 많이 일어났고, 어떨 땐 밤새 대여섯 명의 소녀가 경기를 일으켰다.

발작이 시작되면 학교는 의사부터 호출했다. 마을에서는 가벼운 증상은 여전히 어느 정도 주술사들에게 의존했지만, 전반적으로 그들도 서구 의학을 더 발달한 의술로 생각했다. 노련한 보건 종사자가 마을에 상주했지만 발작은 그들의 전문성을 넘어서는 것이었으므로 더 큰 도시에 있는 의사에게 연락해야 했다. 그러면 의사가 가장 증상이 심각한 소녀들이 비행기로 병원에 후송될 수 있도록 주선했고, 그곳에서 소녀들은 검사를 받았으며 모두 정상 상태로 회복되었다. 흥미로운 점은 소녀들이 샌드크리크를 벗어나자마자 발작 증세가 멈춘다는 것이었다. 그리지시크니스처럼 이 병도 장소에 매여 있는 듯했다. 의사가 이 병을 제대로 설명할 수 없었으므로 주민들은 곧 소녀들이 아픈 원인에 대한 자신들만의 논리를 만들어냈다.

위피샤나인들은 영적인 사람들이므로 그들에게 영혼과 마법, 마술은 일상의 한 부분이다. 죽음과 질병에 대한 믿음도 어떤 힘에 의해 작동된다고 여기는 등 서구 사회와는 다르다. 병은 그냥 생기는 게 아니라 다른 누군가에 의해 생기는 것이라고 믿는다. 그 다른 누군가는 이웃이나 친구 혹은 어떤 마력을 지닌 누군가일 수 있다. '질병'의 경우 병을 주는 사람은 '할머니'라는 영혼이었다. 학교 기숙사는 정글로 뒤덮인 산 바로 아래 있는데 마을 사람들은 이 노파가 산 위 어딘가에 있는 동굴 속에 산다고 믿었다. 그리고 학교 여학생 중한 명이 틀림없이 동굴 속으로 들어갔다가 영혼의 심기를 건드렸고, 그래서 할머니의 영혼이 소녀들을 사로잡으려고 따라다니게 되었다고 생각했다.

처음에 코트니는 '병'이 그저 소문인 줄 알았다고 했다. 발작에 대한 묘사도 몇 번 듣고 화질이 선명하지 못한 영상도 봤지만, 소녀들은 무슨 일이 생긴 건지 말하고 싶어 하지 않았다. 코트니는 소녀들의 신뢰를 충분히 얻은 다음에야 함께 기숙사에서 지내면서 '병'이 어떤 것인지 직접 눈으로 봐도 된다는 허락을 받을 수 있었다.

기숙사는 두 개인데 하나는 남학생, 그리고 다른 하나는 여학생 전용이었다. 그런데 두 기숙사의 환경이 놀라울 만큼 달랐다. 남학생들 방은 침대가 가지런히 놓여 있고 침대도 말끔하게 정리되어 있었다. 반면 여학생들 방은 완전히 난장판이었다. 침대들은 정리되지 않은 채 되는 대로 여기저기 놓여 있었다. 또 창문에 달린 덧문은 부서져 있고, 옷장은 침대들과 창문들 사이에 장애물을 만들기 위해 놓아둔 것처럼 보였다. 남녀 기숙사가 이렇게 차이가 난 이유는 코트니가 학교에서 보낸 첫날 밤 명확히 드러났다.

사건은 코트니가 잠자리에 들기도 전에 일찍 일어났다. 누군가 쓰러졌다는 경보가 울렸고 코트니는 서둘러 기숙사 방으로 달려갔다. 그곳에서 한 여학생이 땅에서 몸부림치고 있었고, 친구들이 그녀를 제지하고 있었다. 다음 며칠 동안 코트니가 목격한 것은 그녀가 예상치도 못한 일이었다고 했지만, 설명을 들어보니 내게는 아주 익숙한 광경이었다.

소녀들에게는 발작 증세만 있는 게 아니었다. 그들은 기숙사 이곳저곳을 미친 듯이 뛰어다녔고, 창문의 부서진 덧문 밖으로 뛰어내려 산으로 도망치려 했다. 소녀들의 안전을 걱정한 남학생과 여학생들이 그들을 뒤로 끌어내 침대에서 빼내어 바닥에 원형으로 놓여 있던 매트리스 위에 내려놓았다. 몇 명이 소녀 한 명을 잡고 있어야 했는데, 이 '병'에 걸리면 그 사람에게 초자연적인 힘이 생기기 때문이었다. 소녀들은 그들 자신의 보호를 위해 제지되었다. 마을 사람들은 소녀들이 학교 밖으로 나가게 두었다가는 산으로 올라가 절벽에서 뛰어내릴까 두려워했다. 소년 몇 명은 소녀들을 조심스럽게 제지했지만, 다른 소년들은 키득거리며 필요 이상으로 힘을 쓰기도 했다. 일단 꼼짝 못 하는 상태가 되면, 소녀들이 팔다리를 격렬하게 허우적

거리며 경기를 일으켰고 등과 목이 부자연스러울 정도로 휘어졌다. 모든 여학생이 뛰어다니는 건 아니었고, 일부는 처음부터 쓰러졌다. 발작은 오래갔다. 보통 20분간 이어졌으나 몇 시간 동안 멈췄다 시작했다를 반복했다. 소녀들은 회복된 다음에도 그 사이 일어난 일을 거의 기억하지 못했다. 코트니가 어떤 기분이 들었는지 물으니 할머니 귀신을 봤다고, 그 귀신이 자기들한테 나타났다고 했다. 소녀들은 그 영혼이 백발에 흰옷을 입은 작은 노파였다고 했다.

샌드크리크가 이 '병'에 영향을 받은 첫 번째 학교는 아니었다. 이런 현상은 지난 10년간 가이아나에서 산발적으로 보고되었다. 그리지시크니스와는 달리 이 병이 고질적인 풍토병은 아니었기 때문에 정해진 의식이나 특효약이 있는 것도 아니었다. 양약을 처음 찾기는 했지만, 도움이 되진 않았다. 샌드크리크보다 먼저 발병한 곳 중 한 군데에서는 당국이 미국인 심리학자인 캐슬린 시펠Kathleen Siepel 에게 소녀들을 만나보도록 의뢰까지 했다고 한다. 그리고 이 심리학자는 집단 히스테리라는 진단을 내렸다. 가이아나인들은 이 진단에 상당한 모욕감을 느꼈다. 《가이아나 크로니클Guyana Chronicle》이라는 신문에서는 심리학자의 진단을 알아차리고 〈불가사의한 병에 대한 심리학자의 언급이 논란을 야기했다〉라는 표제의 기사를 실었다. 가이아나의 교육부 장관인 데스레이 폭스Desrey Fox 박사가 미국인 심리학자의 해석을 "전형적인 서양식"이라고 한 말이 기사에 인용되어 있었다. 폭스 박사는 이 진단이 명예를 훼손하는 것이라고 공언했다. 지역 목사 역시 심리학자의 평가에 반대하며 "그 진단은 여러 세대를 이어져온 사람들의 믿음이 현대적인 것에 비해 어떤 장점도 없다고 말하는 것이나 다름없다"고 했다. 심리학자가 말한 내용이 여러 세대를 거쳐 이어온 병에 대한 공동체의 믿음과 전통, 영성에 먹칠을 한 셈이 된 것이다. 결국 마을 사람들은 똘똘 뭉쳤고, 심리학자의 견해에 맞서기 위해 세운 뼈대를 더 강화했다. 그들은 병을 치료하려면 노파의 영혼으로부터 소녀들을 떼어놓아야 한다고 했다. 다시 말해 소녀들을 자기네 마을로 돌려보내 제때 회복시키는 것이다.

학교에서의 집단 발병은 기이한 일도 아니고, 과거에나 있던 일도 아니다. 어떤 특정한 유형의 사회에만 있는 희귀한 상황도 아니며, 폭력적인 역사 혹은 가난이나 재앙이 있어야 생기는 것도 아니다. 어떤 공동체에서나 발생할 수 있으며, 실제로 정기적으로 그렇게 발생하고 있다.

전문가들은 집단 히스테리를 두 가지 유형으로 나눈다. 첫 번째는 집단불안장애mass anxiety disorder인데, 어느 날 갑자기 발생하며 스트레스 인자가 꼭 있어야 하는 것도 아니다. 주로 젊은 사람들에게 영향을 미치며, 학교처럼 통제된 환경에서 일어난다. 증상은 직접적인 접촉에 의해 퍼지고, 순식간에 나타났다가 사라진다. 전형적인 사례는 2015년 노스요크셔의 리펀에서 발생했다. 무더운 강당에서 휴전기념일 행사 중에 한 학생이 쓰러졌고 40명의 다른 학생들이 연이어 쓰러졌다. 다음날 아이들의 상태는 좋아졌다. 또 다른 예는 2019년 8월 말레이시아에서 있었다. 한 여학생이 비명을 지르기 시작했고, 곧바로 그 학급 전체와 다른 반 학생들까지 비명을 질렀다. 이 상황은 몇 시간 후에야 끝났다. 엘카르멘에서의 발병은 외부적인 힘이 원인이 아닌 한, 이 첫 번째 유형에 속할 것이다.

두 번째 유형은 집단운동성히스테리mass motor hysteria로 모든 연령에 영향을 미칠 수 있고, 시작이 좀더 서서히 나타나며 증상은 훨씬 오래 지속된다. 집단불안장애와는 달리 보통 관계가 긴밀한 공동체 내에 만성적인 긴장 상태가 있을 때 발병한다. 예컨대 광활한 카자흐스탄 스텝 지대 한복판에서 힘든 생활을 하게 된 작은 도시에서 정치적으로 불확실하며 통제도 거의 되지 않는 시기에 이 병이 생길 수

있다. 또 스트레스 상황에 놓인 미국 대사관의 두려움을 느낄 만한
이유가 있는 사람들 사이에서 발병한다.

집단 히스테리에서 커다란 문제가 되는 것은 어떤 형태로든 대
중에게 이 병이 인식되고 받아들여지는 방식이다. 집단심인성질환
이 소수의 전문가에 의해 정의되고 논의되는 방식과 이 집단 밖의 사
람들에게 이해되는 방식은 서로 단절되어 있다. 의료계에서는 이 장
애가 집단의 상호작용을 통해 생기는 것이라고 보기 때문에 가끔은
집단사회원성질환mass sociogenic illness이라 부르는 것이 더 적합할 거라
여겨지기도 한다. 그러면 진짜 정신질환이라기보다 어떤 사회 현상
이 될 수 있을 것이다. 그러나 안타깝게도 전문성이 부족한 사람들이
이 질환을 심리적인 문제로 널리 소개하고 있고, 병에 걸린 개인에
초점을 맞추고 있으며, 필수적이라 할 수 있는 공동체의 영향은 대부
분 무시되고 있다. 집단 히스테리의 대중적인 이미지가 낡은 고정관
념과 심리적인 트라우마라는 1차원적인 가설, 그 묘사가 거의 풍자
에 가까운 젊은 여성에 대한 상투적인 표현, 이런 것들에 고착되어
있다. 한 작가는 르로이 발병을 허구화한 글에서 소녀들의 병이 한
소년을 두고 벌인 말다툼에서 비롯되었다며 끔찍하게 폄하했다. 그
런데 현실 세계에서도 신문의 표제에 젊은 여성들은 마녀로 불렸다.
또 엘카르멘의 10대 소녀들은 성적으로 불만이 있다는 말을 들었다.

집단 히스테리와 관련된 상투적인 표현들은 젊은 여성들을 비
하한다는 사실 말고도, 이 병을 쉽게 이해하지 못하는 사회 집단들
이 진단을 받아들이지 못하게 만드는 결과까지 가져왔다. 피해자들
이 더 나이가 많고 일부는 남성이었던 쿠바와 크라스노고르스크 두
곳 모두에서 의사들은 집단심인성질환이라는 진단을 전면적으로 거
부하고 병의 원인에 대한 자신들만의 공식을 강하게 밀어붙였다. 그
들은 그저 이 병에 관련된 사람들의 유형이 집단심인성질환과 어울

린다고 볼 수 없었다. 의사들 생각에 해당 피해자들이 '히스테릭한' 젊은 여성들과는 전혀 상관이 없었기 때문이다. 쿠바와 크라스노고르스크 사건에 관련된 이들이 서술된 방식을 보면 사실 이 두 지역의 사례가 집단운동성히스테리와 가장 잘 맞았기 때문에 학교에서 발병한 사람들과는 대조적으로 어떤 역설적인 면이 있다. 이 병이 심리적인 압박을 받는 개인들에게 더 잘 나타나므로(그렇지 않은 집단불안장애와 대조적이다) 두 가지 특성, 즉 더 나이 많고 성별이 섞인 집단이 좀더 정확히 말하자면 '스트레스를 받은' 집단이라고 할 수도 있을 것이다. 그러나 이들 사건에 관여한 의사들과 권위자들은 이런 점을 인정하려 하지 않았다. 더 나이 많은 사람들이나 남성들이 아닌 여학생들만 심리적인 문제의 징후가 있는지 정밀 검사를 받았고, 반복적으로 '스트레스를 받은' 것이라는 말을 들었다. 하지만 이런 검사와 말이 꼭 필요하다면 정작 그 반대되는 집단에게 더 적합했을 것이다.

집단 히스테리 이야기를 왜곡하는 여성 혐오적인 특징은 별도로 하고, 역사적으로 심각하게 부정적인 이미지를 불러일으키는 특색에 대해서도 이야기하려 한다. 이는 어쩔 수 없이 마녀재판과 연결되며, 아서 밀러Arthur Miller의 희곡, 《시련The Crucible》과 세일럼 마녀재판(1692년 미국 매사추세츠의 세일럼 마을에서 실제로 진행된 마녀재판—옮긴이)을 허구화한 이 희곡의 내용 역시 그리 다르지 않다. 많은 발병 또한 역사적으로 가장 특이한 질병들과 연결되곤 한다. 그중 스트라스부르에 사는 수백 명의 주민이 자꾸 춤을 출 수밖에 없었던 1518년 무도병의 경우 심장병 증상과 단순한 탈진으로 사망률이 하루에 15명에 이르렀다. 19세기 캐나다에서는 벌목꾼 집단이 과장되게 놀란 반응을 보이며 점프하던 메인주의 '점프하는 프랑스 남자들' 사건이 있었고, 1962년에는 1000명에 달하는 사람들에게 영향을 미친 탕가니카Tanganyika에서의 웃음 유행병도 있었다. 이런 기이한 사건들이 한없이 흥미롭다 해도 오늘날 병에 걸린 사람들에게 문제만 야기할 뿐이다. 쿠바에 있는 미국 외교관에게 러시아에서 사용한 음파 무기는 이런 역사적으로 이상한 사건들보다 틀림없이 그럴듯하고 매력적으로 느껴졌을 것이다. 다른 질병들은 이미 옛날식 연관성에서 벗어나 있다. 폐결핵은 더 이상 시인들이 걸리는 낭만적인 병이 아니다. 이제 요양원에서의 삶을 떠올리거나 쇠약한 상태라고 표현하지 않아도 폐결핵에 관해 언급할 수 있다. 그런데 왜 집단 히스테리는 이렇게 하지 못하는 걸까? 나는 그 이유가 사람들이 몸과 마음, 환경의 상호작용에 대한 중요성과 현실을 여전히 이해하지 못하기 때문이며, 그래서 이런 병이 여전히 미심쩍은 구경거리로 남게 된 것이라고 본다.

심인성 장애의 이름이 계속 바뀌는 일에 내가 얼마나 지쳐 있는지는 이미 분명히 드러났을 것이다. 계속 이름을 바꾸는 건 마치 이름을 단순하게 바꾸면 비판과 낙인을 없앨 수 있다고 믿는 것과 같다. 그럼에도 불구하고 집단 히스테리는 여전히 상당히 문제가 많은 용어다. 지나치게 다양한 방식으로 사용되다 보니 혼란스러울 뿐 아니라 무의미해져버렸다. 여러 다른 상황에서 사회·경제적인 위기에 놓인 공황 상태를 가리킬 수도 있고, 팝 콘서트에서의 흥분한 10대들, 두려운 상황 속에서의 감정적인 분출, 폭동, 난동, 사재기, 총기 난사가 될 수도 있다. 광적으로 공황 상태에 빠진 감정적인 행동과 질병을 결합시키면 환자들에게 의학적인 진단을 내리기가 훨씬 더 힘들어진다. 왜냐하면 환자들이 불안은 인지하고 있다 해도 그들이 주로 경험하는 것은 신체적인 증상이기 때문이다. 엘카르멘데볼리바르의 소녀들은 의식을 잃고 발작을 겪었다. 크라스노고르스크 사람들은 잠들어버렸다. 그러나 어떤 집단도 정서적으로 특별히 지나치게 긴장되어 있다고 생각하진 않았다.

역시 중요하게 주목해야 할 것은 집단불안장애가 학교에서만 일어나고 10대들에게만 영향을 끼치는 게 아니라는 점이다. 학교가 이 장애에 특별히 취약한 이유는 사람들이 아주 가깝게 모여 있고, 권리와 자유가 제한되기 때문으로 보인다. 청소년기는 뇌가 아직 발달 중이고, 또래로부터 받는 압력을 가장 예민하게 느끼는 때이므로 학교에 다니는 아이들의 사회적 전염에 대한 위험성이 더 높다고 할 수 있다. 과거에는 수녀원도 같은 이유로 집단 히스테리가 자주 발생하는 장소였다고 한다. 젊은 여성들이 고립되어 있으며 극도로 생활이 제한되다 보니 이런 분위기로 인해 집단심인성질환이 발생한 것이다.

집단 히스테리를 일으키는 다른 환경은 환경 독소나 공격을 걱정할 만한 이유가 있는 경우다. 예를 들어 위험 가능성이 있는 화학 물질을 사용하는 공장을 들 수 있다. 2018년 6월 매사추세츠 세일럼의 한 전자담배 공장에서 30명의 노동자가 구토를 하고 숨이 가빠지는 병에 걸렸다. 소방대원들이 건물에 있던 사람들을 밖으로 내보내고 공기 중의 화학 물질 성분을 테스트했다. 어떤 원인도 발견되지 않자 노동자들이 다시 업무를 시작했지만, 더 많은 사람이 병에 걸리면서 다시 소방대원들을 호출했다. 두 번째 공기 테스트 결과 역시 깨끗하게 나오자 결국 지역 소방서장은 노동자들의 발병 원인을 카펫을 새것으로 교체하며 생긴 냄새로 인한 공포 때문이라고 발표했다.

비행기와 지하철 환경도 비슷한 불안을 일으킬 수 있다. 역시 2018년에 두바이에서 뉴욕으로 가는 비행기에서 106명의 승객이 기침을 하며 독감 같은 증상을 보였다. 바이러스가 14시간 비행 중에 승객들 사이에 쉽게 퍼질 수는 있겠지만, 알다시피 그렇게 짧은 시간에 증상을 보이기는 쉽지 않다. 이후 시행한 검사에서도 증상을 설명해줄 만한 독소나 전염병은 발견되지 않았다. 승객 몇 명은 뉴욕에

도착하자마자 병원으로 이송됐으나 최종 결과는 깨끗했다. 사람들이 밀집해 있는 막힌 공간과 답답한 공기에 대한 우려가 어떻게 이런 일까지 생기게 했는지는 이제 어렵지 않게 이해할 수 있을 것이다.

르로이와 샌드크리크에서 일어난 병에는 모두 집단 히스테리나 집단심인성질환이라는 이름이 주어졌다. 하지만 이런 건강상의 위기가 모두 그런 유형에 속한다고 보기엔 병이 너무 오래 이어졌다. 어떤 의미에서 이 두 곳에서의 발병은 기능성 장애로 발달한 집단 히스테리 사건이기는 하지만, 반드시 '심리적인 원인에 의한' 기능성 장애인 것은 아니다. 이들은 사회적인 이유로 발생한 현상이라 할 수 있다. 각 사건에 대한 해석이 그 병이 발생한 사회에 있지, 소녀들 머릿속에 있는 게 아닌 것이다.

엘카르멘에서 일어난 일에 대한 반응이 고립과 불신의 역사에 의해 형성되었다면, 미국에서의 반응은 유명인의 영향력에서 기인한 과열과 선동적인 대중매체, 소셜미디어 등으로 인한 것이었으며, 여성들에게 너무나 가혹했다.

르로이에서의 발병은 만약 보건부가 학교에서 주최한 첫 공청회에서 사람들을 안심시키는 답변을 더 많이 제공했다면 감당할 수 없을 지경이 됐을 것이다. 하지만 그들이 개인정보보호법 때문에 정보를 더 밝힐 수 없다고 하자 무언가 감추는 듯한 느낌을 주었다. 이는 전환장애 진단에 대한 회의적인 태도로 이어졌고, 결국 처음에는 르로이 주민들이, 그리고 이어서 일반 대중들까지 병의 원인을 의심하게 되었다. 대중매체는 소녀들이 노출되지 않도록 보호해주려 하지 않았다. 집단 히스테리가 기사 제목에 쓸거리를 많이 제공해주었기 때문에 불가피하게 눈덩이 효과가 생겼고, 너무나 많은 매체가 급하게 보도하느라 기사의 질은 보통 얄팍하고 선동적이기만 했다. 가장 먼저 짧게 보도해야 한다는 생각에 주제에 관해 더 깊이 고려할 만한 시간적 여유도 없었다.

그리고 뒤이어 의견과 사실을 제대로 구분하지 못하는 서구 사회의 고질적인 문제가 여기서도 불거졌다. 자격 없는 논객들이 르로이 사건에 관여하면서 많은 문제를 일으켰으며, 그들의 어림짐작이 전문가의 견해만큼(혹은 에린 브로코비치의 대중적인 인기가 엄청난 관심을 끌면서 심지어 더 많은) 비중 있게 다뤄졌기 때문이다. 나 역시 브로코비치가 힝클리에서 이룬 성과에는 경의를 표한다. 하지만 그녀에게 어떤 의학적인 자격도 없다는 점을 명심해야 한다. 브로코비치가 유명하다는 사실만으로 그녀의 의견이 제대로 된 정보를 바탕으로 한 의사들의 진단과 조언을 무력하게 만들었다. 한편 텔레비전 진행자들 또한 집단 히스테리와 전환장애가 전문가들에게 어떻게 이해되는가 보다는 자신들에게 어떤 의미가 있는가를 놓고 음모론들이나 잘못된 정보로 이루어진 진술들을 통해 분쟁만 일으켰다. 그리고 이 모든 것이 뒤섞여 환자와 그 가족들이 궁지로 내몰렸다.

르로이의 여학생들은 온갖 판단에 시달렸다. 엘카르멘의 환자 가족들처럼 그들도 쿠바의 미국 외교관들보다 더 가혹한 주목을 받았다. 소녀들은 가난한 집안에 불안정한 환경 속에 살아가는 것으로 그려졌다. 대중매체에서는 한부모 가정과 상대적으로 높은 이 도시의 실업률을 지적했다. 한 소녀는 자기 아버지와 상당히 불편한 관계에 있고, 그것은 어떤 신체적인 학대와도 관련 있을 만큼 심각하다고 보도됐다. 또 다른 소녀는 어머니가 심각한 뇌수술을 받았다는 사실이 중요하게 보도되기도 했다. 사실 이 어머니는 생명에 지장이 없는 위험도가 낮은 몇 가지 수술을 받았을 뿐이었지만, 이보다 훨씬 더 극적으로 보이도록 연출한 것이다. 이밖에도 모든 소녀에게 남자친구와 헤어지거나 친구와 싸운 일 같은 스트레스 요인이 있다고 하기도 했다. 그리고 수십 년 전 일어난 일인데도 젤로 공장의 이전과 함께 도시가 이전의 영광을 잃었다고 보도했다.

이렇게 언론에서 공개적으로 소녀들을 얕보는 식으로 표현하다 보니 소녀들 자신과 가족들은 방어적인 태도를 취할 수밖에 없었다. 그래서 그들은 자신들의 삶이 어떤 면에서도 암울하다고 생각해본 적이 없다고 강조했고, 그에 따라 전환장애라는 진단도 거부했다. 전환장애가 스트레스가 있어야 걸리는 병이라면 맞는 진단이 아닌 것이다.

발병 초기에는 소녀들 중 한 명이 정말 투렛증후군 같은 장애로 괴로워했다. 그리고 10대들이 취약한 사회적 전염으로 인해 친구 집단 사이에 틱장애가 퍼져나갔다. 그러나 이후 위기가 고조된 것에 대한 책임은 확실히 언론에 있었다. 사실 언론의 스포트라이트가 사라지자 소녀들과 그 도시가 살아났다. 미국의 권위 있는 자들이 콜롬비아의 권위자들이 바라는 것보다 더 주도적이라는 사실이 입증된 것이다. 소녀들을 담당하는 신경학자들은 확고한 태도를 유지했으며, 존재하지 않는다는 걸 알고 있는 또 다른 진단을 좇아야 한다는 압박을 받지도 않았다. 그들은 언론의 개입을 비판했고, 최선을 다해 독소가 있다는 의견을 떨쳐내고 전환장애라는 진단을 지지했다. 소녀들과 그 가족들도 매스컴의 관심에서 한 걸음 물러서고 외부인들의 관여를 피하도록 많은 격려를 받았다. 이렇게 하자 바로 증상들이 사라지기 시작했다. 엘카르멘과는 달리 르로이 주민들은 자신들이 겪은 이야기를 이제는 과거의 일로 만들 수 있다.

샌드크리크는 르로이처럼 산업화된 미국의 소도시와는 완전히 다른 곳이다. 관습, 생활양식, 믿음 체계, 가족 구조가 근본적으로 다르다. 그래서 캐슬린 시펠이 '병'을 집단 히스테리라고 했을 때 그 사회가 그렇게 받아들이지 않은 것이다. 르로이와 샌드크리크의 소녀들은 병 말고는 공통점이 거의 없으며, 따라서 그들이 겪는 고통을 놓고 유사한 환원적 방식으로 심리학적인 해석을 하려면 실패할 수밖에 없다. '병'이 생긴 원인이 공동체 전체에 내재되어 있지, 개인만의 문제가 아닌 것이다.

집단 히스테리, 기능성 장애, 전환장애는 그 자체로 문화의존증후군이며, 서구 문화의 것이다. 따라서 가이아나의 문화에서는 아무 의미가 없다. 샌드크리크에서 '병'이 발생한 것은 아마도 깊은 영적 믿음과 지역사회 특유의 요인에 의한 것이며, 교육 체계의 변화로 인한 혼란이 도화선이 된 것으로 보인다. 병이 처음 시작되었을 때 마을에서는 자신들의 믿음 체계에 맞게 병을 해석할 수 있는 서사를 만들었다. 코트니는 샌드크리크에 살면서 공동체의 생활양식을 경험했고, 제대로 된 그들의 이야기를 알게 되었다. 집단 히스테리는 위피샤나인의 사회적 언어를 모르는 사람만이 내릴 수 있는 진단이다.

그 지역의 전통적인 방식을 이해하지 않은 채 '질병'을 파헤칠 수는 없다. 위피샤나인들의 친족 구조와 관계, 학습, 영적인 믿음은 서구에서와는 근본적인 차이가 있다. 위피샤나인들에게 가족은 근접성에 의해 형성된다. 공간과 음식을 서로 나누며 사람들이 함께 모이고 누군가와 함께 살면서 그들과 친족이 되는 것이다. 코트니는 자신이 함께 살던 어느 가족의 딸이 되었고, 그들 집에 머문 것만으로 가족 생활의 한 부분을 차지했다. 실제로 신체적인 근접성이 친족이라는 개념에 너무나 필수적인 것이어서 생물학적인 가족이 멀리 떨어져 지내면 친족 관계에 위협이 된다. 서구 문화는 독립에 가치를 두지만, 위피샤나인들은 사회적인 관계에 따라 그 사람을 알 수 있다. 자신이 누구인지 알고 다른 사람이 자신을 알게 되는 것은 그 사람의 개인적인 관계를 통해서다. 그런 이유로 사람들은 자신의 관계를 보호하기 위해 대인 관계에서의 갈등을 매우 적극적으로 피하려 한다.

위피샤나 공동체에서 남성과 여성의 전통적인 상호 보완적 역할 역시 새로운 교육 체계로 인해 혼란에 빠졌다. 여성들의 삶은 대체로 마을 안에 머물면서 아이들을 돌보고 요리를 하며 정원과 텃밭을 가꾸는 것이다. 반면 남성의 삶은 마을 밖으로 나가는 것이다. 그들은 집을 떠나 일자리를 구하기 위해 먼 곳으로 가며, 다른 도시에서 부인을 구한다.

위피샤나인들의 학습 역시 서구 사회의 구조적이고 교훈적인 학습과는 다르다. 교육은 신체화된 학습을 통해 이루어진다. 병에 대한 감정과 생각이 신체화하듯 지식의 체득 또한 마찬가지인 것이다. 신체화된 지식은 감각을 통해 획득된다. 이런 방식의 학습에서는 경험이 설명보다 중요하다. 이는 학습 또한 친족 개념과 같이 근접성과 직접적인 사회적 상호작용에 달려 있음을 뜻한다. 코트니는 자신이 머물던 샌드크리크 가정의 부엌에서 이런 학습 방식의 차이를 이해할 수 있었다. 요리는 그녀가 공동체의 일원이 되는 데 매우 중요한 요소였다. 서구 문화에서 새로운 요리법을 익히는 방법은 명확한 설명으로 이루어지는 경우가 많다. 코트니가 함께 지낸 가족을 위해 현지 음식을 만들었을 때 위피샤나인들은 그녀가 요리를 제대로 하지 못할 때마다 정확히 어떤 점이 잘못됐다고 지적하거나 구체적으로 고쳐야 할 점을 알려주지 않고, 스스로 실수를 고쳐나가도록 했다. 현지인들이 학습한 대로 코트니도 부엌에서 요리하는 경험을 나누며 배우게 한 것이다.

위피샤나인들은 신체적인 기술에 대한 학습을 '손의 지식'이라 하며, 영적인 학습은 '눈의 지식'이라 부른다. 그리고 학교에서 제공하는 학습은 '뇌의 지식'이라고 부른다. 뇌의 지식은 지성에 의한 것이다. 이것은 지시와 시간표, 교과 과정, 수업을 통해 습득한다. 학생들은 개인 공부를 장려하는 환경에서 홀로 책상 앞에 앉는다. 뇌의 지식은 혼자 습득할 수 있다. 가이아나인들은 현대성과 교육에 다른 나라와 마찬가지로 전적으로 많은 가치를 두며, 아메리카 원주민인 위피샤나 사람들 역시 그러하다. 중등학교 진학률을 높이려는 정부의 노력과 아메리카 원주민 공동체의 교육열이 이 사실을 입증하고 있었다. 부모들은 자신들의 모든 자녀가 학교 교육을 받는 공정한 기회를 가지게 되어 기뻐했다. 이것은 진보였지만, 이로 인해 그들의 생활 방식이 두 가지로 나뉘었고, 그중에서도 전통적인 방식을 더 잃어버리게 되었다. '병'이 시작되었을 때도 학교는 무엇보다 먼저 의사들과 미국 심리학자부터 찾았다. 하지만 서구 의학이나 심리학에서는 아메리카 원주민의 생활양식과 믿음, 영성은 한번도 언급하지 않았고, 따라서 당연히 그들에게 아무 도움도 될 수 없었다. 소녀들을 회복시킬 수 있는 유일한 방법은 학교와 정규 교육을 떠나 집으로 돌아가 친족들과 함께 사는 길뿐이었다.

기숙사를 세우고 교육에 대한 접근성을 높인 계획은 분명히 훌륭한 것이었고 그래서 모두에게 환영받았다. 하지만 사회적인 결과를 예측하지는 못했다. 친족 개념이 그토록 신체적인 근접성에 달린 공동체에서 소녀들이 가족들과 그렇게 오래 떨어져 지내다 보니 엄청난 타격을 받을 수밖에 없었고, 그것은 영국이나 미국처럼 자녀들이 집을 떠날 것을 예상하고 심지어 격려하는 개인주의적인 사회에서 느끼는 충격보다 훨씬 클 수밖에 없었다. 소녀들이 소년들보다 더 큰 영향을 받은 이유는 위피샤나 여성들의 역할이 마을과 집에 한정되어 있기 때문이다. 남성들은 늘 집을 떠나 바깥 공동체들과 교류했지만, 여성들은 보통 그렇지 않았다. 게다가 소녀들이 학교에서 받은 교육은 그들의 필요를 제대로 반영한 것이 아니었다. 여학생들은 여자 친족들과 떨어져 지내게 됨에 따라 신체화된 학습을 통해 새로운 기술을 습득할 기회를 놓쳤다. 학교를 마치면 대부분 마을로 돌아갔지만, 전통적인 요리법과 정원 및 가축을 돌보는 법을 몰랐다. 아주 소수만이 고등교육을 받을 수 있었는데, 그것은 뇌의 지식이 소녀들에게 거의 소용이 없다는 뜻이었다.

소녀들은 옛 생활 양식과 새로운 생활 양식 사이에서 갈피를 잡지 못했고, 새로운 양식을 습득하는 만큼 잃는 것도 많았다. 샌드크리크의 병은 그 지역의 사회적인 구조와 영적인 믿음이 중심에 놓인 아주 복잡한 신체화된 서사로 인해 발생한 것이다. 여자 친족들과의 관계를 잃어 힘겨워하던 여학생들의 뇌 신경망 내에서 기대에 의해 코드화된 병이라는 이야기가 펼쳐진 것이다. 소녀들의 믿음 체계 안에 제대로 자리 잡고 문제를 해결한 것은 질병이었다. 집을 떠난 것이 원인이었다면 집으로 돌아가는 게 치료인 것이다. 소녀들은 자신보다 나이 많은 여성 친족들과 너무나 중요한 신체적인 근접성을 잃었고, 코트니는 이 소녀들을 마을로 돌아가도록 한 영혼이 할머니의 모습으로 나타난 것도 우연이 아니라는 생각이 들었다.

나는 샌드크리크에는 가보지 못했지만, 병이 끝나고 오랜 시간이 지난 2019년 르로이에서 아름다운 가을 주말을 보낸 적 있다. 그곳에 방문하면서 느낀 점은 소녀들과 이 도시에 대중매체가 정말 가혹하게 굴었다는 거였다.

나는 르로이로 가면서 캣츠킬스라는 예스러운 도시와 황금빛 숲, 애디론댁스를 거쳐 운전하며 그림 같은 길을 따라갔다. 사실 가을 산의 풍경이 끝나고 나타날 르로이의 모습이 실망스러울 줄 알았지만 아니었다. 어쨌든 이곳을 글로 먼저 접한 나는 판자로 문을 막은 폐가로 가득한 쇠락해가는 도시를 상상했다. 일부 그런 면도 있기는 했다. 한때 르로이 국립은행이었던 눈에 띄는 건물은 오래전에 문을 닫은 상태였다. 높은 아치 모양의 창에는 사무실 광고 간판이 걸려 있었다. 중고품 할인점들은 부의 하락을 엿보게 해주었다. 그러나 이런 이미지는 울창한 녹색, 황금색 나무들 사이 거대한 저택들이 늘어선 널찍한 중심가의 화려함으로 모두 상쇄되었다. 개울 하나가 도시를 반으로 가르고 있었는데, 이 역시 내가 생각했던 것보다 장려했다. 이곳의 개울은 유속이 빠르고 폭도 넓은 강인데, 제방도 잘 정돈되어 있었고, 자유의 여신상 모형도 있었다. 이 개울은 내가 이곳에 관해 읽은 몇몇 기사에도 나와 있었다. 여름마다 아이들이 물놀이를 하는 이곳의 오염된 물이 르로이의 불가사의한 병의 원인일지 모른다는 식의 기사였다.

이곳은 자연의 아름다움 외에도 볼 만한 역사적인 장소도 풍성했다. 개울 옆에는 수령 100년이 넘는 영국산 너도밤나무가 있고, 기둥이 위엄 있게 받치고 있는 우드워드기념도서관이 있다. 이 도서관 앞에서 나는 "잉엄대학교 캠퍼스, 첫 여자대학교 부지"라고 쓰인 표지판을 발견했다. 알고 보니 르로이는 뉴욕주에서 처음으로 인가받은 여자대학교가 설립된 장소였다. 한때 르로이는 적어도 페미니스트 도시였던 것이다.

철도역을 개조해 만든 식당에서 치킨포트파이를 먹으면서, 나는 이 지역의 따스한 분위기로 마음이 차올랐다. 병에 대한 뉴스 보도가 떠올랐다. 르로이의 역사와 소녀들의 삶에서 우울하고 히스테릭한 서사만 자기들 입맛에 맞게 골라 부정적인 면만 강조한 뉴스들이었다. 이 지역과 사람들의 긍정적인 면은 모두 놓쳐버렸다.

르로이의 소녀들은 자신들이 스트레스를 받거나 우울한 것이 아니라고, 적어도 평균적인 사람일 뿐이라고 주장했다. 그러나 이것은 대중이나 언론이 장애에 대해 갖는 생각과는 전혀 맞지 않았다. 기능성 장애가 있는 많은 사람 또한 이런 경험을 한다. 그들은 스트레스가 문제의 핵심이 아니라고 주장할 수밖에 없다. 르로이 소녀들이 증상의 원인을 부정한다며 지적하는 사람들은 사실 잘못된 방향으로 비난의 손가락질을 하고 있는 것이다. 이 발병의 규모는 개인의 심리보다 문제에 대한 사회적인 반응, 즉 비난하는 자인 자신들과 훨씬 더 관련 있다.

르로이에서 발생한 일에서도 확실히 무언가 배울 점이 있을 것이다. 그러나 정작 교훈이 필요한 이들 대부분은 이미 이 일을 잊어버려서 뒤늦게나마 깨달음조차 얻지 못할 것이다. 사실은 이것이 염려된다. 기능성이나 그와 관련된 장애를 받아들일 수 없는 사람들은 여전히 그 깨달음도 거부할 것이 틀림없다. 브로코비치 팀은 여섯 달에 걸친 조사 끝에 도시의 재향군인회에서 모임을 열고 자신들의 결과를 발표했다. 그들은 열차 사고 현장이 제대로 관리되지 못했고, 화학 물질이 유출되긴 했지만 그로 인해 도시에 위협이 되었다는 증거는 없었다고 했다. 르로이에 남아 있는 독성 물질은 없었다. 브로코비치는 몸이 좋지 않다며 재향군인회에서 열린 보고 회의에 참석하지 않았다. 다시 말해 그녀는 자신이 이 사건에 관여하면서 촉발한 공황 상태를 직접 마무리 짓지 않은 채 자기 팀원 중 한 사람에게 맡긴 것이다. 이 팀원은 개울과 지하수가 열차 충돌 사고 현장에서 멀리 떨어져 있으며 그 방향도 학교와 반대쪽임을 공식화했다. 의문점이 생기는 부분이다. 만약 브로코비치든 핀스키든 그렇게 극단적인 방송을 하기 전에 지도를 조금만 더 신중히 살펴보았다면, 그런 음모론이 그치고 소녀들의 고통도 단축될 수 있었을까? 담당 의사들의 진단은 너무 빨리 그리고 너무 쉽게 묵살되었다. 나는 과연 핀스키와 브로코비치가 자신들의 성급하고 과열된 흥분이 어떤 결과를 가져왔는지 깨닫기는 했을지 알고 싶었다. 브로코비치는 다시는 사건 현장으로 돌아오지 않았고, 자신이 틀렸음을 끝내 인정하지 않았다. 사실 그녀는 거의 정반대로 행동했다. 자신이 실패한 후 그 사실을 인정하지 않고 조사를 계속하겠다고 협박했으며, 그럼에도 결국은 계속 이어가지도 않았다.

르로이에서 병이 시작되었을 때는 대중매체가 떠들썩했지만, 독소 유출 가설이 흐지부지되었을 때는 꽤 차분했다. 어떤 음모론도 밝혀진 게 없었고 어떤 은폐도 없었다. 이런 건 기삿거리가 되지 않기 때문이다. 헤드라인으로 시선을 끌려는 저널리즘의 특성은 이런 유형의 실수를 바로잡을 필요가 없다는 것이다. 진실이 밝혀질 때쯤엔 사람들이 대개 다른 커다란 사건 이야기로 넘어가 있다. 일단 모든 소란과 여러 조사가 다 끝나자 르로이에서 발생한 일에 대해 전환장애가 가장 타당해 보이는 해석으로 남았다. 미국에서 그리고 전 세계에서 원래의 신문 기사를 읽은 사람들 대부분은 르로이 사건이 어떻게 끝났는지 아마 다시는 듣지 못할 것이다. 그리고 같은 이유로 그때쯤엔 이런 이야기가 뉴스 가치를 잃은 상태가 되어버린다.

나는 르로이에 머무는 동안 그곳 현지 기자로 있는 하워드 오언스Howard Owens를 만났다. 그는 이 이야기를 직접 다루기도 했고, 환자 가족들 및 다른 언론 종사자들과 함께하는 공청회에도 여러 번 참석하기도 했다. 하워드가 기억하기로 전환장애 진단이 처음 제기됐을 때 자신은 이에 관해 들어본 적이 전혀 없었기 때문에 급하게 인터넷을 검색했다고 했다. "공청회에 앉아 있었는데 그 진단명이 언급되기에 그냥 휴대전화로 찾아봤죠. 검색해보니 말도 안 된다는 생각이 들더군요." 그가 말했다. "저는 그게 가능하지 않다고 생각했어요." 대중매체 대부분이 그와 같은 생각인 것 같았고, 진단이 일축되었다고 서술된 것도 그 때문이라고 했다. 확실히 의료계에서도 더 열심히 해야 한다. 우리 의사들이 그 점을 채우지 못하면서 비전문가인 대중이 이 장애를 이해하기를 기대할 순 없을 것이다.

몇몇 해외 뉴스팀과 함께 있던 브로코비치팀이 학교장인 킴 콕 스와 운동장 끝에서 격하게 대립할 때 하워드도 그 자리에 있었다고 한다. 나는 그 장면을 보고 어떻게 느꼈는지 물었다. 현지 사람으로 공동체를 잘 아는 하워드는 이 이야기가 끝까지 어떻게 펼쳐졌는지 직접 보고 들었다.

"지금 알고 있는 걸 당시에 알았다면 아주 다르게 행동했을 겁 니다." 그가 내게 말했다.

하워드는 전환장애를 믿지 않았다고 한다. 대부분의 다른 사람 들처럼 그도 이 병을 잘 알지 못했고, 진단 같지도 않아 보였기 때문 이다. 그는 또 열차 사고 현장에서 버려진 석유통들을 보았고 그것들 이 환경 독소에 대해 본격적으로 우려하게 된 강력한 이유가 된 것 같았다고 했다. 누구도 그런 독소가 자기 집 문앞에 있는 것을 원치 않을 것이다. 하지만 이야기가 전개되면서 보니 독소 이론이 더는 말 이 되질 않았고, 하워드가 기능성 장애에 대해 더 많은 것을 알게 될 수록 그 진단이 합리적이라는 생각이 들었다고 한다. 몇몇 기자들 역 시 다시 르로이로 와서 최종 결과를 알게 되었다.

나는 일이 다르게 흘러갔어야 한다고 강하게 믿었으며, 하워드 에게 그에 관해 말했다. "에린 브로코비치는 현장을 방문하기 전까진 텔레비전에 출연하지 말아야 했어요. 적어도 조금이라도 조사를 먼 저 했어야 하죠."

한 방송국 팀만 다음 이야기를 취재하기 위해 르로이로 돌아온 것으로 알고 있다. 일본 뉴스팀인데, 진실을 밝히고 잘못된 정보를 바로잡아주는 데 자부심을 느끼는 이들이었다. 핀스키 역시 결국 전 환장애 진단을 마지못해 지지했지만, 여전히 누구도 절대 확신할 순 없다고 주장했다. 내가 하워드에게 대중매체의 관심이 지역 사회에 이로웠는지 해로웠는지 물으니 그는 몇 가지 유해한 면도 있었음을 인정하면서도 언론이 없었다면 이 도시에서 무엇보다 에린 브로코비치 같은 중요한 개입을 놓쳤을 거라고 했다.

서구 의학 분류에 의하면 크라스노고르스크의 수면병과 엘카르멘의 발작, 르로이의 틱장애, 쿠바의 아바나증후군, 샌드크리크의 병 모두 어느 정도 집단 히스테리라는 같은 질병에 해당한다고 볼 수 있다. 사회, 환경, 의학, 심리적인 요인들로 복잡하게 뒤얽힌 망이 각 집단의 특수한 증상의 발달 과정을 만들어내지만, 이런 망이 많은 사람에 의해 전염성 있는 공포, 두려움, 불안, 심리적인 유약함으로 환원되어버린다. 그래서 그 진단이 거부된 것이다. 각각의 병을 별개의 독립체로 만드는 특성들은 이런 분류에 따라 사라진다. 이 집단적인 사건 간의 가장 커다란 차이는 병에 걸린 사람들이 아니라 그들이 살고 있는 사회에 있다. 집단사회원성질환의 원인을 이해하고 그 해결책을 제안할 수 있는 핵심은 사회적인 차이에 있다고 할 수 있다.

집단 히스테리는 우리가 심인성 장애와 기능성 장애에 대해 인지하고 논의하는 방식에서 잘못된 모든 점이 확대된 형태라 할 수 있다. 진부하게도 이 병은 남성들을 진단할 때는 배제되고 여성들을 희화화하는 데 사용되곤 한다. 이 장애들의 발달 방식에 대한 이해를 높이기 위해서는 할 일이 상당히 많다. 하지만 이를 위한 어렵지 않은 첫 발걸음이 하나 있다. 물론 그것은 집단 발병이 생기고 젊은 여성들이 쓰러질 때마다 마녀재판이라는 오래된 비유와 프로이트의 히스테리 이야기를 부활시키는 일을 이제는 멈춰야 할 때라는 것이다.

정상적인 행동

화병부터 ADHD까지, 질병은 발명된다

정상적인

기준이나 평범한 유형을 따르는, 보통의.

한국에는 '불의 질병fire-illness'이라는 뜻의 화병hwa-byung 이라는 병이 있다. 이는 문화의존증후군 또는 민족질병이라 일컬어지는 병 중 하나다. 주된 증상은 몸 전체가 뜨겁거나 불에 타는 느낌이 드는 것으로, 가슴 통증이나 호흡 곤란 등 다양한 신체적 이상이 동반된다. 서구 의학 체계에서 누군가 이런 증상이 있으면 안심해도 좋다는 말을 듣거나 아니면 다양한 피검사를 제안할 것이다. 신경이 괜찮은지 보는 신경전도검사를 받게 될 수도 있는데, 신경병질neuropathy이 피부에 불타는 느낌을 유발할 수 있기 때문이다. 만약 가슴 통증이 두드러진다면 심장병 검사를 권고받을 수도 있다. 또 다른 대안으로 만일 문제가 처음부터 심인성으로 평가될 경우 정신과 의사에게 보내질 수도 있다.

화병은 한국인들에게 문화적인 의미가 있으며, 서구 의사들이 이를 이해하기는 쉽지 않다. 이 병은 특히 중년의 여성들이 걸리며, 부부간의 갈등과 불신으로 인한 스트레스와 관련 있다. 그리지시크니스처럼 화병 또한 고통에 대한 언어이며, 그 언어를 사용하는 지역

사회에서만 이해된다. 구체적인 증상들은 문자 그대로가 아닌 특별한 종류의 심리적 고통에 대한 비유라 할 수 있다. 화병은 지지를 구하는 방법이다.

정신 장애를 목록화한 정신의학의 경전이라 할 수 있는《정신질환의 진단 및 통계 편람》5판은 영어를 모국어로 사용하지 않는 지역사회에 나타나는 스스토susto, 센징슈아이뤄shenjing shuairuo, 카이열캡khyual cap, 너비오nervios, 댓dhat 등의 문화의존증후군을 특별히 해당 지역의 모국어로 표기하고 있다. 문화 집단이 괴로움, 문제 행동, 괴로운 생각과 감정을 어떻게 경험하고 이해하고 소통하는가에 따라 고통에 대한 문화적 개념이 정의되는 것이다. 그렇다면《정신질환의 진단 및 통계 편람》5판에서 산업화된 영어권 서구 공동체에서 발생했고 문화적으로 정의되는 장애에 특정 이름을 붙이지 않는 것은 거기에 문화적으로 형성된 질병이 없다는 뜻일까? 서구인들이 그렇게 고통에 대해 열린 자세여서 비유 같은 건 필요 없다는 것일까?

일부 서구 문화에서도 고유한 질병이 있는 경우가 있다. 프랑스에는 다른 나라에서는 흔히 볼 수 없는 '무거운 다리'라는 뜻의 '레장브루르드les jambes lourdes'라는 병이 있다. 이 병에 대한 의학 자료는 거의 프랑스에만 존재한다. 이는 정맥부전이 원인으로 생기는 병인데, 다리에 액체가 고이면서 무겁고 붓는 증상이 나타나는 것이다.

확실히 프랑스에서 약국에 가 다리가 무겁게 느껴진다고 하면 그런 증상을 없애주는 약품들이 진열된 선반으로 안내받는다. '레장브루르드'를 위한 다양한 크림과 젤을 판매하는 한 상업적인 웹사이트는 이 병이 여성 세 명 중 한 명이 걸리는 병이라고 소개한다. 그러나 이 '무거운 다리'는 영국에서는 질병으로 분류되지 않는다.

'레장브루르드'가 프랑스에서 민족질병이나 문화의존증후군으로 불리는 것도 아니다. 왜냐하면 이런 용어들은 흔히 자기 문화 공동체 바깥에 있는 이들에게 붙이는 이름이기 때문이다. 자기 사회 내에서 문화적인 표현을 찾고 공개적으로 이야기하기는 상당히 어렵다. 그렇게 인식되지 않기 때문이기도 하고 생체역학적인 질병으로 소개되고 있어서 다른 식으로 말한다면 감춰져 있는 무언가를 강제로 드러나게 할 위험이 있기 때문이기도 하다. 나는 서구 전통 의학을 공부했으며, 아일랜드에서 태어나 현재는 런던에 살고 있는 의사다. 이것이 건강과 질병에 관한 나 자신의 믿음에 영향을 미치는 요소들이며, 나는 질병에 관해 이야기할 때 그런 문화적인 언어를 사용하도록 교육받았다. 다른 많은 서구 의사들처럼 나 역시 환자들의 느낌과 행동을 치료한다. 사람들은 내가 그렇게 해주기를, 즉 그들의 고통을 의학적으로 설명해주길 바라고 나를 찾아오는 것이다. 그래도 사실 나는 내가 받은 교육에 충실하며, 아마도 내 환자들이 환영하며 지금 내가 하고 있는 일이 혹시나 잠재적으로 해로운 것은 아닐지 늘 우려한다.

시에나Sienna는 다른 의사의 의견을 듣기 위해 내 병원에 찾아왔다. 그녀는 스무 살밖에 되지 않았지만, 의학적으로 진단 받은 병이 많았다. 의뢰서에 따르면 시에나는 관절 문제, 두통, 기억 장애, 저혈압, 습관성 기절, 수면장애를 겪고 있었다. 이중 어느 것도 그녀가 나에게 의뢰된 이유는 아니었다. 의뢰는 시에나가 발작이 일어나는 동안의 일을 기억하지 못하고 자신이 간질이라 확신하기 때문이었다. 또 다른 의사가 그녀에게 간질이 아니라고 했지만, 그녀와 그 가족들은 그 의사의 의견을 의심했다.

"시에나 같은 여자아이들이 어떤지 이해해주셔야 합니다." 시에나의 어머니는 다른 어떤 이야기도 듣기 전에 내게 이렇게 말했다. "얘는 못하는 게 없는 우등생이에요. 이런 프티말petit mal(가벼운 발작이라는 뜻이다—옮긴이)이 얘 인생을 망치고 있어요. 병을 심각하게 봐주셔야 합니다."

'프티말'은 주로 어린아이들이 걸리는 아주 특별한 유형의 간질 발작을 가리키는 구식 의학 용어다. 의사로서의 내 많은 단점 중 하나는 사람들이 자신의 증상을 설명할 때 전문 용어를 사용하면 불편해한다는 것이다. 그냥 있는 그대로 영어로 사연을 설명해주는 편이 좋다. 나는 시에나에게 그렇게 똑같이 이야기한 다음 어머니의 놀란 표정을 보았다. 시작을 안 좋게 끊었나 보다.

"힘들다는 점을 이해시키려 하지 않아도 돼요, 시에나 양." 나는 어머니가 아닌 시에나에게 직접 말했다. "힘들지 않았다면 여기까지 오지 않았겠지요. 그저 증상이 어떤지만 말해주면 됩니다. 처음 시작했을 때부터 지금까지요. 하지만 혼동을 주니 의학 용어는 쓰지 말아주세요."

"하지만 저희는 늘 이런 식으로 설명했는걸요!" 시에나가 확실히 기분 상해하며 말했다. 부모님은 그녀의 양옆에 각각 앉아 있었다. 그들 세 명은 내가 말을 가로막아 언짢은 듯한 표정으로 서로를 바라보았다.

"구체적인 내용은 의뢰서에 있을 겁니다. 틀림없이요. 이전 담당 의사들이 쓴 의뢰서는 모두 드렸습니다." 시에나의 아버지가 단호하게 말했다.

"의뢰서는 필요하지요. 감사합니다. 하지만 이번이 두 번째 의견을 구하고 계신 거라서 저도 전에 무슨 일이 있었는지 전부 알고 싶어서요. 그러니 이야기가 처음 시작된 지점부터 시에나 양이 스스로 문제가 어떻게 느껴졌는지 알려주면 좋겠습니다."

한 의학 연구에 의하면 해리성 발작의 경우 환자들이 발작의 결과와 장소는 잘 설명해도, 그에 대한 주관적인 세부 내용은 제대로 말하지 못한다고 한다. 간질이 있는 사람들은 반대로 발작의 증상에 더 집중할 수 있다는 것이다. 내 경험으로 봐도 많은 기능성 장애 환자들이 그랬다. 어떨 땐 그들하고 이야기하다 보면 치료보다는 자기 고통을 알아주길 더 바라는 것 같다는 느낌이 들었다. 진단명도 같은 맥락이었다. 충분히 제대로 된 진단이어야 했다. 간질은 확실히 시에나가 어떤 느낌이었는지 설명하기에도 충분히 심각한 진단명인데, 이전 담당 의사가 그녀는 그런 병이 아니라고 한 것이다.

"그냥 의뢰서를 읽으시면 안 되나요?" 시에나가 물었다.

"의뢰서는 다 읽었습니다. 지금은 시에나가 자신의 언어로 증상을 설명해주는 게 필요해요. 그렇지 않으면 저는 그냥 마지막 의사분이 한 말을 그대로 따라 하는 게 될 테니까요. 솔직히 그 의사 의견에 동의하지 않는다면서요."

시에나는 마지못해 처음 모든 게 시작된 1년 전 이야기로 돌아갔다. 시에나가 힘겨워하긴 했지만 그래도 나는 그녀의 병이 어떻게 펼쳐졌는지 천천히 이해하기 시작했다. 문제는 대학에서 시작되었다. 시에나는 자신이 강의를 따라가지 못한다는 사실을 깨달았다. 자세한 대화 내용도 따라잡기 힘들었다. 그런데 시에나는 이야기하는 도중에 의사들이 얼마나 자기 말을 무시했고 친구들이 자신을 저버렸는지 말하느라 자꾸 흐름을 끊었다. 나는 인내하려 노력했다. 시에나가 주제에서 벗어날 때마다 내가 최대한 조심스럽게 다시 본론으로 돌아오게 했지만, 우리 둘 다 답답한 마음이라는 걸 느낄 수 있었다. 그래도 마침내 시에나가 공부에서 뒤처진다 느낄 때 처음 문제가 생겼음을 의심했다는 사실을 알게 되었다. 하지만 나중에서야 시에나는 이 문제를 발작 증상 탓으로 돌렸다. 집중력에 영향을 미친다는 것이다. 어느 순간부터는 이 발작이 간질 때문이라는 확신을 키워나갔다. 처음에는 발작 증상이 드물게 나타났지만, 그 빈도가 늘어나더니 결국에는 하루에도 여러 번 발생하고 항상 강의 중에 가장 많이 증상이 시작됐다. 친구와 얘기할 땐 다시 말해달라고 할 수 있었지만, 수업하는 교수님의 말을 중간에 끊거나 천천히 말해달라고 할 수는 없었으므로 자꾸 길을 잃어버리는 느낌이 들었다고 한다. 시에나는 강의를 녹음함으로써 어려움을 부분적으로 해결했지만 그룹 지도 시간에는 문제가 심각했다. 시에나는 토론의 너무 많은 부분을 놓쳤고, 이미 지나간 내용을 그녀가 다시 말한다 해도 질문은 할 수 없을 것 같았다. 이런 어려움이 계속되면서 삶의 모든 부분에 영향이 미치게 됐다. 친구들이나 가족들과도 말다툼을 하게 되었다. 그들은 자신들이 시에나에게 이미 무언가를 얘기했다고 했고, 그녀는 한 적 없다고 주장했다.

"무언가 놓친 게 있다는 걸 깨달으면 어떤 기분이 드나요?" 나는 시에나에게 이 질문을 여러 방식으로 몇 차례 물었고, 그러면 그녀가 자기 느낌을 설명하기 위해 적절한 말을 골랐다.

"갑자기 전원이 꺼지는 느낌이었어요."

"그러면 완전히 암흑 상태가 되나요? 속으로 이제 다시 그런 일이 생길 거라는 느낌이 든 적은 없나요? 부분적으로라도 그런 인식이 되나요?"

"가장 제대로 표현하자면 마치 꿈을 꾸는 것 같았어요. 아니면 멍해지는 느낌이었죠. 술을 마셔서 약간 알딸딸해지는 느낌처럼요."

시에나의 표현은 아주 생생했다. 내 생각에 그녀에게 시간만 좀 주어지면 그런 표현이 나오는 것 같았다.

"요즘도 여전히 어떤 상황이 되면 증세가 더 심해지곤 하나요?" 내가 물었다.

"교수가 말을 너무 빨리 하거나 강의실에 소음이 너무 많거나 하면요. 때때로 저는 소리에 극도로 예민해지거든요. 소음이 너무 심하면 무언가를 제대로 할 수가 없어요. 아마 제 뇌가 한 번에 한 종류의 정보만 처리할 수 있나 봐요."

"저는 시에나한테 증상이 나타나려 할 때 알 수 있어요." 그녀의 어머니가 이어 말했다. "표정이 아예 싹 바뀌죠. 아주 똑똑한 앤데 그럴 땐 아무 생각이 없어 보이거든요."

"그런 순간에서 벗어나게 할 수 있나요?"

"가끔은요. 애한테 자극을 주면 살짝 놀라면서 깨어나더라고요."

이야기가 진행될수록 대화도 조금은 편안해졌다. 초반에 내 질문 방식을 마음에 들어 하지 않았던 가족들도 세부적인 내용을 얘기하며 다정해진 느낌이었다. 나는 시에나의 다른 건강 문제에 관해 물었다. 젊은 여성에게 서로 관련 없는 질병이 그렇게 많다는 건 지나친 우연 같았기 때문이다.

내가 알게 된 내용은 시에나가 10대 초반에 무릎 통증이 있었고, 다양한 의사를 만나본 결과 관절과가동성증후군joint hypermobility(관절의 결합조직이 느슨해 주변 근골격 조직에 무리가 되어 생기는 증상—옮긴이) 때문이었다고 했다. 이후 겪은 몇 차례의 현기증은 저혈압 때문임을 알게 되었다고 한다. 또 이런 증상들로 많은 의사의 검진을 받았고 체위기립성빈맥증후군postural orthostatic tachycardia syndrome, PoTS이라는 진단을 받았다. 이는 누워 있다가 일어나거나 앉는 자세로 바꿀 때 심박동이 빨라지는 증상이 있는 병이다. 주된 증상으로는 현기증, 실신, 피로가 있다. 시에나는 과민성대장증후군도 앓고 있었다. 밤에 두세 번씩 깨는 바람에 한 번도 중간에 깨지 않고 온전히 푹 자본 적이 없다고 했다. 지난 5년간 시에나는 여러 의사의 진찰을 받았다.

나는 시에나가 자신이 받은 많은 의학적 진단에 따르느라 삶의 상당한 부분을 포기했다는 점에 주목했다. 관절과가동성증후군 때문에 운동은 거의 포기한 상태였고, 과민성대장증후군 증상을 줄이기 위해 식사도 아주 제한적으로 하고 있었다. 시에나의 부모는 공부와 수면에 도움이 되도록 그녀의 침실에 암막 블라인드와 방음 장치를 설치해주었다. 시에나는 몸이 좋지 않을까 봐 혼자서는 외출도 하지 않으려 했고, 그래서 친구들이나 부모님이 거의 언제나 그녀와 함께 있었다. 소음에 민감한 탓에 학교에서는 종종 시에나가 다른 학생들과는 별도로 감독관만 있는 상태에서 시험을 치르게 해주기도 했다. 시에나가 자신의 삶에 관해 이야기할 때 나는 그녀가 정규 교육을 떠나 부모님의 보살핌 없이 지금처럼 자신에게 모든 걸 맞춰주는 곳이 아닌 세상으로 나가게 되면 어떻게 살아갈지 생각해보지 않을 수 없었다.

"저는 간질에 관해 꽤 많이 읽어봤고 프티말이 바로 얘처럼 몽상에 빠지게 한다는 걸 알아요." 시에나의 어머니가 말했다. "사무실 동료한테 간질인 아들이 있는데 발작 증세가 있던 시에나를 보더니 자기 아들한테 일어나는 거랑 똑같다고 하더라고요." 어머니가 힘주어 말했다.

나는 질문을 멈추고 시에나와 그 가족에게 만약 내가 충분히 이해하지 못한 것 같다고 생각되는 부분이 있으면 얘기해달라고 했다.

"저희는 그저 제대로 된 설명과 치료를 원할 뿐입니다." 시에나의 아버지가 말을 더했다. "이제 얘도 대학교 2학년으로 올라갑니다. 선생님은 1등을 할 만큼 충분히 잘한다고 하지만, 이렇게 병이 지속하면 안 되겠지요."

"저는 간질이라고 확신해요." 시에나가 이렇게 말하며 문제를 원점으로 돌려놨다. 저도 마지막 의사가 그렇게 말하지 않았다는 건 알아요, 하지만 그가 정말 제대로 열심히 환자를 본 것 같진 않아요. 검사도 거의 하지 않았죠."

나는 시에나가 간질에 관해 설명하고 있다는 생각이 들지 않았다. 사실 시끄러운 방에서 집중하기 힘들고, 강의 중에 길을 잃은 느낌이 들어 공황 상태가 되고, 똑같은 페이지를 세 번씩 읽어야 할 때가 있다고 시에나가 얘기할 때 나는 나한테도 그 모든 일이 자주 있었다는 생각을 피할 수가 없었다. 그런 생각은 나 혼자 간직하던 것이었다. 하지만 시에나의 경험을 나 자신의 경험과 비교하며 정상화시키는 건 그리 좋은 생각 같아 보이진 않았다. 그런 말을 듣고 안심하고 싶어 하는 이들도 있지만 시에나는 아니다.

나는 일련의 검사를 제안했고, 시에나의 가족들은 그 말에 기뻐하는 기색을 보였다. 그것이 여태 그들이 원하던 것이었기 때문이다. "하지만 간질일 가능성은 거의 없다고 본다는 점을 말씀드립니다." 내가 말했다. "시에나가 말하는 증상들이 흔히 나타나는 간질 증상은 아니거든요."

"전에 의사분도 시에나한테 PoTS 검사를 권하면서 그렇게 얘기했어요." 시에나 어머니가 내게 말했다. "의사들은 얘한테 아무 이상이 없다면서 항상 어지러운 것도 문제가 아니라고 하더군요. PoTS 검사라는 것도 결과가 정상으로 나왔죠. 저희는 다시 검사를 받아서 이상이 있다는 것을 입증받으려고 개인적으로 따로 검사비를 내야 했어요. 저희가 지난 몇 년간 배운 게 있다면 의사들 말이 항상 틀리다는 사실이거든요."

"그럼요, 저도 틀릴 수 있습니다." 내가 말했다. 나는 간질 진단이 얼마나 쉽게 기준 안에 들어오기도 하고 나가기도 하는지, 그래서 왜 환자를 처음 진찰할 때 간질 여부를 단정할 수 없는지 잘 알고 있었다. 간질에 동반되는 기억 단절의 경우 뇌파의 어떤 극적인 작동에서 기인하기 때문에 나 역시 검사를 통해 그 부분을 확인하려 한 것이다.

나는 시에나가 비디오텔레메트리video telemetry 장치로 추적 관찰을 할 수 있는 병동에 입원했을 때 그녀를 다시 만났다. 한 주 내내 그녀는 뇌 활동을 관찰하는 뇌전도 전극과 심박동수를 확인하는 심전도 전극을 꽂고 있었다. 또 다른 전극으로는 근육긴장도를 평가했고, 맥박산소측정기로는 혈액 내 산소 수준을 측정했다. 그리고 간호사들은 정기적으로 혈압을 확인했다. 두 대의 비디오카메라가 시에나를 다양한 각도에서 계속해서 관찰했다. 시에나가 알람 버튼을 눌러 몸이 좋지 않다고 할 때마다 간호사들이 와보도록 되어 있었다. 시에나가 발작을 일으킬 경우 간호사들이 해야 할 업무 중 하나는 환자에게 일련의 질문을 하고 평가를 위한 다양한 지시를 해 그녀의 의식 수준과 의사소통 가능 여부를 평가하는 일이었다. 그 모든 과정이 마무리되면 그저 결과를 기다리면 되었다. 시에나에게는 어떤 기분이 드는지 일기로 남기도록 했다. 이런 일련의 검사가 확실해야 했으므로 나는 모든 기본적인 검사들을 포함시켰다. 주말에는 내가 이 정보들을 모아 증상이 녹화된 내용과 시에나의 경험과의 연관성을 살펴보았다.

그 한 주가 반밖에 지나지 않았을 때 간호사들이 나에게 시에나가 병동의 규칙을 따르기 힘들어한다고 말해주었다. 그녀는 잠을 깬다며 심하게 불평했고, 너무 이른 아침에 제공된다는 이유로 아침 식사도 거부했다. 심리학자들이 기억력 정밀 검사를 하러 아침 9시에 만나러 왔을 땐 시에나가 그들을 돌려보내면서 자신은 오후 약속을 잡아야 하는데 수면 장애가 있다는 건 아침형 인간이 아니라는 뜻이기 때문이라고 했다.

"이것 좀 보세요." 비디오의 모든 순간을 살펴보고 뇌전도 기록을 살펴보는 업무를 하는 뇌전도 검사자가 녹화분 일부를 보여주었다. 시에나의 어머니가 그녀에게 아침 식사를 먹여주고 있었다. 마치 아기에게 하듯 침대에 누워 있는 시에나에게 토스트를 한 입이라도 더 먹으라고 권하고 있었다.

"왜 이렇게 하는 거죠?" 내가 물었다.

"시에나 말로는 너무 어지러워서 오후까지 일어날 수 없었답니다. 혈압이 아침에 너무 낮다고요."

"PoTS라고 하던데, 외래에 왔을 때 그 정도로 현기증이 있다는 얘기는 하지 않았어요." 내가 말했다.

"아마 집에서는 이런 침대가 아닐 거예요. 여기서는 방이 너무 더운 게 문제일 거고요."

나는 이런 행동을 하는 이유를 알아내기 위해 우선 최대한 많은 정보를 모아보기로 했다. 그 주가 끝나갈 때쯤 우리는 시에나가 깨어 있을 때와 수면 상태일 때 일어나는 150시간의 뇌 변화 기록분과 논할 만한 증상이 적힌 방대한 양의 일기를 확보했다.

책을 읽고 텔레비전을 보고 문병 온 사람들과 이야기를 하는 동안 시에나는 반복해서 발작에 관해 이야기했고, 한 번에 몇 초씩 대화의 흐름을 놓치곤 했다. 때로는 간호사들이 그녀를 확인하러 올 때 그들을 알아보지 못한다거나 잠시 질문에 답하지 못하기도 했다. 시에나의 일기를 보니 '멍하다' '아무 기억도 나지 않는다' '생각할 수가 없다' '기분이 이상하다'와 같은 표현이 매일 수십 번씩 적혀 있었다.

나는 비디오와 뇌전도 검사 기록에서 시에나가 기분이 좋지 않다고 하는 여러 부분을 살펴보았고, 그녀가 아무 소통도 하지 않을 때조차 모든 생리적인 측정은, 특히 뇌파는 정상적으로 깨어 있음을 발견했다. 몇 번은 시에나의 어머니가 비상벨을 눌러 딸한테 곧 발작이 일어날 것이 확실하다고 말했다. 그런 일이 있을 때의 영상을 보면 시에나는 완전히 건강해 보였다. 그녀의 어머니가 무엇 때문에 그런 생각을 한 건지 알 수가 없었다.

"수면다원검사도 정상입니다." 뇌전도 검사자가 수면 분석 결과를 알려주며 말했다. 시에나가 내게 수면장애에 대해 언급해달라는 요청을 한 건 아니지만, 이런 수면 테스트를 할 수 있는 모든 장비가 이미 설치되어 있는 상황에서 그런 상세한 부분을 무시하는 것도 말이 안 돼 보였다. 아무튼 어떤 이상도 발견할 수 없었다. 밤에 몇 번씩 깨긴 했지만 그럴 때도 상당히 짧은 시간만 깨어 있었고 곧 다시 정상적인 수면 단계로 들어갔으며, 전체적으로 정상적인 시간 동안 잠을 잤다. 나는 시에나가 점심 때까지 일어나기 싫어한다는 점을 생각해 혈압과 심박동수 기록도 검토했다. 병동에 있는 동안 그녀의 혈압은 정상 범위 내에서는 낮은 편에 속했지만, 그래도 여전히 정상이었다.

나는 시에나 가족들에게 금요일 아침에 검사 결과에 관해 이야기하러 가겠다고 했다. 내 병동 회진 시간이 아침 10시였기 때문이다. 내가 갔을 때 시에나는 침대에 누워 일어나려 하지 않았다. 시에나의 어머니가 옆에 앉아 그녀의 손을 잡고 있었다. 아버지는 벽에 기대고 팔짱을 낀 채 말없이 돌처럼 서 있었다.

"이런 일이 자주 있나요?" 나는 일어나기 두려울 정도의 현기증에 대해 물었다.

"다른 땐 이 정도는 아니에요." 시에나가 미소를 지었다. "이 방은 너무 후덥지근해요. 창문은 열리지도 않고요."

맞는 말이었다. 많은 병원 입원실이 그렇듯 계절에 안 맞는 따뜻한 겨울 날씨에 맞춰진 채 난방이 조정되지 않았고, 4층 창문은 아예 막혀 있었다.

"죄송합니다. 공기가 답답하긴 하네요."

"저는 제가 왜 어지러운지 알아요. 상관없어요. PoTS라서 그런 거니까요." 시에나가 가볍게 말했다. "그런데 결과는 어떤가요? 이번 주에 아주 심한 발작이 있었어요. 간호사분들한테 들으셨나요?"

"네, 들었습니다. 간호사들이 모든 걸 얘기해주죠. 물론 시에나의 일기도 다 봤고요." 내가 이렇게 답한 후 이어서 검사 결과가 어땠는지 설명해주었다. 나는 시에나가 기억이 잘 안 나고 멍한 느낌이 든다고 하는 시점마다 뇌파에 이상이 있는지 살펴보았다. 어떤 형태로든 의식을 잃을 땐 그 원인에 상관없이 늘 적어도 뇌파 주기에 변화가 생기기 때문이다. 하지만 시에나가 얼마나 안 좋은 기분이었는가와 상관없이, 또 주변을 완전히 인식하지 못할 때조차 그녀의 뇌파는 정상적으로 깨어 있었다. 사실 내가 확인해본 모든 기준은 정상이었다.

"그럴 리 없어요." 시에나가 전혀 믿기지 않는다는 듯 말했다. "저는 간질이에요. 확실해요. 기억력 테스트를 받는 모습은 보셨나요? 심리학자들이 간단한 이야기를 기억해보라고 하는데 저는 어떤 것도 기억할 수 없었다고요."

실제로 심리학자도 시에나가 검사받을 때 힘들어했다고 했지만 그건 그녀가 너무 불안해한 탓에 집중력에 영향을 받아서라고 했다. 시에나는 정보를 유지하는 것보다는 그것을 받아들이는 데 어려움을 겪고 있었다. 너무 잘하려고 하다 보니 지나치게 안절부절못하게 된 것이다.

나는 검사 결과들이 정상이라는 건 시에나가 간질이 아니라는 뜻이라고 설명했다.

"아마 간질은 아닌지도 모르죠. 그래도 틀림없이 다른 어떤 원인이 있을 거 아녜요?" 시에나의 어머니가 말했다.

"확실히 다른 이유가 있습니다. 어떤 것이든 문제이긴 하니까요. 하지만 결과가 정상으로 나왔다는 건 돌이킬 수 없는 뇌의 장애라고 보기는 어렵죠. 기억상실을 동반한 발작 증상은 해리라는 심리적인 과정 때문이라고 보는 게 가장 적절해요. 해리성 발작이라고 하죠."

나는 해리성 장애가 무엇인지 그리고 특히 삶의 문제로 버겁거나 정신없어질 때 얼마나 걸리기 쉬운 병인지 설명해주었다. 이럴 때는 상대방이 무슨 말을 해도 이해가 되지 않는데, 머릿속이 다른 생각으로 가득하기 때문이다. 운이 좋지 않은 날 기억이 잘 나지 않는 것과 스트레스 많은 상황에서 현기증을 느끼는 것이 이런 것이며, 간단한 지시사항도 따를 수 없을 만큼 집중이 안 되는 게 이런 때인 것이다. 나는 해리 같은 정상적인 심리 과정이 삶의 중요한 목적을 위한 것임을 설명했다. 이를 통해 어떤 상황에 지나치게 압도되는 것을 막고, 어떤 이들에게는 지나치게 고통스러운 생각들을 차단할 수 있기 때문이다. 그러나 모든 다른 신체 기능처럼 해리성 장애 역시 잘못된 방향으로 나아갈 수 있고, 그렇게 되면 정상에서 벗어나 문제를 일으킨다.

"저는 모르겠어요." 시에나가 이렇게 말하고 자기 어머니와 알 수 없는 눈짓을 교환했다.

내가 상담하면서 가장 두려워하는 순간이 이런 때다. 환자들이 기대하는 병을 내가 아니라고 하면서 대신 심리적인 기제를 말해야 하는 것이다. 많은 환자가 이 대체물을 마음에 들어 하지 않는다.

"고칠 수 있습니다." 내가 시에나에게 이 점을 상기시켜주었다. "지금은 아주 힘들지만, 이런 경험을 극복할 방법들이 있죠."

그때 기대하지 않은 곳에서 도움의 손길이 나타났다. 지금까지 뒤에서 말없이 서 있던 시에나의 아버지가 갑자기 끼어들며 "선생님 말씀이 맞는 것 같습니다. 저도 그런 적 있거든요. 시에나 너도 언젠가 나한테 머릿속이 너무 가득 차서 정보를 받아들일 수 없다고 하지 않았니?"라고 한 것이다.

"맞아요. 그런 느낌이 가끔 들어요." 시에나도 동의했다.

"그리고 고칠 수 있는 거면 적어도 선생님이 하자는 대로 해봐야 하지 않겠니?"

이 모든 대화가 진행되는 동안 시에나가 계속 자리에 누워 있다
보니 마치 내가 그런 그녀를 덮치고 있는 듯한 느낌이 들었다. 아버
지의 도움으로 기분이 들뜬 나는 이 기회에 다른 질병들도 일부는 검
사 결과가 다르게 나왔다고 말해야 할지 고민됐다. 시에나가 나에게
온 것은 간질 가능성을 묻기 위한 것이었지만, 만약 발작이 해리성
장애 때문임을 받아들일 수 있다면, 적어도 다른 병 중 일부도 유사
한 원인 때문이라고 이해할 수 있지 않을까 싶었다. 현기증은 해리성
장애에 아주 흔하게 나타나는 증상이며, 시에나가 제대로 잠을 자지
못한다는 것도 검사 결과로는 명확히 그렇지 않다고 나왔다.

"사람들이 스스로 얼마만큼 잔다고 인식하는 게 늘 정확한 건 아
닙니다. 시에나도 본인 생각만큼 잠을 못 자는 편은 아닐 수 있죠."
내가 이렇게 말했다.

"어쨌든 그건 치료를 바라지도 않았어요." 시에나가 관심 없다
는 듯 말했다.

"맞아요, 하지만 수면에는 문제가 없어 보인다는 점을 알려주는
게 좋겠다고 생각했어요. 이곳에 있는 7일 동안 수면의 질이 좋았거
든요."

"잘됐네요." 시에나가 여전히 이 소식에 별 관심을 보이지 않으
며 말했다.

"저희가 걱정하는 건 발작입니다." 그녀의 어머니가 끼어들며
딸을 두둔했다.

나는 내 운을 어디까지 밀어붙여야 할지 알지 못한 채 아직도 시
에나가 진짜 오전 내내 누워 있어야 하는지 알고 싶었다. 그녀는 그
래야 하는 필요성이 PoTS 진단과 관련된 저혈압 문제라고 생각했다.
PoTS를 앓는 사람은 앉아 있지도 서 있지도 못할 수 있는데, 이는 서

있는 자세일 때 몸이 혈압을 견디지 못하기 때문이었다.

"아직 시에나 양이 이 장비들에 연결되어 있는데, 이럴 때 한번 앉고 일어나보는 게 좋지 않을까요? 어쩌면 생각보다 몸이 괜찮을 수도 있을 거예요."

시에나는 몹시 의심스러워 하는 것 같았지만, 이번에도 그녀의 아버지가 도와주었다. "한번 해보는 게 좋을 것 같다. 이렇게 정교하게 모니터 받을 기회는 아마 다신 없을 거야."

나는 간호사와 함께 혈압 모니터를 제자리에 고정해놓고 시에나의 뇌파와 심박동수를 나타내는 화면을 돌려 내가 두 가지 다 확실히 확인할 수 있도록 했다. 시에나는 조금 꺼리다 천천히 일어나 앉았다. PoTS에서 현기증과 실신은 자세를 바꿀 때 비정상적인 자율적 반응 때문에 유발되며, 그로 인해 누워 있다가 일어나 앉거나 완전히 똑바로 일어날 때 심장이 뛰고 결국에는 혈압도 떨어진다. 시에나는 어지럽다고 했지만 그래도 완전히 똑바로 일어나 앉았고, 심박동수도 조금만 상승했으며 혈압에도 아무 변화가 없었다.

"일어나긴 겁나요." 시에나가 겁에 질린 목소리로 말했다.

"울렁거리거나 하면 제가 다시 눕혀줄게요." 내가 말했다. "검사를 완전히 하려면 자세를 바꿀 때 몸에 어떤 결과가 생기는지 보는 것이 정말 도움이 될 거예요."

고통스러울 정도로 천천히 시에나가 자기 다리를 움직여 침대 끝에 걸쳤다. 그녀의 어머니가 서서 불안하게 쳐다보고 있었다.

"넘어지지 않게 할게요." 내가 두 사람 모두 안심시키려 애쓰며 말했다.

"딸이 이런 일을 겪는 걸 지켜본다는 게 어떤 건지 선생님은 상상도 못 하실 거예요."

간호사와 내가 시에나 옆으로 가서 그녀가 똑바로 서지 못하면

부축할 준비를 했다.

"어머 안 돼요. 머리가 빙빙 돌아요." 시에나는 이렇게 말하며 천천히 서 있는 자세가 되었다.

"천천히 하세요. 혈압이 너무 낮아지면 몸에서 틀림없이 그걸 감지하고 바로잡을 거예요."

시에나가 균형을 잡았다. 그녀의 심박동수와 뇌파가 입원실 한 구석에 있는 화면에 정상으로 나타나는 게 보였다. 시에나가 일어서는 일에 조심하는 것이 괜한 걱정이라는 뜻은 아니다. 그녀가 완전히 일어났을 때 갑자기 무릎에 힘이 탁 풀렸다. 시에나는 눈을 감았고 몸이 축 늘어졌다. 간호사와 내가 시에나를 뒤로 넘어가게 하며 침대에 눕혔고 간호사가 능숙하게 그녀의 다리를 들어 편안한 자세로 만들어주었다. 시에나는 다시 자리에 눕자마자 깨어났고 울기 시작했다.

"이럴 거라고 했잖아요." 시에나가 눈물을 흘리며 말했다.

"맞아요. 그래도 이렇게 해줘서 고마워요. 제가 살펴보는 데도 도움이 됐어요."

시에나가 일어났을 때 그녀의 심박동수가 약간 올라갔지만 다른 생리적인 기준은 모두 정상이었다. PoTS라면 두려움 때문에 혈압이 떨어지면서 뇌에 혈액과 산소가 없어져 실신할 수 있으며, 기절할 때 뇌파 속도가 극적으로 떨어진다. 시에나가 뒤쪽 침대 위로 쓰러졌을 땐 뇌파 속도가 느려지지 않았고 그러므로 이것은 실신이 아니었다. 서 있는 자세에서 이런 드라마틱한 반응이 일어나는 것은 신체의 병리학적인 반응보다는 예상과 관련 있었다. 궁극적으로 이 역시 해리성 장애를 겪으면서 두려움으로 인해 뇌가 정지되었기 때문이다. 습관 때문에 더 악화된 것이기도 했다.

시에나는 자신이 아침에 현기증을 느낄 것으로 예상했고, 그래서 그 생각만 하게 된 것이다. 현기증을 저혈압과 관련 있다고 생각한 나머지 일어서 있을 때 어지러우면 불가피하게 쓰러질 것이라고 믿었다. 그래서 시에나가 일어서려고 했을 때 그런 예상이 신경 체계를 압도해버리면서 예상대로 된 것이다.

시에나의 질병이 병리학적인 원인보다는 기능성(심인성) 장애 때문이라는 게 확실해졌다. 검사 결과는 그녀의 발작이나 아침에 일어나지 못하는 증상이 기능성 장애 때문임을 뒷받침해주었다. 수면 중 여러 신체 변화를 측정하는 수면다원검사 결과가 정상이었다는 사실은 시에나가 생각한 수면의 질과 맞지 않았고, 그건 작은 자극에도 과도하게 각성되어 있음을 알려준 것이다. 이런 문제들이 서로 연결되어 있다는 점 또한 타당했다. 여러 관련 없는 질병보다는 하나의 진단으로 통합되는 것이다. 내가 우려한 부분은 기능성 신경 질환이 발달하면서 진단명들을 쌓아가는 시에나의 경향을 누군가 적절하게 제어하지 않는다면, 앞으로도 그런 성향이 더 심해질 수 있다는 점이었다. 나는 시에나와 같은 이야기로 시작해 결국 오랫동안 심각한 장애에 시달리게 된 사람을 많이 보았다.

일단 시에나의 기분이 나아진 다음 나는 PoTS는 그녀가 말한 정도의 현기증을 일으키는 원인일 수 없다는 내 우려를 전했다.

"저는 아침에 혈압이 낮아서 일어나려고만 하면 항상 실신한다고요." 시에나가 내 말에 반박했다.

"하지만 그게 실신은 아니에요. 실신은 뇌에 혈액과 산소가 없어질 만큼 혈압이 많이 떨어져야 하죠. 하지만 시에나가 일어설 때 측정된 수치들은 모두 정상이었어요."

"어쨌든 저는 PoTS가 맞아요." 시에나가 말했다.

"어쩌면요, 그래도 방금 일어났던 일은 PoTS 때문이 아닙니다."

이후 이어진 긴 대화는 시에나가 작은 신체 변화에 지나치게 주목한다는 점과 이를 멈추는 법에 관한 것이었다. 나는 시에나가 자신의 신체가 날씨나 주변 온도와 상관없이 아침에 일어나는 데 익숙해 지도록 천천히 훈련해볼 것을 제안했다. 그녀는 건성으로 들었고, 가 끔은 이해할 수 없다는 투로 동의를 표하는 소리를 내기도 했다. 나 는 다시 한번 시에나가 나를 만나러 온 건 단 한 가지 이유 때문이었 고, 다른 어떤 개입 시도도 선을 넘는 것임을 느꼈다.

그래도 시에나는 심리학자를 만나는 데 동의했다. 심리학자가 그녀 증상의 고리를 끊을 수 있게 도와줄 것이다. 나는 시에나가 대 화 말미에 기꺼이 해리성 장애라는 개념을 발작의 원인으로 받아들 이고, 간질로 시달린다는 확신을 저버릴 수 있게 되어 기뻤다. 그리 고 심리학자들이 시에나에게 신체 변화에 다르게 반응하는 법을 가 르쳐주길 바랐다.

이후 한동안은 시에나를 보지 못했다. 다음에 우리가 외래에서 만났을 때 부모님과 함께 온 시에나는 얼굴에 미소를 띠고 있었다. 그녀는 몸이 훨씬 좋아졌다고 했다. 해리성 장애에 관한 책을 조금 읽었고 앞뒤가 맞는다고 느꼈다고 했다. 시에나는 또 학교 강사들에 게 이 문제에 관해 얘기해 강사들이 강의 중에 그녀가 수업을 따라갈 수 있도록 특별히 신경 쓰게 되었다고 했다.

"대학에 제출할 편지 한 통만 써주시겠어요?" 시에나가 말했다. "논문 마감을 연기해야 해서요."

"물론이죠. 정말 힘든 한 해를 보내셨어요. 제가 어떻게 써드리 면 될까요?" 내가 물었다.

"교수님들한테 제 진단명을 언급해주시고 저한테 조용한 환경 과 과제 연기가 필요하다고 말씀해주시겠어요?"

"시에나 양이 최근 병원에서 많은 시간을 보냈고 그래서 공부에 방해가 되었다고 쓸 순 있습니다. 하지만 정말 앞으로 과제를 하는 데 더 많은 시간이 필요하다고 생각하나요? 지금 심리학자들과 하고 있는 과정으로 발작도 없어졌으면 하는 게 제 바람이에요. 시에나도 그런 기대를 가져야 정상으로 돌아가 다른 학생들과 똑같은 방식으로 공부할 수 있을 거라 생각하고요."

시에나는 이런 내 말이 마음에 들지 않는 것 같았다.

"그냥 교수님들이 제가 올해 아팠던 일만 알게 써주세요. 제 PoTS 선생님한테 내년 편지를 부탁하면 되니까요."

나는 시에나가 처음 자신의 이야기를 들려주었을 때 들었던 생각이 떠올랐다. 그때 나는 시에나가 자신의 요구에 맞춰주지 않는 세상과 마주하게 되면 참 힘겹겠다고 생각했다.

"이 강의가 혹시 시에나한테 안 맞는 건 아닐까요?" 나는 그녀가 너무 힘에 부치는 일을 하려는 것 같다고 지나치게 솔직히 얘기하는 대신 조심스럽게 말했다.

하지만 시에나는 둘 다 아니라고 생각했다. "당연히 저한테 맞아요. 문제없어요. 이렇게 의학적인 문제가 많지만 않다면요."

나는 시에나 부모님은 어떻게 생각하는지 보기 위해 그들을 쳐다봤다. 하지만 그들은 아무 말도 하지 않았다. 그래서 나도 이 이야기는 그만두고 시에나의 교수님에게 그녀에게 병이 있으며 입원해 있으면서 놓친 시간이 많다는 점을 유념해달라는 편지를 빠르게 작성했다.

가족들은 진료실에서 나가면서 나에게 따뜻하게 고맙다는 인사를 했다. 내가 정확히 그들이 원하는 바를 들어준 것이다. 나는 시에나를 철저히 검사했고 비록 가족들이 기대한 것과는 다른 진단을 내렸지만, 그것은 확고한 진단이었고 그들도 만족하며 떠났다. 시에나는 상태가 좋아지고 있었고 가족들도 기뻐했다. 그런데 왜 나는 죄책감을 느낀 걸까? 물론 나는 그 이유를 알고 있었다. 나는 내 일에서 필요한 모든 일을 했고 내 동료들이 할 만한 일도 다 했으며 교육받은 대로 관행도 따랐다.

하지만 사실 나는 이 모든 관행이 전부 편하게 느껴지진 않는다. 훨씬 더 솔직한 내 의견은 억제해야 했다. 서구 의학계에서 30년 넘게 일해오며 나는 모든 것이 질병인 것처럼 진단명을 붙여야 하는 상황에 순응해왔다. 하지만 마음 깊숙한 곳에서는 이것이 많은 환자에게 해롭다고 믿었다. 내가 시에나에게 더 진실했다면, 그녀의 증상이 늘어나는 학업 부담에 적응하기 힘든 상황을 드러내고 있는 거라고 말해줬을 것이다.

시에나가 겪는 증상은 병 때문이 아니며 그녀가 선택한 삶이 그녀 자신에게 부정적인 영향을 미치고 있다는 신호라고 말해줬을 것이다. 만약 시에나가 자기 목표를 달성하는 데 그토록 힘겨워했다면 어쩌면 그 목표가 잘못된 것일 수도 있다. 그러나 서구 사회에서는 어떤 사람의 상황이 잘 풀리지 않으면 의학적인 설명을 찾을 때가 많다. 왜냐하면, 그러는 편이 심리적·사회적 설명보다 더 마음에 들기 때문이다. 서구 의학은 어떤 의미에서 사람들의 필요에 맞추는 법을 배운 것이라 할 수 있다. 따라서 행동과 질병, 그리고 정상과 비정상 사이, 또 심지어 건강과 질병 사이의 경계가 너무 흐릿해져서 거의 모든 사람을 병의 범주에 넣을 수 있다. 일단 그렇게 될 경우 그 진단을 받은 사람은 환자가 되어버린다.

나는 시에나에게 그녀의 고통을 설명해주는 의학적인 이름을 주었다. 그리고 이후 추가로 편지 한 장을 작성해 시에나가 다니는 대학에서 그녀의 삶을 더 편안하게 해주도록 요청하기도 했다. 시에나는 정말 그럴 필요가 있었을까? 20년 전이었다면 내가 해리성 장애에 관해 실질적인 말로 설명했을 것이다. 시에나에게 에두르는 표현도 훨씬 덜 쓰고, 너무 많은 일을 하려 하기 때문이라고 얘기했을 것이다. 하지만 요즘은 의사들이 그렇게 할 수 없다. 사람들이 나 같은 전문의를 찾아올 땐 틀림없이 그들을 안심시켰을 일반 개업의를 거친 뒤다. 환자들을 의뢰했다는 건 그 의사들의 방법이 통하지 않았기 때문이다. 가장 만족스러운 의사와 환자의 만남은 진단을 하고 그것이 받아들여질 때다. 보험 회사와 진단서, 병원의 코딩 시스템 모두 의사들이 환자들을 분류하길 바란다.

시에나는 3차 의료 기관에 두 번째 의견을 들으려고 내원한 것이었다. 따라서 나는 내가 그녀가 신뢰할 만한 확실한 진단을 내려주지 않으면 그녀를 만족시킬 수 없을 거라 생각했고, 그래서 그런 진단을 했다. 성공이라 할 수 있지만 장기적으로는 어떤 대가를 치르는 것 아닐까? 시에나는 의학적인 진단을 신체화하는 징후를 보였고, 그래서 해리성 장애 역시 궁극적으로 PoTS 진단이 그랬듯 그녀에게 장애를 가져다줄 수 있었다. 시에나는 PoTS라는 진단을 받은 이후 그에 맞는 역할을 완벽하게 수행했고, 그래서 건강이 더 좋아지기는커녕 악화된 것이다.

해리성 장애는 정상적으로 나타나는 현상이며, 그래서 어디까지가 정상이고 어디서부터가 비정상인지 구분하기 힘들 수 있다. 수면 또한 마찬가지다. 우리는 모두 다양한 방식으로 잠을 자기 때문에 사람들 사이에 어떤 기준을 세운다는 게 가능은 하지만 모든 개인에게 정확히 필요한 수면의 양을 규정하는 건 쉬운 일이 아니다. 비정상이라는 건 아무래도 수면에 문제가 생기거나 해리성 장애로 인해 기능에 심각한 어려움을 겪게 되는 순간이라 할 수 있을 것이다. 만약 그렇다면 시에나가 겪은 심각한 해리성 장애는 질병이 맞으며, 그에 대한 조치 역시 맞다고 할 수 있다. 하지만 그렇다고 이런 점 때문에 어떤 이에게 '아프다는' 잠재적인 결과가 생겨도 된다는 건 아니다. 내가 그런 진단을 피하고 시에나와 세상과의 상호작용 측면에서 논의의 틀을 만들기 위해 더 노력할 수도 있었을 것이다. 나는 시에나가 받아들일 수 있는 유일한 결과라 생각했기 때문에 그녀에게 의학적인 분류를 제공하기로 했다. 그리고 그렇게 함으로써 해킹이 말한 '고리' 및 '유형화' 효과의 위험을 감수하고 시에나에게 새로운 아픈 역할을 신체화할 기회를 주었다. 이것이 환자들을 만들어내는 서구 의학의 문화의존증후군이다. 우리는 객관적으로 병적인 측면이 발견되지 않을 때조차 사람들 간의 차이를 의료적인 문제로 만든다. 때로는 그렇게 하는 것이 맞지만, 생각보다 우리가 틀리는 경우도 많다. 체념증후군과 아바나증후군은 소수의 집단에 영향을 주지만, 서구 의학이 사람들의 동의 없이 세상에 새로운 유형들을 내놓을 땐 그 규모가 방대하며 그 안엔 어떤 섬뜩한 면이 존재하는 것이다.

병의 유무는 많은 이가 생각하는 것처럼 불변의 과학적 사실이 아니다. 확실히 병인지 아닌지 구별하기가 쉬운 병들도 종종 있다. 그러나 많은 경우 그렇게 정확히 나뉘지 않는다. 병리학적으로 어떤 값에서 고혈압이 시작되며, 그것이 누구에게나 똑같이 적용될 수 있을까? 대부분의 생물학적인 수치는 단 하나의 정확한 값이 아니라 어떤 값의 범주이며 그 범주 안에 속한 모든 값이 정상이라 할 수 있다. 누가 병에 걸렸고 누가 그렇지 않은지 결정할 땐 정상과 비정상의 구분선을 어디에 두어야 할지 알아야 한다. 얼마나 높거나 낮은 호르몬 수치에 다다라야 수용 가능한 정상 범주를 벗어났다고 분류되는 것일까? 어느 정도의 해리 현상이 과도한 것일까? 키, 몸무게, 심박동수, 혈당, 헤모글로빈 수치 등 여러 생물학적 수치의 한계는 전문위원회에서 정하는데, 이런 한계가 누가 아프고 누가 건강한가를 결정한다. 절대적으로 맞거나 틀린 답이 없으므로 과학자들은 그들의 경험과 지식을 활용하여 그런 한계를 설정하지만, 그 요소는 불가피하게 임의적일 수밖에 없다. 그리고 그 과정에서 과잉 진단이 내려지곤 한다. 서구 의학에서는 확실히 최대한 많은 병을 발견하는 걸 우선으로 하기 때문에 병의 경계에 놓인 경우 그 목표에 따라 병이 되도록 설정한다. 서구 의학 체계에서는 질병을 놓친 의사들을 징계한다. 병을 조기에 발견하는 것이 늘 최선이라는 제대로 검증되지 않은 가정도 존재한다. 따라서 전 세계의 과학자들과 의사들이 진단 기준의 폭을 지나치게 넓게 잡는 것이다.

완전히 건강하게 잘 지내던 사람들이 환자로 둔갑하는 사례는 서구 의학에서 수도 없이 찾을 수 있다. 예를 들어 2002년에는 한 전문가 집단이 신장 질환을 조기에 발견하기 위한 기준을 개발하기 위해 위원회를 구성했다. 신부전증은 생명에 위협이 되고 삶을 파괴하며, 개인에게도 치명적이지만 공공의료 차원에서도 비용이 많이 드는 질병이다. 위원회에서는 신장 질환의 징후를 가능한 한 일찍 포착할 수 있을 만큼 포괄적인 기준을 만들면 신부전증 사례를 줄이고 그만큼 생명을 구할 수 있을 것이라 생각했다.

이들이 어떤 결론을 내렸는지 알기 전까지는 이 모든 것이 바람직해 보인다. 이들의 기준을 적용한다는 것은 자기에게 병이 있는지도 모르고 그다지 그런 생각은 해보지도 못한 상당히 많은 사람이 거의 하루아침에 갑자기 자신에게 의료적 문제가 있다는 얘기를 듣게 된다는 것을 의미한다. 미국 인구의 약 10퍼센트 그리고 영국인의 14퍼센트에 해당하는 사람이 새롭게 확장된 신장 질환의 기준 안에 들어간 것으로 추정된다. 이는 기준이 바뀌기 전 2퍼센트도 되지 않던 수치와 비교된다.

문제가 발생한 것은 신장 질환의 새로운 사례 수 때문이었다. 믿을 만한 수치라면 65세 이상 인구의 3분의 1에 해당하는 사람이 신부전에 걸릴 수 있다는 뜻이었다. 그러나 매년 1000명 중 단 한 명만 실제로 신부전의 마지막 단계까지 가서 회복되지 못한다. 이렇게 숫자가 서로 맞지 않는 것은 만성 신장 질환이라고 새롭게 진단받은 사람 대부분이 가만 놔뒀다면 그렇게 심각한 신장 질환으로 발달하지 않았을 것이라는 의미였다. 이처럼 증상이 없는 상당한 사람들이 사실은 거의 필요 없는 게 확실한 진단명 때문에 정기적인 검진과 검사를 받아야만 한다는 부담을 안게 된 것이다.

이런 사례는 수도 없이 많다. 1994년에는 WHO에서 골다공증에 대한 새로운 기준을 만들었고, 그러자 하룻밤 새에 골다공증 진단을 받은 사람의 수가 배로 뛰었다. 골다공증에 대한 새로운 정의가 신장 질환의 경우와 유사한 문제를 만든 것이다. 연구들에 따르면 궁극적으로 새로운 골다공증 환자 중 175명은 고관절부 골절을 막기 위해 3년 내내 치료를 받아야 하는 상황이 됐다고 한다.

지나치게 민감한 기준으로 인해 두 가지 질병 집단에 대한 과잉 진단이 내려졌고 수많은 사람이 필요하지도 않은 관찰과 치료를 받게 되었다. 상당수의 건강한 사람들이 단지 질병의 정의가 확장된 바람에 환자가 된 것이다. 이 사람들 대부분은 관대한 임의의 구분선만으로 자신들이 아픈 것이 되었다는 사실을 앞으로도 인지하지 못할 것이다. 그들은 의료계와 과학을 신뢰하면서 의학에 그토록 많은 애매함이 있는지는 알지 못할 것이다.

분명 과잉 진단은 불편함과 불필요한 치료의 위험을 초래한다. 그러나 시에나 같은 사람들과 기능성·심인성 장애가 있는 다른 사람들의 측면에서 내가 우려하는 바는 만성 신장 질환과 골다공증이라는 확장된 범주 안에 포함된 사람들에게 미칠 심리적·행동적 영향이다. 이들은 소식을 듣고 경각심을 갖게 되어 건강 문제에 더욱 관심을 기울이게 되었지만, 그중 대다수는 신장 질환도 고관절부 골절도 겪지 않았다. 어쩌면 이런 성공을 예방 프로그램 덕이라고 할수도 있으며, 물론 상당히 포괄적인 예방 프로그램의 아름다움이라 할 수 있다. 만약 당신이 아주 많은 환자를 돌보면서 그들 중 거의 아무도 문제의 질병으로 발달하지 않는다면 이를 성공이라 부를 것이다. 환자들도 아마 의사를 칭찬할 것이며, 사실은 그 모든 진료와 피검사, 스캔, 보충제가 필요 없었다는 사실은 전혀 알지 못할 것이다.

그러나 파악하기 어려운 과잉 진단의 부정적인 결과는 아픈 사람이라는 새로운 정체성을 사람들이 신체화하는 방식이라 할 수 있다. 해킹이 말한 대로 유형화 효과로 인해 병명이 신체화되면서 새로운 사람들이 형성되며, 만일 그 병명에 충분히 힘이 있다면 새롭게 장애를 갖게 된 사람들이 생길 것이다. 신장 질환이 있다는 말을 들은 많은 사람이 자신의 건강을 지나치게 걱정하고 몸에서 증상들을 찾으며 행동을 제한하게 될 수도 있다. 이미 병명에 익숙해진 누군가를 그로부터 벗어나게 하는 일은 상당히 힘들다. 사람들은 의학적인 진단이 특히 과학적으로 보이는 검사 결과를 기반으로 하고 있으면, 그 진단을 오류가 불가능한 사실로 받아들인다. 하지만 사실 이 진단들에는 너무나 많은 오류가 존재한다.

질병을 놓치는 것에 대한 서구 의학의 내재적인 두려움 외에 의사와 과학자 개인의 성격, 소속 기관의 실질적인 이유 역시 과잉 진단의 분위기를 부추긴다. 질병의 요건을 정의하는 위원회는 소수 집단으로 구성된다. 이들은 불가피하게 자신들만의 계획이 있고, 우리모두가 그런 것처럼 거기에는 결점도 있을 것이다. 질병의 한계를 설정할 때 의사들이 자신들의 의료 영역 안으로 가능한 한 많은 환자를 끌어들일 수 있는 기준을 만든다고 보는 편이 타당할 것이다. 의사들이 회색 지대에서 환자를 확보하려 하는 것은 그들의 권리에 속하며 실제로 많은 의사가 그렇게 하고 있다.

이를 설명하기 위해 가상의 이야기를 하나 해보려 한다. 만일 내가 불면증을 치료하는 사업을 하고 있는데, 병원을 채울 만큼 불면증 환자가 충분하지 않다면 사업이 위기에 처하게 될 것이다. 병원에 돈을 가져다주는 환자들이 없으면 자금난에 시달리고 직원들을 해고해야 한다. 그런 상황에서 불면증의 정의를 확대하고 이를 일반 대중에게 홍보한다면 새로운 진료 의뢰가 들어오게 될 것이다. 연구에 더 많은 사람이 필요한 수면 분야의 연구자들 또한 똑같이 행동할 수 있다. 수면 치료제를 판매하는 제약 회사들과 수면장애를 연구하는 데 사용되는 장비 제조업자들도 살아남기 위해서는 건강을 걱정하는 아픈 사람들이 필요하다. 여기서 강조해야 할 점은 내가 아는 한, 수면 연구와 치료 영역의 전문가들이 아주 오랫동안 먹고살 만큼 수면 문제로 힘들어하는 사람들이 많다는 사실이다. 하지만 의식적·무의식적으로 환자들을 어떤 사업에 끌어들이는 원동력은 다른 많은 의료 분야에 실제로 존재한다. 의료 전문가들에게는 환자들을 정상이라며 안심시키기보다 그들에게서 비정상적인 부분들을 발견하려 할 만한 이유가 더 많은 것이다.

17세기 내과 의사이며 때로 영국의 히포크라테스라 불리곤 하는 토머스 시드넘Thomas Sydenham은 질병disease이란 발견되길 기다리며 관찰자와 별개로 존재하는 것이라고 했다. 질병이든 아니든 의사가 무엇으로 정의하든 성장하고 드러나며 사람을 아프게 만드는 것이 암이다. 질환illness은 전혀 다르다. 이는 스스로 어떻게 느끼는가 하는 지각이며, 질병과 반드시 관련될 필요는 없다. 즉 객관적인 병리가 꼭 존재할 필요는 없는 것이다.

질환은 병을 앓는 사람과 그 병에 이름을 부여하는 의사가 정의하는 것이며, 따라서 애초에 문화적인 현상이라 할 수 있다. '정상'이라는 것은 그 사람이 살고 있는 공동체에 따라 달라진다. 그래서 로스앤젤레스에서 과체중인 것과 사모아에서 과체중인 것은 많이 달라 보인다. 헤모글로빈 수치의 정상 범주 또한 고도가 높은 지역의 공동체와 해수면 높이에 있는 공동체 간에는 차이가 날 것이다. 우리는 사회에서 다른 사람들과 비교해 평가된다. 건강하다는 것의 의미가 그저 주변 다른 사람들보다 건강하다는 뜻일 수도 있다. 비정상을 정의하는 이런 과정은 한 공동체에서 살아가는 의사들과 과학자들이 만든 것이며, 그 공동체의 우려와 가치에 휘둘린다.

병에 대한 진단 기준을 확장하는 것 외에 또 다른 의료화 방법은 생리적으로 정상이라 여겨지는 것을 재정의하는 것이며, 이를 통해 어떤 병리적인 요소도 입증할 필요 없이 새로운 질환을 만들어낸다. 새로운 의학적 진단들은 꾸준히 만들어지지만, 객관적이어서 문화적인 영향을 받지 않는 진단들이 있고, 사회·문화적인 진단들도 있다. 객관적인 종류의 진단은 새로운 바이러스나 유전적으로 비정상적인 상태처럼 진짜로 새로운 병리가 있을 때 만들어진다. 이는 이전까지 설명할 수 없던 의학적 문제들을 설명하는 것이다. 이런 질병들은 시드넘이 설명했듯 과학자들이 그 정확한 이유를 앞으로도 밝혀내지 못하더라도 계속 존재할 것이며, 건강을 악화시키고 죽음을 초래할 것이다. 반면, 주관적인 진단들도 있는데, 이들은 그저 정상적인 생리와 행동의 기준을 재정의하기로 결정함으로써 만들어진 것에 불과하며, 어떤 병리학적인 입증도 필요하지 않다. 의사는 단지 정상적인 특성이 비정상으로 보이는 지점에 가닿았는지를 결정하기만 하면 된다.

전에는 평범하게 생각했던 어떤 것을 의사가 어떻게 질환으로 쉽게 만들어버릴 수 있는지 아주 작은 예를 하나 살펴보자. 1985년 G. D. 셔클러G. D. Shukla 박사는 《영국정신의학저널British Journal of Psychiatry》에 재채기를 하지 않는 무재채기asneezia가 잘 알려지지 않은 정신 질환의 신호라는 의견을 제시했다. 정신과 의사인 셔클러 박사는 자신의 환자 중 2.6퍼센트에게 이 증상이 나타난다고 했다. 그리고 그 후 무재채기에 대한 피상적인 언급들이 문헌에 나타났지만, 다행스럽게도 재채기를 하지 않는 행동은 이치에 맞는 병의 신호로써 인기를 얻지 못했다. 그러나 사실 그렇게 될 수도 있었다. 만약 셔클러 박사가 더 영향력 있었다면, 그의 논문이 대중매체의 관심을 끌 만큼 흥미로웠다면, 무재채기 치료약을 파는 제약 회사가 있었다면, 상황이 달라졌을 것이다. 사실 '정상'을 재정의하며 훨씬 성공적인 반응을 이끌어냄으로써 한결 성공적으로 새로운 의학적 문제가 된 경우도 많다. 어느 평범한 날이든 내가 진료실에 앉아 있다 보면 환자들 자신의 어떤 개인적인 특성 때문에 의학적인 공식 진단명을 얻게 된 몇몇 사람들을 만나게 된다. 그런데 이런 진단명은 내가 처음 의사 자격증을 취득했을 때만 해도 어쩌면 정상으로 받아들여졌을 것이다.

나는 질병 분류와 진단에 대한 서구 의학의 과도한 집착에 시에나가 희생된 것은 아닌지 우려됐다. 그녀가 받은 많은 진단명 가운데 모든 것이 병리 없이 그저 정상적인 생리 작용의 한계를 재설정하는 과정에서 생긴 진단 유형이었다. 이게 과잉 진단에서 가장 흔히 발견되는 종류의 의료 문제들이다.

정규 분포 내에서 보면 확실히 정상인 다수의 사람이 있고, 분명히 비정상인 훨씬 적은 수의 사람이 있으며, 그 경계 영역에 있는 제3의 그룹이 존재한다. 그리고 바로 이 경계에 있는 사람들이 질병에 대한 서구 의학의 편견에 말려들 수 있다. 예컨대 우리는 보통 밤에 7~8시간씩의 수면이 가장 이상적이라고 읽고 들어왔을 것이다. 많은 사람이 수면 시간의 범주를 절대적인 것으로 받아들여서 마치 그 시간보다 더 적거나 많이 자면 뭔가가 잘못됐다고 생각할 정도였다. 그러나 사실 정규 분포라는 것이 인구 전체를 평가할 때는 좋은 기준이지만, 개인에게는 그들 자신만의 특성들이 고려되는 경우에만 의미 있다. 따라서 수면 문제에서 알맞은 수의 사람들이 평균보다 더 적게 잠을 잘 것이며, 그러면서도 이런 평균 밖의 사람들은 여전히 완벽하게 건강할 것이다.

이런 이유로 나는 시에나가 받은 PoTS와 관절과가동성증후군이라는 진단이 우려됐다. 두 진단 모두 잠재적으로 과잉 진단의 가능성이 있었고, 두 진단 모두 시에나의 증상을 완화시키지 못했기 때문이다. 사실은 그 반대였다. 시에나는 진단명을 신체화했고, 증상은 심해졌다.

PoTS는 객관적으로 입증할 만한 병리적인 해석이 거의 존재하지 않는 장애다. 환자들이 완전히 정상 범위 밖에 있어서 명백하게 아프다고 할 수 있는 심각한 형태일 때는 그 원인이 자율신경계나 결합조직에 있다고 보아왔다. 그러나 내가 걱정하는 것은 병의 가벼운 형태인 회색 지대다. 회색 지대에는 입증된 병리적 해석이 없다. 아무리 너그럽게 봐줘도 PoTS는 질병의 증거가 없는 임상적인 진단인데, 어쨌든 질병으로 간주되었다. PoTS가 새로운 진단명으로 개발되는 일은 정보에 달리긴 했지만 추정치였고, 서 있을 때의 심박동수에 제한을 두는 것으로 자리를 잡았다. 이전에 설명한 모든 이유 때문에 과잉 진단 기준이 지나치게 포용적일 수 있다는 것이다. 정상 범위의 가장자리에 있는 사람들은 병이 아니니 안심하라는 말보다 PoTS라는 진단을 받게 되기 쉽다.

시에나의 PoTS 진단에 대해 더 알게 될수록 그 진단의 유효성에 대한 내 불확실성도 커졌다. 시에나가 기절하고 난 뒤에 문제가 시작됐다. 실신은 젊은 여성들에게 그렇게 희귀한 일도 아니었지만, 시에나는 응급실에 갈 만큼 걱정했다. 그곳에서 전문의가 아닌 수련의가 그녀에게 PoTS 검사를 권했다. 더 고참 의사나 일반 개업의였다면 아마 시에나를 그저 안심시켰겠지만, 보통 수련의들은 경험이 부족한 만큼 검사를 더 권하는 법이다. 실신으로 어느 정도 불안해진 시에나는 자신에게 현기증이 있음을 깨닫기 시작했다.

PoTS에 대한 표준 검사는 경사테이블검사tilt-table test다. 경사테이블검사는 환자를 경사테이블에 똑바로 세운 상태에서 심박동수와 혈압의 변화를 확인하는 것이다. 1분에 30회의 심박동수를 기준으로 정상과 비정상을 나누는데, 따라서 경사테이블에서 심박동수가 29까지 올라가면 PoTS가 아니지만, 30이 되면 PoTS로 분류된다.

시에나의 첫 경사테이블검사 결과는 음성이었고, 그것은 그녀가 PoTS가 아니라는 의미였다. 의학적인 진단에서 시에나의 문제 중 하나는 그녀가 자신의 모든 신체 증상이 해석되어야 안심한다는 점이었다. 정상으로 나온 경사테이블검사 결과를 시에나는 받아들이지 않았다. 그녀는 자신이 왜 기절하는지 알고 싶어 했다. 무언가 놓쳤을 거라고 우려한 시에나는 다시 검사를 받았고, 이번에는 결과가 양성으로 나왔다. 사람들은 자신이 공감하는 답을 발견하면 더는 답을 찾으려 하지 않는다. 그래서 시에나도 두 번째 결과에 만족하고 PoTS라는 진단명을 받아들였다. 만약 시에나가 첫 번째 검사 결과를 그만큼 쉽게 받아들였다면, 이후 병의 경과도 달라질 수 있었을 것이다.

시에나는 PoTS라는 사실을 알고 난 후 자기 몸을 인식하게 되었다. 새로운 의료 문제에서 흔히 나타나는 징후들을 자기 몸에서 찾았고, 그 증상들을 무의식적으로 부추겼다. 그녀는 자신이 훨씬 심각하게 어지러움을 느낀다는 것을 알게 됐고, 자기 심박동수도 의식하게 되었다. 백색 소음 속에서 증상들을 포착하고 그것을 걱정하기 시작한 것이다. 머릿속에 있는 병에 대한 본보기가 시에나에게 일어서면 쓰러질 거라 말하고 있었다. 예측부호화와 예측오차가 그녀의 신경 체계에 혼란을 가져왔다. 시에나는 일어서지 않으려 했다. 버겁게 느껴졌기 때문이다. 내부와 외부의 피드백 고리가 결합하여 몸 상태가 안 좋아지고 증상이 늘어났다. 시에나는 자기도 모르는 사이 점점 더 제대로 일어나지 못하도록 몸을 훈련시키고 있었다. 그 결과 증상이 늘어났고 그러자 두려움도 커졌으며 그런 악순환이 계속됐다.

PoTS 개념은 수십 년 전에 처음으로 언급됐지만, 그 진단이 주류 의학계에 등장한 것은 1990년대가 되어서였다. 지금은 젊은 여성들에게 믿을 수 없을 만큼 자주 내려지는 진단이 되었다. 30년 전에는 존재하지 않았던 병이 지금은 미국인 100명 중 1명이 걸리는 질환이 된 것이다. 그렇다면 PoTS 진단이 존재하기 전에는 어땠을까? 나는 30년 전이었다면 시에나가 그저 기절을 자주한다는 말만 들었을 거라 거의 확신한다. 수분을 보충하고 염도가 높은 음식을 섭취하며 천천히 일어나라는 PoTS 치료법과 완전히 똑같은 조언을 들었을 것이고, 진단명만 없었을 것이다. 진단명을 제공하지 않는다고 해서 증상을 무시하거나 대처하지 않는다는 의미는 아니다. 증상에 이름을 붙이지 않으면 누군가에게 아픈 역할을 주지 않을 수 있으며, 그에 수반되는 모든 부정적인 결과 역시 피할 수 있다. 나는 시에나에게 이런 전략이 훨씬 더 성공적이었을 거라 생각한다.

시에나에게는 관절과가동성증후군이라는 진단명도 있었다. 10대 중반에 관절 통증을 호소할 때 받게 된 것이다. 객관적인 유전적 기형과 관련 있는 심각한 관절과가동성증후군은 예전부터 늘 질병이었지만, 아주 최근에는 어떤 질병이 꼭 나타나지 않아도 되는, 관절의 일반적인 유연성에 대한 질병의 기준이 생겼다. 그리고 이 기준은 관절과가동성증후군의 '가벼운' 사례라 할 수 있는 많은 사람을 끌어들였다. 이들은 관절과가동성증후군의 심각한 형태인 유전적 기형이 없는데도 정상이라 하기에는 지나치게 유연한 것으로 간주되었다.

관절과가동성증후군과 PoTS의 가벼운 형태라는 개념이 일단 형성되자, 의사들은 이 새로운 정의를 사용해 신체적인 경험에 대한 진단명을 간절히 바라는 사람들에게 도움을 주었다. 그 결과 관절과 가동성증후군과 PoTS의 사례가 급격히 증가하게 되었다. 나는 이것이 단지 유형화 효과일 뿐이라고 생각한다. 이런 진단은 긍정적인 변화를 만들어 삶의 질을 개선하는 환자라면 문제되지 않는다. 그러나 불편함을 완화하는 게 아니라 오히려 키우면서 의학적인 개념을 신체화하게 될 많은 젊은이에게는 커다란 문제가 될 수 있다.

마음속으로 진단명의 효과를 생각하며 내가 시에나에게 내린 해리성 발작이라는 진단의 유효성에 대해서도 똑같은 의문이 들었다. 해리성 발작에도 긴 시간 경련이 지속되는, 누구도 '정상'이라고 잘못 볼 수 없을 심각한 형태가 존재한다. 그러나 시에나의 좀더 가벼운 증상은 어쩌면 덜 의학적으로 설명했다면 더 성공적으로 전달되었을지도 모른다. 실제로 1년 후 시에나는 그런 진단명을 받은 부작용을 경험했고, 나는 다시 한번 그런 진단을 내린 죄책감에 시달려야 했다.

시에나는 심리학자들과 계속해서 상담했고, 이후 나와도 다시 만났다. 상담 치료를 하는 동안 그녀는 상당한 호전을 보였다. 그러나 그 상태가 지속되진 못했다. 시에나가 상담사와의 만남을 그만두자마자 발작과 집중력 저하가 재발했고, 이전보다 증세가 나빠졌다. 시간이 갈수록 시에나는 경련이 심해졌고, 그래서 다시 자신이 간질이라는 생각을 하게 되었다.

"다시 검사를 받아봐야겠어요." 시에나가 내게 말했다. "아마 선생님께서 처음에 검사를 충분히 하지 않으신 것 같아요."

나도 이번처럼 그녀가 이해가 된 적도 없었지만 이렇게 말했다. "처음부터 간질은 아니었던 게 확실합니다. 이번이라고 간질일 아무런 이유도 없고요. 시에나가 묘사하는 발작은 간질과는 완전히 달라요." 나는 시에나가 발작이 났을 때 찍은 영상을 보았다. 발작은 지나치게 오래 지속됐고 움직임도 간질 발작과는 달랐다. 게다가 시에나는 이미 발작의 원인이 되는 확실한 진단을 받았고, 따라서 이제 와서 무언가 새로운 병이 생겼다는 건 직관적으로도 말이 되지 않았다.

"검사를 다시 받을 수 있나요? 제가 받을 만한 다른 종류의 스캔 검사가 있을 거예요, 그렇지 않나요?" 시에나가 기대를 갖고 말했다.

서구 의학은 아주 다양한 방법으로 사람들의 시간을 낭비하고 그들을 환자로 만든다. 불필요한 검사를 과도하게 하는 것도 마찬가지다. 검사들이 화학 작용을 일으키지 않는다고 할 수도 없으므로 이로움보다 해로운 면이 더 클 수도 있다. 사실 나는 르로이를 방문했을 때 아주 특이하게도 이 점을 상기시키는 어떤 것을 발견했다. 나는 이것을 젤로박물관에서 보았다. 큰길에 벽돌로 지은 오래된 학교 건물에 있는 젤로박물관은 이 지역의 가장 유명한 특산품을 기념하고 있다. 보통은 이런 곳에 그렇게 흥미로운 것들이 있으리라 기대되지 않지만, 이 박물관은 신기할 정도로 매력적이었다.

박물관에서 근무하는 여성 직원들이 모든 방문객에게 제공하는 개인 가이드와 함께 박물관을 둘러보면서 의사에게 교훈이 될 만한 이야기를 접하게 될 거란 생각은 하지 못했다. 하지만 박물관에서 주요한 자리를 차지하고 있었던 것은 젤로의 뇌파 검사였고, 그와 함께 있던 신문 기사 제목에는 〈뇌파 검사로 당신의 뇌가 곤죽이 아니라 젤로임을 입증했다〉라고 적혀 있었다. 1974년 온타리오에 기반을 둔 신경학자인 에이드리언 업턴Adrian Upton은 반구 모양의 라임 젤리에 전극을 붙이고 뇌파 검사를 하는 실험을 했다. 업턴은 이 결과 기록지를 인간의 뇌파에 비유하며 이것이 생명의 잠재적인 증거라고 했다. 박물관에는 젤로의 뇌파 기록이 인간의 뇌파 기록과 함께 전시되어 있는데, 안내문에는 "라임 젤로의 속성이 건강한 남녀의 뇌와 사실상 거의 똑같다"라고 적혀 있었다. 물론 이것은 사실이 아니다. 특별한 지식이 없는 이들이 보면 두 개의 뇌파 기록이 비슷해 보일 수 있지만, 신경학자들에게 이 두 결과는 상당히 다르다. 업턴 박사가 이런 작품을 만든 건 그저 엉뚱해서가 아니었다. 그는 아주 중요한 요지를 말하고자 했다. 의료 검사에 해가 없는 게 아니라는 것이다. 뇌파 검사를 포함해 많은 검사가 양성으로 잘못 나올 가능성이 높은 오류투성이라 할 수 있다. 결과가 그 해석에 달린 만큼 임상적인 맥락에서만 사용되어야 한다. 이 점은 엄청난 수의 의료 검사에도 적용된다. 검사를 많이 하면 의사가 늘 무언가 정상에서 벗어난 점을 찾아낼 것이고, 이를 과도하게 해석하기 쉬워지며, 환자들에게는 불안만 가중시킬 것이다. 검사를 많이 하는 게 좋은 치료는 아니다. 적절한 의료 검사를 하고 충분히 경험 있는 사람들이 그 결과를 제대로 해석하는 게 좋은 치료다. 젤리나 소생시키고 싶지 않다면 의사들이 이런 기본적인 원리를 따르는 게 중요하다.

나는 시에나가 아무 의미 없는 스캔과 뇌파 검사를 받지 않게 만류하려 했다. 그러나 그녀는 자신이 해리성 발작일 리 없다며, 만약 그렇다면 심리학자들을 만났을 때 치료가 되었어야 한다고 주장했다. 이 일은 단지 기능성 장애라는 진단에는 다른 어떤 진단보다 더 높은 기준이 적용된다는 사실만 내게 상기시켜주었다. 편두통이나 간질 혹은 당뇨병으로 치료를 받는 사람들은 증세가 호전되지 않으면 보통 다른 치료를 요구한다. 하지만 기능성 장애 치료가 실패하면 환자들은 다른 진단을 요구한다.

나는 다시 여섯 달 동안 시에나를 검사했고, 그 결과는 정확히 똑같았다. 그녀는 간질이 아니었고 발작은 해리 현상 때문이었다. 시에나는 심리 상담을 다시 받았지만, 상태가 좋아지진 않았다. 모두가 회복되는 것은 아니기 때문이다. 대학은 결국 그만두었다. 돌아보면 시에나에게 병의 발달을 늦출 수 있던 유일한 시점은 처음 의학적 진단을 받은 때였지, 다섯 번째가 아니었다. 열다섯 살 때부터 시에나는 모든 신체 변화를 의료화하도록 배웠으며, 일단 그런 패턴이 머릿속에 자리 잡힌 이후에는 그것에서 벗어나기 힘들어졌다.

서구 의학이 사람들을 진단을 통해 분류하고 작은 차이점과 사소한 신체 변화에 진단명을 부여하곤 하는 것은 특별히 기능성 장애에만 해당하는 것이 아니라 일반적인 경향이다. 당뇨병전기pre-diabetes와 다낭성난소증후군, 일부 암, 그리고 많은 질환이 모두 과도하게 포괄적인 진단에서 비롯된 문제에 해당한다. 이와 관련해 내가 가장 우려하는 부분은 상당히 많은 사람이 의료적인 질병의 유형화에 주관적 특성이 있다는 사실을 모른다는 것이다. 어떤 사람이 이런저런 장애가 있다는 이야기를 듣게 되면 그 말이 틀림없이 맞다고 생각할 것이다. 우리가 주는 라틴어로 된 진단명과 번쩍번쩍한 촬영 기계 때문에 마치 그 진단명에 실제보다 더 많은 권위가 있는 것처럼 보이게 된다. 시에나도 어느 정도는 자신이 받은 각각의 진단을 따랐다. 하지만 그야말로 진단을 떠안게 된 사람들은 그것에 어떤 논란거리가 있을 수 있는지 생각하지도 못하고, 자신에게 어떤 선택권이 있는지도 전혀 모른다.

서구 의학은 사람들에 대한 장악력과 체계적이고 정확한 분별 덕에 건강한 상태와 건강하지 않은 상태가 어떤 것인지 문화적으로 전파하는 데 강한 영향력을 갖고 있다. 그러나 서구 의학은 다른 어떤 전통 의학만큼이나 그저 일시적인 유행과 경향의 노예일 뿐이기도 하다. 오늘날의 많은 과학이 50년 후에는 과학이 아니게 될 것이다. 1949년 포르투갈의 신경학자인 안토니우 에가스 모니스António Egas Moniz는 정신병 치료를 위한 전두엽 절제술을 개발한 공로로 노벨 생리·의학상을 받았다. 안타깝게도 (특히 여성에게) 당시에는 '정상 행동'으로 여겨지는 것의 한계가 상당히 좁게 정의되어 있어서, 이것은 반항하는 딸들과 부정을 저지른 부인들을 통제하는 데 사용되곤 했다. 질병의 정의는 늘 변화하며, 이 변화가 때로 우리에게 이득이 되기도 하지만 늘 그런 것은 아니다.

내가 과잉 진단 문제를 전부 의사들 책임으로 돌리려는 건 아니다. 우리들 대부분은 과도한 진단을 막고 사람들에게 검사가 필요 없이 건강한 상태라고 안심시키기 위해 노력하며 열심히 일하고 있다. 그러나 이런 당연한 진료가 간단히 용납되지 않기도 한다. 점점 더 사람들은 진단명과 검사를 요구한다. 사회는 의사들에게 확실한 답을 달라고 압박하고, 그들이 무언가를 놓치면 질타한다. 의료의 범주가 넓어지는 것은 의사와 환자가 결탁한 탓이다. 어떤 이들은 의사들이 그렇게 진단하려 하는 더 비밀스러운 이유가 있을 거라며, 이를 사회 통제의 수단이라 생각하고 그에 대해 언급하기도 한다. 사실 어떤 것에 의학적인 이름을 붙이는 게 원래 의사들이 하는 일이긴 하다. 확실히 전혀 그렇지 못할 때도 있긴 하지만, 나는 그래도 과학자들과 의사들이 더 큰 선을 위해 일한다고 여전히 진심으로 믿고 있다. 하지만 우리는 생각만큼 늘 현명한 것은 아니며, 실수를 통해 배우긴 하지만 분명 그다지 빠르진 않다. 마약성 진통제인 오피오이드 opioid 대란과 항생제 내성을 가져오는 항생제 남용 문제도 과잉 치료에 대한 열정을 꺾진 못했다. 기능성 신경장애 분야에서는 진단명을 신체화할 때의 최종 결과가 어떤지 의사들이 직접 눈으로 보고 있으며 이는 몹시 암울한 광경이다. 시에나는 이제 20대 후반이 되었고 너무나 많은 만성 질환을 앓게 되었지만, 이 모든 병이 병리학적으로 입증된 적은 없었다. 그녀는 다시는 세상에서 정상적으로 살아가지 못할 것이다. 나는 사람들이 시에나와 거의 똑같이 행동하는 모습을 한 달에도 여러 번씩 목격하고 있다.

질병의 유무를 판단하기도 그렇게 어려운데 정상적인 행동이 어떤 것인지 정의하는 건 또 얼마나 어려울까? 70년 전에는 청소년의 반항을 병으로 간주했다. 그렇다면, 지금 우리가 병이라고 할, 그리고 미래에 이를 후회할 개인의 특성에는 어떤 것이 있을까?

《정신질환의 진단 및 통계 편람》은 미국 정신의학회에서 만든 것으로 현재 5판까지 발행되었다. 새로운 판본이 나올 때마다 새로운 정신적·심리적 질환의 범주가 추가되면서 내용도 많아졌다. 무엇이 정신질환을 이루는 요소인지는 시간에 따라 상당 부분 달라진다. 어떤 범주는 사라지기도 하지만, 새로운 정의와 하위범주와 함께 범주를 확대해가는 것이 추세라 할 수 있다. 《정신질환의 진단 및 통계 편람》 4판에서는 심각한 우울증 진단에 수반되는 슬픔을 제외했지만, 5판은 그것을 배제하지 않았다. 일상적인 슬픔을 의료적인 문제로 만들 위험이 있다고 주장하는 사람들도 있지만, 슬픔을 빼면 어떤 집단이 필요한 도움을 받지 못할 수 있다고 말하는 이들도 있다. 맞는 답이 한 가지만 있는 것은 아니다.

신장병이나 골다공증의 정의와 상당히 유사하게도 《정신질환의 진단 및 통계 편람》은 전문가들로 이루어진 위원회에서 만들며, 따라서 시간과 공간의 제약을 받는 특수 문화권의 문헌이라 할 수 있다. 그 점이 가장 잘 드러나는 부분은 《정신질환의 진단 및 통계 편람》 1판에는 동성애가 성도착증으로 기재되어 있고, 《정신질환의 진단 및 통계 편람》 2판과 3판에서는 성지향장애로 바뀌었다는 대목이다. 동성애가 정신 질환으로 분류되지 않고 그에 따라 《정신질환의 진단 및 통계 편람》에서 사라진 것은 1973년에 가서야 가능했다.

반면, 《정신질환의 진단 및 통계 편람》에 추가된 항목은 자폐증

autism과 주의력결핍 과잉행동장애attention deficit hyperactivity disorder, ADHD 와 같은 신경발달장애neurodevelopmental disorder들이다. 이 진단명들은 그 사례가 늘어나면서 만들어졌다. 내가 수련의였을 때만 해도 그런 진단명은 대부분 아이들에게 내려졌지만, 지금은 점차 성인(기준을 보면 그 특성이 늘 어린 시절에 시작되지만, 모든 진단의가 이 엄격한 진단 기준을 지키는 건 아니다)에게도 부여되고 있다. 한편 이 진단이 급격히 늘어나는 것이 대부분 다행스러운 이유는 ADHD와 자폐증이 의심의 여지 없이 심각해질 수 있고, 생활에 제한을 주는 증상이며, 병에 걸린 아이들이 방치되곤 했기 때문이다. 이 병이 널리 퍼졌다는 건 이제 우리가 추가적인 도움이 필요한 아이들을 적극적으로 돌보고 있으며, 그럼으로써 과거에는 교육을 모두 중단했을지 모르는 아이들에게 필요한 지원을 제공하고 있음을 뜻한다. 특수한 결핍을 인지함으로써 아이들에게 멍청하거나 행동이 나쁘다며 꼬리표를 다는 대신 아이들의 강점을 살릴 수 있게 된 것이다.

그러나 여기엔 숨겨진 모습이 있다. 숫자의 증가는 어느 정도 진단을 적용하려는 열정 때문일 수 있다. 여기서도 다시 불가피하게 부작용을 충분히 고려하지 않은 과잉 진단의 가능성을 엿볼 수 있다. 진단은 문화에 따라 다르며 절대적이지 않다. 자폐증과 ADHD에는 한 가지 진단 검사가 존재하지 않고, 진단 기준이 정성적이기 때문에 어느 정도 의사의 해석에 진단이 달려 있다. '말을 하면 듣는 것 같지 않다' '일상적인 활동을 할 때 잘 잊어버린다' '숙제를 끝내지 못한다' '지나치게 말이 많다' '잠시도 가만히 못 있는다'와 같은 조건이 ADHD 진단에 사용되는 것을 보면 진단의에게 얼마나 많은 재량이 주어지는지 알 수 있을 것이다. 얼마나 가만히 못 있고 꼼지락거리며 부주의한 행동이 지나친 것일까? 이런 특성이 여섯 달 이상 지속해야 하며 기능에 지장이 있어야 하지만, 이는 무엇을 수용 가능한 정상적인 기능이라 여기는가에 따라 달라질 것이다. 진단은 전후 맥락에 따라 내려진다. 어떤 이에 대한 진단이 사회 집단 내의 다른 이들과 비교해 상대적으로 내려지는 것이다. 이렇게 진단은 다양한 기준을 따르는 사람들에 의해 다르게 적용될 수 있다.

ADHD의 확산은 미국에서 꾸준히 계속되어 1997년 6.9퍼센트에서 2007년 9.5퍼센트로 늘어났으며, 그 이후로도 발병률은 더 올라가고 있다. 앨런 슈워츠Alan Schwarz는 《ADHD 국가: 아이들, 의사들, 대형 제약 회사, 그리고 유행병 만들기*ADHD Nation: Children, Doctors, Big Pharma, and the Making of an Epidemic*》라는 책에서 미국의 몇몇 주, 특히 버지니아에서는 ADHD 진단율이 훨씬 높게(33퍼센트) 나타난다는 데 주목했다. 한 연구에 따르면 20퍼센트 이상의 고등학교 남학생들이 ADHD라는 진단을 들었다고 했다. 이 분야에는 많은 논란이 존재한다. 아이슬란드의 한 조사에 의하면 같은 학년의 두 번째 학기에 태어난 아이들, 즉 반에서 생일이 더 늦은 아이들이 ADHD 진단을 받을 확률이 더 높다는 점을 발견했다. 이는 미성숙과 ADHD가 제대로 구분되지 못할 가능성을 제기한다. 문화적인 차이 또한 존재한다. 예를 들어 홍콩에서는 특히 ADHD 진단율이 높게 나타나는데, 어떤 이들은 이를 분노와 강한 감정이 중국 문화에서 더 병리적인 것으로 간주되곤 하기 때문으로 보기도 했다.

과잉 진단을 가져오는 요인에는 여러 가지가 있다. 그리고 상업주의는 확실히 그중 하나에 속한다. 제약 회사들은 ADHD 진단을 받은 성인과 아이들에게 제공하는 약인 메틸페니데이트methylphenidate나 리탈린Ritalin의 사용이 증가하면서 틀림없이 수십억 달러를 벌어들였을 것이다. 리탈린은 심지어 의료 진단을 받지 않은 사람들이 성적을 높이기 위해 사용하기도 하지만, 만약 이들이 ADHD 진단을 받는다면 약에 대한 접근이 더 쉬워질 것이다.

진단 기준의 주관성과 정의의 변화 역시 진단 사례를 높이는 데 기여했다. 우려스러운 점은 부모와 교사, 학교를 부추겨 이 진단들 중 하나를 좇게 하는 유인책이 있다는 사실이다. 아이가 추가적인 도움을 받거나 학교에서 더 많은 자금 지원을 받는다면 진단을 받을 때 가능한 한 기준 안에 포함되는 게 모든 이의 관심사가 될 수 있다.

이런 문제를 어린 시절에 인지하는 것은 상당히 중요하다. 내가 다시 강조하는 점은 내 우려가 증세가 가벼운 이들에게 진단명을 부여하는 결과에 대한 것이지, 전체 진단에 대한 게 아니라는 것이다. 누구든 자폐증과 ADHD를 심하게 앓는 이를 보면 그 장애의 수준에 이의를 제기하지 않을 것이다. 내가 걱정하는 건 항상 충분히 고려받지 못하는 진단의 가장자리인 회색 지대에 있는 아이들이 받을 수 있는 장기간의 피해에 관한 것이다. 이런 식으로 꼬리표가 붙은 아이들은 사람들에게 뭔가 다르게 보이고 덜 똑똑하고 성공 가능성도 낮을 것이라고 여겨질 수 있다. 아이들 자신도 이 진단명과 자신을 동일시해 그 이름과 관련된 예측대로 살아가며, 그 낙인을 평생 안고 갈 수 있다. 게다가 성인과 아이들이 집중할 수 있는 시간이 짧다는 것을 토대로 한 과잉 진단 탓에 심각한 ADHD 증세를 지닌 이들의 고충이 경시될 위험이 있다.

학교에서 가벼운 ADHD가 있다고 분류된 아이들은 추가적인 도움이 필요한 것으로 확실하게 정체성이 확립될 것이다. 하지만 분명 그런 의학적인 진단 없이도 그런 도움을 줄 수 있는 더 나은 방법이 있을 것이다. 진단은 아이의 행동을 병적인 것으로 만드는 꼬리표다. 학교에서 힘들어하는 아이들에게 주의를 기울이기 위해, 친구를 사귀지 못하는 아이를 알아보기 위해 진단명이 꼭 있어야 하는 걸까?

성인에게 나타나는 학습과 신경발달 문제에 대한 진단 역시 21세기에는 흔한 일이 되었다. 서구 사회는 회복력, 성취, 독립, 개인의 성공에 가치를 둔다. 만약 누군가 자신이 정말 원하는 어떤 일에서 실패할 경우 사회에서는 그 사람에게 꿈을 바꾸라고 제안하기보다 보통 계속 밀고 나가라며 "처음에 성공하지 못해도 계속 도전하고 또 도전하도록 해"라고 조언한다. 우리는 아이들에게도 그들의 꿈을 절대 포기하지 말 것을 장려한다.

우리는 사람들에게 그들이 정말 원하는 것이 있으면 결국 이루어진다고 말한다. 책을 내지 못하고 있는 작가는 불가피하게 '해리 포터Harry Poter' 시리즈의 작가인 J. K. 롤링J. K. Rowling이 출판사에서 얼마나 많은 거절을 당했는지에 관한 이야기를 듣게 된다. 이 이야기의 교훈은 끈기에는 보상이 따른다는 것이다. 하지만 물론 이것은 사실이 아니다. 이런 말이 모든 사람에게 통하지는 않기 때문이다. 설령 보상이 있다 해도 그 목표를 달성하는 데 들이는 노력이 몸과 마음에 너무 과하다면 그 사람은 병이 날 수도 있다.

때로 질병은 우리가 선택한 삶이 우리 자신에게 맞지 않는다는 신호가 된다. 하지만 서구 문화에서는 이런 점을 인정하지 않는 편이다. 일이 잘 풀리지 않는 의학적인 원인을 찾으려는 경향이 늘고 있다. 나는 시에나의 해리 현상이 몸에서 그녀가 살아가면서 내리는 선택이 자신에게 맞지 않는다고 말하는 방식이라 생각했다. 서구화된 가치는 성공이라는 사회의 잣대를 충족시키지 못하면 실패한 것이라고 판단하는 위험에 빠지게 만든다. 점점 더 많은 사람이 제대로 된 개인 특성이라 생각하는 기준에 따라 다른 사람들의 눈에 부족해 보이거나 자기 스스로 부족하다고 생각하며, 그래서 그에 관해 설명해줄 의학적인 해석을 찾고 있다.

라디오에서 들은 이야기 두 가지가 떠올랐다. 첫 번째 이야기는 한 여성이 성인기에 자폐증 진단을 받았다는 이야기였다. 그녀는 몇 년간 우울했고 일로 힘들었다고 했다. 결국 심리학자에게 진찰을 받앉고 자폐증이라는 진단을 받았는데, 이를 통해 자기 삶을 되돌아보게 되었다고 했다.

"정말 커다란 위안이 됐어요." 그녀가 말했다. "저 자신한테 부정적으로 생각했던 것들, 실패, 단점, 통제할 수 없었던 것들이 갑자기 이해되고 가닥이 잡히더군요. 제 일이 감정적·신체적으로 너무 큰 스트레스였던 거예요. 그래서 전 바로 일을 그만두고 거기서 벗어났죠. 그리고 완전히 다른 일을 하게 됐어요. 그런 진단을 받지 않았다면 그렇게 하지 못했을 거예요." 그런데 이 여성은 왜 진단이 필요했던 걸까? 나는 의아했다. 그녀는 힘들고 불행했다. 이것만으로는 새로운 삶을 살기에 충분하지 못했던 걸까? 자폐증이라는 상태는 그녀에게 싫어하는 직업을 그만둘 수 있는 면죄부를 주었다. 이는 명확해야 할 결정을 하기 위한 너무나 복잡한 길로 보인다. 이 이야기를 들으니 류보프와 크라스노고르스크가, 그리고 주민들이 사랑하는 그 도시를 포기할 수 있게 되기까지 일어나야 했던 모든 일이 떠올랐다.

두 번째 이야기에서는 한 작가가 자신의 어머니가 72세라는 정말 늦은 나이에 받은 자폐증 진단에 관해 쓴 자신의 책 이야기를 들려주었다. 이 작가는 어머니가 평생 우울하고 불안해했다고 했다. 어머니는 가족들에게 두렵고 삶에 아무 의미도 없다고 자주 말했다. 또 다양한 신체 증상을 호소해 많은 검사를 받았지만, 어떤 결과도 얻지 못했다. 어머니는 외과 의사들의 권유로 여러 외과적인 검사까지 받았지만, 아무 진단도 듣지 못했다. 결국 어머니의 자녀들조차 지치게 되었고, 그녀가 하는 말을 들어주지 않았다.

그런데 어머니가 생의 거의 끝자락에 이르렀을 때 한 의사가 자폐증이라는 진단을 내렸고, 이 작가에게는 그것이 전환점이 되었다. 이 진단으로 작가가 어머니의 고통을 바라보는 방식이 완전히 바뀌었고, 어머니에게 새롭게 연민이 생겼다고 했다. 하지만 어머니가 그렇게 절실하게 우울하다고 호소한 것으로는 왜 충분하지 못했을까? 설마 인생이 아무 의미 없다는 말은 공감받을 만큼 확실한 말이 아니었던 걸까? 왜 어머니가 병원에서 그렇게 설명할 수 없는 신체 증상을 계속 호소할 때는 아무도 그녀가 필요로 하는 걸 읽어내지 못했을까? 단순히 말해 서구화된 사회에서는 다른 어느 것보다 심리적인 고통에 대해서는 시간을 할애하려 하지 않는다. 우리 뇌가 그런 호소에는 귀를 막아버리며, 따라서 사람들은 원하는 도움과 존중을 받기 위해 질병 이름을 받으려 하게 되는 것이다.

서구 의학에서는 전문의들 역시 증상을 매우 글자 그대로 받아들인다. 주치의나 지역사회에 있는 의사들은 전체적인 그림을 더 잘 볼 수 있겠지만, 종합병원 의사들은 전혀 전체적인 방식으로 보지 못하고 단 한 가지 증상만 살펴볼 수 있다. 그러므로 검사 결과가 정상이면 환자에게 아무 도움도 주지 못한 채 돌려보낸다. 화병, 그리지 시크니스, 체념증후군은 문화적으로 특수한 고통의 언어다. 증상에는 조직과의 연관성을 넘어선 의미가 있다. 가슴 통증이 반드시 심장 질환을 뜻하는 건 아니다. 서구의 의사들은 어떤 상황에서 무언가가 자신이 배운 질병 패턴과 맞지 않으면 그것에 주파수를 맞추거나 적어도 어떻게 반응해야 하는지 이해하는 데 힘겨워한다.

또 서양의 문화는 행복을 너무나 중요하게 여겨서 행복하지 못할 위험이 있는 것은 무엇이든 비정상으로 분류한다. 인간의 고통을 의료적인 문제로 여기며 상업화하기도 한다. 영국계 미국인 문화에서는 우울감을 생리적·심리적인 것으로 개념화하는 경향이 있는 반면, 다른 문화들에서는 상황에 따른 것으로 해석한다. 우울감 역시 진단의 논란은 그 주변부에서 발생한다. 우울감이 심각하면 상당히 안정적인 증후를 보인다. 명백히 그 사람의 기능에 영향을 미치며 확실히 도움이 필요하다. 그러나 가벼운 우울 증상은 좀더 이질적인 범주라 할 수 있어서, 불행과 질환 사이의 경계를 정하기가 더 힘들다. 이럴 때 서양 문화에서는 질환 쪽으로 밀어붙인다. 만약 상태가 호전될 수 있다면 긍정적인 일이겠지만, 단지 이름을 붙여서 만성적인 질환으로 만든다면 그렇지 않을 것이다.

일반 개업의인 크리스 다우릭Chris Dowrick은 2013년 발표한 〈문화의존증후군으로서의 우울감Depression as a Culture-Bound Syndrome〉이라는 논문에서 가벼운 우울감을 의료화하게 되는 요인을 살펴보았다. 여기엔 확실히 상업적이고 현실적인 요소들이 존재한다. 우울증 치료로 많은 돈이 벌리고 있으며, 병원과 보험 회사를 위해서는 저조한 기분만으로도 상담을 받을 수 있게 하는 카테고리가 있다면 도움이 될 것이다. 의사들은 진단 내리기를 좋아하며 환자들도 그들의 저조한 기분에 의미를 부여할 수 있게 될 것이다. 하지만 다우릭이 지적하듯 진단의 유용성에는 논란의 여지가 있다. 항우울제가 심각한 우울증을 앓는 이들에게 이롭다는 것은 이미 입증된 사실이다. 하지만 임상시험에 대한 메타 분석을 살펴보면, 가벼운 우울 증상에서는 이롭다는 증거를 찾기 힘들었다. 임상시험에서 치료제의 사용은 그저 위약 효과에 불과했다. 나 또한 동의하는 다우릭의 주장은 진단명이 환자들을 환경에 의한 수동적인 피해자로 만들어놓는다는 점이다. 이러한 진단명의 틀 바깥에서 우울증과 기분 저조의 개념을 재정립한다고 해서 반드시 환자가 도움을 받기 위해 의사에게 의지할 수 없다는 뜻은 아니다. 수동적으로 고통받는 역할보다는 자신의 괴로움을 통제하는 역할을 부여하는 게 더 나을 것이다.

정신과 의사인 로런스 커메이어는 불안과 우울감을 다루는 임상 발표에서, 문화적인 차이에 관한 글을 통해 세상 사람들 대부분이 우울감을 정신질환이라 생각하지 않으며, 따라서 전통적인 정신의학 접근법으로는 환자들에게 도움을 줄 수 없다고 말했다. 나는 영국에서 사람들이 자신의 저조한 기분이 세로토닌 수치가 낮아서라고 하는 말을 자주 들었다. 그러나 증거를 보면 소수민족들은 같은 종류의 기분을 생리적 건강 혹은 정신적 건강과 관련시키기보다 생활 속 사건들의 결과로 간주하곤 한다. 의학 논문들은 서구 의학이 사람들을 우리의 분류 시스템에 끌어들이려면 더 예리해져야 한다고 말하며, 소수집단들은 정신 건강 문제에 익숙하지 않다고 언급한다. 《정신질환의 진단 및 통계 편람》이 서구만의 특수한 문화권의 문헌이긴 하지만, 서구는 의료 제도를 통해 자신들의 규칙을 다른 사람들에게 적용하려 하며, 그 이유는 증거에 기반한 과학적인 접근이 더 우위라고 생각하기 때문이다. 문제는 증거에 기반한다고 해서 세계 인구의 대부분을 대변할 수는 없다는 것이다. 정신 건강 연구의 대부분은 산업화된 부유한 국가에 사는 백인과 교육받은 사람들을 대상으로 이루어진 것이다. 따라서 이 연구들은 서구의 의료화 체제를 이해시키려 애쓰는 다른 집단들을 대변하지 않는다.

이런 모든 것을 고려할 때 한국인 화병 환자들이 미국이라는 제2의 조국에서 어떻게 살아가고 있는지 궁금해진다. 이들은 어쩔 수 없이 서구 의학 전통에 따라 평가와 치료를 받을 것이다. 현대 의학이 다른 시각들을 잘 통합하지 못하기 때문이다. 환자들은 의료적인 검사 혹은 상담을 찾거나 두 곳을 모두 찾을 것이다. 그러나 화병 자체의 모든 미묘함은 의사들에게 제대로 전달되지 못할 것이다. 이 의사들은 고통을 바라볼 때 무엇보다 생물학적인 것이 가장 중요하며, 만약 생물학적인 이론으로 안 되면 오직 심리적인 부분에만 초점을 맞출 것이고, 그런 만큼 사회·문화적인 요소들을 받아들일 여력이 거의 없을 것이다.

이선 워터스Ethan Waters는 《우리만큼 정상이 아닌Crazy Like Us》에서 서구 문화에서 정신 건강 문제에 접근할 때 갖는 확신에 의문을 제기한다. 그는 우리가 우울증과 관련하여 약과 상담 치료에 투자하는 것은 한때 고통받는 이들에게 도움을 제공하던 공동체 의식을 잃어버렸기 때문이라고 말한다.

워터스는 트라우마 상담의 예를 들며 2004년 쓰나미 재해 이후 스리랑카를 방문한 미국 심리학자들의 태도를 언급했다. 재난이 있고 몇 달 후 개인과 집단으로 구성된 미국의 자원봉사자들이 스리랑카 사람들에게 필요할 것으로 생각되는 의학적 치료 방식을 가르치기 위해 스리랑카로 떠났다. 그러나 모든 게 늘 순조롭지는 않았다. 현지인들에게 피해자들을 돕는 방법을 가르치면서 심리학자들은 스리랑카인들이 다른 사람의 말을 잘 듣지 않는다며 "심리학적인 마음가짐"을 제대로 갖추고 있지 않다고 했다. 심리학자들은 PTSD의 개념도 스리랑카에 가져왔다. 이들은 스트레스에 대한 반응이 사회·문화와 긴밀히 연결되어 있다기보다 전 세계적으로 동일하게 일어나는 뇌의 생리적인 반응으로 보았다. 또 자신들의 상담 유형이 늘 옳다고 여기며 스리랑카 사람들에 대해 몇 가지 추정을 하기도 했다. 심리학자들은 스리랑카인들이 수년간 가난과 전쟁을 겪은 결과 취약한 상태가 되었다고 생각했다. 미국의 임상의들은 재난에 대한 반응으로 나타나는 스리랑카인들의 행동에 혼란스러웠다. 예를 들어 이들은 아이들이 곧바로 학교에 들어가길 원한다고 한 말을 부정denial이라고 판단했다. 역시 미국에 살고 있으나 스리랑카에서 태어난 심리학자인 게이트리 페르난도Gaithri Fernando는 서구의 PTSD 연구자들과 상담사들이 나라에 물밀 듯이 밀려드는 모습을 불편한 시선으로 바라보았다. 그녀는 고난이 스리랑카인들을 취약하게 만들기는커녕 회복력 있는 상태로 만들어주었다고 생각했다. 페르디난도는 스리랑카인들이 스트레스를 경험하는 방식은 북미인들의 것과 다르다고 강조했다. 스리랑카인들은 신체적인 증상을 통해 스트레스를 표현하는 경향이 있으며, 서구 의학에도 여전히 남아 있는 몸과 마음의 분리가 잘 이루어지지 않는다는 것이다. 그들은 트라우마 또한 그저 내면적인 상태가 아닌 사회 관계에 미치는 영향의 측면에서 경험할 가능성이 크다고 했다. 페르디난도는 스리랑카인들이 어려움에 대처할 때 도움을 주는 영성의 역할을 강조했다. 이런 측면은 서구의 생리적·심리적 접근에서는 소홀히 여기는 분야였다. 사실 페르디난도는 전쟁이 지역사회에 미치는 영향을 연구하여 불교와 힌두교도 아이들이 기독교도 아이들보다 우울감에 덜 시달리는 편이라는 점을 발견하기도 했다. 반면 미국의 치료 방식은 문화적 감수성이 심하게 부족했다.

여기서 중요한 점은 어떤 문화가 정신 건강 문제에 접근하는 데 다른 문화보다 더 낫다는 게 아니다. 옳은 방식이라 할 수 있는 어떤 문화도 없으며, 그러므로 한 공동체 사람들이 다른 공동체에 맞는 것도 알고 있다고 생각하는 것은 무분별한 태도라는 것이다. 그런 문제라면 한 사람이 다른 사람에게 자신의 방식을 강요하는 것도 마찬가지일 것이다. 로런스 커메이어는 슬픔에 대한 접근이 문화마다 다르게 나타난다고 설명하면서 라트비아 문화를 예로 들었다. 라트비아에서는 슬픔에 빠진 사람이 "돌 아래 자신의 괴로움을 묻고 그 돌을 밟고 올라가 노래를 부르라"는 조언을 받는다고 한다. 호주 원주민들은 자신들이 땅과 깊이 연결되어 있다고 느낀다. 그들은 땅이 건강하지 않으면 본인들도 건강할 수 없다고 생각한다. 서구 의학에서는 라트비아나 호주 원주민들의 시각에 관심이 없다. 우리에게 이들의 시각은 효과가 있을 수도 있고 없을 수도 있다. 이 역시 모두에게 적합하다고 가정하면 안 되는 것이다.

현대 의학은 영향력이 크며, 늘 다른 사람들을 이 사고방식과 치료 안으로 끌어들이려 애쓴다. 문제가 상황보다 의학적인 원인 때문이라는 근거는 약이 문제를 해결할 수 있다는 사실에서 비롯될 때가 많다. 그러면 항우울증제를 먹고 기분이 좋아졌다면 우울증임을 확인해주는 걸까? 리탈린을 먹고 집중력이 좋아졌다고 해서 ADHD라는 증거가 된다는 것인가? 어떤 이가 약으로 능력을 최적화할 수 있다고 해서 그것이 병이 있다는 증거가 되는 건 아니다. 만약 그렇다면 운동 능력을 향상시키는 약물을 복용한 운동선수들이 자신에게 지장을 주는 의학적인 장애가 있어서 그랬다며 증거로 사용할 수 있을 것이다. 과학은 우리에게 실패와 상실, 비통함, 슬픔을 질환과 질병을 통해 개념화할 기회를 제공하며, 우리 중 많은 이가 그 제안을 받아들인다. 우리는 가라앉은 기분이나 개인적인 단점을 의료적인 문제로 취급하는 게 타당하다고 생각한다. 왜냐하면, 이를 통해 우리 문화에서 가치 있다고 여겨지는 특징들이 부족하다고 정의되는 상황에서 벗어날 수 있기 때문이다. 하지만 그래도 사람들에게 더 많은 도움을 제공하여 공식적인 의료 진단 없이 그들이 스스로 자신의 상황을 돌아볼 수 있게 하는 편이 더 낫다고 할 수 있을 것이다.

우리 뇌는 혼돈을 싫어하기 때문에 답을 들어 안정을 찾으려 한다. 타당해 보이는(더 과학적으로 느껴질수록 더 좋다) 의학적 진단은 오랜 기간 삶의 고통을 완화해줄 수 있다. 이런 게 꼭 잘못됐다고 말하는 것은 아니다. 만약 그로 인해 기분이 좋아지고 앞으로 나아갈 수 있다면 좋은 일이며, 나도 이를 지지한다. 내가 미스키토인과 위피샤나인들의 믿음에 반대하지 않는 것처럼, 나는 이런 서구의 공식화에도 반대하지 않는다. 하지만 의료화도, 영성도, 나 자신을 위해 내가 선택할 만한 대처 방안은 아니다. 의사로서 나는 환자의 상태가 나아지는 데만 관심 있다. 그래도 선택은 모든 정보가 가능한 상태에서 이루어져야 한다. 교회가 신앙을 강요해선 안 되는 것처럼, 의료 문제로 만드는 일이 의료 제도에 의해 누군가에게 억지로 강요되어선 안 된다. 의료 제도적으로 모든 종류의 진단에 동일하게 과학의 우월함과 확실성이 유포되어 있다면, 그로 인해 정보에 기반한 선택은 사라지고 있는 것이다.

내가 가장 우려하는 건 미래 세대다. 어른들은 의사에게 가서 스스로 진단명을 요청할 수 있고, 자기 삶의 질에 어떤 영향을 미치는가를 보고 그 진단을 받아들이거나 거부하면 될 것이다. 하지만 아이들에게 관심을 돌려보면, 우리가 아이들을 새롭게 확장되고 만들어지는 진단 범주에 끊임없이 휘둘리게 놔둘 위험이 있다. 이런 진단 범주는 아이들에게 학습과 사회화, 신체에 장애가 있다며 그들의 약점을 설명하려 들 것이다. 이 병명들은 진실하지 못한 확신에 따라 제공된다. 의료 업계의 심각한 과잉 의료화 분위기 속에서, 우리가 아이들에게 내리는 진단은 신뢰할 만한 것이 못 되는데, 부모들은 그 사실을 알지 못한다. 아이들이 성장했을 때 그런 진단명이 심리적·실질적으로 어떤 영향을 미칠지 누가 알겠는가? '악마'는 왔다 가면 그만이지만, 자폐증, ADHD, 우울증, PoTS 같은 진단은 영원히 남는다.

에필로그

사회

공동체의 구성원으로 살아가는 개인들의 모임

2018년 체념증후군이 나우루라는 태평양의 한 섬나라로 옮겨갔다. 당시 나우루는 호주에 망명하고자 하는 난민들이 대기하는 곳이었다. 생물심리사회 장애라는 형태에 걸맞게 체념증후군이 다른 대륙으로 가자 그 증상도 달라졌다. 이곳에서는 아이들이 음식을 거부했다. 아이들은 움직이지 못하게 되기 전까지 직접적으로 우울감과 절망감을 표현했다고 한다. 스웨덴에 있던 아이들이 수동적으로 무기력하고 무감동한 세계로 빠져들었다면, 나우루 아이들의 증상은 적극적으로 도움을 구하는 외침이었다. 어느 어린 소녀는 자신의 몸에 불을 질렀다. 아이들은 간절히 죽고 싶어 했다. 더 즉각적이고 긴급한 필요를 충족시키기 위해 의료 여건이 개선되었다.

나우루는 아주 작은 섬이다. 그곳의 천연자원은 광산 채굴로 이미 오래전에 훼손되었고 해양 생물도 오염으로 도태됐다. 그곳에 억류된 아이들은 삶에서 앞으로 나아갈 방법이 없었고, 자신들의 미래가 어디 있는지 알 길도 없었다. 이 섬에 있는 자신들의 집은 감시인까지 갖춰진 감옥이라 할 수 있었다. 이들이 호주로 갈 확률은 희박했다. 자신들이 떠나온 나라로 돌려보내질 수도 있고, 어딘가 더 멀리 떨어진 곳으로 망명을 제안받을 수도 있었다. 스웨덴에 살던 어린이들의 고통도 분명 끔찍했지만, 나우루에 있는 아이들의 상황은 그보다 훨씬 더 심각했다. 2018년까지 체념증후군이 세계 언론에 널리 보도되었고, 따라서 지구 반대편에 있는 관련 집단에 병이 퍼진 것이 그리 놀라운 일은 아니었다. 2019년에는 다시 레스보스라는 그리스 섬의 난민촌에까지 병이 전파되었다.

여기서 의문이 생긴다. 앞으로 체념증후군을 방지하려면 어떻게 해야 하며, 이미 혼수상태 혹은 긴장증 증세를 보이는 아이들은 어떻게 치료해야 할까? 내가 놀라와 헬란, 플로라와 케지아의 집을 방문했을 때 아이들은 기력 없이 집에 누워 있었고, 어떤 적극적인 개입도 없었다. 만약 이게 의학적인 병이었다면 당연히 아이들은 병원에 있을 것이고, 아니면 적어도 집에서 집중 치료를 받았을 것이다. 이들이 유럽에서 태어났다면, 그래서 난민도 아니었다면 사회가 그들을 위해 훨씬 더 많은 것을 했을 것이다.

아니면 질문 자체가 이게 병이긴 한 것인가로 바뀌어야 하는 걸까? 만약 사회·문화적인 현상이라면 아이들이 집에서 회복을 기다리면 되는, 그래도 그저 견딜 만한 것일 수도 있다. 반면, 올센 박사 같은 사람들은 아이들을 위한 더 확실한 해결책을 요구한다. 아이들이 입원하고 개인적으로 치료를 받는다면 회복될 수도 있겠지만, 그러면 그 장애를 만든 근본적인 사회 문제는 어디로 가게 될까? 내 새로운 미스키토인 친구인 마리오는 그리지시크니스 같은 장애가 병이 아니었다면 약한 상태로만 있었을 소녀들을 강하게 만든다고 했다. 나는 체념증후군을 말보다 큰 소리로 이야기하는 고통의 언어로 여기게 되었다. 근본 원인을 다루지 않은 채 체념증후군을 치료하면 결국 공동체에서 아이들의 목소리와 힘을 빼앗는 게 아닐까? 체념증후군이 사라지면 망명 신청 중인 아이들의 고통에 대한 메시지는 어떻게 표현될 수 있을까? 괴로움에 대한 언급과 일반적인 도움의 요청으로도 충분하지 않은 것 같다.

체념증후군이 전 세계로 퍼져나가는 것을 보고, 새로운 심인성 질환이 새로운 집단에 발생했다는 소식을 접하면서, 나는 그들이 겪는 큰 혼란에, 그리고 그들이 제대로 이해받지 못하는 상황에 절망감이 들었다. 내가 이 책을 쓰기 시작했을 때는 기능성 장애를 일으키는 생리적 기제가 되는 생각의 유형들을 사람들이 이해할 수 있도록 하면 어떻게든 그들을 보호하는 데 도움이 될 거라는 순진한 생각을 했다. 그리고 사람들의 이야기를 듣기 시작했고, 이번에는 의사로서가 아니어서 그들을 치료해야 한다는 의무감에서 자유로울 수 있었다. 그 결과 나는 이 장애를 완전히 뿌리 뽑는 것이 사실은 바라면 안 되는 일이 아닌가 하는 새로운 생각을 하게 되었다. 내가 만난 많은 이들에게 심인성 질환은 중요한 역할을 하고 있었다. 발작의 경우 미스키토인과 위피샤나인들에게 사회·문화적인 문제를 해결해주고 있었다. 심인성 장애와 기능성 장애들은 다른 모든 질병에 있는 규칙들을 깨뜨리며 그 모든 해로운 점에도 불구하고 간혹 없어서는 안 되는 존재가 되기도 한다.

어떤 이가 느끼는 모든 것을 충분히 표현할 수 있는 말은 그야말로 없다고 할 수 있다. 인간 감정의 복잡함이 모든 상황, 모든 사람에 맞게 잘 짜인 무언가 이성적인 것으로 정제될 순 없다. 도덕적인 딜레마나 이해할 수 없는 선택들, 불평등, 절망 등이 그렇듯 인지부조화가 존재한다. 삶은 늘 빠져나갈 수 없을 것 같은 함정을 어떻게든 만들어낼 것이다. 사람은 기계가 아니기 때문에 알고리즘과 감정을 배제한 논리를 사용해 결정을 하면서도, 아무래도 어떤 방출 밸브, 대응 기제, 갈등을 처리하고 양가감정과 씨름하면서도 체면을 유지할 방법들이 필요할 것이다. 때로는 갈등을 신체화하고 드러내는 편이 말보다 더 통제 가능하고 실질적이기도 하다.

류보프가 내게 수면증과 크라스노고르스크에서의 자기 삶에 관해 이야기해주었을 때 나는 그녀와 그 이웃들의 환경이 특이하다고 생각했다. 하지만 그 말에 대해 더 생각할수록 더 그녀의 이야기가 사랑을 잃은 사람의 보편적인 이야기로 느껴졌다. 류보프에게 일어난 일은 한때 사랑했던 사람과 자연히 시들해지고 결국엔 파경을 맞는 이야기와 그리 다르지 않다. 많은 이가 실패한 관계에서 극단적인 슬픔과 불확실성을 느껴왔고, 이때 떠나느냐 떠나지 않느냐 하는 질문에 대한 답은 매일 달라지기 마련이다. 이와 같은 딜레마는 장단점을 요약해 실질적이고 분석적으로 해결할 수도 있지만, 사실 훨씬 복잡하고 해결하기 힘든 감정적인 문제다. 여러 주요한 삶의 변화 또한 마찬가지다. 결정해야 할 판단들, 문제들이 무조건 받아들이기엔 너무 압도적이고 소중한 것들이기 때문에 수렁에서 빠져나오려면 무의식의 도움을 받는 과정이 필요할 수 있다. 반대로 어떤 이는 류보프의 수면증을 힘든 선택에 대처하는 역기능 장애로 볼 수도 있다. 아니면 어려운 결정을 내리고 커다란 상실에 대처하기 위해 거쳐야할 길로 간주할 수도 있을 것이다.

나는 라디오에 나와서 자폐증 진단이 삶에 긍정적인 변화를 가져왔다고 말한 여성이 다시 떠올랐다. 전에는 그 이야기를 듣고 과도한 진단과 의료화의 해로운 점에 대한 걱정이 더 컸지만, 혹시 그녀가 발견한 아름다움을 나만 보지 못하는 것일 수 있다는 생각이 들었다. 만일 내가 그 여성의 의사이고, 자신의 삶을 더 행복하게 만들 길을 발견했다는 그녀를 보고도 내가 굳이 그 길을 없애려 한다면, 그 시도가 무슨 가치가 있겠는가? 서구 의학에서는 증상에 문자 그대로 접근하길 권한다. 의사들은 환자들이 자신의 문제를 말로 표현하고 논리적으로 설명하길 기대한다. 방법론, 규정, 기술의 노예가 되어, 환자들의 이야기를 해석하는 데 필요한 가장 중요한 기술을 놓치고 있는 것이다. 그렇게 고통에 대한 비유가 전혀 필요 없는 삶은 정말 믿기지 않을 만큼 완벽하고 분석적인 세상에서나 가능할 것이다.

현재 서구 의학은 대부분 이런 장애들의 생리에 주목하는데, 그 이유는 이 장애들이 '진짜'라는 것을 입증해달라는 요구가 있고, 뇌 스캔이나 혈액 검사(서구 사회에서는 이런 증거를 중요하게 여긴다)에 나타난 변화들을 통해서만 증명이 가능하다는 인식이 있기 때문이다. 생물학적인 접근은 타라에게도 효과가 있었다. 타라가 디스크 탈출증으로 걷는 능력을 상실했을 때 자기 몸 안에서 일어나는 일에 대해 스스로에게 한 이야기는 장애를 만든 고리 효과의 중심이었다. 그 이야기는 언급되기 전에 먼저 이해되었어야 했다. 하지만 타라가 의사들이 병의 발달을 포착하지 못했다는 두려움을 극복한 것은 그런 일탈적인 생리 과정이 이미 진행 중임을 깨닫고 나서야 가능했다. 타라는 신체가 정말 이런 종류의 속임수를 사용할 수 있다는 점을 이해한 후에야 바로 그 심리적인 장벽을 극복할 수 있었다.

다른 어떤 질환들과 마찬가지로 심인성 및 기능성 장애는 생리적인 변화를 통해 나타난다. 이 점을 절대 과소평가해선 안 된다. 정보의 범람 속에서 뇌는 계속해서 예측하고 버리고 평가와 재평가를 하며 추론하고 학습한다. 너무 빨리 성장해 암이 되는 세포처럼 혹은 너무 많은 호르몬을 생산하는 장기처럼 무의식적인 생리 과정이 오류를 범할 수 있고 그러면 항상 상황이 잘못된 방향으로 흘러가게 된다. 기능성 신경장애는 뇌의 코딩 오류다. 이는 행동 변화에 대한 신경 회로의 잘못된 반응이다. 이런 반응을 유발하는 계기는 여러 가지가 있으나 이중 일부만 심리적인 고통과 관련된다. 그것은 상해나 질병, 잘못된 의학적 믿음, 고난, 갈등, 전염성 있는 불안 등에 대한 반응일 수 있다. 장애는 학습과 유사한 과정을 통해 발달한다. 하지만 프로그램이 설정된 뇌는 다시 그 설정이 지워질 수도 있으며, 따라서 절대 돌이킬 수 없는 과정이 아니다.

그러나 서구의 생물학적 접근에서 부족한 부분은 환자의 상태를 좋아지게 하는 것이다. 심리적인 갈등의 신체화가 삶에서 꼭 필요한 부분이긴 하지만, 기능성·심인성 과정으로 인한 만성적인 장애는 그렇지 않다. 하지만 해리성 발작을 앓고 있는 이들의 단 30퍼센트만이 완전히 건강을 회복한다. 타라 역시 이런 운 좋은 이들 중 한 사람이었다. 현실적으로 많은 기능성 신경장애의 전망이 이처럼 좋지 못하기 때문이다. 사실 나는 치료와 회복률에서 이렇게 진전을 보이지 못하는 다른 질병을 별로 못 본 것 같다. 아마도 그 이유는 치료가 생물학과 심리학의 여러 조합에만 맞춰져 있는 반면, 사회·문화적인 영향을 소홀히 하기 때문일 것이다. 아마 병의 형성에 영향을 미치는 사회적인 요인을 포함하는 방법을 찾지 않는 의사들은 늘 흐름에 역행하는 방향으로 밀고 나가다가 자기 목소리마저 잃게 될 수 있다.

이 책을 쓰기 위해 조사하며 들은 모든 이야기 중에서 가장 행복한 결말을 맺은 사연들은 생물학이나 심리학 치료로, 심지어 의사의 진료를 통해 회복한 것도 아니었다. 미스키토인들은 의식을 통해 건강을 되찾았다. 크라스노고르스크 사람들은 독과 관련된 이론을 믿었고 독의 출처라 생각하는 곳을 떠났다. 그리고 수면증을 통해서 문제들을 해결했다. 위피샤나 소녀들은 병을 일으킨 학교를 떠났다. 르로이의 젊은 여성들은 전환장애라는 진단을 받아들이지 않았지만, 그들 역시 회복되었다. 상황을 더 악화시킨 언론의 공세로부터 스스로 벗어남으로써 회복될 수 있었다. 그래도 르로이 소녀들의 경우엔 적어도 담당 의사들이 강하게 견해를 유지한 것이 모종의 긍정적인 영향을 미쳤다. 하지만 이 책 전체에서 그 의사들만 그렇게 했다.

심인성 증상들로 인한 생물학적인 변화는 모든 사람에게 비슷하게 나타나지만, 회복하느냐 만성 질환으로 가느냐를 결정하는 것은 공동체 차원의 반응인 경우가 많다. 어떤 사람의 경험의 질은 다른 사람들이 그 경험에 어떤 반응을 보이는가에 따라 달라진다. 나는 심인성 장애라는 의학적인 개념을 대놓고 거부하지 않고, 또 '위조'와 똑같은 것으로 생각하지 않는 공동체를 한번도 보지 못했다. 가족들과 공동체에서는 사랑하는 이들을 위해 진단을 거부했으며, 이런 문제에서 희생자들에게는 선택의 여지가 거의 없었다. 내가 알게 된 모든 집단은 질병에 대한 전설을 만드는 데 중요한 역할을 하는 사회에 깊이 뿌리내리고 있었다. 공동체들은 이러한 질병을 설명하기 위한 서사를 만들었다. 그리고 이 서사를 통해 어떤 이들은 회복했고, 또 다른 이들은 장기간 장애가 지속되었다. 쿠바에서는 음파 무기에 대한 소문이 이런 중요성을 띠고 있었고, 그래서 미국 대사관 직원 중 일부는 정말로 자신들이 회복하지 못하리라 생각했다. "미쳤다'는 꼬리표를 달게 된 엘카르멘의 소녀들은 사회로부터 배척을 당했고, 정말 아픈 게 맞는지 증명하라는 강요를 받았다.

나는 내가 만난 모든 사람 중에 미스키토인 공동체가 제일 마음에 들었다. 병에 대한 그들의 해결책은 가장 우아했고, 그로 인해 누군가를 배척하기보다 집단 속으로 사람들을 끌어들였기 때문이다. 그리지시크니스가 공동체의 반응을 끌어들이며 사람들을 규합하는 외침이었다면, 내 환자들은 장애로 고립되는 경우가 많았다. 그리지시크니스는 내게 질병을 의식화함으로써 갈등을 외면화하는 아름다움을 가르쳐주었으며, 무엇보다 영성의 가치를 상기시켜주었다.

철저히 무신론자이고 실용주의를 선호하며 종교 제도가 전혀 영예롭지 못한 나라에서 자란 나로서는 정말 예상치 못한 일이었다.

에필로그 **385**

영적 믿음이 어떻게 미스키토인들을 하나로 모으며 회복을 촉진하는 환경을 만들어주는지 내 두 눈으로 확인했다. 또 그 믿음이 제공하는 설명에 사람들이 위안을 얻는 것을 목격하면서, 개인주의적인 서구 사회는 위기에 처한 사람들을 위한 좋은 지원 체계가 전체적으로 부족할 때가 많다고 느꼈다.

사회가 공통의 영성과 공동체 의식, 가족 의식을 잃는다면 사람들은 지원받을 수 있는 새로운 길을 찾아야 한다. 만일 누군가가 유일한 돌봄 기관이 의료 기관뿐인 공동체에 살고 있다면, 사회적·심리적 고통을 의료 문제로 만드는 것은 아주 자연스러운 일일 것이다. 이해받는다고 느끼는 단 하나의 공간이 담당 의사의 진료실이라고 해서 그 질병을 포기한다는 건 비생산적인 일이다. 어쩌면 의료 기관들이 이 장애들을 썩 성공적으로 치료하지 못한 것도 어느 정도는 대체 가능한 지원 체계가 너무도 부족하기 때문일 수 있다. 기능성 신경장애를 앓는 이들뿐 아니라 내 환자 중 많은 사람 역시 더 많은 약보다 더 나은 사회적 지원을 선호하겠지만, 내게도 없는 그런 지원을 그들에게 제공할 수는 없을 것이다. 환자들은 종종 "제가 다 나으면 선생님도 그만 뵈러 와야 하나요?"라고 묻곤 한다. 나 혹은 다른 어떤 의사와 산발적으로 갖는 15분의 상담이 누군가의 유일한 생명줄이라는 생각은 정말 정신이 번쩍 들게 하는 일이다.

이 책을 쓰면서 나는 의사라면 자기 환자가 질병을 설명하기 위해 사용하는 표현을 공유해야 한다는 사실을 상기할 수 있었다. 만약 의학적인 패러다임과 작업 순서도가 제대로 작동하지 않는다면, 의사들은 한발 뒤로 물러나서 환자의 증상이 전하는 이야기에 귀를 기울여야 한다. 가장 우아한 해결이 가능해지는 건 의사와 환자가 공통점을 발견할 때다. 또한, 회복의 가장 좋은 기회는 스스로 공동체에 둘러싸여 모든 환자와 의사가 그런 공통점을 발견할 때라는 것도 알게 되었다. 비판하지 않고 들어줄 수 있는 공동체. 지원해주는 공동체. 결함과 실패를 받아들이며, 자신의 기득권은 제쳐두는 겸손한 공동체. 건강에 대해 전체적인 시각을 지닐 수 있는 공동체,

이제 우리가 해야 할 일은 그런 공동체를 만드는 것이다.

감사의 글

이 책에 자신들의 이야기를 쓸 수 있도록 허락해준 많은 분께 감사드립니다. 너그러움과 신뢰, 유머와 친절을 보여준 모든 분께 감사드립니다. 그리고 물론 제가 대접받은 그 모든 커피와 차, 멋진 음식도 감사했습니다. (놀라운 환대를 해주신 류보프에게는 특별한 감사를 더하고 싶습니다.) 이야기가 민감하고 개인적이어서 일부 이름은 바꾸었지만, 모든 이야기를 제가 직접 들은 대로 충실히 쓰기 위해 최선을 다했습니다. 그래도 여전히 제가 잘못 이해했을 수 있으며, 만약 그랬다면 양해를 부탁드립니다.

제 연구와 여행이 원활하게 진행되도록 도와주신 분들께도 깊은 감사를 드립니다. 특히 엘리자베스 헐트크랜츠와 에드 폴레트, 칼살린, 디나라 살리바, 다다벡 비메노프, 사라 토폴, 코트니 스태포드 월터, 카탈리나 헤르난데스, 멜 에스피노자, 제이미 파블로 스콧, 모세스 루이스, 하워드 오웬스, 켈리 오코넬, 타코츠보 지원그룹, 앨리슨 톰슨께 특별히 감사를 전합니다. 매들레나 캐너 박사님의 작업과 너그러움에 특히 많은 감동을 받았습니다. 제가 만난 모든 분께 너무나 많은 것을 배웠습니다. 혹시 이 책에 어떤 실수라도 있다면 저 혼자만의 책임임을 말씀드립니다.

카자흐스탄의 누르술탄에 있는 동안 술리만이라는 낯선 분께서 그저 제가 낯선 곳에 혼자 와 있어 사람들과 이야기하고 싶어 할 거라 생각하고 저를 자신의 성대한 생일 파티에 초대해주었습니다. 그런 친절한 제안을 해주신 그와 그의 사랑스러운 가족께 감사드립니다. 여러 곳을 여행하는 저를 환영해준 모든 다른 멋진 분들도 감사합니다. 인간의 걸음걸이를 완벽하게 따라 하는 기계를 만드는 것보다 체스 챔피언이 되도록 컴퓨터를 프로그래밍하는 게 더 쉽다는 사실을 상기시켜준 케임브리지대학교 아일랜드인 모임의 회원께도 감사를 전합니다. 우리 몸은 기계적인 측면에서 볼 때 그야말로 경이로우며 그래서 우리가 타자, 축구, 입말과 같은 그런 모든 정교한 동작을 그토록 자연스럽게 배울 수 있는 겁니다. 그런데 거꾸로, 이렇게 배운 것을 잃어버릴 수도 있다는 생각은 왜 그렇게 하기 어려운 걸까요?

너무나 멋진 피카도르출판사 관계자께도 감사를 전합니다. 제 책의 편집자인 조지 몰리의 모든 조언과 안내, 노력에 무한한 감사를 드립니다. 폴 마티노비치와 페넬로페 프라이스의 도움도 제게 너무나 소중했습니다. 가브리엘라 카트로미니, 레베카 로이드, 클로에 메이, 스튜어트 윌슨 그리고 아직 만나지 못했지만, 언제가 꼭 만나고 싶은, 최선을 다해준 다른 모든 출판사 관계자에게도 감사드립니다.

저에게 한없이 고마운 기회를 준 에이전트인 모건그린크리에이티브스의 크리스티 맥라클런께도 진심 어린 감사를 드립니다. PFD의 리셋 버건과 그 팀에게도 그들의 책에 대한 열정에 감사를 전합니다.

이 책을 집필하며 처음 시작을 어떻게 해야 할지 길을 못 찾고 있을 때가 있었습니다. 그때 저에게 조언과 상담을 해주신 모든 분께 감사와 사과를 함께 전합니다. 이름을 언급하기엔 너무 많은 분께서 도와주셨습니다.

잠자는 숲속의 소녀들

ⓒ 수잰 오설리번, 2022

초판 1쇄 인쇄	2022년 9월 21일
초판 1쇄 발행	2022년 9월 28일

지은이	수잰 오설리번
옮긴이	서진희
펴낸이	이상훈
편집인	김수영
본부장	정진항
인문사회팀	권순범 김경훈
마케팅	김한성 조재성 박신영 김효진 김애린
경영지원	정혜진 엄세영

펴낸곳	(주)한겨레엔 www.hanibook.co.kr
등록	2006년 1월 4일 제313-2006-00003호
주소	서울시 마포구 창전로 70(신수동) 화수목빌딩 5층
전화	02) 6383-1602~3 팩스 02) 6383-1610
대표메일	book@hanien.co.kr

ISBN	979-11-6040-901-7 03400

책값은 뒤표지에 있습니다.
파본은 구입하신 서점에서 바꾸어 드립니다.